普通高等教育"十三五"规划教材（研究生教学用书）

河流动力学专论

天津大学　徐国宾　编著

（第2版）

中国水利水电出版社

www.waterpub.com.cn

·北京·

内 容 提 要

全书共分 10 章，分别讲述了流域侵蚀与产沙，河流泥沙基本特性及沉速和起动，河道水流运动基本规律，河流泥沙输移基本规律，高含沙水流运动，潮汐河口水流泥沙运动规律，河床演变基本原理，不同类型河流的河床演变特点，水库泥沙，河流模拟理论基础等内容。

本书全面系统地荟萃了当今国内外河流动力学领域的最新研究成果，内容丰富，资料翔实，论述精当，可作为水利工程专业的研究生教材使用，也可供从事该专业科研、教学、规划设计、施工和管理等方面工作的工程技术人员阅读参考。

图书在版编目（CIP）数据

河流动力学专论 / 天津大学，徐国宾编著. -- 2版
. -- 北京：中国水利水电出版社，2019.10
普通高等教育"十三五"规划教材. 研究生教学用书
ISBN 978-7-5170-8109-8

Ⅰ. ①河… Ⅱ. ①天… ②徐… Ⅲ. ①河流－流体动
力学－高等学校－教材 Ⅳ. ①TV143

中国版本图书馆CIP数据核字(2019)第266594号

审图号：GS（2019）4945 号

书　　名	普通高等教育"十三五"规划教材（研究生教学用书） **河流动力学专论（第 2 版）** HELIU DONGLIXUE ZHUANLUN
作　　者	天津大学　徐国宾　编著
出版发行	中国水利水电出版社 （北京市海淀区玉渊潭南路 1 号 D 座　100038） 网址：www.waterpub.com.cn E-mail：sales@waterpub.com.cn 电话：（010）68367658（营销中心）
经　　售	北京科水图书销售中心（零售） 电话：（010）88383994、63202643、68545874 全国各地新华书店和相关出版物销售网点
排　　版	中国水利水电出版社微机排版中心
印　　刷	清淞永业（天津）印刷有限公司
规　　格	184mm×260mm　16 开本　17.5 印张　415 千字
版　　次	2013 年 7 月第 1 版第 1 次印刷 2019 年 10 月第 2 版　2019 年 10 月第 1 次印刷
印　　数	0001—1500 册
定　　价	**45.00 元**

第2版前言

  本书第 1 版在出版后，承蒙许多兄弟院校使用，在 2018 年又得到天津大学研究生创新人才培养项目资助，故有机会再版。

  第 2 版在修订过程中，结合教学实践对书中一些内容进行了适当调整；修正了在使用过程中发现的不当之处或错误；检索了近 10 年来国内外发表的有关文献，经过学习消化和提炼总结，对书中内容进行了补充。河流动力学既是一门经典学科，也是一门发展较快的学科，在发展中不断融合了其他一些学科的知识，形成新的知识点，本书力求对这方面有所反映。

  限于作者水平，书中难免仍有不妥之处，恳请读者批评指正，请发电子邮件至 xuguob@tju.edu.cn。

作　者

2019 年 5 月于天津大学

第1版前言

　　河流动力学是研究河流在天然状态下以及修建水利工程后所发生冲淤变化过程的一门学科。天然河流总是处在不断冲淤变化过程之中的。如冲积性弯曲河流，凹岸不断冲刷后退，凸岸不断淤积前进，河流弯曲变形不断增大，最终导致裁弯取直；其后又将重复上述演变过程。当在河流上修建了各种水利工程后，会加剧河流的冲淤变化。例如在河流上修建水库后，便会引起泥沙在库区的落淤和回水的上延，水库的调蓄作用将会改变天然的水沙过程，这样又会引起下游河道的冲刷和滩地的坍塌。河流在天然情况下以及在修建工程之后所发生的演变过程，经常会给人类活动带来诸多麻烦甚至灾难。为了合理利用和有效地整治河流，就必须要掌握河流动力学的理论知识，并能够对河流演变过程作出科学的预测。

　　河流，是水流与河床在地球物理诸多自然因素和人类活动交互作用下的产物。一方面水流作用于河床，改变了河床的几何形态；另一方面河床几何形态的变化又反过来影响了水流的运动，进而又对河床变化过程产生新的影响。这是一个动力反馈过程，即河床演变的结果又会影响到河床演变过程的本身。水流和河床的这种相互作用，是通过泥沙运动表现出来的。例如，泥沙淤积会使河床升高，而泥沙冲刷又会使河床降低。泥沙运动是水流与河床相互作用的媒介。因此，河流动力学涉及的内容很广泛，包括了土壤侵蚀产沙、河流水力学、泥沙运动力学、河床演变以及河床变形预测等内容。

　　河流既有水利的一面，也有水害的一面。为了化害为利，人类不断地与大自然作斗争。在长期的治河斗争中，人们逐渐加深了对河流的了解，积累了关于河流泥沙运动及河床演变规律的知识，从而逐步形成了河流动力学这门学科。随着科学技术的进步和人们对河流认识的深化，这门学科也日益发展和得以完善。尽管如此，河流动力学还是一门正在发展中的学科。由于它所研究问题的复杂性，在现阶段对有些问题还不可能完全从理论上得到解决。因此，在研究中就不得不对这些问题作出某些假定，进行一定程度的简化，同时还须广泛使用经验的或半经验的公式。因此，在利用河流动力学知识解决实际问题时，首先要从实际出发，尽可能掌握第一手资料，对问题进行全面的了解分析，选择符合实际情况的公式进行计算，然后再回到实际中去，检验所得结果的正确性，并逐步修正结果。

河流动力学与水利水电工程建设的关系十分密切。建设水库、港口，首先要正确地选择坝址、港址。而坝址、港址的选择除了须考虑国民经济建设的需要外，还必须弄清河道的冲淤变化情况及对整个河系带来的影响。在此基础上，再去规划设计水库的使用寿命、运用方式、下游河道整治方案，以及港口疏浚整治工程方案等。这才是唯一正确之道。

本书共分 10 章，全面系统地荟萃了当今国内外的最新研究成果，阐述了当今河流动力学所面临的 10 个方面的专题。通过本书的学习，能使学生基本掌握河流泥沙运动规律、河床演变规律及河床变形预测等知识，能够运用河流动力学的一些基本规律和方法，来解决水利水电工程中遇到的实际问题。

本书内容在正式出版之前，已经在课堂上给学生们讲授过数次了。作者根据学生们反映的意见进行了多次修改，包括内容取舍，最后才形成了这次的定稿。由于作者水平有限，书中难免还存在一些差错或不当之处，敬请读者批评指正。

本书的编写出版得到天津大学研究生创新人才培养项目资助。

作 者

2013 年 1 月于天津大学

目　录

第一章 流域侵蚀与产沙

河流中的泥沙是从流域地表冲刷而来的，是土壤侵蚀的结果，而河流含沙量的多少又与流域产沙量密切相关。土壤侵蚀和产沙是陆地表面普遍存在的一种自然现象，是侵蚀循环的主要过程之一。地表物质在雨滴、流水等外营力作用下分散和移动形成水蚀，同时还将被侵蚀的物质汇集到河流中，沿河流向下游运动，沿程发生沉积与推移，并最终到达流域出口，这个过程便构成流域土壤侵蚀和产沙。本章主要介绍土壤侵蚀与流域产沙、侵蚀产沙计算模型等内容。

第一节 土壤侵蚀与流域产沙

一、土壤侵蚀

（一）侵蚀的概念

侵蚀的概念由于研究角度的不同，有着不同的解释。侵蚀一词很早就用于地学领域，多用以表达外营力夷平作用的形式。侵蚀可分为地质侵蚀和土壤侵蚀两种。地质侵蚀是指在陆地表面，内营力（主要指地壳运动）和外营力（指地球表面接受太阳能和重力而产生的各种作用力）相互作用下，形成高原、山脉、丘陵、盆地、平原、湖泊、河流和三角洲等地貌的全部过程。土壤侵蚀是指在水力、风、冻融和重力等外营力作用下，土壤、土壤母质及其他地面组成物质被破坏、剥蚀、搬运和沉积的全部过程。也有人称地质侵蚀为广义土壤侵蚀，称土壤侵蚀为狭义土壤侵蚀。在我国土壤侵蚀和水土流失常被作为同义语使用。我国对土壤侵蚀现象的认识可以追溯到 3000 年前，而将土壤侵蚀作为一门科学技术进行专门研究，是从 20 世纪 20 年代开始的。大规模开展土壤侵蚀研究并取得重要进展则是从 20 世纪 50 年代开始的（关君蔚，1996）。

（二）侵蚀类型

1. 按土壤侵蚀发生时代分类

就土壤侵蚀发生的时代而言，可将侵蚀分为古代侵蚀和现代侵蚀。人类出现以前的地质时期内发生的侵蚀，称为古代侵蚀。它的产生与发展主要取决于当时自然因素的变化。这种侵蚀作用，往往由于冰川融化及大量地表径流对地表的反复侵蚀和沉积而达到塑造地形的规模。现代侵蚀主要指人类出现以后，由于人类活动和自然因素变化而产生的土壤侵蚀现象。现代侵蚀是在古代侵蚀的地貌上进行的，所以，古代侵蚀塑造的地貌与现代侵蚀有着密切的关系。

2. 按土壤侵蚀作用的程度分类

按土壤侵蚀作用的程度，可将侵蚀分为正常侵蚀和加速侵蚀。在植被良好的森林和草地上或者在水土保持良好的农田上，土壤侵蚀的速度非常缓慢，常小于土壤形成的速度，因而不仅不会破坏土壤及母质，反而会对土壤起到更新作用，提高土壤肥力，这种现象称为正常侵蚀。而由于人类不合理的经济活动，或自然因素突变（如地震、火山爆发及其他自然灾害变异等），使土壤遭到严重的侵蚀破坏，土壤侵蚀的速度大于土壤形成的速度，这种现象通常称为加速侵蚀。加速侵蚀也会发生在古代，人类出现以前的地质时期，与现代人类无关。

3. 按土壤侵蚀的成因分类

土壤侵蚀按其成因，可分为水力侵蚀、重力侵蚀、泥石流侵蚀、风力侵蚀和人为侵蚀等类型。

（1）水力侵蚀。水力侵蚀是指地表径流的侵蚀作用。地表径流根据流动方式可分为坡面漫流（亦称面流、片流）和线状水流两种。水力侵蚀也可分为面蚀与沟蚀两大类。

1）面蚀。面蚀是指面流从地表冲走表层土粒的侵蚀作用。面流是降水或冰雪融化后在坡面上形成的一种暂时性地表径流。在面流作用下，在没有植被覆盖或覆盖较差的坡地上，往往会发生面蚀，使表土流失。面蚀又可分为以下几种。

a. 层状面蚀（片蚀）。面蚀发生初期多是层状面蚀。植被覆盖较差的坡地一遇暴雨，土壤表面直接受到雨滴的击溅和湿润，土壤表层很快达到水分饱和。在地表径流形成的同时，土壤表层已处于泥沙浑浊的泥浆状态，同时顺坡面流动。

b. 细沟状面蚀。面流顺坡流动时，常在坡面上形成许多小股水流。在小股水流作用下，坡面上被冲出许多细密的小沟，这些小沟基本上沿着流线方向平行分布，但相互连接沟通（图1-1）。小沟的深度及宽度一般均不超过 20cm，这些小沟经过耕作后可恢复平整。

c. 鳞片状面蚀。当土地利用不合理，植物的覆盖率小，或在过度放牧的坡地上"羊道"密布呈网时，暴雨时常发生显著的鳞片状面蚀（图1-2）。这种面蚀分布不匀，形成局部间面蚀程度的差异。即有植物生长的部分面蚀轻微，而没有植物生长的部分面蚀严重，其结果在坡面上面蚀严重的小块地呈鱼鳞状分布。

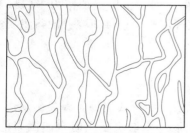

图1-1　细沟状面蚀平面示意图

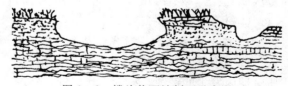

图1-2　鳞片状面蚀剖面示意图

2）沟蚀。沟蚀是由线状水流冲刷所形成的沟槽。线状水流乃是坡面漫流往低洼地集中而汇合成的股流，它对地面呈线状侵蚀，其结果形成线形伸展的沟槽及相应的堆积物。线状水流又分为暂时性水流和经常性水流。其中，由暂时性的线状水流冲刷地表土层或岩层而形成的沟槽，称为侵蚀沟，而经常性的线状水流侵蚀则形成河谷。

（2）重力侵蚀。重力侵蚀是以重力作用为主引起的土壤侵蚀，主要以滑坡、崩塌、陷穴和山崩等方式进行，一般都发生在沟缘、沟壁或陡坡上。发生的原因主要由于岩（土）层干湿交替频繁，流水淘刷和地下水的浸透等，破坏了原来相对稳定的状态。

（3）泥石流侵蚀。泥石流是含有大量固体物质（如石块、漂砾、沙土和黏土）的山洪，是发生在山区或黄土沟壑地区的一种自然地质现象。泥石流爆发突然、历时短暂、来势凶猛，具有极强的侵蚀破坏力。泥石流的形成是水力和重力共同作用的结果，所以泥石流侵蚀是一种复合侵蚀。

（4）风力侵蚀。风力侵蚀，简称风蚀，是由风力作用引起的土壤侵蚀。在黄土区，除植被良好的地方以外，普遍有风蚀现象，只不过是程度上的差别。由于黄土颗粒较细，风蚀多以黄土随风飞扬的状态进行，因地面经常翻耕，所以很少见有风蚀痕迹。在风沙区，沙土颗粒比黄土颗粒大，风蚀的方式以跳动和滚动为主，产生了沙波、沙垄、沙丘等地貌。

（5）人为侵蚀。人为侵蚀是指由人类不适当经济活动加剧的土壤侵蚀。

在上述几种侵蚀类型中，水力侵蚀在自然界普遍存在，也是最主要的侵蚀方式。

（三）影响侵蚀的因素

影响土壤侵蚀的主要因素有气候、地形、地质、土壤、植被和人类活动等几个方面。

1. 气候

气候因素包括降水、气温、风速等。降水与土壤侵蚀关系最为密切，是水力侵蚀的主要动力因素。年温差和日温差是引起土壤风化剥蚀和冻融侵蚀的主要因素。风是导致风力侵蚀的直接动力，风速的大小决定着风力侵蚀的强弱。

2. 地形

地形主要通过坡度、坡长、坡面形状、海拔、相对高差、沟壑密度等对土壤侵蚀产生影响。

3. 地质

地质因素主要指岩性和地质构造运动、地震和岩石性质等。岩石的风化性、坚硬性、透水性对于沟蚀的发生和发展以及崩塌、滑坡、山洪、泥石流等侵蚀作用有着密切的关系。地壳抬升或下降引起侵蚀基准面的变化，从而导致侵蚀与堆积的变化。地震往往诱发大量滑坡、崩塌甚至泥石流的发生。

4. 土壤

土壤是侵蚀作用的主要对象，土壤特性决定其抗蚀和抗冲性能的差异，从而影响侵蚀强度的大小和侵蚀过程的发展。

5. 植被

植被具有截留降水、涵养水源、减缓径流、固结土体、提高土壤抗蚀和抗冲性能等功能，能够起到很好的蓄水固土作用。植被如果遭到破坏后，土壤侵蚀就会加剧。

6. 人类活动

人类活动是导致土壤侵蚀的主导因素，主要表现为人类对自然植被的破坏活动。如滥伐森林、开垦陡坡、过度放牧等都会破坏地表土壤结构，造成土壤侵蚀。同时，开矿、采石、修路、建房及其他工程建设等，如果未采取有效的水土保持措施，也会加剧土壤侵蚀。

（四）侵蚀模数

土壤侵蚀的数量可以用侵蚀模数表示。侵蚀模数的定义是：单位时间内单位面积上的土壤流失的数量。其常用单位为 $t/(km^2 \cdot a)$ 或 $m^3/(km^2 \cdot a)$，即每年每平方千米的土壤侵蚀量。也有用单位 t/km^2 或 m^3/km^2 表示一次降水过程每平方千米的土壤侵蚀量。

土壤侵蚀模数是衡量某一区域土壤侵蚀强度的重要指标，也为不同区域侵蚀状况的定量比较提供了依据。同时，土壤侵蚀模数还能够反映某区域土地利用的合理程度。根据土壤侵蚀模数，可以划分不同的土壤侵蚀强度级别。我国的土壤侵蚀强度分级见表1-1。

由于各地区自然条件的差异，各地侵蚀模数的大小也不尽相同。我国是世界上土壤侵蚀最严重的国家之一，尤其是西北黄土区、南方红壤区和东北黑土区的侵蚀最为严重。以侵蚀模数衡量，黄土高原是世界上侵蚀模数最大的地区之一，如黄河支流窟野河流域的多年平均侵蚀模数达 3.5 万 $t/(km^2 \cdot a)$。

土壤侵蚀模数可用以下几种方法得到：①测验法，通过径流场的长年野外观测记录得到，通常从小流域试验站以及流域进口站的观测资料中获取；②比较法，利用不同时期的地形图或地面标志进行重复测量，经过前后期的数量比较求得；③同位素 ^{137}Cs 法，该技术具有快速测量的特点；④利用遥感（RS）、地理信息系统（GIS）以及全球定位系统（GPS）计算法。利用 RS、GIS 及 GPS 进行土壤侵蚀模数计算，具有即时、便捷及高效等优点，是进行大范围土壤侵蚀模数估算的最主要方法。

表 1-1　　　　　　　　　　　土 壤 侵 蚀 强 度 分 级

级　　别	平均侵蚀模数 /[t/(km² · a)]	平均流失厚度 /(mm/a)
微度侵蚀	<200，500，1000	<0.15，0.37，0.74
轻度侵蚀	（200，500，1000）～2500	（0.15，0.37，0.74）～1.9
中度侵蚀	2500～5000	1.9～3.7
强度侵蚀	5000～8000	3.7～5.9
极强度侵蚀	8000～15000	5.9～11.1
剧烈侵蚀	>15000	>11.1

注　该表来源于 SL 190—2007《土壤侵蚀分类分级标准》。

二、流域产沙

（一）产沙的概念

产沙是指某一流域或某一集水区内的地表侵蚀物向其出口断面有效搬运的过程。搬运到出口断面的侵蚀物的数量，称为产沙量。土壤侵蚀与产沙是紧密相连而又有区别的两个概念。产沙是从河流泥沙来源的角度而言的，而土壤侵蚀是指土壤、土壤母质及其他地面组成物质被外营力破坏、剥蚀、搬运和沉积的全部过程。有侵蚀才有产沙，被侵蚀的物质可以直接进入河道成为河流泥沙的一部分，也可以暂时停留在原地成为后期的侵蚀、搬运对象。被侵蚀的物质在搬运过程中可能会有一部分沉积下来。所以，侵蚀量往往并不等于产沙量，产沙量一般小于侵蚀量。只有在地面条件有利、搬运力很强的情况下，两者才会接近。流域的产沙数量可以用输沙模数表示，它与侵蚀模数的换算关系为：输沙模数＝泥沙输移比×侵蚀模数。输沙模数是表示流域产沙强度的指标之一。

产沙方式与侵蚀方式一样也可分为5类，即水力产沙、重力产沙、泥石流产沙、风力产沙和人为产沙。一个流域的总产沙量是各类产沙量的总和，因此在计算流域的产沙量时，必须分析各类产沙方式。

（二）泥沙输移比

泥沙输移比（Sediment Delivery Ratio，SDR）是计算流域产沙量的关键参数，由美国学者布朗（Brown C. B.）于1950年提出，用于研究流域土壤侵蚀量与产沙量的关系。我国对泥沙输移比的研究始于20世纪70年代后期，目前，泥沙输移比的研究已成为流域侵蚀产沙研究中的一项重要内容。

泥沙输移比的具体定义尽管还有争议，但大体上是指产沙量与侵蚀量之比，即流域出口控制断面的输沙量与该断面以上流域土壤总侵蚀量之比，可用式（1-1）表示：

$$SDR = \frac{W_s}{M_s} \tag{1-1}$$

式中：SDR 为泥沙输移比，无量纲；W_s 为流域出口控制断面输沙量，t；M_s 为流域出口断面以上土壤总侵蚀量，t。

当泥沙输移比小于1时，说明流域产沙量小于侵蚀量；泥沙输移比等于1时，流域产沙量等于侵蚀量；泥沙输移比大于1时，流域产沙量大于侵蚀量，也就是说泥沙在输移过程中，以往在输移过程中沉积的泥沙又被重新侵蚀搬运。

泥沙输移比的计算方法可分为直接计算法和模型求解法。直接计算法即按照泥沙输移比的定义，在获取流域出口控制断面输沙量和流域土壤总侵蚀量后，用式（1-1）进行计算。模型求解法则是通过经验模型或物理成因模型进行计算求解。

第二节　侵蚀产沙计算模型

侵蚀产沙计算模型是预报土壤侵蚀量，评价水土保持效益的有效工具。迄今为止，人们已经建立了众多的侵蚀产沙计算模型。由于大范围内的土壤侵蚀量在野外难以测定，其中大多数模型往往假设泥沙输移比等于1，用产沙量代替侵蚀量。侵蚀产沙计算模型根据建立模型的方法、途径，一般可以分为经验模型、确定性模型与随机模型3大类。

一、经验模型

如前所述，影响流域侵蚀产沙的主要因素有气候、地形、地质、土壤、植被和人类活动等。但是，在不同的流域，这些因素对流域侵蚀产沙的影响程度不同，所以在模型中的指标及表现形式也是不同的。经验模型是根据这些影响流域侵蚀产沙的因素，通过多元回归或逐步回归分析，建立起侵蚀产沙与它们之间的关系式。这些经验关系式有的适用于坡面侵蚀，有的适用于小流域侵蚀，使用时须注意。经验模型结构简单，应用方便，但模型的参数须用当地实测资料率定。目前国内外经验模型很多，这里只略举几个有代表性的模型。

1. 美国通用土壤流失方程（USLE）

对于坡面土壤侵蚀，美国农业部（1965）提出一个通用土壤流失方程（Universal

Soil Loss Equation，USLE），即

$$M_s = R_a K L_J C P \tag{1-2}$$

式中：M_s 为年平均单位面积坡面上的土壤流失量，t/(km^2·a)；R_a 为降雨侵蚀力因子，反映降雨量对土壤侵蚀的作用，MJ·mm/(km^2·h·a)；K 为土壤可蚀性因子，与土壤种类、结构等有关，t·h/(MJ·mm)；L_J 为地形因子，反映坡面坡度和长度的影响，无量纲；C 为植被覆盖因子，反映不同季节植被状况的影响，无量纲；P 为水土保持措施因子，表示各种水土保持措施对减少土壤流失的作用，无量纲。

USLE 方程是经验模型的代表，较全面地反映了各主要因素对坡面侵蚀产沙的影响。应用 USLE 方程的关键是确定方程中各因子值，但这些因子的算法均来自于美国的长期试验资料，其他国家在引进和应用时，必须根据本国的具体情况和试验资料来确定方程中各因子的算法和参数。USLE 方程自 20 世纪 70 年代中期引入我国，经过数十年的消化、改进、发展，目前已具有了我国自己的特色，并得到较广泛应用。1985 年，美国有关部门和土壤侵蚀研究专家利用现代化的试验测试手段和计算机技术再次对 USLE 方程进行修正，1997 年美国农业部正式将其命名为修正通用土壤流失方程（Revised Universal Soil Loss Equation，RUSLE）。RUSLE 方程具有与 USLE 方程相同的基本结构，但细化了各个因子的计算过程。此外，使用软件编制的计算机模型，为用户提供了技术和使用手册。模型还提供了一些主要参数和变量的数据库，供用户根据实际情况选择使用。

2. 牟金泽公式

牟金泽等（1983）利用陕北绥德辛店沟小流域的 60 个测次的洪水泥沙资料，进行了相关分析计算，建立了坡面土壤侵蚀预报模型，即

$$M_s = \frac{51.1}{C^{0.15}} R^{1.20} I^{1.50} J^{0.26} P_a^{0.48} \tag{1-3}$$

式中：M_s 为一次洪水坡面土壤侵蚀模数，t/km^2；C 为植被度，%；R 为一次暴雨降雨量，mm；I 为一次暴雨平均降雨强度，mm/min；J 为平均坡度，%；P_a 为雨前土壤含水率，%。

该式是一个基于一次暴雨的侵蚀产沙模型，并在模型中考虑了土壤前期含水量的作用，能够较好地反映一次降雨的侵蚀产沙状况，可用于土壤地质条件和植被情况与之类似的黄土高原地区。

3. 江忠善公式

江忠善等（1996）以沟间地裸露地基准状态坡面土壤侵蚀模型为基础，将浅沟侵蚀影响以修正系数的方式进行处理，建立了计算沟间坡面的次降雨侵蚀量模型，即

$$M_s = \alpha K R^{0.999} I_{30}^{2.637} J^{0.880} L^{0.286} G C P \tag{1-4}$$

式中：M_s 为一次降雨坡面土壤侵蚀模数，t/km^2；α 为系数，无量纲；K 为土壤因子系数，无量纲；R 为一次降雨量，mm；I_{30} 为一次降雨过程 30min 最大降雨强度，mm/min；J 为坡度，(°)；L 为坡长，m；G 为浅沟侵蚀影响系数，无量纲，当坡面无浅沟侵蚀时，$G=1$；C 为植被影响系数，无量纲；P 为水土保持措施影响系数，无量纲，对于无水土保持措施的裸露坡面，C 和 P 均为 1。

该模型特点，一是模型结构符合黄土丘陵区地貌特点，考虑了黄土高原坡面特有的浅

沟侵蚀类型；二是应用地理信息系统软件建立空间水土流失数据库，实现了侵蚀预报模型与 GIS 相结合。

4. 李钜章公式

李钜章等（1999）在黄河中游流域选择了 155 个"闷葫芦"淤地坝，采集每个坝的年均淤积量，以及相应流域的侵蚀影响因素：植被覆盖度、降雨量、沟谷密度、切割深度、地表组成物质、大于 15°的坡耕地面积比等资料，采用变权形式，建立侵蚀强度宏观估算模型。最后用年降水量与年输沙量的关系对模型进行改进，得到适用于多沙粗沙区的小流域侵蚀量计算模型，即

$$\lg M_s = \frac{21.30}{\frac{3}{G_m} + \frac{55}{H_{sd}} + \frac{9}{C_x} + \frac{10}{W_x}} + \left(0.92 - \frac{1.69}{\frac{3}{G_m} + \frac{70}{H_{sd}} + \frac{8}{C_x} + \frac{9}{W_x}}\right) \ln (R_s R_d) + 0.67 P_d - 6.85$$

$$(1-5)$$

式中：M_s 为侵蚀模数，$t/(km^2 \cdot a)$；G_m 为沟壑密度，km/km^2；H_{sd} 为沟谷切割深度，即沟缘线至沟底的高度，m；C_x 为植被因子指标，无量纲；W_x 为地表物质因子指标，无量纲；R_s 为年汛期（7、8、9 月）降水量，mm；R_d 为年最大一日降水量，mm；P_d 为人为因子指标，无量纲。

该模型采用的是淤地坝资料，仅能反映多年平均状态，不能反映年际侵蚀与降雨的变化对侵蚀的影响，更不能反映单次暴雨对侵蚀的影响。

以上经验模型都只是从某些方面反映了对流域侵蚀产沙的影响，因此，有相当大的局限性，应结合本地区具体情况作必要修正。

二、确定性模型

确定性模型亦称为物理成因模型或理论模型，是基于侵蚀力学、水力学、水文学及泥沙运动力学等基本理论，利用各种数学方法，把流域侵蚀产沙、水沙汇流及泥沙沉积的物理过程简化，而建立起来的能模拟物理过程的产流产沙模型。在建立模型时，既考虑物理概念、物理过程，又适当借用水文方法，灵活性较大。下面介绍几个有代表性的模型，特别是美国 WEPP 模型，该模型在我国也得到相当程度的推广应用。

1. 美国 WEPP 模型

WEPP（Water Erosion Prediction Project）模型是美国农业部于 1985 年组织力量开发研制的侵蚀产沙预测软件，主要用来预测耕地、草地和林地中的土壤水蚀、暴雨径流、根系层土壤水分、蒸散作用、植物生长及积雪的融化等，还可用来评价各种流域的管理活动。历经 10 年，1995 年发布了第一个官方正式版本 WEPP'95，在随后的年份中又分别发布了几个不同的版本。WEPP 模型包含坡面版（Hillslope version）、流域版（Watershed version）与网格版（Grid version）3 个版本。基本版本为坡面版，是其他两个版本的基础。坡面版可直接替代 USLE 方程，并比 USLE 的功能更强。流域版将具有不同均匀宽度的坡面单元与侵蚀沟及集水单元联系起来。WEPP 模型网格版，将许许多多坡面联系在一起，模拟一个大区域的土壤侵蚀和泥沙输运过程，这一版本可模拟一次降雨过程中全区域内的侵蚀产沙量。下面对 WEPP 模型的基本理论、模拟过程、结构、功能模块等进行简要介绍。

（1）基本理论与模拟过程。WEPP 模型将整个流域划分为坡面、沟道和拦蓄设施 3 个基本部分。土壤侵蚀过程包括剥离、搬运和沉积。剥离发生在坡面和沟道中，沉积可以发生在任何地方。降雨所产生的径流和泥沙先由坡面从上往下输送，再经过沟道或拦蓄设施，最后离开流域出口。在此过程中沿途不断有土壤剥离和沉积发生。在模拟过程中，首先计算坡面侵蚀，然后模拟沟道和拦蓄过程。坡面流过程概化为片流和细沟流两部分。坡面侵蚀包括细沟间侵蚀和细沟侵蚀。细沟间侵蚀被认为是雨滴击溅使土壤剥离，然后这些被剥离的土壤被片流输送到细沟，由细沟沿坡面向下搬运送入沟道或拦蓄设施。细沟侵蚀是径流剥离力、泥沙搬运力和输沙量的函数。坡面部分先计算径流过程，然后沿坡面从上到下模拟泥沙的剥离、搬运和沉积。只有最后一段坡面上的泥沙进入沟道。坡面模拟结束后，把模拟结果存入一个文件中，然后进行沟道和拦蓄模拟。储存坡面模拟结果的文件称为"传递"文件，主要存储如下信息：暴雨历时、汇流时间、径流深度、径流总量、洪峰流量、总剥离量、坡面上的总沉积量、各粒级的泥沙含量、各颗粒占总泥沙的比例等。在沟道中，当水力剪切力大于土壤临界剪切力并且泥沙含量小于泥沙搬运力时才出现剥离。当泥沙含量大于搬运力时出现沉积。

（2）模型结构。WEPP 模型主体程序用 ANSI FORTRAN77 编写。它有一个方便的接口程序（C 语言编写），用于编辑、管理和查看输入参数和输出结果。模型结构主要包括以下几点。

1）输入文件。WEPP 模型是一个以一天为步长的模拟模型。运行中，每一天对土壤侵蚀过程有重要影响的植物和土壤特征均被输入计算机。WEPP 模型的所有输入参数主要包含在 10～12 个输入文件中，这些输入文件以文本格式编辑和储存，一般都比较容易编辑，只有作物与管理数据文件较为复杂。这些输入文件主要有气象数据文件、坡面数据文件、土壤数据文件和作物与管理数据文件。每一类型的文件都有各自规定的格式和不同的内容项。若进行灌溉模拟，还需要其他相关的输入数据。在应用 WEPP 模型的流域版时，还需要流域沟道系统和汇水区数据文件。气象数据文件可通过天气发生器（CLIGEN）生成。用户可利用 WEPP 模型提供的界面进行气象数据输入，也可从外部输入。坡面数据文件可通过模型提供的界面或人工输入两种方式生成。土壤数据文件可通过模型界面或文本编辑器生成。作物与管理数据文件包含的数据量最多也最为复杂，其参数类型也较多，可通过模型界面或文本编辑器生成。

2）用户界面。WEPP 模型通过计算机运行，与所有的计算机软件一样，它向用户提供了各种运行程序的界面。通过用户界面，用户可以很方便地生成和修改输入数据，进行模拟、快速浏览输出结果等。界面采用下拉式菜单设计，通过菜单命令，用户可建立输入文件、编辑运行方式和定义输出数据格式，此外也可修改界面的颜色等。

3）输出成果。根据用户的不同需要，WEPP 模型可生成不同种类和不同精度的输出结果。最基本的输出结果包括径流和侵蚀的主要信息，并且可输出每场降雨、月平均降雨以及年平均降雨的基础数据。输出结果包括坡面土壤流失量和平均泥沙沉积量，还包括泥沙输移量、受冲刷和被搬运泥沙颗粒的粒径分布以及特殊地段的泥沙沉积量。

WEPP 模型也可以生成某一坡面的输出结果，其最基本的输出结果包括整个流域径流和侵蚀的主要信息。整个流域以及流域的每一个单元，其泥沙输移比、泥沙沉积量、不同地表状况指标和泥沙颗粒粒径分布均可在输出模块中生成。若汇水区在流域内部，汇水区的输入和输出水量以及泥沙量也可生成。另外，还可输出与降雨过程相关的图表、曲线等，并输出土壤、植被、水分平衡、作物、冬季过程等相关数据。

（3）功能模块。WEPP模型的功能可以概括为天气随机生成、水文过程、地表径流、土壤、植物生长和残留物分解、冬季过程、灌溉、侵蚀8个模块。

1）天气随机生成模块。WEPP模型所需要的气象数据可由用户直接输入或由天气发生器（CLIGEN）生成。CLIGEN可生成日降雨量、日最高和最低气温、日太阳辐射量。日降雨量由4个变量来描述，即降雨深度、雨强峰值、降雨过程中达到雨强峰值的时间、降雨历时。

2）水文过程模块。水文过程包括入渗、产流、地表蒸发、植物蒸腾、土壤水饱和浸透、植被和残茬截流、截持水量、土壤亚表层瓦管排水等。入渗过程采用修正后的Green-Ampt方程进行计算，产流采用运动波理论公式进行计算，水量平衡方程是修正后的SWRRB水量平衡方程。

3）地表径流模块。该模块主要计算地表径流过程的水力学机制，其中包括土壤糙率、残茬覆盖和死地被物层对于流速、水流剪应力以及径流挟沙力的影响。

4）土壤模块。土壤模块主要分析土地耕作对不同土壤特性以及模型参数的影响，也可模拟降雨过程以及对土壤参数的影响等。此外，土壤模块还考虑了耕、风化、团聚体和降雨等对土壤及地面特征的影响，通过模拟分析计算，可向水文模块提供许多用以估算地表径流量、径流速度和渗透量等的必要资料。

5）植物生长和残留物分解模块。植物生长和残留物分解模块可模拟农田及分布区内的植物生长和残留物分解，并可模拟影响径流及侵蚀过程的植物变量的时间变化。植物生长模块可估计植被、地表残留物、覆盖残留物、茬与叶面指数、活根及死根、活生物量和作物产量数据等。残留物分解模块模拟的是地表残留物、覆盖残留物和残根的分解。

6）冬季过程模块。冬季过程模块包括土壤冻融、降雪和融雪。土壤与外界环境之间的热量流动受每日温度、太阳辐射、残留物覆盖、植被及雪的影响，太阳辐射、气温和风则共同作用于融雪过程。

7）灌溉模块。灌溉模块模拟灌溉类型、灌溉量、径流量和侵蚀量等，可模拟喷灌和明渠灌溉两种灌溉方式。喷灌模拟可看作是一场标准雨强的降雨，而明渠灌溉则可模拟壤中流、明流和异重流的完整过程。

8）侵蚀模块。WEPP模型将土壤侵蚀过程分为剥离、输移和沉积3个阶段，土壤剥离（即侵蚀）分为细沟间侵蚀和细沟侵蚀两种方式。WEPP模型采用处于稳定状态下的泥沙连续方程，该方程可计算坡面和流域泥沙冲刷及沉积的净值。模型把土壤的冲刷过程看作是雨强与流速的共同作用过程，把泥沙的输移过程看作是坡面与地表糙率共同作用的过程。以泥沙输移方程来估算沟道中的泥沙输移量，并根据径流中泥沙含量、径流输沙能力和泥沙的沉降速度来推算泥沙的沉积量。

WEPP模型作为新一代土壤侵蚀预报模型，可以预报和模拟每天或每次的降雨、入渗、地面径流过程产生的侵蚀和泥沙输移等，还可以计算日、月、年平均径流和泥沙输移状况等，是指导水土保持措施优化配置、水土资源保护与持续利用的有效工具。近年来，在 WEPP 模型基础上，还利用地理信息系统（GIS）技术开发研制了 GeoWEPP（Geo-spatial interface for WEPP）模型，其界面是基于 Arc View 开发而成的，可直接利用数字化数据对侵蚀量进行估算。同时，GeoWEPP 模型允许直接输入各种地理数据，如数字高程模型、地形图等，便于评价流域水土保持规划的可行性。WEPP 模型是一个迄今为止最为复杂的描述土壤侵蚀产沙的模型，它克服了美国通用土壤流失方程 USLE 及其修正版 RUSLE 在土壤侵蚀产沙预测中的缺陷，应用前景十分广阔。

2. 谢树楠模型

谢树楠等（1993）从泥沙运动力学基本理论出发，基于以下 9 个基本假定：暴雨产生的径流按坡面一维流动考虑；压强按静水压强分布；流动中的动量系数按常量考虑；坡面坡度不变；坡面土层的组成是均匀的；泥沙不考虑黏性；在计算时段内降雨强度和渗透率不变；沟道的泥沙输移比为 1；不考虑土壤前期含水量的影响。建立起坡面侵蚀产沙量与降雨强度、坡长、坡度、径流系数和地表泥沙中值粒径的函数关系。在此基础上，考虑植被覆盖和土壤类型对土壤侵蚀的影响，得出流域侵蚀产沙量的计算公式，并用黄河中游的中等流域资料进行了精度检验，结果表明该模型具有一定的计算精度。由于该模型公式的推导过程中一些参数的确定结合了具体的应用流域，该模型难以用于地形地貌差异较大的地区。

3. 蔡强国模型

蔡强国等（1996）在考虑了黄土丘陵沟壑复杂地貌特征和侵蚀垂直分带性的基础上，建立了一个有一定物理基础的能表示侵蚀—输移—产沙过程的小流域次降雨侵蚀产沙模型。它由 3 个子模型构成：坡面子模型；沟坡子模型；沟道子模型。模型考虑了降雨入渗、径流分散、重力侵蚀、洞穴侵蚀及泥沙输移等侵蚀过程。从侵蚀机理上对影响侵蚀过程的因子进行定量分析，从而建立了黄土丘陵区侵蚀产沙过程模型。该模型旨在从理论上阐明坡面侵蚀产沙规律，因此模型结构尤其是坡面子模型较为复杂，在推广应用时受到模型参数的限制。

4. 汤立群模型

汤立群（1996）认为坡面侵蚀产沙量取决于坡面水流挟沙力与可供沙量的对比关系，若水流挟沙力小于供沙量，则产沙量等于水流挟沙力；反之，水流将进一步冲刷表土，形成径流侵蚀，产沙量就等于供沙量与径流侵蚀量之和。据此，由坡面泥沙颗粒的动力平衡条件，推导出坡面上细颗粒泥沙的起动剪应力，由坡面径流的剩余输沙能力，推导出坡面径流的侵蚀量计算公式，与雨滴溅蚀公式一起，构成了一个完整的流域侵蚀产沙模型。此模型充分借鉴了国外已有的研究成果，模型结构简单，并考虑到黄土地区地形地貌和侵蚀产沙的垂直分带性规律，将流域划分为梁峁上部、梁峁下部及沟谷坡 3 个典型的地貌单元，分别进行水沙演算。但是模型中的雨滴溅蚀公式仅为初步研究成果，须要进一步率定。

三、随机模型

随机模型是利用以往的资料和降水—径流—侵蚀—产沙过程的随机特性建立起来的，由于其发展和应用在很大程度上受到缺乏长期流域降雨径流和产沙记录资料限制，所以应用得较少。但是随着流域侵蚀产沙模型研究技术的发展，不少研究者开始重视随机模型的开发应用。目前，随机模型在国外研究应用较多，而国内的研究尚处于起步阶段，并不多见。

习　题

1-1　什么是古代侵蚀和现代侵蚀？

1-2　什么是土壤正常侵蚀和加速侵蚀？

1-3　土壤侵蚀按其成因可分为哪几种类型？

1-4　分析影响土壤侵蚀的因素。

1-5　什么是土壤侵蚀模数？它有何重要意义？

1-6　我国的土壤侵蚀强度如何分级？黄河支流窟野河流域的多年平均侵蚀模数为多大？

1-7　土壤侵蚀模数与流域输沙模数有何不同？两者之间有何关系？

1-8　什么是泥沙输移比？并说明其意义。

1-9　侵蚀产沙计算模型一般分为几大类？

1-10　写出通用土壤流失方程（USLE），并说明式中各变量的意义。

1-11　论述 WEPP 模型的特点，并说明其功能模块包括哪些部分。

第二章　河流泥沙基本特性及沉速和起动

河流泥沙输移规律与泥沙的特性密切相关。因此，在研究河流泥沙输移规律之前，首先要了解泥沙的特性。本章主要介绍河流泥沙基本特性、泥沙沉速和泥沙起动等内容。

第一节　河流泥沙基本特性

一、河流泥沙的分类

河流泥沙的分类方法有多种，如按泥沙粒径的大小进行分类，按泥沙在河流中的运动状态分类等，这里主要介绍这两种分类方法。

（一）按泥沙粒径的大小分类

河流泥沙粒径，大至 1～2m（漂石），小至 0.004mm 以下（黏粒），大小相差可达数百万倍。将泥沙按粒径大小分类，既要表示出不同的粒径级泥沙某些性质上的显著差异和性质变化的规律性，又能使各级分界粒径尺度成为一定的比例。我国 SL 42—2010《河流泥沙颗粒分析规程》规定河流泥沙分类应符合表 2-1 的标准。

表 2-1　　　　　　　　　　河 流 泥 沙 分 类　　　　　　　　　　单位：mm

类型	黏粒	粉沙	沙粒	砾石	卵石	漂石
粒径	<0.004	0.004～0.062	0.062～2.0	2.0～16.0	16.0～250.0	>250.0

（二）按泥沙在河流中的运动状态分类

按照泥沙的运动状态，可将泥沙分为床沙（亦称河床质）、推移质及悬移质 3 大类。床沙是组成河床表面静止的泥沙。推移质是沿河床床面滚动、滑动或跳跃前进的泥沙，一般粒径比较粗。它们是由近底水流对床面颗粒在绕流运动过程中所产生的水流作用力推动的结果，它们的运动范围都在床面附近的区域。推移质运动呈明显的间歇性，往往运动一阵，停止一阵。运动时为推移质，静止时为床沙，推移质与床沙经常彼此交换。当河床上有一定数量的推移质向前运动的时候，河床表面往往形成起伏的沙波。推移质前进的速度远较水流速度为小，但它在水流作用下，有一个增速过程，即运动速度由小到大。这种增速过程，要消耗水流的能量。悬移质是随水流悬浮前进的泥沙，一般粒径较小。悬移质运动的速度基本上与水流运动速度相同，悬浮的位置时上时下，较细的泥沙能上升至接近水面，较粗的泥沙有时甚至回到河床上与床沙发生置换。维持泥沙悬浮的能量，来自水流的紊动动能。在靠近床面附近，各种泥沙在不断地交换，推移质与床沙之间，悬移质和推移质之间都在交换，很难把它们截然分开。就同一种粒径的泥沙来说，在某一河段可能是停止不动的床沙，在另一河段可能作推移质或悬移质运动。在同一断面上亦因流速不同，会出现不同的运动状态，因此泥沙运动状态除取决于泥沙本身的粒径外还取决于水流条件。

二、泥沙的几何特性

（一）泥沙颗粒的形状和大小

河流泥沙形状极不规则。常见的卵石、砾石，外形比较圆滑，有圆球状的，有椭球状的，也有片状的，但均无尖角和棱线。沙粒和粉沙类泥沙外形多有尖角和棱线。黏粒类泥沙一般呈扁平状或针状。泥沙颗粒的形状，常用球度系数表示，它是指泥沙颗粒的实际表面积与等体积的球体的表面积之比，其表达式如下：

$$\varphi = \sqrt[3]{\left(\frac{b}{a}\right)^2 \frac{c}{b}} \tag{2-1}$$

式中：φ 为泥沙颗粒的球度系数；a、b、c 分别为泥沙颗粒的长、中、短三轴。

泥沙颗粒的大小，通常用泥沙的直径来表示。天然泥沙颗粒形状极不规则，直径不易确定，常采用等容粒径，即与泥沙颗粒体积相等的球体的直径，作为泥沙粒径。设某一泥沙颗粒的体积为 V，则其等容粒径为

$$d = \sqrt[3]{\frac{6V}{\pi}} \tag{2-2}$$

除等容粒径外，也可用泥沙颗粒的长、中、短三轴的算术平均值或几何平均值来表示泥沙的粒径，计算式如下：

$$d = \frac{1}{3}(a + b + c) \tag{2-3}$$

或

$$d = \sqrt[3]{abc} \tag{2-4}$$

在实际工作中，除大颗粒卵石粒径需要一颗颗去量测其长轴、中轴和短轴的长度，用上述公式计算颗粒的平均粒径外，对于那些不易量测的较细泥沙通常用筛分析法、水分析法来确定其粒径，相应于这些方法确定的粒径分别称为筛分粒径和沉降粒径。

（二）泥沙颗粒级配特性

河流中的泥沙是由许许多多粒径不同的泥沙颗粒组成的。从这些泥沙中取出一部分有代表性的沙样进行颗粒分析，沙样中各种粒径的泥沙相对含量（以百分比计），称为泥沙的颗粒级配。颗粒级配特性是影响泥沙运动的主要因素。泥沙的颗粒级配常用粒配曲线表示，这种粒配曲线通常都画在半对数坐标纸上，其横坐标为粒径 d，纵坐标为小于此粒径的泥沙占沙样总重量或质量的百分比 p，如图2-1所示。粒配曲线是表示泥沙颗粒级配特性的直观形式。

在解决实际问题时，为了便于分析，常将床沙、推移质和悬移质3种泥沙的粒配曲线绘制在同一张图上，如图2-1所示。从图中可以看出，悬移质的沙样颗粒较推移质的为小，而推移质的沙样较床沙的均匀。床沙、推移质和悬移质3者比较起来悬移质最细，床沙最粗，曲线亦相应自右至左分布。

从泥沙的粒配曲线上不仅可以看出泥沙粒径的大小和沙样的均匀程度，还可以查出某

些特征粒径。如图 2-1 所示，推移质曲线表示沙样组成较均匀，且粒径较粗；悬移质曲线则表示沙样组成不均匀，且粒径较细。沙样的均匀程度，可用式（2-5）所示的非均匀系数（又称拣选系数）φ 来表示。

$$\varphi = \sqrt{\frac{d_{75}}{d_{25}}} \tag{2-5}$$

式中：φ 为非均匀系数；d_{75} 表示粒配曲线上相应于 $p=75\%$ 的粒径；d_{25} 表示粒配曲线上相应于 $p=25\%$ 的粒径。

非均匀系数等于 1，则为均匀沙样；越大于 1，沙样越不均匀。

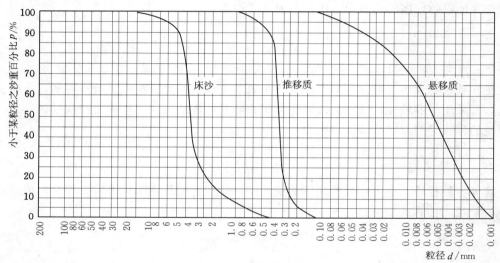

图 2-1　泥沙粒配曲线

从粒配曲线上，可查出常用的一些特征粒径，如泥沙的平均粒径 d_m、中值粒径 d_{50} 等。

泥沙的平均粒径 d_m 是沙样中各种泥沙粒径的加权平均值，其求法是：首先将沙样按粒径变化情况分成若干组，在粒配曲线上定出各组沙的上、下限粒径 d_{max} 和 d_{min}，以及各组泥沙在整个沙样中所占的质量百分比 p_i。然后求出各组沙的平均粒径 $d_i = (d_{max} + d_{min})/2$，再按式（2-6）求出沙样的平均粒径。

$$d_m = \frac{\sum\limits_{i=1}^{n} p_i d_i}{100} \tag{2-6}$$

式中：n 为粒径分组数。

对于同一沙样，由于粒径分组数目或分组方式不同，所得的平均粒径也有所差异。

泥沙的中值粒径 d_{50} 表示在全部沙样中，大于和小于这一粒径的泥沙质量刚好相等。其求法是：在粒配曲线的纵坐标上找出 $p=50\%$，其对应的横坐标即为 d_{50}。

关于平均粒径与中值粒径两者之间的关系，可用式（2-7）表达。

$$d_m = d_{50} e^{\sigma^2/2} \tag{2-7}$$

式中：σ 为沙样粒径分配的均方差，其值为

$$\sigma = \ln\sqrt{\frac{d_{84.1}}{d_{15.9}}} \qquad (2-8)$$

由式（2-7）可知，只有 $\sigma=0$，即为均匀沙时，平均粒径才等于中值粒径。一般情况下，平均粒径不等于中值粒径。因此，天然沙的平均粒径总是大于中值粒径。所取的沙样越不均匀，平均粒径大于中值粒径越多。

三、泥沙的重力特性

（一）泥沙的容重与密度

泥沙颗粒实有重量或质量与实有体积的比值，称为泥沙容重或密度，常用符号 γ_s 或 ρ_s 表示。容重国际单位为 N/m^3 或 kN/m^3，密度国际单位为 kg/m^3 或 g/cm^3，工程单位为 t/m^3。容重与密度的关系为 $\gamma_s = g\rho_s$，g 为重力加速度，通常取值 $9.81m/s^2$。泥沙容重或密度主要取决于泥沙的矿物成分。大多数河流泥沙的主要矿物成分为石英及长石，其容重或密度变化范围不大，如容重多在 $25\sim27kN/m^3$，相应密度为 $2.55\sim2.75t/m^3$，通常，可近似地取 $\gamma_s = 26kN/m^3$ 或 $\rho_s = 2.65t/m^3$。

由于泥沙在水中的运动状态，既与泥沙的容重 γ_s 有关，又与水的容重 γ 有关。在分析计算中，常出现相对数值 $(\gamma_s-\gamma)/\gamma$，为方便起见，令

$$a = \frac{\gamma_s - \gamma}{\gamma} \qquad (2-9)$$

或

$$a = \frac{\rho_s - \rho}{\rho} \qquad (2-10)$$

式中：a 为有效容重系数或有效密度系数，无量纲，一般取 $a=1.65$。

（二）泥沙的干容重与干密度

未经扰动的原状沙样经 $100\sim105℃$ 的温度烘干后，其重量或质量与原状沙样整个体积的比值，称为泥沙的干容重或干密度，常用符号 γ_s' 或 ρ_s' 表示，$\gamma_s' = g\rho_s'$。干容重或干密度单位与泥沙的容重或密度单位相同。

泥沙干容重的变化幅度相当大，它与淤沙的粒径大小及粒配变化范围、淤积厚度，淤积历时及是否露出水面密切相关，与淤沙排水情况、细颗粒泥沙的物理化学特性等也有一定关系。由于影响因素比较复杂，目前在解决实际问题时，通常都是通过收集整理同条件的实测干容重资料来确定。所谓同条件既包括粒配条件，也包括冲淤条件、淤积历时等。

由于泥沙的干容重或干密度值与泥沙颗粒之间的孔隙率 ε 密切相关，所以有时也用孔隙率表示泥沙干容重或干密度，它们之间的关系为 $\rho_s' = \rho_s(1-\varepsilon)$。对于沙粒的稳定干容重或干密度，稳定孔隙率 ε 约为 0.4。

泥沙干容重或干密度的计算方法目前还不成熟，但也有一些研究成果可供计算分析时参考。下面有选择地分初期干容重或干密度、随淤积历时变化干容重或干密度和稳定干容重或干密度对这些成果加以介绍。

1. 初期干容重或干密度

初期干容重或干密度一般是指新鲜淤积物的干容重或干密度。

（1）韩其为等（1981）通过分析丹江口水库和室内试验资料，提出了计算淤积物初期

干密度的方法。在缺乏实测资料时，可作为估算淤积物初期干密度时参考。

对于均匀沙，按式（2-11）计算。

$$\rho_s' = \begin{cases} 0.523\left(\dfrac{d}{d+4\delta}\right)^3\rho_s & (d \leqslant d_1) \\[3mm] \left[0.700 - 0.175e^{-0.095\left(\frac{d-d_1}{d_1}\right)}\right]\rho_s & (d \geqslant d_1) \end{cases} \tag{2-11}$$

式中：ρ_s' 为淤积物初期干密度，t/m^3；ρ_s 为泥沙密度，t/m^3；d 为泥沙粒径，mm；d_1 为参考粒径，取为 $1mm$；δ 为薄膜水厚度，取为 $4\times10^{-7}m$。

对于非均匀沙，应区别粗细颗粒之间是否充填，分别对待。当 $d<0.1mm$ 时，可以不考虑不同粗细颗粒之间的充填，此时按式（2-12）求混合沙平均干密度。

$$\frac{1}{\rho_{sm}'} = \sum_{i=1}^n \frac{p_i}{\rho_{si}'} \tag{2-12}$$

式中：ρ_{sm}' 为平均干密度，t/m^3；ρ_{si}' 为第 i 组泥沙干密度，t/m^3；p_i 为第 i 组泥沙质量百分比；n 为分组数目。

当 $d\geqslant0.1mm$，且粒径范围很广时，应考虑不同粗细颗粒之间的充填，并且这种充填是随机的，这种情况下，其干密度按式（2-13）计算。

$$\frac{1}{\rho_{sm}'} = \left(\frac{p_1}{\rho_{s1}'} - \frac{p_1}{\rho_s}\right)P + \frac{p_1}{\rho_s} + \frac{p_2}{\rho_{s2}'} \tag{2-13}$$

式中：下标1表示粗颗粒；下标2表示细颗粒；p 为泥沙质量百分比；P 表示粗颗粒孔隙未被细颗粒充填的概率，$P = 1 - P_2^{n+1}$；P_2 为与细颗粒接触的概率，$P_2 = \dfrac{p_2/d_2}{p_1/d_1 + p_2/d_2}$；$n$ 为表示充填层数的参数，$n = 1/2 + 0.078\dfrac{d_1+d_2}{d_2}$。

如果非均匀沙粒径范围虽宽，但粗颗粒含量少或者细颗粒含量少，这种情况下，粗细颗粒之间的充填可认为是均匀充填，其干密度按式（2-14）计算。

$$\frac{1}{\rho_{sm}'} = \begin{cases} \dfrac{p_1}{\rho_s} + \dfrac{p_2}{\rho_{s2}'} & \left(\dfrac{p_2}{p_1} \geqslant \dfrac{\rho_{s2}'}{\rho_{s1}'} - \dfrac{\rho_{s2}'}{\rho_s}\right) \\[3mm] \dfrac{p_1}{\rho_{s1}'} & \left(\dfrac{p_2}{p_1} < \dfrac{\rho_{s2}'}{\rho_{s1}'} - \dfrac{\rho_{s2}'}{\rho_s}\right) \end{cases} \tag{2-14}$$

上述非均匀沙充填干密度计算仅考虑了两组粗细颗粒之间的充填，对于两组以上粗细颗粒，应先求出最细两组的平均粒径及干密度（作为均匀沙），然后求出最细两组粒径充填后的平均干密度，再以此两组去充填较粗的一组，即得最细3组充填后的平均干密度，以此类推。如果最细两组平均后不能满足充填第3组的条件时，则可以考虑只用最细一组充填第3组。

（2）拉腊（Lara E. M.）搜集了1300多个水库初期干密度资料，用回归分析方法求出初期干密度为

$$\rho_s' = a_c p_c + a_m p_m + a_s p_s \tag{2-15}$$

式中：ρ_s' 为淤积物初期干密度，t/m^3；p_c、p_m、p_s 分别为泥沙中黏粒（$d<0.004mm$）、粉沙（$d=0.004\sim0.062mm$）、沙粒（$d=0.062\sim2.0mm$）的含量百分比；a_c、a_m、a_s 分别为分组初期干密度，根据泥沙暴露情况，查表2-2确定。

表 2-2		分组初期干密度值		单位：t/m³
淤积物暴露情况	a_c		a_m	a_s
经常淹没	0.417		1.123	1.558
有时淹没有时暴露	0.562		1.140	1.558
经常空库	0.643		1.156	1.558
河槽中泥沙	0.963		1.172	1.558

2. 随淤积历时变化干容重或干密度

淤积历时对淤积物干密度的影响，目前还缺乏较成熟的研究成果。莱恩（Lane E. W.）及凯尔泽（Koelzer V. A.）考虑了泥沙的粒径、水库的运用方式和时间，给出的水库淤积物干密度与时间关系的经验公式为

$$\rho'_{st} = \rho'_{s1} + B \lg t \tag{2-16}$$

式中：ρ'_{st} 为淤积 t 年后的干密度，t/m³；ρ'_{s1} 为淤积 1 年后的干密度，t/m³；B 为常数，t/m³。ρ'_{s1} 和 B 的取值见表 2-3。

对于包括黏粒、粉沙和沙粒的非均匀淤沙，应用式（2-16）分别计算它们淤积 t 年后的干密度，再根据各组泥沙含量的质量百分数，求出非均匀淤沙加权平均干密度。

表 2-3		式 (2-16) 中 ρ'_{s1} 和 B 的取值				单位：t/m³
水库运用情况	沙　粒		粉　沙		黏　粒	
	ρ'_{s1}	B	ρ'_{s1}	B	ρ'_{s1}	B
泥沙经常淹没或接近淹没	1.49	0	1.04	0.091	0.480	0.256
水库适度泄降	1.49	0	1.19	0.043	0.737	0.171
水库显著泄降	1.49	0	1.27	0.016	0.961	0.096
水库正常泄空	1.49	0	1.31	0	1.250	0

式（2-16）计算出的干密度恰好是淤积 t 年后的干密度，但在水库淤积计算中，有时需要知道从淤积开始到淤积 t 年时的平均干密度，米勒（Miller C. R.）对式（2-16）进行积分，求得淤积 t 年时的平均干密度为

$$\rho'_{sm} = \rho'_{s1} + 0.438B \left(\frac{t}{t-1} \lg t - 1 \right) \tag{2-17}$$

3. 稳定干容重或干密度

稳定干密度是指淤积物经过长期的一般的压密后的干密度。韩其为（2003）统计出各种粒径淤积物稳定干密度的变化范围，见表 2-4。

表 2-4	稳定干密度变化范围统计		
泥　沙			稳定干密度/(t/m³)
名　称	粒径范围/mm		
黏粒	0.001～0.005		0.77～1.26
粉沙	0.005～0.05		1.26～1.47
细沙及极细沙	0.05～0.25		1.47～1.49

（三）泥沙的水下休止角

泥沙在静水中堆积时，可以形成一定的自然倾斜面，该倾斜面与水平面之间的夹角 φ 称为泥沙的水下休止角，其正切值称为泥沙的水下摩擦系数 f，即 $f=\tan\varphi$。

试验表明，水下休止角不仅与泥沙粒径有关，也与泥沙粒配及形状有关，不同类型沙粒的水下休止角大不相同。张红武等（1989）通过对泥沙的水下休止角试验研究，获得了以下一些成果：

天然沙（$d=0.061\sim9\text{mm}$）

$$\varphi=35.3d^{0.04} \tag{2-18}$$

卵石（$d=9\sim260\text{mm}$）

$$\varphi=29.5+4.5\lg d \tag{2-19}$$

破碎块石（$d=1.5\sim500\text{mm}$）

$$\varphi=\frac{d}{0.0071+0.0237d} \tag{2-20}$$

式（2-18）～式（2-20）中的水下休止角 φ 以（°）计，泥沙粒径 d 以 mm 计。

四、浑水的性质

含有泥沙的水称为浑水。浑水的性质主要包括浑水的含沙量、容重和黏滞性。

（一）含沙量

含沙量是指单位体积水体中所含的泥沙颗粒数量。通常有两种表达形式。

（1）质量比含沙量 S。定义为单位体积水体中所含的泥沙颗粒质量，单位为 kg/m^3。

（2）体积比含沙量 S_V。定义为单位体积水体中所含的泥沙颗粒体积，为无量纲单位。

质量比含沙量与体积比含沙量之间存在下列关系：

$$S=\rho_s S_V \tag{2-21}$$

（二）浑水容重或密度

单位体积浑水的重量或质量，称为浑水容重或密度，常用符号 γ_m 或 ρ_m 表示。浑水容重或密度与含沙量有下列关系：

$$\gamma_m=\gamma+(\gamma_s-\gamma)S_V \tag{2-22}$$

或
$$\rho_m=\rho+(\rho_s-\rho)S_V \tag{2-23}$$

式中：γ、ρ 分别为清水容重和密度。

如果知道了浑水的体积比含沙量就能用上式计算出浑水容重或密度。

（三）浑水的黏滞性

清水的黏滞性服从以下牛顿内摩擦定律：

$$\tau=\mu\frac{\mathrm{d}v}{\mathrm{d}z} \tag{2-24}$$

式中：τ 为剪应力，N/m^2 或 Pa；μ 为动力黏滞系数，$\text{N/(m}^2 \cdot \text{s)}$ 或 $\text{Pa}\cdot\text{s}$；$\mathrm{d}v/\mathrm{d}z$ 为流速梯度（亦称剪切速率），s^{-1}。

服从上述关系曲线的流体称为牛顿流体。水中含有泥沙后，黏滞性如何变化？爱因斯坦（Einstein H. A.）曾推导出下列公式：

$$\frac{\mu_m}{\mu}=1+2.5S_V \tag{2-25}$$

式中：μ_m、μ 分别为浑水和清水的动力黏滞系数，$N/(m^2 \cdot s)$ 或 $Pa \cdot s$；S_V 为体积比含沙量。

类似的表达式还有沙玉清（1965）给出的计算浑水运动黏滞系数的公式：

$$\frac{\nu_m}{\nu} = \frac{1}{1 - \dfrac{S_V}{2\sqrt{d_{50}}}} \qquad (2-26)$$

式中：ν_m、ν 分别为浑水和清水的运动黏滞系数，cm^2/s；S_V 为体积比含沙量；d_{50} 为泥沙中值粒径，mm。

式（2-25）或式（2-26）表明，浑水的黏滞性大于清水的黏滞性，而且泥沙颗粒越细，黏滞性就越大。图 2-2 为清水和浑水的剪应力和流速梯度的关系曲线（亦称流变曲线）。由图 2-2 可知，清水的流变曲线为通过坐标原点的直线。对于浑水，当含沙量较低时仍满足牛顿内摩擦定律，只是其斜率随含沙量的增大而增加。当含沙量超过某一限度之后，浑水就变成泥浆，其流变曲线不再通过坐标原点，在纵轴上出现截距，其流变曲线可近似地表示为

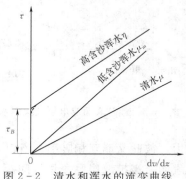

图 2-2　清水和浑水的流变曲线

$$\tau = \tau_B + \eta \frac{dv}{dz} \qquad (2-27)$$

式中：τ_B 为泥浆的极限剪应力，N/m^2 或 Pa；η 为泥浆刚度系数（即泥浆的动力黏滞系数），$N/(m^2 \cdot s)$ 或 $Pa \cdot s$。

服从式（2-27）流变关系的流体称为宾汉流体。通常，低含沙量浑水都可以看作牛顿流体，甚至不考虑含沙量对黏滞系数的影响。而高含沙量浑水一般为宾汉流体。

五、细颗粒泥沙的物理化学特性

泥沙在水流中的沉降特性、运动方式和淤积结构等，都与泥沙粒径有着密切的关系。不同粒径级的颗粒具有不同的物理化学特性。细颗粒泥沙的粒径属于黏粒范畴，所以细颗粒泥沙又称为黏性泥沙。泥沙颗粒越细，其比表面积越大。比表面积越大，其表面物理化学作用也就越强烈。这与细颗粒表面附近形成的双电层和束缚水膜密切相关。

天然河水中或多或少地带有一些电解质，电解质中含有大量的正离子，也称阳离子。细颗粒泥沙的黏土矿物表面常带有负电荷，在含电解质的水中能吸引正离子形成吸附层。吸附层与颗粒结合十分紧密，其外还有一层与颗粒表面负电荷异号的正离子层，称反离子层或扩散层。扩散层的厚度随着电解质浓度、pH 值、水温、有机质含量、颗粒矿物成分等多种因素变化而变化。扩散层中的正离子，一方面受颗粒表面负电荷吸引；另一方面又受到分子热运动影响，有向外扩散的倾向。在这两方面的作用下，形成扩散层的动平衡。吸附层与扩散层构成了颗粒表面的双电层结构，双电层外的水称为中性水，如图 2-3 所示。

泥沙颗粒表面的负电荷不仅吸引异号离子，也吸引水分子。水分子是一种极性分子，

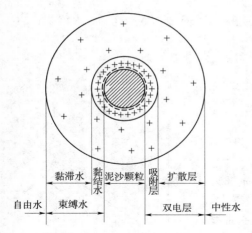

图 2-3 颗粒表面双电层及束缚水膜示意图

存在正极和负极。它会在颗粒周围形成束缚水膜。束缚水膜也分为两层：内层水分子与颗粒结合紧密，与双电层的吸附层相当，称为黏结水；外层水分子与颗粒结合较弱，与扩散层相当，称为黏滞水。束缚水膜以外的水，不再受颗粒吸力的约束，称为自由水。如图 2-3 所示。

如果说一般粗颗粒泥沙的性质主要取决于泥沙本身，而细颗粒泥沙则完全不同，其双电层和束缚水膜的特性，对于细颗粒泥沙的性质有着重要的影响。

当两个细颗粒泥沙相互接近时，会形成公共的束缚水膜与公共的扩散层。因颗粒表面带同号电荷，它们就互相排斥；另外，因颗粒间分子引力，彼此又能互相吸引。所以，细颗粒在水中悬浮的状态要看这两方面作用的结果。研究表明，当扩散层厚、颗粒间距较大时，粒间力表现为净斥力，相邻的颗粒将保持分散状态；当扩散层薄、颗粒间距较小时，粒间力表现为净引力，相邻的颗粒将彼此吸引而聚合在一起，形成结构疏松、絮网状的泥团，通常称为絮团，这种现象就是细颗粒泥沙的絮凝。

影响细颗粒泥沙发生絮凝现象的离子主要为电解质中的正离子。正离子中的钙、镁离子与钾、钠离子比较起来，价位较高，在有些河流中浓度也较大。因此，钙、镁离子含量的多寡对絮凝现象的强弱程度起着决定性的作用。一般情况下，钙、镁离子含量多，絮凝现象就比较强。反之，就比较弱。相同粒径的细颗粒泥沙，在钙、镁离子含量不同的河水中，其静水沉速是不一样的。目前用水分析法求得的泥沙粒径，是使用去离子水或蒸馏水并加反凝剂得到的沉径，并不能反映泥沙颗粒在河水中的实际沉速。

絮凝将使细颗粒泥沙的性质发生很大的变化，不仅会改变泥沙的沉降特性，影响到泥沙输移，而且也影响到泥沙淤积结构。粗颗粒泥沙一旦沉积到河底，一般就不会再压密了。而细颗粒泥沙则不同。由于絮凝作用，细颗粒在沉积时会联结成絮团，絮团与絮团相互联结并形成网状结构。新鲜淤积物是一个蜂窝状或海绵状的结构，孔隙率很大，干密度较小，抗剪强度或黏结力很低。在自重或其他外力的作用下，其淤积结构随着时间而发生变化。

第二节　河流泥沙沉速

一、泥沙在静水中沉降运动

泥沙的容重大于水的容重，水中的泥沙颗粒因重力作用而下沉。泥沙颗粒在水中下沉时，水流对颗粒下沉产生阻力。刚开始下沉时，抗拒下沉的水流阻力较小，泥沙颗粒以加速度方式下沉。随着下沉速度的增大，抗拒下沉的水流阻力也将增大。在某一时刻，泥沙所受的有效重力与水流阻力终于相等，这时泥沙颗粒便以匀速方式下沉。泥沙颗粒在静水中均匀下沉时的速度，称为泥沙的沉降速度或水力粗度，简称沉速。

由于泥沙颗粒形状各异，其在水中下沉的规律也较为复杂。为了简单计，下面以一个圆球颗粒状的泥沙在无限静止水体中下沉开始说起。设一个圆球颗粒的泥沙在静水中以匀速方式沉降，此时有下列平衡关系式：

$$W = F \qquad (2-28)$$

式中：W 为泥沙颗粒的有效重力；F 为泥沙颗粒沉降时受到的绕流阻力。

泥沙颗粒的有效重力可表示为

$$W = (\gamma_s - \gamma) \frac{\pi d^3}{6} \qquad (2-29)$$

式中：d 为泥沙颗粒粒径；γ_s 为泥沙颗粒容重；γ 为水的容重。

泥沙颗粒下沉时受到的绕流阻力可以写为

$$F = C_d \frac{\pi d^2}{4} \frac{\rho \omega^2}{2} \qquad (2-30)$$

式中：C_d 为阻力系数；ρ 为水的密度；ω 为泥沙颗粒沉速。

将式（2-29）和式（2-30）代入式（2-28）并整理，可得泥沙颗粒沉速：

$$\omega = \left[\frac{4}{3} \frac{(\rho_s - \rho) g d}{C_d \rho} \right]^{1/2} \qquad (2-31)$$

如果求得阻力系数 C_d 后，将其代入式（2-31）中便可得到泥沙沉速计算公式。式（2-31）中的阻力系数 C_d 与泥沙颗粒在静水中下沉时的流态有关，而流态又取决于颗粒雷诺数：

$$Re_* = \frac{\omega d}{\nu} \qquad (2-32)$$

式中：ω 及 d 分别为颗粒的沉速和粒径；ν 为水的运动黏滞系数。

当颗粒雷诺数 Re_* 较小时（约小于0.5），泥沙颗粒基本上沿铅垂线下沉，附近的水体紧贴颗粒，颗粒背后不发生分离现象，呈层流状态［图2-4（a）］。此时，绕流阻力主要是表面阻力。在球体情况下，斯托克斯（Stokes G. G.）从纳维埃-斯托克斯（Navier-Stokes）运动方程出发，忽略方程中的惯性项，求得绕流阻力：

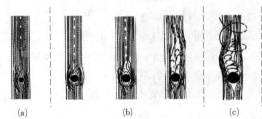

图 2-4　泥沙在静水中沉降时的运动状态
(a) $Re_* < 0.5$；(b) $0.5 < Re_* < 1000$；(c) $Re_* > 1000$

$$F = 3 \pi d \mu \omega \qquad (2-33)$$

式中：μ 为水的动力黏滞系数。

由式（2-30）和式（2-33）可以求得阻力系数：

$$C_d = \frac{24}{Re_*} \qquad (2-34)$$

式（2-34）计算结果和试验得到的球体阻力系数与颗粒雷诺数关系图（图2-5）一致，在图2-5关系线上呈一条斜直线。对于形状不规则的天然泥沙，当颗粒很细，绕流呈层流状态时，试验表明，阻力与颗粒形状无关，仍可使用式（2-34）计算阻力系数。

将式（2-34）代入式（2-31）中，可得层流区的球体沉速公式，即斯托克斯沉速公式。

当颗粒雷诺数 Re_* 较大时（约大于1000），泥沙颗粒脱离铅垂线，以盘旋状态下沉，呈螺旋形轨迹，附近的水体产生强烈的绕动和涡动，颗粒背后有明显的分离现象，这时的运动状态属于紊流状态 ［图2-4（c）］。此时，绕流阻力主要是形状阻力，阻力系数 C_d 与颗粒雷诺数 Re_* 无关，近似为常数，在球体情况下 $C_d=0.45$（图2-5）。对于天然泥沙，由于形状不规则，阻力系数大一些。

当颗粒雷诺数 Re_* 介于 $0.5\sim1000$ 之间时，泥沙颗粒呈摆动状态下沉，绕流属过渡状态 ［图2-4（b）］，其阻力既有表面阻力，又有形状阻力，而且相互关系又是变化的，情况比较复杂。奥森（Oseen C. W.）从黏性流体运动微分方程来求解，考虑惯性项，解得阻力：

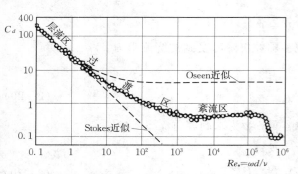

图2-5　球体阻力系数 C_d 与颗粒雷诺数 Re_* 的关系

$$F=3\pi d\mu\omega\left(1+\frac{3}{16}Re_*\right) \tag{2-35}$$

由式（2-30）和式（2-35）可得阻力系数：

$$C_d=\frac{24}{Re_*}\left(1+\frac{3}{16}Re_*\right) \tag{2-36}$$

式（2-36）与试验资料不甚相符，由图2-5可以看出，随着颗粒雷诺数的增大，阻力系数偏离越大。目前，对于过渡区的球体沉速还没有较好的公式计算。

二、泥沙沉速公式

天然泥沙的沉速不同于球体，它在下沉时受到的阻力比球体大，其阻力系数须由试验确定。目前，国内外学者提出不少计算单颗粒泥沙在清水中沉速的公式，但不是结构复杂，就是精度不高。我国 SL 42—2010《河流泥沙颗粒分析规程》规定，泥沙沉速按粒径大小分别选用下列沉速公式计算。

当粒径等于或小于 0.062mm 时，采用层流区的斯托克斯（Stokes G. G.）沉速公式：

$$\omega_0=\frac{1}{18}\frac{\rho_s-\rho}{\rho}\frac{gd^2}{\nu} \tag{2-37}$$

当粒径为 $0.062\sim2.0$mm 时，采用过渡区的沙玉清沉速公式：

$$\omega_0=S_a g^{1/3}\nu^{1/3}\left(\frac{\rho_s-\rho}{\rho}\right)^{1/3} \tag{2-38}$$

其中，沉速判数

$$\lg S_a=\sqrt{39-(\lg\phi-5.777)^2}-3.665 \tag{2-39}$$

粒径判数

$$\phi=\left(g\frac{\rho_s-\rho}{\rho}\right)^{1/3}\nu^{-2/3}d \tag{2-40}$$

对于粒径大于 2.0mm 的泥沙，采用紊流区的牛顿沉速公式：

$$\omega_0=0.557\sqrt{\frac{\rho_s-\rho}{\rho}gd} \tag{2-41}$$

式中：ω_0 为单颗粒泥沙在清水中的沉速，m/s；ρ 为清水密度，kg/m³；ρ_s 为泥沙密度，kg/m³；ν 为清水的运动黏滞系数，m²/s；g 为重力加速度，m/s²；d 为泥沙颗粒的粒径，m；S_a 为泥沙的沉速判数，无量纲；ϕ 为泥沙的粒径判数，无量纲。

采用紊流区的牛顿沉速公式计算的沉速比用沙玉清沉速公式（2-42）计算的沉速要小很多，甚至比采用过渡区的沙玉清沉速公式计算的一些粒径较细的泥沙沉速还小。这样就会出现一个不合理现象，当分组计算非均匀泥沙沉速时，会造成过渡区与紊流区的泥沙沉速无法平顺衔接。在 SL 42—92《河流泥沙颗粒分析规程》中，对粒径大于 2.0mm 的泥沙采用何种公式计算沉速没有规定，所以本书建议用紊流区的沙玉清沉速公式（2-42）计算沉速，这样过渡区与紊流区的泥沙沉速可以平顺衔接。对比式（2-41）和式（2-42）可知，这两个公式结构完全相同，只是系数不一样，最后导致计算结果相差很大。紊流区的沙玉清沉速公式中的系数与冈恰洛夫（Гончаров В. Н.）沉速公式（2-43）中的系数接近。

$$\omega_0 = 1.140 \sqrt{\frac{\rho_s - \rho}{\rho} g d} \tag{2-42}$$

$$\omega_0 = 1.068 \sqrt{\frac{\rho_s - \rho}{\rho} g d} \tag{2-43}$$

对于非均匀泥沙，计算其沉速时，通常将泥沙按其颗粒大小分为若干组，每一组泥沙的平均沉速，可由下式求出：

$$\omega_i = \frac{\omega_{max} + \omega_{min} + \sqrt{\omega_{max} \omega_{min}}}{3} \tag{2-44}$$

或

$$\omega_i = \sqrt{\omega_{max} \omega_{min}} \tag{2-45}$$

式中：ω_i 为每一组泥沙的平均沉速；ω_{max}、ω_{min} 分别为该组泥沙中最粗及最细泥沙的沉速。

若已知各组泥沙的平均沉速，则可由下式求出非均匀泥沙加权平均沉速

$$\omega_0 = \frac{\sum \omega_i p_i}{100} \tag{2-46}$$

式中：ω_0 为非均匀泥沙加权平均沉速；ω_i 为各组泥沙的平均沉速；p_i 为各组泥沙含量的质量百分数。

三、影响泥沙沉降的因素

上面所说的泥沙沉速只是泥沙颗粒在静止的清水中的沉降速度。在天然河流中，问题要复杂得多。例如，河水是流动的，水中含有泥沙，河口地区水中含有盐分，污染严重的河水中还含有各种有机质等。这些因素必然会影响到泥沙颗粒的沉降速度，因而须要对上面的沉速公式进行一定的修正。但是对这些问题，目前还研究得不够充分，这里只简要介绍一下。

1. 紊动对沉速的影响

当水流中存在紊动时，泥沙在沉降过程中受到涡流的影响，颗粒不能以最稳定的方位下沉。由于紊动流速的大小和方向随时随地在不断变化，泥沙颗粒在沉降过程中有时做加

速运动，有时又做减速运动。这时，作用在颗粒上的阻力除了水流的正常阻力以外，还要加上因为加速或减速运动而产生的额外阻力。一般来说，在泥沙颗粒相同的情况下，水流紊动强度越大，泥沙沉速就越小。

2. 颗粒形状对沉速的影响

颗粒形状对沉速的影响，以麦克诺恩（McNown J. S.）所做的研究工作较有代表性。麦克诺恩用类似于斯托克斯求解圆球绕流阻力的方法求得泥沙颗粒在层流区的绕流阻力

$$F = K(3\pi\mu d\omega) \tag{2-47}$$

式中：K 为阻力修正系数。

在 $Re_*<0.1$ 的情况下，麦克诺恩求得阻力修正系数与形状系数 $c/\sqrt{ab}$ 及轴长 b/c 的关系，如图 2-6 所示。设泥沙颗粒的长、中、短三个轴分别为 a、b、c，颗粒沉降方向与短轴 c 方向一致。由图 2-6 可知，颗粒形状对沉速的影响即便在层流区也是非常明显的。

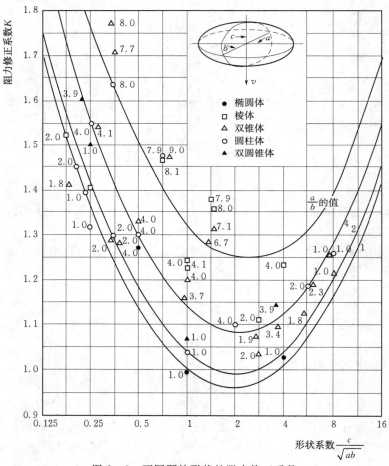

图 2-6　不同颗粒形状的阻力修正系数

3. 温度对沉速的影响

温度对沉速的影响，主要是通过运动黏滞系数体现出来的，运动黏滞系数随着水温的

变化而变化。对于清水，运动黏滞系数 ν 可用下列经验公式计算：

$$\nu = \frac{0.01775}{1 + 0.0337t + 0.000221t^2} \quad (cm^2/s) \qquad (2-48)$$

式中：t 为水温，℃。

4. 絮凝对沉速的影响

细颗粒泥沙表面积的物理化学作用可使颗粒之间产生微观结构，使相邻的若干带有吸附水膜的颗粒彼此联结在一起形成絮团，其沉速将远大于单颗沙粒下沉的速度。但是，当絮凝作用大到一定程度以后，又足以使泥沙下沉速度急剧减小。

据研究，泥沙颗粒的粒径 $d > 0.03mm$ 时，其絮凝作用不显著。当其粒径 $d = 0.01 \sim 0.03mm$ 之间时，絮凝作用也比较微弱。所以取发生絮凝作用的上限粒径为 0.01mm。当泥沙粒径 $d < 0.01mm$ 时，将发生絮凝现象。

5. 含盐度对沉速的影响

含盐度对沉速的影响程度与泥沙颗粒大小有关。对于粗颗粒泥沙，水中含盐度增大，将增大水的容重和黏性，从而减小颗粒的沉速；而对于细颗粒泥沙，会促使细颗粒泥沙絮凝成团，增加泥沙絮团颗粒的沉速。絮团沉速随含盐度的变化而变化，当含盐度较小时，絮团的沉速因含盐度的增加而迅速增大；当含盐度超过某一数值后，含盐度再增加，对絮团沉速不会再有什么影响。

6. 含沙量对沉速的影响

含沙量对沉速的影响也因泥沙颗粒大小、水中含沙量的高低而异。对于粗颗粒泥沙，这种影响主要体现在泥沙下沉时会引起水流紊动，颗粒之间会相互干扰，从而使得泥沙的沉速减小，相当于增大了水体的黏滞性。对于细颗粒泥沙，情况要复杂得多，除了考虑含沙量的影响外，还须考虑絮凝作用对沉速的影响。当泥沙在含沙量更高的高含沙水体中沉降时，由于泥沙颗粒之间相互干扰，颗粒不能自由沉降，沉降机理就更为复杂，详见第五章高含沙水流运动。一般说来，当含沙量很小时，由于泥沙颗粒间的相互阻尼作用较小，泥沙颗粒在重力作用下仍可自由沉降，可以不考虑含沙量的影响。当含沙量大到一定程度时，泥沙颗粒之间相互干扰增大，就不能再看作为自由沉降，而是群体沉降。在这种情况下，就须要考虑含沙量对沉速的影响了。由于浑水的黏滞性比清水大，考虑含沙量影响的沉速往往要小于单颗泥沙在清水中的沉速。

受含沙量影响的沉速公式一般可写为如下形式：

$$\omega_s = \omega_0 (1 - S_v)^m \qquad (2-49)$$

式中：ω_s、ω_0 分别表示泥沙颗粒在浑水中的沉速和在清水中的沉速；S_v 为体积比含沙量。

式中指数 m 与泥沙粒径 d 有关，明兹（Минц Ц. М.）根据试验资料，得到 m 与 d 关系如表 2-5 所示。

表 2-5　　　　　　　　　　　　指数 m 与泥沙粒径 d 的关系

d/mm	≥ 2.18	1.37	1.01	0.85	0.63	0.46	0.34	0.25
m	2.25	2.55	2.95	3.10	3.30	3.66	3.87	4.46

沙玉清（1965）认为当体积比含沙量 $S_V > 0.01 \sim 0.02$（相当于 $S > 27 \sim 54\text{kg/m}^3$）时，泥沙颗粒之间相互牵连，形成群体，以同一平均速度向下沉降，并给出如下计算群体沉速的公式：

$$\omega_s = \omega_0 \left(1 - \frac{S_V}{2\sqrt{d_{50}}}\right)^n \tag{2-50}$$

式中：S_V 为体积比含沙量；d_{50} 为泥沙中值粒径，mm；n 为指数，对于天津淤泥 $n=3$。

巴彻勒（Batchelor G. K.，1972）假定水中含沙量较低（$S_V < 0.05$ 或 $S < 130\text{kg/m}^3$），颗粒为大小相同的刚性球体，均匀分散排列互不搭接，导出了泥沙颗粒在浑水中的沉速公式：

$$\omega_s = \omega_0(1 - 6.55 S_V) \tag{2-51}$$

式中：S_V 为体积比含沙量。

第三节 河 流 泥 沙 起 动

静止在床面上的泥沙，随着水流强度逐渐增加，开始由静止状态进入运动状态，这种现象称为泥沙的起动，相应的临界水流条件称为泥沙的起动条件。泥沙起动条件可以用起动流速或起动拖曳力来表示。

一、泥沙起动的判别标准及受力分析

1. 泥沙起动的随机性

泥沙起动具有一定的随机性，这是因为天然河流中的泥沙颗粒形状、粒径和所处的床面位置等差异以及水流的作用力又具有随机性质所决定的。河床表面是由无数形状、粒径不同的泥沙颗粒组成的。对于均匀沙而言，即便是粒径相同，但颗粒形状以及在群体中的位置是随机的，而水流本身又具有脉动性质。因此，在同一时刻河床各处泥沙颗粒的受力不会相同；而在同一地点不同时刻的泥沙颗粒的受力也不相同。如果是非均匀沙，情况就更为复杂，因为粒径也变成了随机变量，起动的随机性就更强了。所以，当着眼于一颗特定泥沙的起动时，由于流速脉动，起动具有随机性。当着眼于特定床面上的群体泥沙的起动时，则除流速脉动之外，还受泥沙颗粒形状、粒径及在群体中的位置的影响，起动就更具有随机性了。

2. 泥沙起动的判别标准

泥沙起动条件是指静止在床面上的泥沙，随着水流强度逐渐增加，开始由静止状态进入运动临界状态时所具有的水力学条件。如何判别泥沙是否起动，涉及泥沙起动的判别标准问题。现有的起动判别标准大体上可分为定性及定量两大类。

（1）定性标准。在定性标准中，最著名的为克雷默（Kramer H.）在 1935 年提出的起动标准，至今在实验室水槽试验中，仍用来作为判别泥沙起动临界条件的标准。

1）弱动（个别起动）。床面上有屈指可数的泥沙颗粒处于运动状态。

2）中动（少量起动）。床面上的泥沙颗粒运动已无法计数，但尚未引起床面形态发生变化。

3）普动（大量起动）。各种大小的沙粒均已运动，并引起床面形态变化。

这些定性标准是难于明确判别的，即便是同一种标准也因人而异，因此观测标准本身具有随机性。目前大多数是将弱动，即床面上有屈指可数的泥沙处于运动状态作为泥沙起动的判别标准。

（2）定量标准。关于泥沙起动的定量判别标准，一些学者从不同角度进行了研究，主要有以下几种。

1）概率标准。由于泥沙起动带有很大的随机性，因而可引入概率理论来判断泥沙起动。窦国仁（1963，1999）在分析中考虑了与克雷默 3 种床沙起动状态对应的不同脉动流速发生频率，提出了个别起动、少量起动和大量起动的起动概率分别为 0.00135、0.0228 和 0.159，从而使克雷默所划分的起动标准向定量化推进迈出了重要一步。

2）颗粒数标准。亚林（Yalin M. S. ，1972）将 $\varepsilon = \dfrac{m}{At}\sqrt{\dfrac{\rho d^{5}}{\gamma_{s} - \gamma}}$ 作为泥沙起动标准，其中 m 为在时间 t 内从河床面积 A 范围内冲刷外移的泥沙颗粒数；ρ 为水密度；γ_{s}、γ 分别为泥沙和水容重；d 为泥沙颗粒粒径。对于各种粒径的泥沙应该取一个统一的运动强度 ε。因而，在进行两种比重相同、粒径相差 10 倍的起动试验时，为使两组试验的 ε 值相同，粒径较粗的那一组实验的 $\dfrac{m}{At}$ 必须比粒径较细的一组小 $10^{2.5}$ 倍。但 ε 值该如何确定，亚林并未提出。

3）输沙率标准。在室内及野外资料整理时，一般是通过绘制单宽推移质输沙率与相应的垂线平均流速或床面拖曳力的关系曲线，然后将该曲线顺延至输沙率为 0 处，其相应的起动流速或起动拖曳力即为起动判别标准。美国水道试验站曾规定以推移质输沙率达到 $14cm^{3}/$（m・min）作为起动标准。韩其为等（1996）提出的起动标准内涵与此相似，对水槽、野外沙质及卵石河床分别采用不同的无量纲输沙率参数来作为起动标准。泰勒（Taylor B. D. ，1971）提出了一种输沙率标准，通过在平坦沙质床面的水槽中做的一些定量试验，得到泥沙在起动阶段的无量纲输沙率资料，经分析取无量纲输沙率，作为起动标准。

4）可动层标准。彭凯等（1986）引入非均匀沙"床面可动层"概念，用确定某种泥沙"可动层"厚度的方法来确定泥沙起动的水流条件，以某种粒径"可动层"内的泥沙全部冲走作为约定的起动标准。通过实测资料计算，认为床面可动层厚度为 $1.2d$，其中 d 为泥沙粒径。

尽管已提出了各式各样的起动标准，事实上，由于泥沙起动的随机性和复杂性，起动标准还是不确定的，起动条件往往因人而异。这也是造成目前众多泥沙起动流速公式计算结果不一致的重要原因之一。

就起动条件而说，均匀沙和非均匀沙，粗颗粒散体泥沙和细颗粒黏性泥沙，平底和斜坡等各具有不同特点，下面将依次叙述。

3. 床面上的泥沙受力分析

在水流的作用下，静止在平底床面上的泥沙颗粒受到的作用力主要有：水流的拖曳力和上举力、颗粒的重力和水体的浮力（两者合力称为有效重力）、颗粒之间的黏结力和反力、渗透压力等。这些力分为两大类：一类是促使泥沙颗粒运动的力，如水流拖曳力和上举力等；另一类是抗拒泥沙颗粒运动的力，如有效重力和颗粒间的黏结力等。泥沙颗粒在水流的作用下，是处于静止状态还是运动状态，取决于这两类力的作用结果。

（1）水流拖曳力和上举力。水流流经泥沙颗粒时，会发生绕流，对颗粒产生作用力。此作用力可分为沿水流方向的拖曳力 F_D 和垂直水流方向的上举力 F_L。拖曳力和上举力的作用点一般不在颗粒重心。根据绕流理论，拖曳力和上举力表达式如下：

$$F_D = C_D a_1 d^2 \gamma \frac{v_b^2}{2g} \qquad (2-52)$$

$$F_L = C_L a_2 d^2 \gamma \frac{v_b^2}{2g} \qquad (2-53)$$

式中：C_D、C_L 分别为拖曳力系数和上举力系数；a_1、a_2 分别为沙粒投影面积的形状系数；v_b 为作用在泥沙颗粒上的近底流速。

（2）重力和浮力。水中的泥沙颗粒受到重力和水体浮力的作用，其作用点均在颗粒重心上并沿着铅直方向。两者合力称为颗粒的有效重力。若泥沙颗粒为球体，则颗粒的有效重力为

$$W' = a_3(\gamma_s - \gamma)d^3 \qquad (2-54)$$

式中：a_3 为沙粒体积系数；d 为泥沙颗粒粒径；γ_s 为泥沙容重；γ 为水容重。

（3）颗粒间的黏结力。黏结力主要存在于细颗粒泥沙之间，是由于颗粒表面的物理化学作用引起的一种作用力。颗粒越细，黏结力越大。张瑞瑾认为黏结力主要与颗粒接触面积、间隙的宽度、颗粒水平投影面积和所受到的水压力有关，可表示为

$$N = a_4 \gamma d^2 \left(\frac{d_1}{d}\right)^s (h_a + h) \qquad (2-55)$$

式中：a_4 为综合系数；d_1 为任意选定的与 d 做对比的参考粒径；s 为正指数；h_a 为与大气压力相应的水柱高度（约 10m）；h 为水深。

（4）颗粒间的反力。泥沙颗粒间的反力通过其接触点而发生作用，可分解为正向反力和切向反力。反力的作用情况比较复杂，与泥沙颗粒的相对位置有关，具有很大的随机性。

（5）渗透压力。当河水与地下水相互补给时，在河床内部会出现渗流，床面泥沙还承受渗透压力。地下水内渗时会减小泥沙颗粒的稳定，河水外渗时会增加泥沙颗粒的稳定。

根据上述作用力，可建立起泥沙颗粒受力模型，推导出泥沙起动流速公式或起动拖曳力公式。在建立受力模型时，因颗粒间的反力和渗透压力相对较小，一般不予考虑。

二、均匀沙起动流速公式

天然河流的床沙组成是不均匀的，但在某些情况下，例如冲积河流的沙质河床，其床沙粒配变化范围很窄，其主体部分粒径差异较小，可以近似地按均匀沙处理，用中值粒径或平均粒径作为计算起动流速的代表粒径。

泥沙起动时的垂线平均流速称为泥沙的起动流速。泥沙的起动流速公式分粗颗粒散体泥沙和细颗粒黏性泥沙两类，它们的主要差别在于是否考虑了颗粒间的黏结力。

（一）粗颗粒散体泥沙的起动流速公式

对于粗颗粒泥沙可以忽略颗粒间的黏结力，此时作用在颗粒上的力有：有效重力、水

流拖曳力和上举力。泥沙颗粒的起动可能有两种情况：一种可能的情况是颗粒沿平底床面滑动而进入运动状态；另一种可能情况是颗粒绕某一支点滚动而进入运动状态。这里假设颗粒以滚动的形式绕 O 点起动，如图2-7所示。此时的力矩平衡条件是

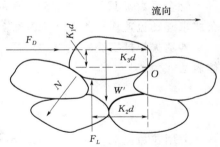

图2-7 粗颗粒泥沙受力情况

$$K_1 d F_D + K_2 d F_L = K_3 d W' \qquad (2-56)$$

式中：$K_1 d$、$K_2 d$、$K_3 d$ 分别为 F_D、F_L、W' 相应力臂。

将 F_D、F_L 及 W' 的表达式代入式（2-56），经整理后得

$$v_b = v_{b,c} = \left(\frac{2K_3 a_3}{K_1 C_D a_1 + K_2 C_L a_2} \right)^{1/2} \sqrt{\frac{\rho_s - \rho}{\rho} gd} \qquad (2-57)$$

式中：$v_{b,c}$ 为泥沙起动底速。

如果设泥沙颗粒以滑动的形式起动，也可建立受力平衡条件，得到类似上述形式的表达式，只不过表达式中的系数结构形式不同，其他主要变量关系还是一样的。

由于作用在泥沙颗粒上的近底流速 v_b 不容易测定，常以垂线平均流速来代替近底流速。垂线平均流速可由垂线流速分布公式求得。垂线流速分布公式有指数型的、还有对数型的，采用不同形式的流速分布公式，将会得到不同结构形式的起动流速公式。

如果采用如下指数型的垂线流速分布公式

$$v_x = v_h \left(\frac{z}{h} \right)^m \qquad (2-58)$$

式中：v_x 为距河底为 z 处的流速；v_h 为距河底为 h 处的流速，即水面流速；h 为水深；m 为指数。

积分式（2-58），得到垂线平均流速 v 与水面流速 v_h 关系如下：

$$v = \frac{v_h}{h} \int_0^h \left(\frac{z}{h} \right)^m dz = \frac{v_h}{1+m} \qquad (2-59)$$

或 $$v_h = (1+m) v \qquad (2-60)$$

将式（2-60）代入式（2-58）中，得

$$v_x = (1+m) v \left(\frac{z}{h} \right)^m \qquad (2-61)$$

以 $z = \alpha d$ 处的流速作为作用在泥沙颗粒上的有效流速，则有

$$v_b = (1+m) \alpha^m v \left(\frac{d}{h} \right)^m \qquad (2-62)$$

将式（2-62）代入式（2-57）中，得到起动流速公式的结构形式如下：

$$v_c = \eta \sqrt{\frac{\rho_s - \rho}{\rho} gd} \left(\frac{h}{d} \right)^m \qquad (2-63)$$

式中：v_c 为垂线平均起动流速；η 为综合系数，其结构形式为

$$\eta = \frac{1}{(1+m) \alpha^m} \left(\frac{2K_3 a_3}{K_1 C_D a_1 + K_2 C_L a_2} \right)^{1/2} \qquad (2-64)$$

综合系数 η 只能通过起动流速的试验资料来反求。一旦 m、η 确定后，就可应用这类公式求起动流速。这类公式中最著名的公式有沙莫夫（Шамов Г. И.）公式。

沙莫夫根据实验室资料，求得 $\eta=1.14$、$m=1/6$，代入式（2-63）得到起动流速具体表达式为

$$v_c = 1.14 \sqrt{\frac{\rho_s - \rho}{\rho} g d} \left(\frac{h}{d}\right)^{1/6} \qquad (2-65)$$

该式适用粒径范围 $d > 0.15 \sim 0.2\text{mm}$。对于天然沙 $\frac{\rho_s - \rho}{\rho} = 1.65$，代入式（2-65）后得

$$v_c = 4.6 d^{1/3} h^{1/6} \qquad (2-66)$$

式中：v_c 为垂线平均起动流速，m/s；h 为水深，m；d 为泥沙代表粒径，m；ρ_s 为泥沙密度，t/m³；ρ 为水的密度，t/m³。

如果采用如下对数型的流速分布公式：

$$\frac{v_x}{v_*} = 5.75 \lg\left(30.2 \frac{z\chi}{K_s}\right) \qquad (2-67)$$

类似上述处理，可得到

$$v_c = k \lg\left(12.27 \frac{R\chi}{K_s}\right) \sqrt{\frac{\rho_s - \rho}{\rho} g d} \qquad (2-68)$$

式中：k 为待定系数；R 为水力半径；χ 为湿周；K_s 为粗糙度。

这类公式中最有代表性的公式有冈恰洛夫（Гончаров В. Н.）公式，其表达形式为

$$v_c = 1.07 \lg\left(\frac{8.80h}{d_{95}}\right) \sqrt{\frac{\rho_s - \rho}{\rho} g d} \qquad (2-69)$$

式中：d_{95} 为粒配曲线上相应于 $p=95\%$ 的粒径，m；其余符号意义同前。

式（2-69）适用粒径 $d > 0.5\text{mm}$ 泥沙。

表达泥沙起动的临界水流条件的另一种形式为起动拖曳力。起动拖曳力是指泥沙处于临界起动状态的床面剪应力，一般用符号 τ_c 表示。起动拖曳力 τ_c 与起动流速 v_c 存在如下关系：

$$\tau_c = \rho v_{c*}^2 = \frac{\rho f}{8} v_c^2 \qquad (2-70)$$

式中：τ_c 为起动拖曳力；ρ 为水的密度；f 为水流阻力系数；v_c 为起动流速。

由于起动流速较起动拖曳力容易获得，所以在我国广泛应用起动流速作为泥沙起动的临界水流条件。如果已知起动流速，利用式（2-70）就可以求出起动拖曳力。当作用在床面上的水流剪应力 τ_0 大于起动拖曳力 τ_c 时，即 $\tau_0 > \tau_c$，泥沙即开始起动。

（二）散粒体及细颗粒黏性泥沙的统一起动流速公式

粗颗粒泥沙由于黏结力相对较小，可忽略不计，抗拒泥沙起动的力主要是重力。而对于细颗粒泥沙，若不计黏结力，将严重影响计算结果的准确性。所以，对于细颗粒泥沙应同时考虑重力和黏结力。类似粗颗粒泥沙列出起动临界条件，求得同时适用于粗、细颗粒的起动流速公式。这种类型的公式有如下几种。

1. 张瑞瑾公式（1981）

$$v_c = \left(\frac{h}{d}\right)^{0.14}\left(17.6\frac{\rho_s - \rho}{\rho}d + 0.605\times10^{-6}\frac{10+h}{d^{0.72}}\right)^{1/2} \qquad (2-71)$$

式中：v_c 为垂线平均起动流速，m/s；h 为水深，m；d 为泥沙代表粒径，m；ρ、ρ_s 分别为水和泥沙密度，kg/m³。

2. 沙玉清公式（1965）

$$v_c = \left[266\left(\frac{\delta}{d}\right)^{1/4} + 6.66\times10^9(0.7-\varepsilon)^4\left(\frac{\delta}{d}\right)^2\right]^{1/2}\sqrt{\frac{\rho_s-\rho}{\rho}gd}\ h^{1/5} \quad (2-72)$$

式中：δ 为薄膜水厚度，取为 0.0000001m；ε 为孔隙率，对于沙粒，其稳定值约为 0.4；d 为泥沙代表粒径，m；h 为水深，m；g 为重力加速度，m/s²。

3. 窦国仁公式（1999）

$$v_c = k\ln\left(11\frac{h}{K_s}\right)\left(\frac{d'}{d_*}\right)^{1/6}\left[3.6\frac{\rho_s-\rho}{\rho}gd + \left(\frac{\rho'_s}{\rho'_{s0}}\right)^{5/2}\frac{\varepsilon_0 + gh\delta(\delta/d)^{1/2}}{d}\right]^{1/2} \quad (2-73)$$

其中

$$d' = \begin{cases} 0.5\text{mm} & (d\leqslant0.5\text{mm}) \\ d & (0.5\text{mm}<d<10\text{mm}) \\ 10\text{mm} & (d\geqslant10\text{mm}) \end{cases}$$

式中：k 为系数，其值与起动状态有关，当泥沙将动未动时 $k=0.26$，当少量动时 $k=0.32$，普遍动时 $k=0.41$，一般取 0.32；h 为水深；d 为泥沙粒径；d_* 为参考粒径，$d_*=10$mm；K_s 为粗糙高度，当 $d\leqslant0.5$mm 时，$K_s=1.0$mm，当 0.5mm$<d<10$mm 时，$K_s=2d$，当 $d\geqslant10$mm 时，$K_s=2d^{1/2}d^{1/2}$；ρ、ρ_s 分别为水和泥沙颗粒密度；ρ'_s、ρ'_{s0} 分别为淤沙的干密度和稳定干密度，若淤沙干密度等于稳定干密度，则 $\rho'_s/\rho'_{s0}=1$；ε_0 为黏结力参数，与颗粒材料有关，天然沙 $\varepsilon_0=1.75$cm³/s²，电木粉 $\varepsilon_0=0.15$cm³/s²，塑料沙 $\varepsilon_0=0.10$cm³/s²；δ 为薄膜水厚度，$\delta=2.13\times10^{-5}$cm。

4. 唐存本公式（1963）

$$v_c = 1.79\frac{1}{1+m}\left(\frac{h}{d}\right)^m\left[gd\frac{\rho_s-\rho}{\rho} + \left(\frac{\rho'_s}{\rho'_{s0}}\right)^{10}\frac{\vartheta}{\rho d}\right]^{1/2} \qquad (2-74)$$

式中：ρ'_s、ρ'_{s0} 分别为淤沙干密度和稳定干密度，kg/m³，若淤沙干密度等于稳定干密度，则 $\rho'_s/\rho'_{s0}=1$；ϑ 为系数，$\vartheta=8.885\times10^{-5}$N/m；$m$ 为变值，对于一般天然河道，取 $m=1/6$，对于平整河床（如实验室水槽及 $d<0.01$mm 的天然河道），m 按式（2-75）计算：

$$m = \frac{1}{4.7}\left(\frac{d}{h}\right)^{0.06} \qquad (2-75)$$

以上 4 个起动流速公式中，右边括号内的第一项是重力作用项；第二项是黏结力作用项。作为粗略估算，可以认为当 $d\geqslant1$mm 时，重力占支配地位，黏结力可以忽略不计；当 $d\leqslant0.01$mm 时，黏结力占支配地位，重力可以忽略不计；当 0.01mm$<d<1$mm 时，两者作用相当，都应考虑。

为了对上述 4 个起动流速公式进行比较，在图 2-8 中点绘了以上 4 个起动流速公式的计算曲线，同时还点绘了水深 $h=0.15$m 时的实测点据。4 个起动流速公式的点绘结果表明，对于较细颗粒泥沙，各家公式与实测点据较接近。对于较粗颗粒则差别较大，沙玉

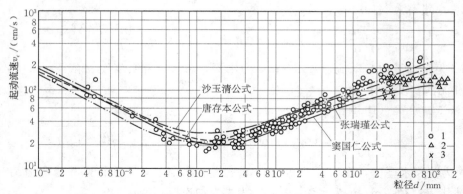

图 2-8　几个有代表性的起动流速公式计算值与实测值对比
1—窦国仁整理的各家资料；2—长江实测资料；3—武汉水利电力学院轻质卵石试验资料

清公式偏上，窦国仁公式偏下，张瑞瑾公式和唐存本公式则介于两者之间。

由图 2-8 可知：不同粒径泥沙的起动存在一个临界粒径（图中相应于水深 $h=0.15m$ 的临界粒径为 0.17mm）。比临界粒径粗的泥沙，随着粒径加大，需要更大的起动流速才能起动；比临界粒径细的泥沙，随着粒径变细，也需要更大的起动流速才能起动。对于粗颗粒泥沙，粒径越大，重力作用就越大，故越不易起动，这一点容易理解。而对于细颗粒泥沙，粒径越小，也越不易起动的解释，尚有一些争议。由细颗粒泥沙的物理化学特性可知，细颗粒泥沙周围有一层束缚水膜，颗粒之间通过束缚水膜相互黏结。张瑞瑾（1981）、沙玉清（1965）和唐存本（1963）认为，由束缚水膜引起的黏结力，与颗粒大小有关，颗粒粒径越小，黏结力就越大，因而起动流速就愈大。窦国仁（1960）认为，由于束缚水膜内的水是非自由水，其压力传递不符合静水压力传递定律，因而在两颗粒接触面积上受到上边水柱压力的作用，即附加下压力。并指出附加下压力随着颗粒粒径的减小而急剧增大，故颗粒粒径越小，起动流速就越大。窦国仁（1999）后来又将自己的观点修正为，细颗粒泥沙起动流速随粒径减小而增大的原因是黏结力和附加下压力的共同作用。韩其为（1982，1999）也支持窦国仁的这种观点，并作了进一步解释。

顺便指出，细颗粒泥沙的起动不同于散粒体泥沙，而是呈小块冲起，一块一块地剥落。也就是说，由于细颗粒泥沙间存在黏结力，因而有较好的整体性，起动破坏时呈块状。

三、非均匀沙起动流速公式

天然河流中，有的床沙粒配范围很宽，特别是山区卵石河床更是如此。这种河流的床沙就不能近似作为均匀沙处理，用中值粒径或平均粒径作为代表粒径来计算起动流速，只能按非均匀沙处理。非均匀沙的起动情况相当复杂，主要表现在大小颗粒之间的相互影响。较细的泥沙受较粗泥沙的掩蔽而难于起动，即其起动时的水流强度较均匀沙的相应强度要大；而非均匀沙中较粗的泥沙暴露于床面而易于起动，即其所受的拖曳力较均匀沙的相应粒径为大，因此起动时的水流强度较均匀沙的相应强度要小。

早在 20 世纪 50 年代，爱因斯坦首先引进掩蔽系数，对不同粒径组输沙率进行校正，同时也将掩蔽系数用于非均匀沙的起动。我国在这方面的研究工作起步较晚，但从 20 世纪 80 年代开始，也取得了一些成果。在这些成果中，以秦荣昱、韩其为、陈媛儿和谢鉴衡等人的研究为代表，从不同的角度探讨了非均匀沙起动流速的特点。然而，宽级配非均匀沙的起动极为复杂，仍有许多问题有待进一步深入探讨。下面介绍一下这方面的代表性研究成果。

秦荣昱（1980）认为非均匀沙某种粒径抗拒起动的力除泥沙本身的水下自重外，还有一个与混合沙平均抗剪力成比例的附加阻力，并近似假定附加阻力与非均匀沙群体移动时的剪切力成正比，利用滚动平衡推导得出起动流速公式的如下形式：

$$v_{c,i} = 0.786 \sqrt{\frac{\rho_s - \rho}{\rho} g d_i \left(2.500 m \frac{d_m}{d_i} + 1\right)} \left(\frac{h}{d_{90}}\right)^{1/6} \qquad (2-76)$$

式中：$v_{c,i}$ 为非均匀沙中粒径为 d_i 的泥沙起动流速，m/s；d_i 为流速 $v_{c,i}$ 时的起动粒径，m；d_m 为平均粒径，m；d_{90} 表示粒配曲线上相应于 $p = 90\%$ 的粒径，m；ρ_s、ρ 分别为泥沙和水的密度，kg/m^3；h 为水深，m；m 为非均匀沙的密实系数，与非均匀度 $\eta(= d_{60}/d_{10})$ 有关，如图 2-9 所示。

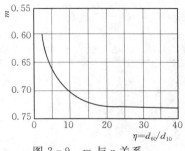

图 2-9　m 与 η 关系

韩其为（1982，1996）认为非均匀沙不同粒径起动时，除受到与均匀沙相同的各力作用外，还同时受其他颗粒遮掩及本颗粒在床面的暴露等的影响。这样，根据非均匀沙推移质低输沙率关系，定义了统一的起动标准，从而得到相应的起动流速为

$$v_{c,i} = 0.268 \left(\frac{v_{b,c}}{\omega_{1,i}}\right) \varphi_i \omega_{1,i} \qquad (2-77)$$

其中

$$\frac{v_{b,c}}{\omega_{1,i}} = F_b^{-1}\left(\lambda_{q_{b,i}}, \frac{d_i}{d_m}\right)$$

$$\varphi_i = 6.500 \left(\frac{h}{d_i}\right)^{\frac{1}{4 + \lg \frac{h}{d_i}}}$$

式中：$v_{b,c}$ 表示泥沙起动底速；$\omega_{1,i}$ 为泥沙起动的特征速度，对于卵石可用式（2-78）计算；$\lambda_{q_{b,i}}$ 为无量纲推移质单宽分组输沙率，$\lambda_{q_{b,i}} = q_{b,i} / (\rho_s p_i d_i \omega_{1,i})$，知道 $\lambda_{q_{b,i}}$ 及 d_i/d_m 后，则可由表 2-6 查出 $v_{b,c}/\omega_{1,i}$；$q_{b,i}$ 表示推移质单宽分组输沙率；d_i 为流速 $v_{c,i}$ 时的起动粒径；p_i 为起动粒径泥沙在粒配曲线上所占的百分比；d_m 为平均粒径；φ_i 为平均流速对动力流速的比值，反映了不同粒径颗粒受到的底部水流作用的大小；h 为水深。

泥沙起动的特征速度为

$$\omega_{1,i} = \sqrt{\frac{4}{3 C_x} \frac{\rho_s - \rho}{\rho} g d_i} \qquad (2-78)$$

式中：C_x 为水流正面推力系数，可取为 0.4；ρ_s、ρ 分别为泥沙和水的密度。

陈媛儿和谢鉴衡（1988）研究了非均匀床沙的近底水流结构，采用一般的对数流速分布公式，并引进一些经验参数后，利用适线方法，求得如下形式的非均匀床沙的半经验起动流速公式：

表 2-6 　　　　　　　　　　　　　$\lambda_{q_{b,i}}$ 与 $v_{b,c}/\omega_{1,i}$ 关系

$\dfrac{v_{b,c}}{\omega_{1,i}}$	d_i/d_m							
	0.250	0.500	1.000	1.500	3.000	5.000	7.460	10.000
0.174	0.69768E-16	0.16315E-15	0.44101E-15	0.88283E-15	0.28791E-14	0.95668E-14	0.78654E-13	0.61118E-01
0.231	0.10653E-09	0.24308E-09	0.63142E-09	0.12008E-08	0.37667E-08	0.12165E-07	0.50995E-07	0.45642E-06
0.288	0.64109E-07	0.14489E-06	0.37026E-06	0.67882E-06	0.20601E-05	0.60059E-05	0.16080E-04	0.60020E-04
0.346	0.20507E-05	0.46276E-05	0.11820E-04	0.21493E-04	0.66626E-04	0.16780E-03	0.33076E-03	0.76802E-03
0.404	0.17152E-04	0.38836E-04	0.99381E-04	0.18305E-03	0.55189E-03	0.11613E-02	0.18840E-02	0.33589E-02
0.433	0.37570E-04	0.85142E-04	0.21864E-03	0.40766E-03	0.11771E-02	0.22839E-02	0.34562E-02	0.56387E-02
0.519	0.19615E-03	0.45602E-03	0.12274E-02	0.22926E-02	0.55983E-02	0.89730E-02	0.11815E-01	0.16268E-01
0.550	0.31691E-03	0.73196E-03	0.19662E-02	0.36322E-02	0.83137E-02	0.12650E-01	0.16107E-01	0.21315E-01
0.600	0.63132E-03	0.14162E-02	0.37458E-02	0.67427E-02	0.13964E-01	0.19837E-01	0.24209E-01	0.30493E-01
0.800	0.56529E-02	0.94727E-02	0.20421E-01	0.31556E-01	0.48770E-01	0.59206E-01	0.66006E-01	0.74949E-01

$$v_{c,i} = \psi \sqrt{\frac{\rho_s - \rho}{\rho} g d_i} \; \frac{\lg \dfrac{11.1h}{\varphi d_m}}{\lg \dfrac{15.1 d_i}{\varphi d_m}} \tag{2-79}$$

式中：$\varphi = 2$，反映粗颗粒对当量糙度的影响；$\psi = \dfrac{1.12}{\varphi} \left(\dfrac{d_i}{d_m} \right)^{1/8} \left(\sqrt{\dfrac{d_{75}}{d_{25}}} \right)^{1/7}$，反映当量糙度影响之外，还反映了床沙非均匀度的影响；d_i 为流速 $v_{c,i}$ 时的起动粒径；d_m 为平均粒径。

四、斜坡上泥沙的起动流速

以上研究泥沙的起动条件时，不论是均匀沙，还是非均匀沙，都是将河床作为平底考虑的，忽略了泥沙颗粒的自重沿水流方向的分力。当河流的比降不大时，可以不计泥沙颗粒的自重沿水流方向的分力所带来的误差。当河流的比降大时，如山区陡峻河道、水库坝前冲刷漏斗坡面等情况下，若忽略泥沙颗粒的自重沿水流方向的分力，将会带来一定的误差。

假设图 2-10 所示，河床表面与水平面的交角为 θ，作用于沙粒上的力有：水流拖曳力 F_D 〔式 (2-52)〕、上举力 F_L 〔式 (2-53)〕、颗粒的有效重力 W' 〔式 (2-54)〕、摩阻力 $F_R = f(W'\cos\theta - F_L)$。其中，$f$ 为沙粒与床面间的摩擦系数，$f \leqslant \tan\varphi$，φ 为泥沙的水下休止角。

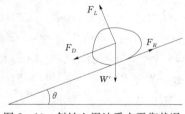

图 2-10　斜坡上泥沙受力平衡状况

设泥沙颗粒以滑动的形式起动，则受力平衡条件为

$$F_D + W'\sin\theta = F_R \tag{2-80}$$

将式 (2-52)～式 (2-54) 及摩阻力 $F_R = f(w'\cos\theta - F_L)$ 代入式 (2-80)，得到斜坡上泥沙起动底速

$$v'_{b,c} = \sqrt{\frac{2a_3(f\cos\theta - \sin\theta)}{C_D a_1 + f C_L a_2} \frac{\rho_s - \rho}{\rho} g d} \tag{2-81}$$

将式 (2-62) 代入式 (2-81) 中，得到以垂线平均流速表示的斜坡上泥沙起动流速

$$v'_c = \frac{1}{(1+m)a^m} \sqrt{\frac{2a_3(f\cos\theta - \sin\theta)}{C_D a_1 + f C_L a_2} \frac{\rho_s - \rho}{\rho} g d} \left(\frac{h}{d} \right)^m \tag{2-82}$$

当 $\theta = 0^0$ 时，得到以垂线平均流速表示的平底河床上泥沙起动流速

$$v_c = \frac{1}{(1+m)a^m} \sqrt{\frac{2a_3 f}{C_D a_1 + f C_L a_2} \frac{\rho_s - \rho}{\rho} g d} \left(\frac{h}{d}\right)^m \qquad (2-83)$$

令 $v'_c / v_c = K$，则有

$$K = \frac{v'_c}{v_c} = \sqrt{\cos\theta - \frac{\sin\theta}{f}} \qquad (2-84)$$

这样，只要先求出 K 值和平底河床条件下的起动流速，便能得到倾斜河床条件下的起动流速

$$v'_c = K v_c \qquad (2-85)$$

从式（2-84）可以看出：受床沙重力沿斜坡分力的影响，当水流沿斜坡向下时，$K < 1$。

五、扬动流速和止动流速

泥沙颗粒由静止状态直接进入悬移状态的临界流速，称为扬动流速。泥沙颗粒由运动状态转入静止状态的临界流速，称为止动流速。

扬动流速大于起动流速。该流速除可用来判断泥沙起动之外，还可进一步判断泥沙起动之后是否能转入悬移状态。如何确定扬动流速，这就涉及泥沙悬移状态的判别标准问题。泥沙的悬移状态有两种极端状态：一种状态是泥沙由推移运动过渡到悬移运动的临界状态。此时泥沙跃起的高度只要超过推移质运动的高度即可，这种状态下被扬起的泥沙属于悬移质中较粗部分，仍然有可能回落床面。另一种状态是扬起的泥沙不再回归床面的临界状态，其可能扬起的高度可以直达水面，这种状态下被扬起的泥沙属于悬移质中最细部分。在这两种极端状态之间，还存在各种不同程度的过渡状态。

沙玉清（1965）给出一个计算扬动流速的公式（2-86），该公式计算的扬动流速相当于悬移状态第一种状态和第二种状态之间的过渡状态。

$$v_f = 16.73 \left(\frac{\rho_s - \rho}{\rho} g d\right)^{2/5} \omega^{1/5} h^{1/5} \qquad (2-86)$$

式中：v_f 为平均扬动流速，m/s；d 为泥沙粒径，m；ω 为泥沙沉速，m/s；h 为水深，m。

窦国仁（1978）给出一个扬动流速计算公式（2-87）。

$$v_f = 1.5 \sqrt{\frac{\rho_s - \rho}{\rho} g d} \ln\left(11 \frac{h}{K_s}\right) \qquad (2-87)$$

式中：v_f 为平均扬动流速，m/s；h 为水深，m；K_s 为沙粒粗糙高度，m，对于平整床面当 $d \leqslant 0.5$mm 时 $K_s = 5 \times 10^{-4}$m，当 $d > 0.5$mm 时 $K_s = d$。

周志德（1981）从能量观点出发，推导出一个扬动流速计算公式（2-88）。

$$v_f = 6.80 \left(\kappa \frac{\rho_s - \rho}{\rho} g \omega d\right)^{1/3} \lg\left(\frac{12.27 R' x}{K_s}\right) \qquad (2-88)$$

式中：v_f 为平均扬动流速，m/s；κ 为卡曼常数；R' 为沙粒阻力水力半径，m；x 为寇利根（Keulegan G. H.）对数流速分布公式中的修正系数［见式（4-6）］；K_s 为边壁粗糙度，m；其余符号同上。

此外，谢鉴衡（1981）根据悬浮指标 $\omega / \kappa v_* = z_*$ 推导出扬动流速计算公式（2-89）。

$$v_f = \frac{A}{\kappa z_* \sqrt{g}} \left(\frac{h}{d}\right)^{1/6} \omega \qquad (2-89)$$

式中：v_f 为平均扬动流速，m/s；z_* 为悬浮指标，当 $z_*=5$ 时，悬浮高度甚低，可以认为是悬移状态的第一种状态，当 $z_* \leqslant 0.032$ 时，悬浮至水面不再回归床面，可以认为是悬移状态的第二种状态；κ 为卡曼常数，在清水或接近清水中 $\kappa=0.4$；$A=d^{1/6}/n$；n 为曼宁糙率系数，s/m$^{1/3}$；ω 为沉速，m/s；其余符号同上。

止动流速小于起动流速。止动流速之所以较起动流速为小，一种观点认为是因为运动中的泥沙存在惯性；另一种观点认为是因为运动中的泥沙颗粒呈松散状，黏结力不起作用。不少学者提出过计算止动流速的公式，其结构形式与起动流速公式相同，只是系数较小。所以，止动流速可以用式（2-90）计算。

$$v_p = K v_c \qquad (2-90)$$

式中：K 为小于 1 的系数，冈恰洛夫认为 $K=0.71$，沙莫夫、窦国仁认为 $K=0.83$；v_c 为起动流速，在计算起动流速时，不考虑黏结力项。

习　题

2-1　设某一泥沙颗粒的质量为 3kg，密度为 2.65t/m^3，求其等容粒径。

2-2　什么是泥沙粒配曲线？其有何作用？

2-3　什么是泥沙颗粒的非均匀系数？其意义是什么？

2-4　什么是泥沙的平均粒径和中值粒径？两者之间有何关系？

2-5　泥沙容重、密度、干容重的定义各是什么？

2-6　已知某水库坝前水下淤积泥沙总处于淹没状态，其粒配曲线如图 2-11 所示。试用拉腊公式、莱恩-凯尔泽公式和米勒公式估算淤沙初期干密度，及淤积 10 年后的干密度和淤积到 10 年后的平均干密度。

2-7　什么是泥沙的水下休止角？

2-8　泥沙含沙量的表达形式有几种？其定义是什么？

2-9　已知河水的质量比含沙量为 10kg/m^3，求其体积比含沙量和浑水密度。

2-10　清水与浑水的黏滞系数有何区别？

2-11　细颗粒泥沙为什么会产生絮凝现象？

2-12　什么是泥沙沉速？泥沙在层流、紊流、过渡区中的运动状态，以及水流对颗粒下沉产生的阻力有何不同？

2-13　已知某沙样中各粒径级泥沙所占的质量百分比见表 2-7，求每一粒径级泥沙的平均沉速和该沙样的加权平均沉速。

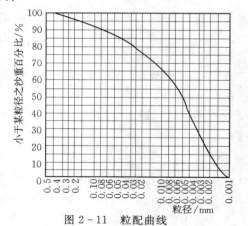

图 2-11　粒配曲线

表 2 - 7　　　　　　　　　　　　　沙 样 粒 径 级 配

粒径级/mm	3.0～1.5	1.5～1.0	1.0～0.5	0.50～0.15	0.15～0.06	0.06～0.03
质量百分比/%	8	7	15	38	20	12

2 - 14　粗颗粒泥沙与细颗粒泥沙在沉降时有什么不同？

2 - 15　含沙量对沉速有什么影响？如何计算？

2 - 16　泥沙起动的定性及定量判别标准分别有哪些？

2 - 17　已知天然沙的颗粒粒径分别为 2.0mm 和 0.001mm，分别用沙莫夫公式、张瑞瑾公式、沙玉清公式、窦国仁公式和唐存本公式计算 2.0mm 粒径泥沙，以及用张瑞瑾公式、沙玉清公式、窦国仁公式和唐存本公式计算 0.001mm 粒径泥沙，在水深 3.0m 时的平均起动流速。

2 - 18　分析影响黏性细颗粒泥沙起动的因素。

2 - 19　什么是泥沙扬动流速和止动流速？它们与起动流速有何关系？

第三章　河道水流运动基本规律

河流泥沙输移与河道水流运动规律有着密切关系。所以，要想掌握河流泥沙输移规律就必须先了解河道水流运动规律。河道水流与明渠水流在水流运动基本特性、水流结构及水流阻力等方面有很大的不同，尽管在某些情况下，仍可使用水力学中的明渠水流研究成果，但在许多情况下，如果生搬硬套，往往会带来较大的偏差。本章主要介绍河道水流运动基本特性、水流结构和水流阻力等内容。

第一节　河道水流运动基本特性

河道水流运动基本特性可以概括如下。

一、河道水流的非恒定性

河道水流的非恒定性主要表现在以下两个方面。

一是来水来沙情况随时间变化。大多数河道来水来沙情况主要受降水影响，而降水在一年各季之间以及年际之间的变化幅度是相当大的。因此，各河流的来水来沙变化幅度也相当大。

二是河床经常处于冲淤变化中，河床边界也随时间变化。一方面水流造就河床，适应河床，改造河床；另一方面河床约束水流，适应水流，受水流的改造。河床与水流之间存在着相互依存、相互制约、相互影响的关系。因此，河道来水来沙情况的非恒定性，不可避免地要引起河床时而剧烈、时而缓慢地变化，呈现出与水沙情况相应而滞后的非恒定性。

二、河道水流的非均匀性

均匀流首先必须是恒定流，而河道水流一般为非恒定流，这就否定了在一般情况下它呈均匀流的内在可能性。其次，均匀流的边界必须是与流向平行的棱柱体，这样才能保证流线平直，物理量沿流程的偏导数为零。而这一点在天然河流中是很难做到的。再次，沿河床推移的泥沙，在绝大多数情况下往往在河床表面形成波状起伏并向下游移动的沙波。由于在沙波的不同部位，床面起伏高低不同，所以近底的流态与流速也不同。这就是说，即使上游来水来沙情况是恒定的，河床边界沿流向是平直的，河道水流的某些物理量仍然沿流程变化。如果这种非均匀性仅仅是由沙波所造成的床面起伏所引起，而沙波又可简化为二维问题，在这种情况下，取长度等于一个或若干个沙波的河段，就平均情况来看，水流才可以近似地视为均匀流。但实际上，大多数沙波在床面上具有明显的三维性。

严格地说，河道水流为非均匀流。但对于一个比较顺直的短河段，若来水来沙情况基本稳定，河床基本处于不冲不淤的相对平衡情况，过水断面及流速沿程变化不大，水面比降、床面比降及水力比降三者基本平直而相互平行，就可以简化为均匀流处理。

三、河道水流的三维性

在水力学中，明渠水流常简化为一维流或二维流问题来研究。严格说来，在天然河流中，不存在水力学中所讨论的一维流或二维流问题。在天然河道中经常出现的是具有不规则过水断面的三维流。过水断面不规则的程度，一般以山区河流为最大，以冲积平原中的顺直河段为最小。河道水流的三维性与过水断面的宽深比密切相关，宽深比越小，三维性越强烈。在顺直宽浅的平原河道上，水流的宽深比较大，可能呈现出一定程度的二维性；而在宽深比很小的山区河段中，水流的三维性就较强。

因此，在进行河道水流的分析计算中，应区别不同河道水流在三维性问题上的一些特点，避免不顾实际情况将所有河流简化为二维流或一维流问题来研究。

四、河道水流的二相性

物质可分为四相，即固、液、气和等离子。二相流或多相流是指同时考虑物质二相或多相的力学关系的流动。水是密度接近于1的可以视为连续介质的液体。在水力学中，讨论的是仅以水作为研究对象的一相流，而河道水流或多或少都要挟带一些泥沙，泥沙是密度大于1的不能视为连续介质的颗粒体。因此，挟带泥沙的河道水流属于二相流。水沙二相流是河道水流中最常见的，但并非唯一的。在某些情况下，河道水流也可以呈一相流或多相流，或者虽呈二相流，但并非由水沙二相组成，如河水中污染物迁移扩散、浮冰输移问题。

五、河道非恒定流输沙和不平衡输沙

河道水流一般为非恒定流，所以在自然条件下，泥沙都是在非恒定流中输送的。而现阶段泥沙运动力学的诸多理论和公式，都是基于恒定均匀流条件建立起来的。这可能就是用恒定流条件下建立起来的公式推算非恒定流中的泥沙运动，导致两者结果差别较大的主要原因之一。

在一般情况下，无论是推移质还是悬移质，一般都处于不平衡输沙状态，这种状态又称为非饱和输沙状态。当水流处于不平衡输沙状态时，它总是通过在流动空间上的自动调整作用，使含沙量沿程变化，力图与水流挟沙力相适应，达到饱和（平衡）输沙状态。水流的挟沙力是判断河床是否淤积、冲刷或不冲不淤的重要依据。当水流中的泥沙含量超过水流的挟沙力时，水流处于超饱和状态，河床沿程发生淤积。反之，当小于饱和含沙量时，水流处于次饱和状态，河床沿程冲刷。通过这种淤积或冲刷，使水流中的泥沙含量趋于饱和，河床恢复不冲不淤平衡状态。严格地说，饱和输沙状态在非恒定流条件下是不可能达到的，但冲积河流调整具有平衡倾向性，朝着相对平衡状态方向演变，当河流处于相对平衡状态时，就平均情况而言，可以认为达到了饱和输沙状态。

第二节　河道水流结构

一、河道水流的流型

在水力学中将明渠水流或管道水流运动划分为紊流和层流两大类型，在紊流中又视渠壁或管壁相对光滑度的差异分为光滑区、过渡区和粗糙区（或阻力平方区），而河道水流又属于哪个流型区呢？

河道水流具有较大的雷诺数，一般都是紊流，且都能进入阻力平方区。从工程角度来看，这是把河道水流的流型归属于阻力平方区的重要原因之一。当然，不能进入阻力平方区的河道水流也不是完全没有。

河道水流容易以阻力平方区的流型出现的另一个原因是，由于河道提供的紊源很多、很复杂，不像棱柱体明渠及平直管道的紊源那么单纯简单。棱柱体明渠及平直管道的紊源主要是粗糙边壁附近小尺度的紊动。而在河道水流中，不光凹凸不平的河底和河岸是紊源，河势、河床形态、浅滩、沙波等同样也是紊源，这些紊源的尺度是粗糙边壁附近小尺度紊源完全不能相比的。

须要指出的是，河道水流中由于紊源复杂，有些紊源能促成强大的涡体运动，使区分光滑区、过渡区与阻力平方区的临界雷诺数较平直规则的渠、管水流中的相应的临界雷诺数小，而且它们的数值不是固定值，而是随不同的边界条件变化。

二、河道水流的流态

河道水流的流态或河势要比简单的棱柱体明渠水流的流态复杂得多，除了正流以外，还有副流。

正流，又称主流、元生流，它是河道水流中的主体部分。它的流向与河道纵比降趋向相一致。在正流中，包含主流带及主流线。前者为围绕主流线两侧一定宽度内平均单宽流量较大的流带；后者为各河段水流平面中最大单宽流量所在处的平顺连接线。在主流带以外的两侧或一侧，有平均单宽流量较小的近岸边流带。主流线及主流带对河段的流态及发展趋势有决定性的作用，是河流水力学分析研究的主要对象之一。

除主流线之外，还可取最大单宽动量线或最大单宽动能线来表示河道水流的动力轴线。主流线、最大单宽动量线及最大单宽动能线在河段正流中的位置相近而不一定重合。在很多情况下，可任取三者之一作为河道水流的动力轴线，差别不是很大。但在研究某些特殊问题时，则三者的代表性会有明显不同。如研究堤防受水流顶冲强度，则以采用最大单宽动量线为宜。

此外，沿河床各横断面中高程最低点的平面平顺连接线，称为深泓线。某些河段的深泓线位置，可能在同一时段与主流相近或相重合，但也可能相差很远。

在河道水流中，与正流相对应的，有副流或次生流。副流或次生流就是从属于正流的水流，不能单独存在。这种副流或次生流，有的具有复归性，或者基本上与正流脱离，在一个区域内呈循环式的封闭流动；或者与正流或其他副流结合在一起，呈螺旋式的非封闭的复归性流动。

三、河道水流的流速分布

这里所说的河道水流的流速分布，是指垂线流速分布。因为河道水流具有较强的三维性，垂线流速分布很难用公式来描述。但因流速分布是分析研究河流水力学的极其重要的物理量，在分析研究各个方面水流性质时，又离不开它。为了解决这种矛盾，可以采取以下方法来确定河道水流的垂线流速分布。

第一，对于断面宽深比较小（$B/H < 7 \sim 10$）、具有较强三维性的河道水流，张瑞瑾（1998）建议，对所研究的河段进行原型实测，或在物理模型中进行观测，直接或间接得到流速分布资料，对这些资料进行回归分析，建立起表达该河段流速沿垂线分布的方程式。

第二，对于断面宽深比较大（$B/H > 15 \sim 20$），具有较强的二维性河道水流，水力学提供了为数不少的公式，主要有对数流速分布公式和指数流速分布公式，它们仍可使用。

1. 卡曼-普朗特（Karman Th. - Prandtl L.）对数流速分布公式

$$v_x = \frac{v_*}{\kappa} \ln z + C \tag{3-1}$$

式中：v_x 为 z 处的时均流速；v_* 为摩阻流速，$v_* = \sqrt{\tau_0/\rho} = \sqrt{gRJ}$，对于宽浅河道 $v_* = \sqrt{ghJ}$；τ_0 为作用在床面上的水流剪应力，$\tau_0 = \gamma RJ$；J 为水力比降；g 为重力加速度；h 为水深；z 为距床面的距离；κ 为卡曼常数，对于清水，$\kappa = 0.4$；C 为积分常数，当 $z = h$ 时，$v_x = v_{max}$，由此求出积分常数 C，将 C 代入式（3-1），可得

$$\frac{v_{max} - v_x}{v_*} = \frac{1}{\kappa} \ln \frac{h}{z} \tag{3-2}$$

式中：v_{max} 为水面处最大流速。

紊流分为光滑区、粗糙区及过渡区。所以，对数流速分布公式（3-1）也可以按区给出。将式（3-1）自然对数改用常用对数表示，它们之间的关系为 $\ln z = 2.3026 \lg z$。

对于光滑区，将 $C = B - \frac{2.3026}{\kappa} \lg \frac{\nu}{v_*}$ 代入用常用对数表示的式（3-1）中，得到

$$\frac{v_x}{v_*} = A \lg \frac{z v_*}{\nu} + B \tag{3-3}$$

式中：A、B 分别为待定常数，众多试验资料表明，$A = 5.50 \sim 5.75$、$B = 5.45 \sim 5.80$；ν 为水流运动黏滞系数。

对于粗糙区，将 $C = B - \frac{2.3026}{\kappa} \lg K_s$ 代入用常用对数表示的式（3-1）中，得到

$$\frac{v_x}{v_*} = A \lg \frac{z}{K_s} + B \tag{3-4}$$

式中：A、B 分别为待定常数，众多试验资料表明，$A = 5.75$、$B = 8.50$；K_s 为边壁粗糙度。

2. 指数流速分布公式

$$\frac{v_x}{v_{max}} = \left(\frac{z}{h}\right)^m \tag{3-5}$$

式中：m 为指数，常以 $1/n$ 形式表示，在清水水流中 n 约等于 $5 \sim 8$，一般取 $n = 6$。流速分布越均匀，n 值越大；在浑水水流中，含沙量越高（但非高含沙水流），n 值越小。

指数流速分布公式（3-5）和对数流速分布公式（3-2）都是描述明渠垂线流速分布的公式，两者本质上应是一致的，只是表达形式不同。

四、河道水流的环流结构

环流结构是河道水力学中一个颇为重要的问题。前面已经提到，河道水流除了主流以外，还有次生流。具有复归性的次生流被称为环流。主流一般以纵向为主。环流则不然，它因产生的原因不同，具有不同的轴向，因此输沙的方向也不限于纵向。可以这样地说，河流中的横向输沙主要是有关的环流造成的，而不是主流或纵向水流造成的。河道水流的输沙自然是纵横两个方向彼此联系的。因此，一个河段的冲淤状况，除了受主流的影响之

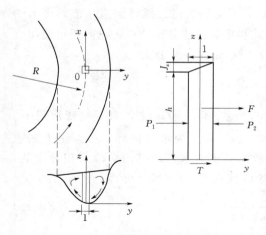

图 3-1　弯道中水柱受力情况

外，还受环流的影响。环流就其生成原因而言，可以区别为以下几种。

1. 因离心惯性力而产生的弯道横向环流

水流通过弯道时，在弯道离心力的作用下，水流中出现离心惯性力。离心惯性力的方向是从凸岸指向凹岸，结果使凹岸水面高于凸岸水面，形成水面横比降。

为了计算水面横比降的大小，在弯道水流中曲率半径为 R 的流线上，取一个长、宽各为一个单位的微小水柱，如图 3-1 所示，分析水柱受力情况。为了简化起见，只考虑二维恒定环流。这样，水柱的上下游垂直面中的内摩阻力可以不计。在这种情况下，水柱在横向受的力有：离心力 F，两侧动水压力差 $\Delta P = P_1 - P_2$，底部摩阻力 T。写出水柱的横向静力平衡方程

$$F + P_1 - P_2 + T = 0 \tag{3-6}$$

设水流中某点处的流速为 v_x，则单位质量水体所受的离心力 a_y 可近似用下式表示为

$$a_y = \rho \frac{v_x^2}{R} \tag{3-7}$$

那么，对式（3-7）沿水深积分，得到单位水柱所受的离心力为

$$F = \rho \int_0^h \frac{v_x^2}{R} \mathrm{d}z \tag{3-8}$$

式中：ρ 为水的密度；R 为弯曲水流曲率半径；h 为水深。

水柱两侧动水压力差为

$$\Delta P = P_1 - P_2 = \frac{1}{2}\gamma h^2 - \frac{1}{2}\gamma (h + J_y)^2 = -\gamma h J_y - \frac{1}{2}\gamma J_y^2 \tag{3-9}$$

忽略式（3-9）中 J_y 的高阶微量，则有

$$\Delta P = -\gamma h J_y \tag{3-10}$$

式中：γ 为水的容重；h 为水深；J_y 为水面横比降。

水柱底部摩阻力为

$$T = \tau_{0y} \tag{3-11}$$

式中：τ_{0y} 为单位面积上的底部摩阻力的横向分量。

将式（3-8）、式（3-10）和式（3-11）代入式（3-6）后，得

$$\rho \int_0^h \frac{v_x^2}{R} \mathrm{d}z - \gamma h J_y + \tau_{0y} = 0 \tag{3-12}$$

由式（3-12）求得水面横比降为

$$J_y = \frac{1}{gh} \int_0^h \frac{v_x^2}{R} \mathrm{d}z + \frac{\tau_{0y}}{\gamma h} \tag{3-13}$$

式（3-13）中等号右侧第二项较第一项小得多，可以忽略不计。令

$$\frac{1}{h}\int_0^h \frac{v_x^2}{R}\mathrm{d}z = \alpha_0 \frac{v^2}{R} \tag{3-14}$$

式中：v 为垂线平均流速；α_0 为流速分布不均匀系数。

则式（3-13）可改写为

$$J_y = \alpha_0 \frac{v^2}{gR} \tag{3-15}$$

流速分布不均匀系数 α_0 可根据卡曼-普朗特对数流速分布公式求得。首先对式（3-2）沿水深积分，求得表面流速 v_{max} 与垂线平均流速 v 之间的关系为

$$v_{max} = v + \frac{v_*}{\kappa} \tag{3-16}$$

然后，将谢才公式 $v = C\sqrt{RJ}$ 与摩阻流速 $v_* = \sqrt{gRJ}$ 联立，求得摩阻流速 v_* 与垂线平均流速 v 之间的关系为

$$v_* = \frac{v}{C_0} \tag{3-17}$$

再将式（3-16）和式（3-17）代入式（3-2），得

$$v_x = v\left[1 + \frac{1}{C_0\kappa}(1 + \ln\eta)\right] \tag{3-18}$$

式中：C_0 为无量纲谢才系数，$C_0 = C/\sqrt{g}$，C 为谢才系数；κ 为卡曼常数；η 为相对水深，$\eta = z/h$。则有

$$\alpha_0 = \frac{1}{v^2}\int_0^1 v_x^2 \mathrm{d}\eta = \int_0^1 \left[1 + \frac{1}{C_0\kappa}(1 + \ln\eta)\right]^2 \mathrm{d}\eta = 1 + \frac{1}{C_0^2\kappa^2} \tag{3-19}$$

通常，$\alpha_0 \approx 1$。

如果知道了垂线平均流速沿横向分布规律，将式（3-15）沿横断面积分，可以求得整个横断面上的水面曲线。但由于垂线平均流速沿横向分布规律难于寻找，只好用断面平均流速 v_m 代替垂线平均流速 v 求积分，求得平均水面横比降

$$\bar{J}_y = \alpha_0 \frac{v_m^2}{gR_m} \tag{3-20}$$

式中：v_m 为断面平均流速；R_m 为弯道平均曲率半径。

如果已知水面宽为 B，根据式（3-20），可以求得横向最大水位差

$$\Delta z = \alpha_0 \frac{v_m^2}{gR_m}B \tag{3-21}$$

由式（3-7）可知，单位质量水体所受的离心力与纵向流速的平方成正比。而纵向流速沿水深分布是不均匀的，自河底向水面增加，故离心力也是自河底向水面增加。由式（3-10）可知，压力差与横比降成比例，因横比降沿水深不变，故压力差也沿水深不变。离心力与压力差合成的结果，上层水体所受的力指向凹岸，因此发生向凹岸的流动，而下层水体所受的力指向凸岸，因此发生向凸岸的流动，结果就形成了一个封闭的环流。这一环流叠加在主流上，使水流呈螺旋式前进运动。

为了求得横向环流的流速分布，在弯道水流中取出一个微小六面体 $\mathrm{d}x\mathrm{d}y\mathrm{d}z$，如图 3-2 所示，分析其受力情况。微小六面体在横向受的力有：

离心力 (1)：$F = \rho \dfrac{v_x^2}{R} \mathrm{d}x\,\mathrm{d}y\,\mathrm{d}z$

两侧动水压力差 (2) — (3)：$\Delta P = p_y \mathrm{d}x\,\mathrm{d}y - \left(p_y + \dfrac{\partial p_y}{\partial y} \mathrm{d}y \right) \mathrm{d}x\,\mathrm{d}z = -\dfrac{\partial p_y}{\partial y} \mathrm{d}x\,\mathrm{d}y\,\mathrm{d}z$

剪切力差 (4) — (5)：$\Delta T = \tau_y \mathrm{d}x\,\mathrm{d}y - \left(\tau_y + \dfrac{\partial \tau_y}{\partial z} \mathrm{d}z \right) \mathrm{d}x\,\mathrm{d}y = -\dfrac{\partial \tau_y}{\partial z} \mathrm{d}x\,\mathrm{d}y\,\mathrm{d}z$

水柱的横向静力平衡方程为

$$F + \Delta P - \Delta T = 0 \tag{3-22}$$

将离心力、两侧动水压力差和剪切力差代入式 (3-22)，整理得

$$\rho \frac{v_x^2}{R} - \frac{\partial p_y}{\partial y} + \frac{\partial \tau_y}{\partial z} = 0 \tag{3-23}$$

因

$$p_y = \gamma (h - z) \tag{3-24}$$

故

$$\frac{\partial p_y}{\partial y} = \gamma \frac{\partial h}{\partial y} = \gamma J_y \tag{3-25}$$

将式 (3-25) 代入式 (3-23) 中，得

$$\frac{\partial \tau_y}{\partial z} = \gamma J_y - \rho \frac{v_x^2}{R} \tag{3-26}$$

式 (3-26) 即为推求横向环流流速分布的基本公式。将对数流速分布公式 (3-18) 代入式 (3-26)，再将横比降公式 (3-15) 代入，经过相应的推导，得出横向环流的流速分布公式为

$$v_y = \frac{hv}{\kappa^2 R} \left[F_1(\eta) - \frac{\sqrt{g}}{\kappa C} F_2(\eta) \right] \tag{3-27}$$

其中

$$F_1(\eta) = -2 \left(\int_0^\eta \frac{\ln \eta}{1 - \eta} \mathrm{d}\eta + 1 \right)$$

$$F_2(\eta) = \int_0^\eta \frac{\ln^2 \eta}{1 - \eta} \mathrm{d}\eta - 2$$

函数 $F_1(\eta)$、$F_2(\eta)$ 的数值可由图 3-3 查得。

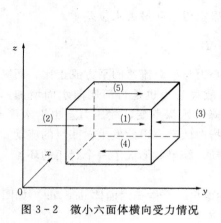

图 3-2 微小六面体横向受力情况

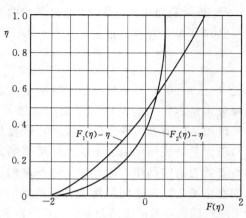

图 3-3 函数 $F_1(\eta)$、$F_2(\eta)$ 曲线

横向环流流速分布公式（3-27）是由罗卓夫斯基（Розовский И. Л.）推导出来的。如采用其他类型的纵向流速分布公式进行推导，也能得到其他不同形式的横向环流流速分布公式。

2. 因科里奥里（Corioris G. G.）力而产生的横向环流

河道中的水流，同位于地球表面运动的其他物体一样，也会受到因地球自转而产生的科里奥里力的作用。科里奥里力（简称科氏力）是由于地球的自转而产生的一种质量力，作用于单位质量水体的科氏力可表达为

$$F_e = 2\rho \omega_e v_x \sin\alpha \qquad (3-28)$$

式中：ρ 为水的密度；ω_e 为地球自转的角速度，$\omega_e = 7.29 \times 10^{-5} \mathrm{rad/s}$；$v_x$ 为水流的纵向流速；α 为河道所在地的纬度。

因科氏力的作用，位于北半球的河道的右岸水面会增高，而靠左岸的水面会降低（位于南半球的河流则相反），从而产生环流。因科氏力而产生的环流，在一般情况下强度很小，可以忽略不计。但在科氏力引起的环流的长久持续的作用下，北半球的一些深水大河，右岸较左岸的冲刷现象更为严重。

仿照分析弯道环流的方法，可以得到因科氏力而产生的水面横向比降及横向环流流速分布的表达式。

沿水深对式（3-28）积分，得到图 3-1 所示的单位水柱所受的科氏力为

$$F_{he} = 2\rho \int_0^h \omega_e v_x \sin\alpha \, \mathrm{d}z \qquad (3-29)$$

如果将图 3-1 中的离心力 F 用科氏力 F_{he} 来代替，并忽略底面上的摩阻力 T，则可写出如下横向静力平衡方程式

$$2\rho \int_0^h \omega_e v_x \sin\alpha \, \mathrm{d}z - \gamma h J_y = 0 \qquad (3-30)$$

由式（3-30）求得水面横比降为

$$J_y = \frac{2}{gh} \int_0^h \omega_e v_x \sin\alpha \, \mathrm{d}z \qquad (3-31)$$

令

$$\frac{1}{h} \int_0^h \omega_e v_x \sin\alpha \, \mathrm{d}z = \alpha_0 \omega_e v \sin\alpha \qquad (3-32)$$

式中：v 为垂线平均流速；α_0 为流速分布不均匀系数，一般情况下，$\alpha_0 = 1$。则式（3-31）可改写为

$$J_y = \frac{2\omega_e v}{g} \sin\alpha \qquad (3-33)$$

用科氏力 F_{he} 替代图 3-2 中微小六面体中的离心力 F，则可写出微小六面体横向受力平衡方程式，并加以整理得

$$2\rho \omega_e v_x \sin\alpha - \frac{\partial p_y}{\partial y} + \frac{\partial \tau_y}{\partial z} = 0 \qquad (3-34)$$

或

$$2\rho \omega_e v_x \sin\alpha - \gamma J_y + \frac{\partial \tau_y}{\partial z} = 0 \qquad (3-35)$$

因

$$\frac{\partial \tau_y}{\partial z} = \frac{\partial}{\partial z}\left(\varepsilon_y \rho \frac{\partial v_y}{\partial z}\right) \qquad (3-36)$$

将式（3-36）及式（3-18）代入式（3-35）中，整理得

$$\frac{1}{h^2}\frac{\partial}{\partial \eta}\left(\varepsilon_y \rho \frac{\partial v_y}{\partial \eta}\right)=\gamma J_y - 2\rho\omega_e v\sin\alpha\left[1+\frac{\sqrt{g}}{C\kappa}(1+\ln\eta)\right] \qquad (3-37)$$

对式（3-37）积分，并进行化简整理，最后得横向环流流速分布公式

$$v_y = \frac{h\omega_e\sin\alpha}{\kappa^2}F_1(\eta) \qquad (3-38)$$

函数 $F_1(\eta)$ 的表达式见式（3-27）中的附属公式，其数值可由图3-3查得。

3. 因水流与边界分离而产生的环流

在河道的一侧、两侧或底部水流突然变化处，不可避免地要发生水流与边界分离现象。当水流与边界发生分离时，会产生环流。河道中这类环流很多，图3-4为几种有代表性的环流形式。

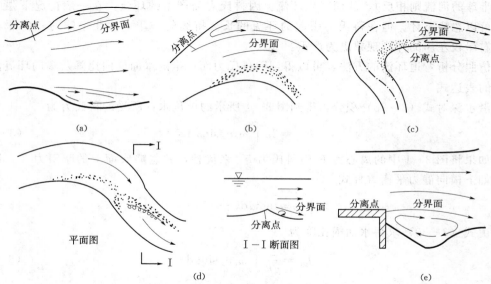

图3-4 因水流与边界分离而产生的几种有代表性的环流形式

（a）突然扩宽产生的竖轴环流；（b）因撇弯形成的竖轴环流；（c）过急弯道下游竖轴环流；

（d）滩脊下游的斜轴环流；（e）突然加深产生的横轴环流

水流与边界分离的主要原因是边界在延伸中发生方位上的突变。这种突变要求临近边界的流层将相当大的一部分动能突然或过急地转变为势能；或者要求流速突然或过急地减小或改向；或者要求过水断面突然或过急地增大。这些使边层水流发生突变的趋势，便促使边层水流与边界发生分离，形成分离点。在分离点以下，水流脱离边界，形成无所依附的流带。流带的一侧为正流，另一侧为封闭式环流。在正流与环流的交界面上往往具有较大的横向流速梯度和与之相应的切应力，这一流速梯度和切应力，便是带动环流运动所需要的动力。因水流与边界分离而产生的环流，对泥沙冲淤变化和河床演变有着重要的影响。

水流与边界发生分离而产生的环流，是河道水流中常见的环流结构之一，形式多样，

不可能以少数通用公式概括各种情况。对于一岸突然展宽而形成的回流，可利用丁坝回流长度计算公式计算。

4. 因涨落水骤变引起的环流

当河道水位急剧升高时，尽管是顺直河段，也会在横断面上出现横比降。这是因为，河心水流受到的阻力小于两岸水流阻力。因此，河道水位上涨时，河心涨水快，水位高，出现河心水位高于两岸水位的横比降，从而形成表面水流由河心流向两岸，底层水流由两岸汇向河心的对称环流，这对环流与纵向主流结合在一起，便形成一对方向相反的螺旋流，如图 3-5（a）所示，该螺旋流使河底淤积、两岸冲刷。与此相反，当河道水位急剧下落时，河心退水快，水位低，出现与涨水时相反的横比降和环流，如图 3-5（b）所示，这对环流与主流结合形成的螺旋流使河底冲刷、两岸淤积。

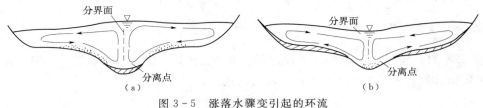

图 3-5　涨落水骤变引起的环流
(a) 涨水过程；(b) 落水过程

第三节　河道水流阻力

河道水流阻力与一般明渠或管道水流阻力的不同之处在于：一般的明渠或管道水流的雷诺数比较起来不是很大，不少情况下，流层间黏滞性剪应力与紊动剪应力同时出现。而河道水流则不同，一般情况下，水流已经进入阻力平方区时，可以只考虑紊动剪应力作用。河道阻力反映了水流对河道作用力的大小，决定着泥沙运动的强度。研究河道水流阻力的目的在于确定河道的过水能力和输沙能力。影响河道水流阻力的因素很多，有河道平面形态、床面形态、表面粗糙程度等。由于问题的复杂性，理论上还只限于研究最简单的二维均匀流情况下，由河床表面糙率引起的阻力。

一、紊流阻力

水流阻力一般用阻力系数、谢才系数和曼宁糙率系数来表示，其中阻力系数是无量纲数，谢才系数和糙率系数则是有量纲的经验系数。

（一）阻力系数

1885 年达西-韦斯巴赫（Darcy-Weisbach）提出如下公式：

$$J = f\frac{1}{4R}\frac{v^2}{2g} \qquad (3-39)$$

式中：f 为明渠水流阻力系数。

由式（3-39）可知，阻力系数 f 与垂线平均流速 v、摩阻流速 v_* 存在如下函数关系：

$$f = 8\frac{v_*^2}{v^2} \qquad (3-40)$$

当水深和比降一定时，摩阻流速和流速分布也就一定。摩阻流速可直接计算，垂线平均流速可以利用前述的流速分布公式进行计算，从而可求出相应的阻力系数表达式。式（3-40）既可用于层流阻力计算，也可用于紊流阻力计算。但紊流比层流要复杂得多，其阻力计算与流区有关。

1. 光滑区阻力系数

对光滑区流速分布公式（3-3）沿水深积分，求得垂线平均流速，再代入式（3-40）中，推导出光滑区阻力系数表达式如下：

$$\frac{1}{\sqrt{f}} = A' \lg(Re\sqrt{f}) + D \tag{3-41}$$

式中：$A' = \dfrac{A}{\sqrt{2}}$，为常数；$D = \dfrac{C}{\sqrt{2}} - \dfrac{A}{\sqrt{2}} \lg\sqrt{2}$，为常数；$C = A \lg\eta + B$，为常数；$\eta = z/h$；$Re = \dfrac{vh}{\nu}$。

式（3-41）表明，阻力系数 f 仅与雷诺数 Re 有关。根据张书农等（1988）水槽试验资料定出常数：$A' = 3.89$，$D = 1.80$，代入式（3-41）得

$$\frac{1}{\sqrt{f}} = 3.89 \lg(Re\sqrt{f}) + 1.80 \tag{3-42}$$

2. 粗糙区阻力系数

粗糙区流速分布公式的一般形式见式（3-4）。根据该式，用上述方法推导出粗糙区阻力系数表达式如下：

$$\frac{1}{\sqrt{f}} = A' \lg\frac{h}{K_s} + C \tag{3-43}$$

式中：K_s 为沙粒粗糙高度；h 为水深。

式（3-43）表明，粗糙区阻力系数仅与相对光滑度 h/K_s 有关，而与雷诺数 Re 无关。根据张书农等（1988）水槽试验资料定出常数：$A' = 3.89$，$C = 3.57$，代入式（3-43）得

$$\frac{1}{\sqrt{f}} = 3.89 \lg\frac{h}{K_s} + 3.57 \tag{3-44}$$

由于粗糙区沿程阻力损失 h_f 与流速 v 的平方成正比，所以，粗糙区亦称阻力平方区。

（二）谢才系数

1775年，谢才（Chezy A.）根据实测的明渠均匀流资料，提出了后人称为谢才公式的计算均匀流的公式：

$$v = C\sqrt{RJ} \tag{3-45}$$

式中：v 为断面平均流速；R 为水力半径；J 为水力比降；C 为谢才系数。

谢才系数 C 是有量纲的，其量纲为 $[L]^{1/2}[T]^{-1}$，其中 $[T]$ 为时间量纲，$[L]$ 为长度量纲。令 $C_0 = C/\sqrt{g}$，就变成无量纲系数，C_0 称为无量纲谢才系数，g 为重力加速度。谢才公式既适用于层流，也适用于紊流。

谢才系数与阻力系数有如下关系：

$$C = \sqrt{\frac{8g}{f}}$$

(3 - 46)

（三）曼宁糙率系数

曼宁（Manning R.）公式如下所示：

$$v = \frac{1}{n}R^{2/3}J^{1/2}$$

(3 - 47)

式中：n 为曼宁糙率系数，它也是有量纲的，其量纲为 [T] [L]$^{-1/3}$。曼宁公式的量纲单位为 m，s。

曼宁糙率系数只能用于紊流阻力平方区。曼宁糙率系数与谢才系数有如下关系：

$$C = \frac{1}{n}R^{1/6}$$

(3 - 48)

曼宁公式自 1890 年问世以来，一直被世界各地的工程师们推崇使用，主要原因有两条：一是形式简单，包含的物理变量很少，并为人们所熟知；二是糙率系数 n 值积累了大量的实测资料。因此，只要 n 值选择恰当，曼宁公式基本上可以满足河道水力学计算的精度要求。

二、河道阻力分割与组合

河道阻力由床面（河底）阻力、河岸阻力及滩面阻力、河道形态阻力等不同阻力单元组成。河道阻力的计算方法可分为两大类：一类是如上所述，用阻力系数、谢才系数和曼宁糙率系数直接计算总阻力，由于该方法计算简单，实际工程设计和研究中应用较多；另一类是按不同的阻力单元，如床面（河底）阻力、河岸阻力、滩面阻力和河道形态阻力等，分别计算其阻力，然后再按阻力叠加原理组合。

由于滩面阻力和河道形态阻力问题的复杂性，迄今为止，关于河道形态阻力还没有完全弄清楚，有些概念甚至在定性上都存在争议。正是因为这样的原因，目前解决实际问题时，总是尽可能收集各个流量级的实测糙率资料，直接用于计算。但这并不妨碍介绍阻力单元的分割与叠加，下面就介绍床面（河底）阻力和河岸阻力的分割与组合。

床面（河底）阻力和河岸阻力两部分构成了整个河床阻力（图 3-6），根据阻力叠加原理（爱因斯坦，1956），应存在关系式

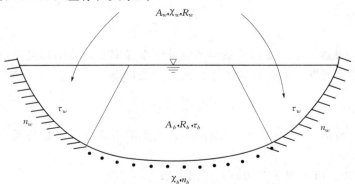

图 3-6 床面阻力和河岸阻力分割示意图

49

$$\tau_0 \chi = \tau_b \chi_b + \tau_w \chi_w \tag{3-49}$$

式中：τ_0、τ_b、τ_w 分别为全河床、河底及河岸平均剪应力；χ、χ_b、χ_w 分别为全河床、河底及河岸湿周。

河床边界上的平均剪应力可以用下式表达

$$\tau_0 = \gamma R J \tag{3-50}$$

推求河底及河岸平均剪应力的方法许多学者做过研究，但比较有代表性的、也是常用的方法主要有以下几种。

1. 水力半径分割法

水力半径分割法是由爱因斯坦（Einstein H. A.）于 1942 年提出的，即取

$$\tau_b = \gamma R_b J \tag{3-51}$$

$$\tau_w = \gamma R_w J \tag{3-52}$$

式中：R_b、R_w 分别为相应于河底阻力及河岸阻力的水力半径，定义为

$$R_b = \frac{A_b}{\chi_b} \tag{3-53}$$

$$R_w = \frac{A_w}{\chi_w} \tag{3-54}$$

而

$$A = A_b + A_w \tag{3-55}$$

式中：A 为全河床过水断面面积；A_b、A_w 分别为相应于河底阻力及河岸阻力的过水断面面积。

将 τ_0、τ_b、τ_w 的表达式代入式（3-49）中，消掉水力比降 J，得

$$R \chi = R_b \chi_b + R_w \chi_w \tag{3-56}$$

假定整个断面的平均流速 v_m 在面积 A_b、A_w 中保持不变，则根据曼宁公式，可写出

$$v_m = \frac{1}{n_b} R_b^{2/3} J^{1/2} \tag{3-57}$$

$$v_m = \frac{1}{n_w} R_w^{2/3} J^{1/2} \tag{3-58}$$

式中：n_b、n_w 分别为河底及河岸糙率系数。

从式（3-57）、式（3-58）中分别求出各自水力半径值代入式（3-56），可得

$$n = \left(n_b^{3/2} \frac{\chi_b}{\chi} + n_w^{3/2} \frac{\chi_w}{\chi} \right)^{2/3} \tag{3-59}$$

式（3-59）表达了综合糙率系数与河底及河岸糙率系数的函数关系。

如用达西-韦斯巴赫公式来代替曼宁公式，同法可得

$$f = f_b \frac{\chi_b}{\chi} + f_w \frac{\chi_w}{\chi} \tag{3-60}$$

式（3-60）表达了综合阻力系数与河底及河岸阻力系数的函数关系。

2. 能坡分割法

这种分割方法，由姜国干（1948）提出。取

$$\tau_b = \gamma R J_b \tag{3-61}$$

$$\tau_w = \gamma R J_w \tag{3-62}$$

式中：J_b、J_w 分别为相应于河底阻力及河岸阻力的能坡（也称水力比降）。

将上述表达式代入式（3-49），可得

$$J\chi = J_b\chi_b + J_w\chi_w \tag{3-63}$$

仍应用曼宁公式，但取

$$v_m = \frac{1}{n_b} R^{2/3} J_b^{1/2} \tag{3-64}$$

$$v_m = \frac{1}{n_w} R^{2/3} J_w^{1/2} \tag{3-65}$$

可推得

$$n = \left(n_b^2 \frac{\chi_b}{\chi} + n_w^2 \frac{\chi_w}{\chi} \right)^{1/2} \tag{3-66}$$

式（3-66）与式（3-59）比较，糙率系数的指数略有不同。但如果用达西-韦斯巴赫公式代替曼宁公式时，仍可得到式（3-60）表达的形式。

此外，张书农（1965）、韩其为（1981）等从最小能耗原理入手，推导了河底及河岸糙率叠加公式。韩其为推导的结果与爱因斯坦（Einstein H. A.）于1942年提出的计算公式，即式（3-59）一致，从理论上给式（3-59）以解释。同时，韩其为还认为张书农推导的结果，有值得商榷之处。

上述计算公式都是在床面（河底）、河岸糙率相差较大，且宽深比较小的情况下采用的。如果河底、河岸糙率相差甚小，就不必分开考虑，用一般阻力公式计算即可。如果宽深比很大，河岸阻力可忽略不计，只考虑河底阻力，而且可用平均水深 h 来代替一般阻力公式中的水力半径 R。

本章就河道水流运动规律，围绕着水流的基本特性、水流结构以及水流阻力3个方面的基本概念作了简要介绍。尽管这些概念大多还只是停留在定性的描述上，不能作定量的分析，但是这些基本概念，对于从事河流泥沙运动规律的分析研究，仍然是非常有帮助的。

习　　题

3-1　论述河道水流运动的基本特性。

3-2　什么是河道水流动力轴线？

3-3　根据垂线流速分布的对数公式（3-2）和指数公式（3-5），分别推求垂线平均流速。

3-4　弯道水流运动有何特点？产生这些特点的原因是什么？

3-5　列举几种因水流与边界分离而产生的环流，说明产生这些环流的主要原因。

3-6　水流阻力一般常用哪些系数来表示？

3-7　证明 $C = \sqrt{\dfrac{8g}{f}}$，其中 C 为谢才系数；f 为阻力系数。

3-8　已知床面和河岸糙率系数，推求出河道糙率系数，并写出公式。

第四章 河流泥沙输移基本规律

河流中的泥沙随着流速的变化，时而静止，时而运动。推移质和悬移质的输移规律有很大的不同。当流速小，而泥沙粒径大时，泥沙做推移质运动。伴随着推移质运动，有些床面还会出现沙波。床面附近的推移质运动及相应的床面形态，影响着河床对水流运动的阻力，水流运动阻力的改变又反过来影响泥沙运动。当流速大，而泥沙粒径小时，泥沙做悬移质运动。在重力和水流紊动的共同作用下，悬移质含沙量沿水深分布是上稀下浓。悬移质在随水流悬浮运动时，如果水流中的悬移质含沙量大于水流挟沙力，就会有泥沙淤积，使河床升高或束窄。如果水流中的含沙量小于水流挟沙力，就会产生冲刷，使河床下降或展宽。由此可见，河床冲淤变形的根本原因在于河流输沙不平衡。本章主要介绍推移质运动、悬移质运动、不平衡输沙与河床冲淤变化等内容。

第一节 推 移 质 运 动

一、推移质运动特点

推移质通常可划分为卵石推移质与沙质推移质两种，一般平原沙质河床中多为沙质推移质。山区河流坡陡流急，河床多为卵石推移质。

水流强度超过床沙起动条件以后，泥沙开始进入运动状态，最先出现的是推移质运动，泥沙沿床面滑动、滚动或跳跃。随着水流强度增大，参与推移质运动的泥沙也增多，跃移高度和距离也都增大。床面附近水流的紊动使部分泥沙卷入漩涡并带入主流区成为悬移质，但同时推移层亦不断增厚，向河床深层发展。当推移层厚度较大时，泥沙运动呈层移运动的形式。

推移质运动的形式与水流强度关系息息相关。当流速增大时，推移质中较细部分有可能达到较大的悬浮高度而转换为悬移质；当流速减小时，推移质中较粗部分有可能降落到河底而转换为床沙。这种转换不但发生在时均水流强度发生变化的情况下，即使时均水流强度保持恒定，由于受水流紊动的影响，也会发生。

虽然水流紊动使床面颗粒更容易运动，但是推移质还须要克服它与河床的摩阻力及颗粒间因碰撞而产生的切向阻力。推移质运动的动力主要不是水流紊动，而是水流的推移力，所以它与床面剪应力或水流的近底流速有密切关系。从能量方面分析，推移质运动的能量直接来自水流的时均流动，取之于水流的势能，以满足推移质产生、运动和克服阻力所消耗的能量。推移质泥沙的水下重量是由颗粒碰撞产生的粒间离散力来支持的，并最终传递到河床上。推移质的存在使河床维持一定的正压力，抵抗水流作用，保持河床稳定。

由于推移质运动对流速的变化非常敏感，而河道流速又具有紊动特性，所以推移质运动不论在时间和空间上，都有明显的随机分布特征。即便在恒定均匀流动的条件下，推移质运动的强度也不是均匀的。但目前的研究大多还仅限于讨论其平均情况。推移质运动有明显的间隙性，呈现出走走停停、停停走走、不连续的、缓慢的运动特点。粒径越大，停的时间越长，走的时间越短，运动的速度越慢。卵石推移质每移动 1～2m，一般都要停留一次，停留时间比运动时间长得多，从数分钟至数十分钟不等。沙质推移质运动主要表现形式为连续的沙波运动，沙波运动是沙质河床推移质运动的主要形式。推移质运动的时空变化规律还反映出如下的突出特点：对于一定的水流、断面形态和床沙组成的河床说来，推移质运动在空间上仅出现在断面的一定宽度内，即存在所谓推移质输移带。

推移质输沙率在时间上总是以随机变量的形式出现，存在一定的分布规律。通常所说的推移质输沙率是指其数学期望值。但要全面了解推移质的输移特性，仅仅知道其数学期望值是不够的。推移质运动的随机性，使其输沙率的脉动值可以比时均值大几倍，甚至更大。推移质输沙率的脉动主要是由近底流速的脉动所引起。但实际观测资料表明，推移质输沙率的脉动要较近底流速的脉动为强，卵石推移质输沙率的脉动又较沙质推移质输沙率的脉动为强。推移质输移除受流速脉动影响之外，还受颗粒所在位置及粒径大小的影响。后两者也是随机变量，这就使推移质输移较流速具有更大的随机性，而卵石推移质的粒配变化范围又远大于沙质推移质，因而前者的随机性又远大于后者。

虽然推移质输沙量在河流运动泥沙中不占多数，但它对河床演变的影响却是十分重要的，即使在平原河流中也是这样。许多工程问题必须考虑推移质泥沙运动，例如洲滩的演变，航道疏浚，水库回水末端的淤积，以及取水工程的引水防沙等。

二、沙波运动

沙质推移质运动的一种主要形式就是沙波运动，即泥沙在河床表面形成波状起伏形态并向下游移动。沙波是沙质推移质运动达到一定强度后的必然产物，也是河流、河口和浅海中沙质床面常见的一种水下微地貌形态，它对河道水流结构、河道阻力、泥沙运动及河床演变均有重要影响。

（一）沙波形态和运动状态

图 4-1 是沙波纵剖面的示意图。图中向上凸起的部分称波峰；向下凹入的部分称波谷；相邻波峰之间或波谷之间的距离为波长（λ）；波谷至波峰的铅直距离为波高（h_s）。沙波的迎水面较平坦；背水面由于受到漩涡的推挡，较为陡峻，坡度一般要比泥沙在水下的休止角稍陡一些。

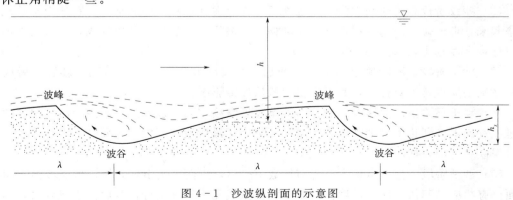

图 4-1　沙波纵剖面的示意图

从平面形态看，沙波的形状是多种多样的，但大致可分为以下 4 种类型。

（1）带状沙波。波峰线基本上相互平行，并与水流方向垂直，或略显斜交。这类沙波在天然河道和实验室中较少出现，只是在水流接近于平面二维流，沙波刚开始形成时，才可能出现。

（2）断续蛇曲状沙波。波峰线呈不规则曲线，大致与流向垂直。这类沙波是实验室中和天然河流中最常见的。

（3）新月形沙波。沙波的波长与波宽基本上相等，相邻的两行沙波彼此交错，呈鱼鳞状排列，故也称为沙鳞。波峰多凸向上游，如上弦月或下弦月。这类沙波也较常见。

（4）舌状沙波。与新月形沙波类似，但波峰线凸向下游。

沙波的运动有两个重要现象：一是沙波对推移质的分选作用；二是沙波表面泥沙运动的间歇性。

从上游沿着迎水面带来的泥沙，当落入背水面的漩涡时，粗颗粒泥沙堆积在谷底；细颗粒泥沙在负流速作用下沿着背水面向上运动，越细的泥沙就越向上。这样就形成上细下粗的分层淤积，这就是沙波对床沙的分选作用。

沙波表面泥沙运动的间歇性表现在迎水面的泥沙受水流冲刷，越过波峰落入波谷时就不再往前运动，要等到这些泥沙再次处于下一个沙波的迎水面上时才继续运动，如图4-2所示。

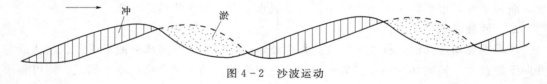

图 4-2　沙波运动

（二）沙波的形成及消长过程

沙波有其形成、发展、消亡及再形成的过程，而这个过程与水流运动的强度密切相关。实际观测表明：随着水流运动的强度变化，沙波运动及其相应的床面形态要经过图4-3所示的几个不同的发展阶段。

（1）床面平整阶段。流速小于起动流速，泥沙不动，床面平整，如图 4-3（a）所示。

（2）沙纹阶段。流速增大到一定强度后，部分泥沙颗粒开始运动，并在床面某些地方聚集起来，形成微小凸起并缓慢向前移动伸长，最后互相连接而形成沙纹，沙纹剖面形状不对称，尺度较小，如图 4-3（b）所示。

（3）沙垄阶段。随着流速的进一步增加，沙纹的波长波高不断增大，最后发展成沙垄，沙垄剖面也是不对称的，其尺度受河流尺度的影响，如图 4-3（c）所示。

（4）动平整阶段。流速继续增加，沙垄尺度继续增大，发展到一定规模后，泥沙颗粒跃过波谷漩涡区到达下一个沙垄，沙垄尺度减小，最后趋于衰亡，床面恢复平整，但仍有大量泥沙在运动，如图 4-3（d）所示。

（5）沙浪阶段。流速再加大，佛劳德数 $Fr>1$，床面再次出现起伏，形成沙浪，同时水面也有相应的起伏。沙浪尺度比沙垄更大，流线几乎与其平行，背后无水流分离，不形成漩涡。沙浪与沙垄最大不同之处是，沙浪外形对称，沙垄外形不对称，如图4-3（e）所示。

（6）碎浪阶段。流速进一步增大，波峰处水面破碎，泥沙在迎水面淤积，而背水面冲刷，整个沙浪逆流爬行，如图4-3（f）所示。

（7）急滩与深潭阶段。流速很大，佛劳德数$Fr \gg 1$，床面形态将像山区河流一样，急滩与深潭相间，急滩处为急流，强烈冲刷；深潭处为缓流，严重淤积，如图4-3（g）所示。

以上为沙波形成、发展、消亡及再形成的整个过程。在一般河流中，常见到的是沙纹、沙垄，而沙浪、急滩与深潭则不常见。

关于沙波的成因至今尚有争议，一种意见认为沙波的形成与水流脉动有关。即便原河床的床面是平整的，由于河底流速的脉动，在瞬时流速大的地方，泥沙被掀起，在瞬时流速小的地方，被掀起的泥沙又再沉积下来，使床面变得微小凹凸不平，并造成了有利于形成沙波的近底水流。于是在水流与河床相互作用下最终形成了沙波。另一种意见是，当推移质输沙率达到一定强度后，推移质流层含沙量很高，与其接触的上层主流层的含沙量较低。这样，当两层密度不同

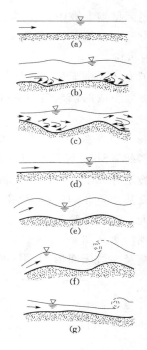

图4-3 沙波的不同的发展阶段
(a) 床面平整阶段；(b) 沙纹阶段；(c) 沙垄阶段；(d) 动平整阶段；(e) 沙浪阶段；(f) 碎浪阶段；(g) 急滩与深潭阶段

的流体做相对运动，速度达到一定程度时，交界面就会失稳而产生波动，于是形成沙波。这与水面的风成波、沙漠的风成沙丘、天空中的云浪、异重流的波动等现象类似。

（三）床面形态的判别

为了判别床面形态，包括沙波的产生、发展和消亡过程的水流和泥沙条件，许多学者在试验数据的基础上，提出了可以利用以下一些无量纲参数。

希尔兹数$\theta_* = \dfrac{\tau_0}{(\gamma_s - \gamma) d}$，它反映水流促使床沙起动的力和床沙抗拒运动的力的比值。这个参数越大，泥沙可动性越强，因而可作为一个描述床沙由不动到动，由微动到大动的指标。

颗粒雷诺数$Re_* = \dfrac{v_* d}{\nu}$，它直接反映了床沙高度与黏性底层厚度的比值，也可间接衡量水流促使床沙运动的力与黏滞力的比值。该参数是决定沙纹是否出现的一个重要参数。

佛劳德数$Fr = \dfrac{v}{\sqrt{gh}}$，它直接反映了重力和位移惯性力的比值，决定了水流的流态。对于沙垄，由于其运动直接与水深和流速的沿程变化有关，佛劳德数对其形成与发展具有重大影响。

上述无量纲参数中，τ_0 为作用在床面上的水流剪应力；γ_s、γ 分别为泥沙和水的容重；d 为泥沙粒径；v_* 为摩阻流速；ν 为水的运动黏滞系数；g 为重力加速度；v 为流速；h 为水深。

除了上述 3 个无量纲参数外，还有学者提出了另外一些力学参数。下面介绍几种由不同力学参数组成的依据实验室试验数据而绘制成的判别图。利用这些判别图可大概判别床面形态。

1. 法国夏都实验室的床面形态判别图

希尔兹（Shields A.）于 1936 年提出利用 $\theta_* - Re_*$ 关系曲线判别床面形态，后来法国夏都实验室补充了一些试验资料，绘制成如图 4-4 所示关系曲线。由图 4-4 可知，当颗粒雷诺数甚小，亦即沙粒较细时（如 $Re_* < 10$），床沙起动后立即出现沙纹。而当颗粒雷诺数较大，亦即沙粒较粗时，床沙起动后尚能维持平整床面，只有当希尔兹数进一步增大时才出现沙垄。图 4-4 所纳入的试验点据，因希尔兹数及颗粒雷诺数均较小，不包括出现动平整及逆波床面形态，只能判别沙波的平整—沙纹—沙垄形态。

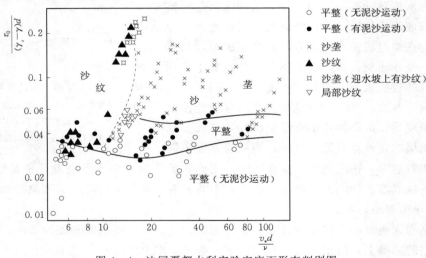

图 4-4　法国夏都水利实验室床面形态判别图

2. 刘心宽、艾伯森床面形态判别图

刘心宽（Liu H. K.）认为黏性底层的波动是形成沙纹的原因，令水流对泥沙的冲刷力与泥沙对水流的阻力两者相等，从而导出泥沙起动的临界起动条件，亦即出现沙纹临界条件的函数关系表达式为

$$\frac{v_*}{\omega} = f\left(\frac{v_* d}{\nu}\right) \tag{4-1}$$

式中：ω 为泥沙沉速。

刘心宽通过试验求得了式（4-1）关系曲线。艾伯森（Albertson M. L.）及西蒙斯（Simons D. B.）等进一步将这一关系扩展到其他床面形态，得到如图 4-5 所示的床面形态判别图，该床面形态判别图包括了沙波从静平整—沙纹—沙垄—动平整，再到逆波的所有床面形态。

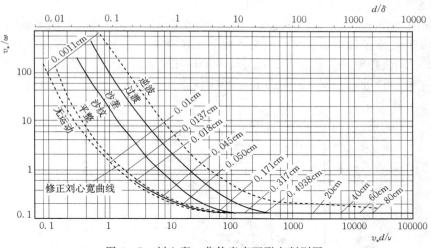

图 4-5 刘心宽、艾伯森床面形态判别图

3. 加德、艾伯森河床形态判别图

加德（Garde R. J.）、艾伯森（Albertson M. L.）采用希尔兹数 θ_* 和佛劳德数 Fr 绘制了河床形态判别图，如图 4-6 所示。图中对于一定的希尔兹数来说，沙纹、沙垄、动平整、逆波是随佛劳德数的增大而依次出现的。

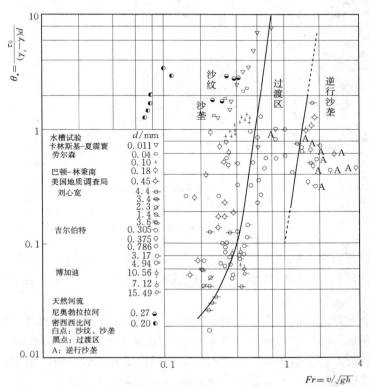

图 4-6 加德、艾伯森床面形态判别图

4. 西蒙斯、理查森河床形态判别图

西蒙斯（Simons D. B.）、理查森（Richarson E. V.）不是利用上述无量纲力学参数，而是利用实验室水槽和渠道资料，直接点绘了水流功率 $\tau_0 v$ 与泥沙中值粒径 d_{50} 关系，如图 4-7 所示。该判别图的优点是，对决定不同河床形态的主要因素取值范围可以获得比较直观的了解。例如，对于 $d_{50} > 0.6 \text{mm}$ 的床沙不大可能出现沙纹。其缺点是，纵横轴均有量纲。

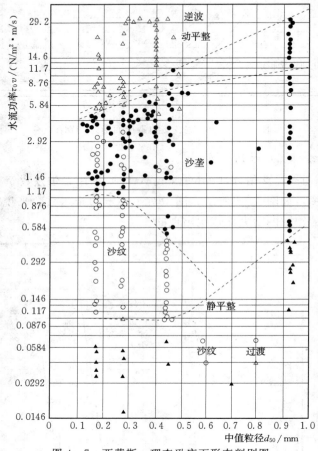

图 4-7　西蒙斯、理查逊床面形态判别图

以上河床形态判别图除了法国夏都实验室的床面形态判别图只包括沙波从静平整—沙纹—沙垄形态外，其他判别图都包括了沙波从静平整—沙纹—沙垄—动平整，再到逆波的所有床面形态。

除上述几个有代表性的河床形态判别图外，还有其他形式的判别图。所有这些判别图存在的共同问题是：①它们只能大体上而不能精确地划分河床形态范围，相互间总有差别，有的差别还很大；②由于这些判别图主要是根据实验室试验资料绘制，用它们来确定天然河流的河床形态往往有一定差别。这是因为实验室水槽水深小，比降大，而天然河流水深大，比降小，观测精度又较差的缘故。

三、动床阻力

冲积河流河床上的沙波运动必然会影响到床面形态，而床面形态的变化又必然会影响到河床阻力。这种可动床面形态形成的水流阻力称为动床阻力。其突出特点是，水流强度决定床面形态，而床面形态反过来又影响水流强度，两者处于一个相互依存、相互制约的对立统一体中，而水流强度属于主要的矛盾方面。这一点与定床阻力截然不同。定床的床面形态影响水流强度，但本身则不受水流强度的影响，虽然两者同处于一个对立统一体中，但床面形态应属于主要的矛盾方面。

如第三章所述，河道定床阻力主要由床面（河底）阻力和河岸阻力组成。动床阻力同样也是由床面（河底）阻力和河岸阻力组成，它与定床阻力的差别主要在于床面（河底）阻力这部分。动床的床面（河底）阻力主要包括沙粒阻力和沙波阻力。下面首先介绍沙粒阻力和沙波阻力分割与组合问题，然后再介绍动床的床面（河底）阻力计算问题。

（一）沙粒阻力和沙波阻力的分割与组合

沙粒阻力是水流对泥沙颗粒表面的摩擦所产生的阻力，属于表面阻力。沙波阻力是由于床面不平整，有沙波出现，在沙波背水面形成漩涡而产生的阻力，属于形体阻力。沙粒阻力和沙波阻力两者构成同一床面的阻力。只有当床面处于平整状态时，沙粒阻力才近似等于整个床面阻力。按阻力叠加原理，床面阻力可写成

$$\tau = \tau' + \tau'' \tag{4-2}$$

式中：τ'、τ''分别为克服沙粒阻力和沙波阻力的水流剪应力。

与河道定床的床面阻力和河岸阻力分割方法类似，若按水力半径分割法，有 $\tau = \gamma RJ$，$\tau' = \gamma R'J$，$\tau'' = \gamma R''J$。其中，R、R'、R''分别为相应于床面阻力、沙粒阻力和沙波阻力的水力半径。将 τ、τ'、τ'' 的表达式代入式（4-2）中，可得

$$R = R' + R'' \tag{4-3}$$

如改用能坡分割法，有 $\tau = \gamma RJ$，$\tau' = \gamma RJ'$，$\tau'' = \gamma RJ''$。其中，J、J'、J''分别为相应于床面阻力、沙粒阻力和沙波阻力的能坡（水力比降）。于是可得

$$J = J' + J'' \tag{4-4}$$

无论采用哪一种分割法，当用达西-韦斯巴赫公式计算阻力时，则有

$$f = f' + f'' \tag{4-5}$$

式中：f、f'、f''分别为相应于床面阻力、沙粒阻力及沙波阻力的阻力系数。

（二）动床床面阻力计算

动床的床面（河底）阻力计算方法可分为两大类：一类是动床床面阻力分割计算方法，即按沙粒阻力和沙波阻力分别计算其阻力，然后再叠加组合，该方法在机理上比较明确；另一类是动床床面阻力综合计算方法，即直接计算动床床面阻力，虽然未考虑阻力形成的机理，但由于该方法计算简单，在实际当中应用也较多。

1. 动床床面阻力分割计算方法

（1）爱因斯坦方法。爱因斯坦（Einstein H. A.）基于分割水力半径的方法分别计算沙粒阻力和沙波阻力，然后再叠加组合求动床床面阻力。

爱因斯坦（1952）认为寇利根（Keulegan G. H.）对数流速分布公式仍可用于沙波出现以后的沙粒阻力计算，只不过将 v_* 改成 v_*'、R 改成 R'，即

$$\frac{v}{v'_*} = 5.75\lg\left(12.27\frac{R'x}{K_s}\right) \tag{4-6}$$

式中：v 为垂线平均流速，m/s；v'_* 为相应于沙粒阻力的摩阻流速，m/s，$v'_* = \sqrt{gR'J}$；R' 为沙粒阻力水力半径，m；x 为床面糙率自光滑至粗糙区的修正系数，当 $K_s/\delta < 0.25$，即光滑床面时，$x = 0.3K_s v_*/\nu$；当 $K_s/\delta > 10$，即粗糙床面时，$x = 1$；当 K_s/δ 介于 0.25~10 之间，即床面处于过渡区时，x 取值见图 4-8；δ 为近壁层流层厚度，m，$\delta = 11.6\nu/v_*$；ν 为水的运动黏滞系数，m^2/s；v_* 为摩阻流速，m/s；K_s 为粗糙突起高度，m。

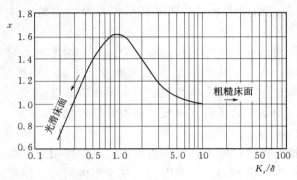

图 4-8 $x - K_s/\delta$ 关系曲线

许多学者将动床沙粒阻力中的粗糙突起高度 K_s 取为几倍的床沙代表粒径，如赵连白等（1999）认为 K_s 与床沙粒径 d_{50} 有下列关系：当 $d_{50} \leqslant 0.2$mm 时，$K_s = 0.5d_{50}$；当 0.2mm $< d_{50} < 6$mm 时，$K_s = d_{50}$；当 $d_{50} \geqslant 6$mm 时，$K_s = 2d_{50}$。

式（4-6）为综合性公式，它概括了光滑床面、粗糙床面及过渡区的沙粒阻力公式。应该说明，式（4-6）仅用于河底、河岸糙度相同的条件之下，如糙度不同，应分开考虑，只需将 R' 改写为 R'_b 即可。

式（4-6）中包含两个未知数 R' 和 v，要进行计算，还必须补充一个方程式。爱因斯坦认为，沙波的阻力系数 f'' 决定于推移质输移强度，而推移质输移强度应与下述水流强度参数 ψ' 有关：

$$\psi' = \frac{\rho_s - \rho}{\rho}\frac{d_{35}}{R'J} \tag{4-7}$$

式（4-7）采用相应于沙粒阻力的水力半径 R'，是因为只有消耗于克服沙粒阻力的水流剪应力 τ' 才对推移质运动起作用，而消耗于克服沙波阻力的水流剪应力 τ'' 对推移质运动不起作用。爱因斯坦收集了美国 10 条河流的资料，点绘了图 4-9 所示的沙波阻力与水流强度参数的关系曲线。有了这一曲线，在已知 R、J 及床沙粒配条件下，结合运用式（4-6），就可求得平均流速 v。具体计算步骤为：先假定一个 R'，利用式（4-7）计算出 ψ'，在图 4-9 所示的曲线上查得 v/v''_* 值；再利用式（4-6），计算平均流速 v；根据 v 及 v/v''_* 值，计算出 v''_*；根据 $v''_* = \sqrt{gR''J}$，计算出 R''；如 R'' 满足方程式 $R = R' + R''$，则 R' 假定正确，否则重新假定 R' 再试算，直至满足为止。

（2）恩格隆方法。恩格隆（Engelund F.）基于分割能坡的方法导出

$$\theta = \theta' + \theta'' \tag{4-8}$$

式中：θ、θ'、θ'' 分别表示无量纲床面总剪应力、无量纲沙粒剪应力和无量纲沙波剪应力，用以下公式计算：

$$\theta = \frac{\tau}{(\gamma_s - \gamma)d} = \frac{RJ}{\left(\frac{\gamma_s}{\gamma} - 1\right)d} \tag{4-9}$$

$$\theta' = \frac{\tau'}{(\gamma_s - \gamma)d} = \frac{R'J}{\left(\dfrac{\gamma_s}{\gamma} - 1\right)d} \qquad (4-10)$$

$$\theta'' = \frac{1}{2}\frac{\gamma}{\gamma_s - \gamma}\left(\frac{h}{d}\right)\left(\frac{v^2}{gh}\right)\left(\frac{h}{\lambda}\right)\left(\frac{h_s}{h}\right)^2 \qquad (4-11)$$

式中：h_s 为波高，m；λ 为沙波波长，m。

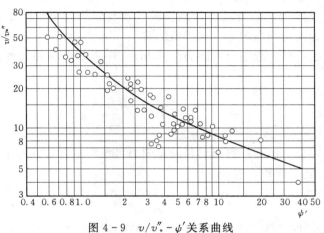

图 4-9　v/v''_*-ψ'关系曲线

恩格隆并没有直接求解上述公式，而是运用相似论的某些概念推导出无量纲床面总剪应力 θ 与无量纲沙粒剪应力 θ' 存在某种函数关系，通过整理水槽试验资料，得到如图 4-10 所示的 θ-θ' 经验关系曲线。在运用图 4-10 的曲线进行计算时，恩格隆用下式计算沙粒阻力：

$$\frac{v}{v'_*} = 5.75\lg\frac{R'}{2d_{65}} + 6 \qquad (4-12)$$

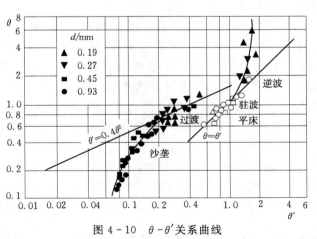

图 4-10　θ-θ'关系曲线

整个计算过程如下：在已知 R、J 和床沙粒配条件下，利用式（4-9）先计算出 θ；然后由图 4-10 中的曲线查出 θ'；再用式（4-10）求出 R'；最后用式（4-12）得到平均

流速 v，不须试算。该方法适用于中值粒径 $d_{50}=0.19\sim0.93\text{mm}$ 的情况。

2. 动床床面阻力综合计算方法

将动床床面阻力进行分割合成的方法，其计算自然比较复杂。许多学者在研究阻力时，不区分沙粒阻力、沙波阻力等阻力单元，直接计算动床床面阻力变化，这就是床面阻力综合计算方法。

在工程界常用曼宁公式表达河道水流阻力。其中河道的粗糙程度用糙率系数 n 表示。糙率系数 n 实际上是阻力的综合反映，既反映了沙粒阻力，也反映了沙波阻力，还反映了其他阻力影响，如河道形态阻力、河岸阻力等。

在进行动床阻力计算，除用对数阻力公式和达西-韦斯巴赫公式外，应用较多的还有指数阻力公式

$$v=A\left(\frac{R}{d}\right)^{y}\sqrt{RJ} \tag{4-13}$$

式中：y 为待定指数；d 为代表粒径，m。

假定河道宽浅顺直，河道形态阻力和河岸阻力可忽略不计，只考虑动床床面阻力。将式（4-13）与曼宁公式比较，有

$$n=\frac{1}{A}d^{y} \tag{4-14}$$

关于 A 的取值，许多学者做过研究。在不出现沙波的条件下，A 值是一个常数，只不过不同的学者取值不同。当代表粒径取为 d_{50}，y 取为 $1/6$ 时，张有龄求得，$A=19$；梅叶-彼德（Meyer-Peter）等认为非均匀沙的床面粒径较粗，代表粒径应取为 d_{90}，而 $A=26$。归结起来，当取 $y=1/6$，并以 d_{50} 作为代表粒径时，如果颗粒形状比较规则，排列比较紧密，则糙率较小，应取较大 A 值为宜，如取 $A=23\sim24$；如颗粒形状比较不规则，排列比较松散，则糙率较大，应取较小 A 值为宜，如取 $A=19\sim20$。

在出现沙波的条件下，A 值将是一个变量。随着沙波的产生、发展以至趋于消失，A 值将由开始时的常数值逐渐减小，然后再逐渐增大。

钱宁等（1959）整理黄河下游的一些实测资料，发现 A 值与水流强度参数 ψ' 之间存在如图 4-11 所示的关系。当代表粒径取为 d_{65}，y 取 $1/6$，ψ' 降至 $0.4\sim0.5$ 时沙波消失，这时只有沙粒阻力，A 值接近常数，$A=19$；如 ψ' 值再增加，沙波又形成，A 值减小。在已知 R、J 及床沙粒径条件下，计算步骤为：先假定 R'，利用式（4-7）计算 ψ'，在图 4-11 所示曲线上查得 A 值；接着利用式（4-13）计算平均流速 v；然后再由式（4-6）反求 R'，看与假定值是否相符，不符则再进行试算。

李昌华等（1963）以相对流速 v/v_c 为参数，整理长江、黄河和赣江资料，求得 A 与 v/v_c 之间关系，如图 4-12 所示。v_c 按冈恰洛夫起动流速公式计算；代表粒径取 d_{50}；对于长江，取 $y=1/6$；对于黄河和赣江，$y=1/5$。具体计算分以下几种情况：

当 $\frac{v}{v_c}<1$ 时，没有沙波，$A=20$；当 $\frac{v}{v_c}=1\sim2.5$ 时，沙波逐渐形成，$A=20\left(\frac{v}{v_c}\right)^{-3/2}$；当 $\frac{v}{v_c}>2.5$ 时，沙波达到最大，$A=3.9\left(\frac{v}{v_c}\right)^{2/3}$。

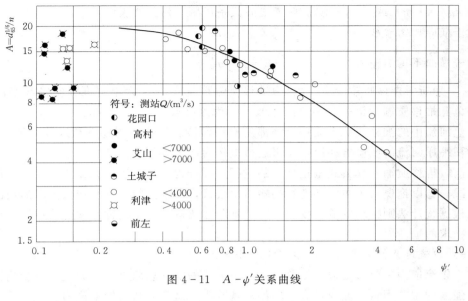

图 4-11 $A-\psi'$ 关系曲线

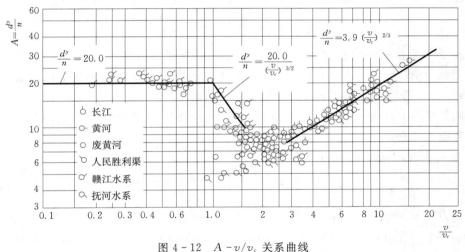

图 4-12 $A-v/v_c$ 关系曲线

由于影响冲积河流动床阻力的因素十分复杂，除包括沙粒、沙波、河床平面形态，成型泥沙堆积体在内的床面形态阻力之外，还有床面泥沙推移质及水体中悬移质对能耗的影响。正因为如此，目前在解决实际问题时，总是尽可能收集河段各级恒定流量下沿程水位变化资料，按恒定非均匀流阻力公式反求糙率。由于糙率系根据实际资料求得，所有各种阻力，都包括在内了。只有在实测资料不能概括的条件下（例如严重壅水等），才考虑使用上面介绍的动床阻力计算方法。而且即便在这种情况下，也应考虑用条件近似的其他河流实测资料作类比分析。

四、均匀沙推移质输沙率公式

在一定的水流及边界条件下，单位时间内通过过水断面的推移质数量，称为推移质输沙率，单位为 kg/s 或 t/s。由于过水断面内水流条件沿河宽变化很大，单位时间内通过单位宽度的推移质数量往往相差悬殊，所以常用单宽推移质输沙率来表示推移质输移强度，单位为 kg/(s·m) 或 t/(s·m)。两者之间关系可用下列公式表示：

对于横向均匀输沙 $\qquad\qquad\qquad G_b = q_b B_b$ $\qquad\qquad\qquad\qquad$ (4-15)

对于横向不均匀输沙 $\qquad\qquad G_b = \sum_{i=1}^{m} q_{bi} b_i$ $\qquad\qquad\qquad\qquad$ (4-16)

式中：G_b 为断面推移质输沙率；B_b 为推移质输移宽度；q_b 为单宽推移质输沙率；q_{bi} 为流束的单宽推移质输沙率；b_i 为流束宽度；m 为流束数。

天然河流中的推移质几乎无一例外都是非均匀沙。只是当有些颗粒级配范围很窄时，例如冲积平原河流的沙质推移质，才可近似地作为均匀沙处理。

目前，推移质输沙率公式根据推求的途径主要分为 6 类：①以流速为主要参变数的输沙率公式；②以拖曳力为主要参变数的输沙率公式；③根据能量平衡观点推求的输沙率公式；④根据统计法则推求的输沙率公式；⑤基于沙波运动推求的输沙率公式；⑥按单位水流功率推求的输沙率公式。

（一）以流速为主要参变数的推移质输沙率公式

建立以流速为主要参变数的推移质输沙率公式的基本思路是，认为流速是影响推移质输沙率强度的主要因素，流速越大，输沙率就越大。这类公式一般形式为

$$q_b = \varphi \rho_s d(v - v_c) \left(\frac{v}{v_c}\right)^n \left(\frac{d}{h}\right)^m \qquad\qquad (4-17)$$

式中：q_b 为单宽推移质输沙率；φ 为综合系数，应根据实测推移质输沙率资料反求；ρ_s 为泥沙颗粒的密度；d 为泥沙粒径；v 为水流垂线平均流速；v_c 为垂线平均起动流速；h 为水深；n、m 分别为待定指数，根据实测资料确定。

不同的学者对综合系数和待定指数的处理方法不同，就得到不同形式的输沙率公式，常用的有以下几种。

1. 沙莫夫（Шамов Г. И.）公式

$$q_b = 0.95 d^{1/2} (v - v_c') \left(\frac{v}{v_c'}\right)^3 \left(\frac{d}{h}\right)^{1/4} \qquad\qquad (4-18)$$

式中：v_c' 为止动流速，m/s，$v_c' = v_c/1.20 = 3.83 d^{1/3} h^{1/6}$。该式资料范围：$d = 0.20 \sim 0.73\text{mm}$，$13 \sim 65\text{mm}$；$h = 1.02 \sim 3.94\text{m}$，$0.18 \sim 2.16\text{m}$；$v = 0.40 \sim 1.02\text{m/s}$，$0.80 \sim 2.95\text{m/s}$。

2. 列维（Леви И. И.）公式

$$q_b = 2d(v - v_c) \left(\frac{v}{\sqrt{gd}}\right)^3 \left(\frac{d}{h}\right)^{1/4} \qquad\qquad (4-19)$$

该式资料范围：$d = 0.25 \sim 23\text{mm}$；$h/d = 5 \sim 500$；$v/v_c = 1.0 \sim 3.5$。

上述输沙率公式表明，推移质输沙率与流速的 4 次方成正比，这说明只要流速稍有变化，就会大大影响推移质输沙率。

（二）以拖曳力为主要参变数的推移质输沙率公式

建立以拖曳力为主要参变数的推移质输沙率公式的基本思路是，认为拖曳力是影响推移质输沙率强度的主要因素，拖曳力越大，输沙率就越大。这一类公式中最有代表性的、也是最常用的公式是梅叶-彼德（Meyer-Peter）公式，其表达形式为

$$q_b = \frac{\left[\left(\dfrac{n'}{n}\right)^{3/2}\rho hJ - 0.047(\rho_s - \rho)d\right]^{3/2}}{0.125\left(\dfrac{\rho}{g}\right)^{1/2}\left(\dfrac{\rho_s - \rho}{\rho_s}\right)} \tag{4-20}$$

式中：n 为曼宁糙率系数，$\text{s/m}^{1/3}$；n' 为河床平整情况下的沙粒曼宁糙率系数，$\text{s/m}^{1/3}$，$n' = d_{90}^{1/6}/26$；J 为比降；d 为泥沙粒径，m；h 为水深，m；ρ、ρ_s 分别为水和泥沙颗粒密度，kg/m^3。

梅叶-彼德曾在实验室内进行过大量推移质试验，试验资料的范围比较广，水深为 1～120cm，流量为 0.0002～4m^3/s，比降为 0.4‰～20‰，泥沙粒径为 0.4～28.6mm，泥沙颗粒密度为 1250～4200kg/m^3。梅叶-彼德公式包括了中值粒径达 28.6mm 的卵石试验数据，在应用到粗沙及卵石河床上去时，把握性比其他公式更大一些。

（三）　根据能量平衡观点推求的推移质输沙率公式

根据能量平衡观点推求推移质输沙率公式的基本思路是，水流为了维持推移质运动，必然要消耗一部分能量。输沙率强度越大，消耗的能量就越大。这类公式主要有以下几种形式。

1．拜格诺公式

根据拜格诺（Bagnold R. A.，1973）的水流功率理论，水流为维持泥沙处于推移状态，必须要消耗一部分有效能量。设单位床面上推移质输沙功率可取为

$$W_b = W'v'\tan\alpha = \frac{\rho_s - \rho}{\rho_s}q_b g\tan\alpha \tag{4-21}$$

式中：W' 为单位床面上的推移质浮重，N/m^2；v' 为推移质运行速度，m/s；$\tan\alpha$ 为摩擦系数；ρ、ρ_s 分别为水和泥沙颗粒密度，kg/m^3。

单位床面上的水流功率，即单位时间内的势能损失，可取为 $\tau_0 v$，其中用于使泥沙做推移运动的部分能量为

$$E_b = \tau_0 v e_b \tag{4-22}$$

式中：τ_0 为床面剪应力，N/m^2；e_b 为水流推移泥沙的效率系数。

令 $W_b = E_b$，即令推移质输移功率等于水流用于使泥沙做推移的功率和效率系数的乘积，可求得

$$q_b = \frac{\rho_s}{\rho_s - \rho}\frac{\tau_0 v}{g\tan\alpha}e_b \tag{4-23}$$

理论上讲，只要求出了效率系数 e_b，代入式（4-23）就能得到推移质输沙率公式。拜格诺推导出 e_b，代入式（4-23），得

$$q_b = \frac{\rho_s}{\rho_s - \rho}\frac{\tau_0 v}{g\tan\alpha}\frac{v_* - v_{c*}}{v_*}\left[1 - \frac{5.75 v_* \lg\left(\dfrac{0.37h}{md}\right) + \omega}{v}\right] \tag{4-24}$$

其中

$$m = K\left(\frac{v_*}{v_{c*}}\right)^{0.6}$$

式中：v_* 为摩阻流速，m/s；v_{c*} 为水流的起动摩阻流速，m/s；$\tan\alpha$ 为摩擦系数，取 0.63；h 为水深，m；ω 为泥沙沉速，m/s；d 为泥沙粒径，m；K 为系数，对于均匀细沙推移质，$K=1.4$，如果床沙由级配很不均匀的粗、细沙组成，则 $K=2.8$，对于沙卵

石河床，$K=7.3\sim9.1$。

2. 窦国仁公式

窦国仁（1978）提出的推移质输沙率公式也属于这一类型。他认为水流能量在运动过程中部分消耗于克服河床阻力，一部分通过脉动能量悬浮泥沙，另一部分则用以输移推移质，得到

$$q_b=\frac{K_0}{C_0^2}\frac{\rho_s}{\frac{\rho_s-\rho}{\rho}}(v-v_c)\frac{v^3}{g\omega} \tag{4-25}$$

式中：C_0 为无量纲谢才系数，$C_0=h^{1/6}/(n\sqrt{g})$；v_c 为泥沙起动流速，m/s；K_0 为综合系数，根据水槽试验资料定为 $K_0=0.10$。这是针对全部底沙而言的。根据长江水文站实测资料，对于沙质推移质，$K_0=0.01$；对于悬移质中底沙，$K_0=0.09$。

3. 高建恩公式

高建恩（1993）基于拜格诺的水流功率理论，推导出了适用小至细沙大至漂石的低、高强度推移质输沙率公式

$$q_b=\Phi\rho_s d\sqrt{\frac{\rho_s-\rho}{\rho}gd} \tag{4-26}$$

其中

$$\Phi=0.01\frac{1}{\frac{\rho_s-\rho}{\rho_s}\tan\alpha}\left[Fr(\theta-\theta_c)\frac{v}{v_{c*}}\right]^{3/2}$$

$$\theta=\frac{\tau_0}{(\gamma_s-\gamma)d}$$

$$\theta_c=\frac{\tau_c}{(\gamma_s-\gamma)d}$$

式中：Φ 为输沙强度，无量纲；θ、θ_c 分别为水流强度参数，无量纲；v_*、v_{c*} 分别为摩阻流速和起动摩阻流速，m/s；Fr 为水流的佛劳德数，无量纲；τ_0、τ_c 分别为床面剪应力及起动拖曳力，N/m^2；$\tan\alpha$ 为摩擦系数，取为 0.63；γ、γ_s 分别为水和泥沙颗粒容重，N/m^3。

（四）根据统计法则推求的推移质输沙率公式

上述推移质输沙率公式，在其建立过程中，自始至终考虑的都是时均情况。实际上，推移质运动和床沙起动一样，也是一种随机现象。因此，研究推移质运动规律而不考虑它的随机性质，是不可能做到很深入的。正因如此，自 1950 年以来，爱因斯坦根据统计法建立的推移质输沙率公式，已逐渐发展成为从理论上研究推移质运动的一个重要流派。下面主要介绍爱因斯坦的推移质输沙率理论。

爱因斯坦根据一系列的预备试验及统计分析，获得对推移质运动的如下几种基本认识：

（1）河床表面的泥沙及运动的推移质组成一个不可分割的整体，它们之间存在不断的交换。运动—静止—再运动，说明了床面泥沙的全部历史。推移质输沙率实质上决定于沙粒在床面停留时间的长短。

（2）从推移质运动的随机性出发，应该用统计学的观点来讨论大量泥沙颗粒在一定水

流条件下的运动过程，而不是去研究某一颗或某几颗沙粒的运动。

（3）任何沙粒被水流带起的概率，决定于泥沙的性质及水流在河床附近的流态，与沙粒过去的历史无关。使泥沙起动的主要作用力是上举力，当瞬时上举力大于沙粒在水中的重量时，床面沙粒就进入运动状态。

（4）在泥沙运动强度不大时，任何沙粒在两次连续沉积之间的平均运动距离，决定于沙粒的大小及形状，与水流条件、床沙组成及推移质输沙率无关。对于具有一般球度的沙粒来说，这个平均距离约相当于粒径的 100 倍。

（5）对于一定的沙粒，进入运动的概率在床面各处都是相同的。沙粒在运动过程中，只要遇到当地的瞬时水流条件不足以维持其继续运动，就会在那里沉淀下来。对于一定的沙粒，在床面各处沉淀的概率也都是一样的。

爱因斯坦从上述概念出发，首先推导出以下两个无量纲函数。

无量纲输沙强度函数表达式为

$$\Phi = \frac{q_b}{\rho_s d \sqrt{\dfrac{\rho_s - \rho}{\rho} g d}} \tag{4-27}$$

无量纲水流强度函数表达式为

$$\psi' = \frac{\rho_s - \rho}{\rho} \frac{d_{35}}{R'J} \tag{4-28}$$

然后，他认为上举力分布遵循正态分布，又推导出如下均匀沙推移质输沙率公式

$$1 - \frac{1}{\sqrt{\pi}} \int_{-B*\psi'-\frac{1}{\eta_0}}^{B*\psi'-\frac{1}{\eta_0}} e^{-t^2} dt = \frac{A_* \Phi}{1 + A_* \Phi} \tag{4-29}$$

式（4-29）中的常数项根据试验确定，$1/\eta_0 = 2.0$，$A_* = 43.5$，$B_* = 0.143$。爱因斯坦的推移质输沙率公式与试验成果的比较见图 4-13。这个公式表达了推移质输沙强度函数 Φ 与水流强度函数 ψ' 的关系。水流强度越大，ψ' 值越小，Φ 值越大，推移质输沙强度越大。

如果直接运用式（4-27）计算推移质输沙率非常麻烦，所以常制成图表查用。应用爱因斯坦推移质输沙率公式推求输沙率的步骤为：①在已知 R、J 及床沙粒配条件下，首先按上述爱因斯坦求动床床面阻力方法求得 R'，再由式（4-28）求得无量纲水流强度函数 ψ'；②从图 4-13 中查得无量纲输沙强度函数 Φ；③由式（4-27）计算推移质输沙率 q_b。

爱因斯坦推移质输沙率公式至今仍不失为考虑最全面、处理较完整的全沙输移理论公式，在泥沙运动力学领域影响深远，但公式在建立过程中也存在一些问题，吸引了不少学者对其中的不足进行论证和修正。

（五）基于沙波运动推求的推移质输沙率公式

如前所述，沙质推移质运动的一种主要形式就是沙波运动。因此，可按沙波运动推求推移质输沙率计算公式。

设单位宽度沙波的体积 V_s 为

$$V_s = \alpha \lambda h_s \tag{4-30}$$

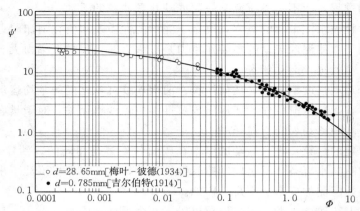

图 4 - 13　水流强度函数 ψ' 与输沙强度函数 Φ 关系曲线

式中：λ 为沙波波长；h_s 为沙波波高；α 为沙波体形系数，如果将沙波纵剖面近似地看成三角形，则 $\alpha = 0.5$。

王士强（1988）统计了一些资料，认为 α 变幅不大，为 $0.52 \sim 0.53$。

假设沙波运行一个波长的距离所需的时间为 t，泥沙的干密度为 ρ_s'，则单位宽度内单位时间的推移质输沙数量，即单宽推移质输沙率应为

$$q_b = \frac{\alpha \rho_s' \lambda h_s}{t} \qquad (4-31)$$

这里单宽推移质输沙率是以单位时间内通过单位宽度的推移质质量表示的。因沙波运行速度为

$$v_s = \frac{\lambda}{t} \qquad (4-32)$$

故得

$$q_b = \alpha \rho_s' h_s v_s \qquad (4-33)$$

只要知道了波高 h_s 和沙波运行速度 v_s，就可利用式（4 - 33）求得单宽推移质输沙率。张瑞瑾（1998）利用式（4 - 33）求得单宽推移质输沙率公式为

$$q_b = 0.00124 \frac{\alpha \rho_s' v^4}{g^{3/2} h^{1/4} d^{1/4}} \qquad (4-34)$$

式中：h 为水深，m；v 为流速，m/s；g 为重力加速度，m/s²；ρ_s' 为泥沙干密度，kg/m³；d 为泥沙中值粒径，m；α 为沙波体形系数。

（六）按单位水流功率推求的推移质输沙率公式

杨志达（Yang C. T.，1973、1984）根据实测资料，分别点绘了单宽输沙率与流量、平均流速、比降和剪应力关系曲线。发现输沙率与流量关系并非单值关系，而是双值关系；输沙率与平均流速关系曲线太陡，以致流速稍有变化就会大大改变输沙率值；输沙率与比降关系也并非为一一对应单值关系；输沙率与剪应力关系虽然在曲线中段存在着一一对应关系，但在曲线两端趋于垂直，这意味着当输沙率较低或较高时，同一个剪应力可以得到众多的输沙率值。杨志达又以相同的实测资料点绘了单宽输沙率与水流功率 τv 关系

曲线，发现这种关系比上述 4 种关系有所改善；点绘含沙量与单位水流功率 vJ 关系曲线，这种关系可得到进一步改善。最后杨志达指出，输沙率或含沙量与流量、平均流速、比降和剪应力之间缺乏一对应关系也许是造成输沙方程误差和矛盾的基本原因。而含沙量与单位水流功率之间的密切相关不受床面形态、相对糙率、佛劳德数和河型等变化的影响。

杨志达输沙公式基本形式如下

$$\lg S_{t*} = M + N \lg \frac{vJ}{\omega} \tag{4-35}$$

式中：S_{t*} 为包括推移质和悬移质的总挟沙力（饱和含沙量），但不包括冲泻质；M、N 分别为与水沙特性有关的无量纲参数；vJ/ω 为无量纲单位水流功率；v 为平均流速；J 为比降；ω 为泥沙平均沉速。

杨志达用砾石（中值粒径为 2～10mm）资料对式（4-35）中的系数进行了率定，得出如下砾石输沙方程

$$\lg S_{b*} = 6.681 - 0.633 \lg \frac{\omega d}{\nu} - 4.816 \lg \frac{v_*}{\omega}$$
$$+ \left(2.784 - 0.305 \lg \frac{\omega d}{\nu} - 0.282 \lg \frac{v_*}{\omega}\right) \lg \left(\frac{vJ}{\omega} - \frac{v_c J}{\omega}\right) \tag{4-36}$$

式中：S_{b*} 为砾石的挟沙力（S_{b*} 定义为单位质量水体中所含的泥沙颗粒质量，以 ppm 计，即 10^{-6}，无量纲）；d 为泥沙中值粒径，m；ν 为水流运动黏滞系数，m^2/s；v_* 为摩阻流速，m/s；v_c 为泥沙起动流速，m/s，可用下式计算

$$\frac{v_c}{\omega} = \frac{2.50}{\lg\left(\frac{v_* d}{\nu}\right) - 0.06} + 0.66, \quad 1.20 < \frac{v_* d}{\nu} < 70 \tag{4-37}$$

$$\frac{v_c}{\omega} = 2.05, \quad 70 \leqslant \frac{v_* d}{\nu} \tag{4-38}$$

以质量 ppm 计的无量纲含沙量 S_{b*} 与量纲为 kg/m^3 的质量比含沙量 S 有如下关系

$$S = \frac{\rho S_{b*}}{1 - \left(1 - \frac{\rho}{\rho_s}\right) S_{b*}} \tag{4-39}$$

已知质量比含沙量 S，可用式（4-40）求得单宽推移质输沙率。

$$q_b = vhS \tag{4-40}$$

式中：h 为垂线水深，m；v 为垂线平均流速，m/s。

五、非均匀沙推移质输沙率计算

天然河道中的床沙，属于非均匀床沙。非均匀床沙中的粗颗粒一般凸出在周围细颗粒之上，因而承受的水流作用力相对较大，而细颗粒则因受到周围粗颗粒的隐蔽和保护，承受的水流作用力较小。此外，粗颗粒的大小和含量还直接影响到水流阻力的大小，从而影响到流速的大小。在这些因素的影响下，非均匀沙推移质输移规律较均匀沙的输移规律更加复杂。

目前，计算非均匀沙推移质输沙率有两种方法：一种是利用上述均匀沙推移质输沙率公式直接计算非均匀沙推移质的输沙率，这时关键在于找到一个合适的代表粒径，或将非均匀沙分组计算各粒径组的输沙率 G_{bi}，求和得出总输沙率 $G_b = \sum G_{bi}$；另一种是利用下

述非均匀沙推移质输沙率公式计算非均匀沙推移质的输沙率。

（一）用均匀沙推移质输沙率公式计算非均匀沙推移质输沙率的方法

用均匀沙推移质输沙率公式计算非均匀沙推移质输沙率，需要解决两个问题：一个是如何确定代表粒径；另一个是如何推求推移质粒配曲线。

1. 代表粒径的确定

爱因斯坦根据一些小河的实测资料及水槽试验成果，建议用床沙组成中的 d_{35} 作为代表粒径，而梅叶-彼德则建议用床沙组成的平均粒径 d_m 作为代表粒径。钱宁曾对这两种作法用水槽试验资料做过检验，得出的结论是：当低强度输沙时，用 d_m 比用 d_{35} 合理；高强度输沙时，两者几乎无差异。

2. 推移质粒配曲线的推求

在已知推移质总输沙率，还需要求分组输沙率时，则需要推求推移质粒配曲线。设推移质输沙处于平衡状态，在这种情况下，可用式（4-41）对推移质颗粒级配进行推求。

$$p_b(d_i) = \frac{\sum_{d_1}^{d_m} P_{dc} p_0(d_i)}{\sum_{d_1}^{d_n} P_{dc} p_0(d_i)} \tag{4-41}$$

其中

$$P_{dc} = \frac{1}{\sigma \sqrt{2\pi}} \int_{\frac{\tau_c}{\tau_0}-1}^{\infty} e^{-\frac{x^2}{2\sigma^2}} \, \mathrm{d}x$$

式中：i 为粒径级标号，$i = 1, 2, m, \cdots, n$，从最细粒径级算起；$p_b(d_i)$ 为推移质粒配曲线中 d_i 粒径级所占百分比；P_{dc} 为粒径 d_i 的起动概率；$p_0(d_i)$ 为 d_i 粒径级在床沙粒配曲线中所占百分比；σ 为剪应力的均方差，可取 0.57；τ_0 及 τ_c 分别为床面剪应力及起动拖曳力。

已知床沙粒配曲线及水流平均剪应力，即可利用式（4-41）推求出推移质粒配曲线。

（二）用非均匀沙推移质输沙率公式计算非均匀沙推移质输沙率的方法

1. 爱因斯坦非均匀沙推移质输沙率公式

爱因斯坦将其均匀沙推移质输沙率公式扩展用于计算非均匀沙推移质。他采取分粒径组计算的办法，得出适用于床沙组成中各粒径级的推移质输沙率公式为

$$1 - \frac{1}{\sqrt{\pi}} \int_{-B_* \psi_* - \frac{1}{\eta_0}}^{B_* \psi_* - \frac{1}{\eta_0}} e^{-t^2} \, \mathrm{d}t = \frac{A_* \Phi_*}{1 + A_* \Phi_*} \tag{4-42}$$

其中

$$\Phi_* = \frac{p_i}{p_0} \Phi$$

$$\psi_* = \frac{Y \xi \beta^2}{\theta \beta_x^2} \psi'$$

式中：p_i 为推移质中该粒径级泥沙所占百分比；p_0 为床沙中该粒径级泥沙的所占百分比；Φ 为无量纲输沙强度函数，见式（4-27）；β^2/β_x^2 的引进是在流速分布公式中考虑非均匀沙的结果，$\beta_x = \lg\left(10.6 \frac{X}{\Delta}\right)$，$\beta = \lg(10.6x)$；$X$ 为非均匀床沙中受到隐蔽作用的最

大粒径，当 $\Delta/\delta > 1.8$ 时，$X = 0.77\Delta$，当 $\Delta/\delta < 1.8$ 时，$X = 1.39\delta$，$\Delta = K_s/x$；K_s 为粗糙突起高度；x 为对数流速分布公式（4-6）中的修正系数；δ 为近壁层流层厚度，$\delta = 11.6\nu/v_*$；Y 为考虑床面黏性底层影响上举力系数的修正系数，是 K_s/δ 的函数（图 4-14）；ξ 为考虑隐蔽作用影响上举力系数的修正系数，是 d/X 及

$$(\psi_*)_{d_{90}} S_0 = \frac{\rho_s - \rho}{\rho} \frac{d_{90}}{h'J} Y \sqrt{\frac{d_{75}}{d_{25}}}$$

的函数（图 4-15）；θ 为考虑非均匀沙中细颗粒所受隐蔽作用影响上举力系数的修正系数，是颗粒雷诺数 $Re_* = v_* d/\nu$ 的函数（图 4-16）。

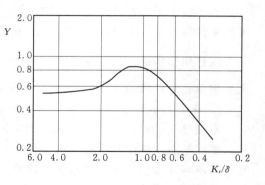

图 4-14 $Y - K_s/\delta$ 关系曲线

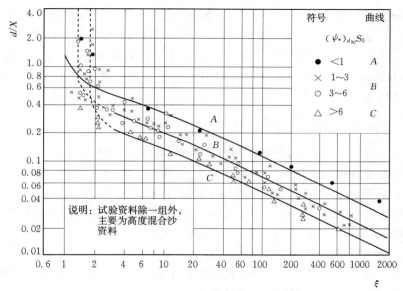

图 4-15 ξ 与 d/X 及 $(\psi_*)_{d_{90}} S_0$ 关系曲线

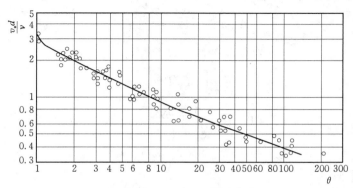

图 4-16 $\theta - v_* d/\nu$ 关系曲线

上述对上举力系数的修正系数，都不是直接量测上举力得来的，而是根据爱因斯坦的理论从推移质输沙率资料反求得来。在求解时，将床沙及推移质粒径分为 n 组，按求均匀沙推移质输沙率方法，求出各组的无量纲单宽推移质输沙率 $p_i\Phi$，则 $\sum\limits_{i=1}^{n} p_i\Phi$ 即为总的无量纲单宽推移质输沙率。

2. 秦荣昱非均匀沙推移质输沙率公式

秦荣昱（1981，1993）以试验和实测资料为基础，深入地分析了床沙组成、粗化细化、断面形态、流量及过程、输沙宽度、有效输沙水力因子和输沙历时等对推移质泥沙输移的影响，并考虑了床沙运动状态转换和水温变化对推移质输沙率的影响，给出了非均匀沙推移质输沙率公式

$$q_b = K\rho_s(p_i - p_s)h_b v_b \left(\frac{v_b}{v_{c,i}}\right)^3 \left(\frac{d_i}{h_b}\right)^{1/6} \tag{4-43}$$

式中：q_b 为推移质的单宽输沙率，kg/（s·m）；p_i 为床沙可动输沙百分比；p_s 为床沙可悬浮百分比；v_b 和 h_b 分别为推移质输沙区的平均流速（m/s）和平均水深，m；ρ_s 为泥沙密度，kg/m³；d_i 为非均匀床沙在 v_b 和 h_b 作用下的起动粒径，m；$v_{c,i}$ 为非均匀沙颗粒 d_i 的起动流速，m/s，按式（2-76）计算。K 为系数，当 $d_i \leqslant d_{\max}$ 时，$v_b = v_{c,i}$，$p_i < 1$，$K = 1.132 \times 10^{-4}$；当 $d_i > d_{\max}$ 时，$v_{c,i} = v_{c,m}$（$v_{c,m}$ 为床沙最大颗粒的起动流速），$\dfrac{v_{c,i}}{v_b} = \dfrac{v_b}{v_{c,m}} > 1$，$p_i = 1$，$K = 1.51 \times 10^{-4}$。

利用式（4-43）计算非均匀沙推移质输沙率的方法和步骤如下。

（1）首先求得各级流量下的输沙水力因子 v_b 和 h_b，然后用起动流速公式（2-76）计算输沙粒径 d_i，再由床沙粒配曲线查得相应的床沙可动输沙百分比 p_i。

（2）根据 v_b、h_b、d_i 及 p_i，用式（4-43）计算非均匀沙推移质输沙率 q_b。

（3）根据 q_b 及推移质输移宽度 B_b，计算断面输沙率 $G_b = q_b B_b$。

3. 刘兴年非均匀沙推移质输沙率公式

刘兴年等（1987，2000）从试验与原型观测出发，对宽级配非均匀沙推移质运动规律进行了系统的研究。在大量推移质水槽试验资料的基础上，建立了如式（4-44）所示的宽级配非均匀沙推移质输沙率公式。

$$A_* \Phi_* \sqrt{\Psi_*} = \frac{P^*}{1 - P^*} \tag{4-44}$$

其中
$$P^* = PP'$$

$$P = 1 - \frac{1}{12\pi}\int_{-3}^{3}(\sqrt{B\Psi_*} - 1)e^{x^2/2}dx$$

$$P' = 1 - \frac{1}{12\pi}\int_{-3}^{3}\left(\sqrt{\frac{\Psi_*}{6}} - 1\right)e^{x^2/2}dx$$

$$\Psi_* = \frac{(\gamma_s - \gamma)d_i}{\tau_0}\left(1 + A\frac{d_a - d_i}{d_i}\right)$$

$$\Phi_* = \frac{q_{bi}}{p_i\rho_s}\left(\frac{\rho}{\rho_s - \rho}\right)^{1/2}\left(1 + A\frac{d_a - d_i}{d_i}\right)^{1/2}\left(\frac{1}{gD^3}\right)^{1/2}$$

$$D = \frac{6\tau_0}{\gamma_s - \gamma}$$

式中：q_{bi} 为第 i 粒径组推移质单宽输沙率，kg/(s·m)；p_i 为第 i 粒径组床沙百分比；P^* 为冲刷概率；P 为起动概率；P' 为跃过下游颗粒的概率；A_* 为常数，$A_* = 1.6$；B 为常数，$B = 0.046$；τ_0 为床面剪应力，N/m²；d_a 为暴露高度为 0 的泥沙颗粒粒径，m；A 为粗化参数，根据都江堰水文站及青衣江梯子岩水文站资料，A 值在 0.3～0.5 间变化；γ、γ_s 分别为水和泥沙颗粒容重，N/m³。

式（4-44）与其他公式的不同之处，在于引入了粗化参数 A，不同的 A 值，隐蔽参数不同，这正反映出不同河流非均匀沙推移质输沙规律不尽相同的事实。

第二节　悬 移 质 运 动

一、悬移质运动状态

河流中输送的泥沙，悬移质占绝大部分。在平原河流中，悬移质数量往往要占到总输沙量的 90%～95%。而在山区河流中，尽管推移质数量多一些，但悬移质数量一般仍在 70% 以上。平原河流中悬移质颗粒较细，主要由沙粒、粉沙及黏粒组成，粗、中沙含量甚少。但坡陡流急的山区河流，悬移质中不仅包含大量粗、中沙，有时甚至还包含一些小卵石。

悬移质泥沙颗粒较细，所以它的运动状态与推移质不同，它在水流中的运动状态不是滚动、滑动或跃移，而是在水流的诸流层中悬浮前进。悬移质在水中悬浮前进的迹线很不规则，具有随机性，时而上升接近水面，时而下降接近床面，有时还会与推移质及床沙质发生交换，但悬浮的持续时间一般很长，它沿水流方向运动速度与水流速度基本同步。

悬移质含沙量沿水深分布是上稀下浓，即含沙量梯度自下而上逐渐减小。之所以会这样，一方面是悬移质泥沙比水重，在重力作用下向河底沉降；另一方面是悬移质受水流紊动扩散作用向水面上升。由垂直方向的泥沙连续条件可知，在恒定均匀流中，由于紊动扩散作用所造成的穿过固定水平断面上升的流体体积，在时均情况下必然等于下沉的流体体积。但要维持泥沙悬浮，同一体积流体上升所挟带的泥沙数量必须大于下沉所挟带的泥沙数量，只有这样才能抵消重力作用的影响，而这只有在含沙量沿水深分布上稀下浓的条件下才有可能。这种由于含沙量分布不均所引起的悬移质从高浓度区向低浓度区紊动扩散的现象，不仅在悬移质分布问题上，在其他类似的运动过程中（如污染物扩散等方面）也同样存在着。显然，泥沙的重力作用与水流的紊动扩散作用是相互联系、相互制约的。在同一水流条件下，如果泥沙粒径较粗，所受重力作用较大，则要求的紊动扩散作用也较大，因而形成的含沙量梯度必然较大；相反，如果泥沙粒径较细，所受重力作用较小，则只需较小的紊动扩散作用就可与之抗衡，因而形成的含沙量梯度也较小。综上所述，悬移质之所以能够在水流中悬浮前进，实现其远距离输移，主要是紊动扩散作用与重力作用两者相结合的结果。

从某种意义上说，悬移质的整个运动过程，就是紊动扩散作用与重力作用这对矛盾相互作用的过程。当重力作用超过紊动扩散作用时，悬移质下沉的倾向胜过上升的倾向，则水流中的含沙量将逐渐减少，整个过程表现为床面淤积。反之，当紊动扩散作用超过重力作用，同时床面又是由可冲刷的物质所组成时，悬移质上升的倾向胜过下沉的倾向，则水流中的含沙量将逐渐增加，整个过程表现为床面冲刷。如果紊动扩散作用与重力作用处于相持状态，悬移质上升与下沉的倾向大致相当，则水流中的含沙量将基本保持不变，河流将大体上维持床面不冲不淤的相对平衡状态。

二、冲泻质与床沙质

根据泥沙颗粒的粗细及来源的不同，悬移质泥沙可划分成冲泻质与床沙质。冲泻质是其中较细的一部分，在床沙中没有或少有。而床沙质则是其中较粗的一部分，在床沙中大量存在。悬移质泥沙补给来源不外乎两个方面：一方面是来自上游的流域土壤侵蚀及干支水系的河床冲刷；另一方面是来自本河段的河床冲刷。

冲泻质主要是从上游流域土壤侵蚀及干支水系的河床冲刷来的，是床沙中没有或少有的泥沙。因此，如果上游的来量超过了本河段水流的挟沙能力，必然会发生淤积，但如果上游的来量低于本河段水流的挟沙能力，却不可能从本河段床沙中得到充分补给。所以，一般情况下，河流中的冲泻质往往处于次饱和状态，其含量多少与本河段的水力要素无关，主要与上游河段补给条件有关，而上游河段的补给条件在很大程度上取决于流域内的土壤侵蚀状态，所涉及的因素非常复杂。冲泻质在河段的床沙中很少或没有，说明这些泥沙几乎与床沙不发生交换，只是一泻而过，一般不参与该河段的河床演变，除非该河段的水流条件发生了较大变化，导致水流的挟沙能力减小，冲泻质转换成床沙质。

床沙质主要来自本河段的河床冲刷，在床沙中大量存在。因此，随时都可以和床沙进行交换。如果水流中挟带床沙质的能力超过床沙质来量，水流就会一方面冲刷河床补充一部分床沙质；另一方面，通过冲刷对河床进行调整，降低挟带床沙质的能力以适应床沙质来量。如果水流中挟带床沙质的能力小于床沙质来量，则多余的床沙质就会落淤在河床上。由此可见，某河段的床沙质挟沙能力与上游来沙量无关，只与该河段的水力要素有关，且与水力要素存在一定的函数关系。在河床演变过程中床沙质起着极其重要的作用。

冲泻质和床沙质的划分不是绝对的，它们在一定条件下也是可以相互转换的。对于同一河流的上下游河段，一般说来上游河段床沙组成粗些，下游河段细些。由于下游河段的床沙组成细，上游河段冲泻质中的粗颗粒在下游河床中大量存在，可以和它们充分交换。这样，上游河段冲泻质中的粗颗粒泥沙就成为下游河段的床沙质了。对于同一河段，冲泻质和床沙质也可能随着水流条件的变化而相互转换。例如枯水期属于床沙质的泥沙在汛期洪水过程中就可能转换为冲泻质泥沙；水库下游河段，当水库下泄清水时，会发生强烈冲刷，床沙组成逐渐变粗，随着床沙的粗化，一部分过去属于床沙质的泥沙就会转换为冲泻质；在水库回水区，由于流速降低，泥沙落淤，床沙组成变细，也会使原来属于冲泻质的一部分泥沙转换为床沙质。

冲泻质与床沙质的划分，一般可以通过对比悬移质和床沙的两条粒配曲线来确定，如图 4-17 所示。取床沙粒配曲线下脚拐点 A 点的对应粒径作为划分冲泻质与床沙质的分界粒径，自此向上作垂线，交悬移质粒配曲线于 B 点，悬移质中粒径大于此粒径的为床沙质，小于此粒径的为冲泻质。如果床沙粒配曲线的下脚拐点不是很明显，也可以取床沙粒配曲线上相应于 5%～10% 的粒径作为分界粒径，其余作法同上。

上述分界粒径也可用悬浮指标 $z_* = \omega/(\kappa v_*)$ 的某一特定值作为判数来确定，一般用

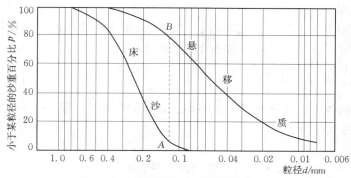

图 4-17 冲泻质与床沙质的划分示意

$z_* = 0.06$ 作为划分冲泻质与床沙质的界限。

顺便指出，推移质泥沙也可划分成冲泻质与床沙质，但一般推移质的颗粒级配与床沙质的颗粒级配相差很小，再去划分就没有意义了。

三、悬移质沿水深分布的扩散理论与重力理论

在悬移质运动理论中，含沙量沿水深分布规律是一个关键问题。解释和定量求解含沙量沿水深分布规律的理论和相应公式主要有扩散理论和重力理论，当然还有其他一些理论，如统计理论等，但尤以扩散理论获得较为广泛的认可。下面主要介绍一下平衡输沙状态下含沙量沿水深分布的扩散理论和重力理论。

1. 扩散理论

早在 1925 年，施米特（Schmidt W.）从紊流的扩散性质出发，推导得到空气中尘埃的分布规律。20 世纪 30 年代，马卡维耶夫（Маккавеев Н. И.）和奥布莱恩（O'Brien M. P.）分别把这一概念应用到研究河流中的悬移质沿水深分布规律上，从而提出悬移质运动扩散理论。

悬移质运动扩散理论的基本概念是，当悬移质的浓度沿空间任一方向存在梯度时，悬移质将由高浓度区向低浓度区扩散，则梯度将逐渐消失，这种悬移质运动现象称为扩散现象。扩散现象分为分子扩散与紊动扩散两种，前者来源于分子运动，后者来源于紊流的扩散。由分子运动所产生的扩散强度，远小于由紊流运动所产生的扩散强度，当两者同时存在时，前者往往可以忽略不计。

根据上述扩散理论，紊动水流所挟带的悬移质，当其含沙量沿任一方向存在梯度时，由于扩散作用，悬移质将从含沙量较高的流层扩散到含沙量较低的流层。下面根据泥沙连续条件推导三维扩散方程。

设从水、沙两相流中任取一个微小六面体，如图 4-18 所示，并假定含沙量不是很大，泥沙颗粒也较细，这样就能使其纵向和侧向运动速度与水流速度基本同步，而垂向运动速度则只相差一个沉速。六面体形心为 A（x，y，z），A 点处的时均含沙量为 S（以质量表示）；泥沙的沉速为 ω；时均流速沿各坐标轴的投影分别为 v_x、v_y、v_z；悬移质紊动扩散系数沿各坐标轴的投影分别为 E_{sx}、

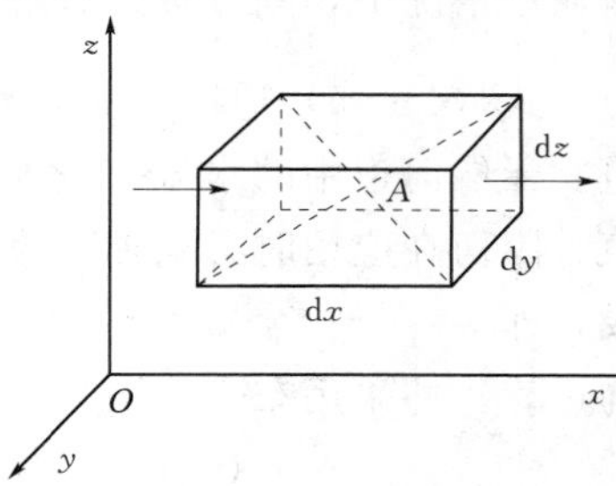

图 4-18 微小六面体

75

E_{sy}、E_{sz}。

在微小时段 $\mathrm{d}t$ 内，自六面体中垂直 x 轴的左面进入六面体的悬移质质量由两部分组成，一部分为时均流速引起，另一部分为泥沙紊动扩散引起，即

$$\left[v_x S - \frac{1}{2}\frac{\partial(v_x S)}{\partial x}\mathrm{d}x\right]\mathrm{d}y\,\mathrm{d}z\,\mathrm{d}t - \left[E_{sx}\frac{\partial S}{\partial x} - \frac{1}{2}\frac{\partial}{\partial x}\left(E_{sx}\frac{\partial S}{\partial x}\right)\mathrm{d}x\right]\mathrm{d}y\,\mathrm{d}z\,\mathrm{d}t$$

同时，自六面体中垂直 x 轴的右面流出六面体的悬移质质量应为

$$\left[v_x S + \frac{1}{2}\frac{\partial(v_x S)}{\partial x}\mathrm{d}x\right]\mathrm{d}y\,\mathrm{d}z\,\mathrm{d}t - \left[E_{sx}\frac{\partial S}{\partial x} + \frac{1}{2}\frac{\partial}{\partial x}\left(E_{sx}\frac{\partial S}{\partial x}\right)\mathrm{d}x\right]\mathrm{d}y\,\mathrm{d}z\,\mathrm{d}t$$

在时段 $\mathrm{d}t$ 内在 x 方向流入与流出六面体的悬移质质量差为以上两者之差，即

$$\left[-\frac{\partial(v_x S)}{\partial x} + \frac{\partial}{\partial x}\left(E_{sx}\frac{\partial S}{\partial x}\right)\right]\mathrm{d}x\,\mathrm{d}y\,\mathrm{d}z\,\mathrm{d}t$$

同理，可得到在时段 $\mathrm{d}t$ 内在 y，z 方向流入与流出六面体的悬移质质量差分别为

$$\left[-\frac{\partial(v_y S)}{\partial y} + \frac{\partial}{\partial y}\left(E_{sy}\frac{\partial S}{\partial y}\right)\right]\mathrm{d}x\,\mathrm{d}y\,\mathrm{d}z\,\mathrm{d}t$$

$$\left[-\frac{\partial(v_z S)}{\partial z} + \frac{\partial}{\partial z}\left(E_{sz}\frac{\partial S}{\partial z}\right) + \frac{\partial(\omega S)}{\partial z}\right]\mathrm{d}x\,\mathrm{d}y\,\mathrm{d}z\,\mathrm{d}t$$

其中 z 方向多出了一项 $\dfrac{\partial(\omega S)}{\partial z}$，这是由于在 z 轴方向（垂向）多一个重力作用。

故时段 $\mathrm{d}t$ 内流入与流出六面体的悬移质质量总差值为

$$\left[-\frac{\partial(v_x S)}{\partial x} - \frac{\partial(v_y S)}{\partial y} - \frac{\partial(v_z S)}{\partial z} + \frac{\partial(\omega S)}{\partial z} + \frac{\partial}{\partial x}\left(E_{sx}\frac{\partial S}{\partial x}\right)\right.$$
$$\left. + \frac{\partial}{\partial y}\left(E_{sy}\frac{\partial S}{\partial y}\right) + \frac{\partial}{\partial z}\left(E_{sz}\frac{\partial S}{\partial z}\right)\right]\mathrm{d}x\,\mathrm{d}y\,\mathrm{d}z\,\mathrm{d}t$$

而此总差值应等于在时段 $\mathrm{d}t$ 内六面体内的悬移质增量 $\dfrac{\partial S}{\partial t}\mathrm{d}x\,\mathrm{d}y\,\mathrm{d}z\,\mathrm{d}t$，故有

$$-\frac{\partial(v_x S)}{\partial x} - \frac{\partial(v_y S)}{\partial y} - \frac{\partial(v_z S)}{\partial z} + \frac{\partial(\omega S)}{\partial z} + \frac{\partial}{\partial x}\left(E_{sx}\frac{\partial S}{\partial x}\right)$$
$$+ \frac{\partial}{\partial y}\left(E_{sy}\frac{\partial S}{\partial y}\right) + \frac{\partial}{\partial z}\left(E_{sz}\frac{\partial S}{\partial z}\right) = \frac{\partial S}{\partial t} \tag{4-45}$$

式（4-45）即为三维非恒定不平衡输沙情况下悬移质运动的扩散方程。如果是在平衡输沙情况下，则方程式右端的 $\dfrac{\partial S}{\partial t}=0$。

式（4-45）适用于任何瞬时流体。对于层流来说，其瞬时值就等于时均值，有确切值。天然河道中的水流一般为紊流。而紊流由于存在着随机脉动现象，其瞬时值没有确切值，因而在应用时必须求紊流的时均值。紊流的瞬时值可以看成由时均值和脉动值两项组成，即 $v=\overline{v}+v'$，$S=\overline{S}+S'$。将紊流的瞬时值代入式（4-45），按雷诺时均法则进行时均运算，并采用布辛涅斯克（Boussinesq J.）假设，得到紊流时均运动的悬移质扩散方程

$$-\frac{\partial(\overline{v}_x \overline{S})}{\partial x} - \frac{\partial(\overline{v}_y \overline{S})}{\partial y} - \frac{\partial(\overline{v}_z \overline{S})}{\partial z} + \frac{\partial(\overline{\omega}\overline{S})}{\partial z} + \frac{\partial}{\partial x}\left(\overline{E}_{sx}\frac{\partial \overline{S}}{\partial x}\right)$$

$$+ \frac{\partial}{\partial y}\left(\overline{E}_{sy} \frac{\partial \overline{S}}{\partial y}\right) + \frac{\partial}{\partial z}\left(\overline{E}_{sz} \frac{\partial \overline{S}}{\partial z}\right) = \frac{\partial \overline{S}}{\partial t} \qquad (4-46)$$

在以下讨论过程中，为方便计，将略去平均符号"—"。

在二维恒定均匀流的平衡输沙情况下，$v_x =$ 常数，$v_y = 0$，$v_z = 0$，悬移质运动的扩散方程可简化为

$$\frac{\partial}{\partial z}\left(\omega S + E_{sz} \frac{\partial S}{\partial z}\right) = 0 \qquad (4-47)$$

将式（4-47）积分，得

$$\omega S + E_{sz} \frac{\partial S}{\partial z} = C \qquad (4-48)$$

式中：C 为积分常数。因为在平衡输沙情况下，含沙量分布已达到稳定平衡，所以在单位时间内，由于紊动作用通过单位水平面积向上扩散的悬移质数量，应该等于由于重力作用通过该面积下沉的悬移质数量，故 $C \equiv 0$，于是可得

$$\omega S + E_{sz} \frac{\partial S}{\partial z} = 0 \qquad (4-49)$$

式（4-49）就是二维恒定均匀流在平衡输沙情况下，悬移质含沙量沿水深分布的基本微分方程式，它所表达的物理含义为：通过一个单位水平面积，受重力下沉的泥沙数量恰好等于由紊动扩散上升的泥沙数量。

对扩散方程（4-49）求解，可得到含沙量沿水深分布规律。求解式（4-49），须事先知道悬移质紊动扩散系数 E_{sz} 和沉速 ω 的变化规律。劳斯（Rouse H.）假设悬移质紊动扩散系数 E_{sz} 等于相应的水流紊动黏滞系数 ν_t，沉速 ω 沿水深为定值。

根据紊流动量传递理论，在二维恒定均匀流中，离床面 z 处的水流剪应力 τ 可用下式表达：

$$\tau = \rho \overline{v_x v_z} = \rho \nu_t \frac{\mathrm{d}v_x}{\mathrm{d}z} \qquad (4-50)$$

式中：ν_t 为水流紊动黏滞系数；v_x 为 z 处的时均流速。则有

$$\nu_t = \frac{\tau / \rho}{\mathrm{d}v_x / \mathrm{d}z} \qquad (4-51)$$

设 τ 沿水深呈线性分布，则有

$$\tau = \tau_0 \left(1 - \frac{z}{h}\right) \qquad (4-52)$$

其中，τ_0 为作用在床面上的水流剪应力，于是有

$$E_{sz} = \nu_t = \frac{\tau_0 \left(1 - \dfrac{z}{h}\right)}{\rho \dfrac{\mathrm{d}v_x}{\mathrm{d}z}} \qquad (4-53)$$

对卡曼-普朗特对数流速分布公式（3-1）求导，得

$$\frac{\mathrm{d}v_x}{\mathrm{d}z} = \frac{v_*}{\kappa z} \qquad (4-54)$$

式中：v_x、v_* 分别为 z 处的时均流速及摩阻流速；z 为距床面的距离；κ 为卡曼常数。

将式（4-54）代入式（4-53），并注意到 $\tau_0/\rho = v_*^2$，得

$$E_{sz} = \nu_t = \kappa v_* z \frac{h-z}{h} \tag{4-55}$$

将式（4-55）代入式（4-49）中，得

$$\kappa v_* z \frac{h-z}{h} \frac{\mathrm{d}S}{\mathrm{d}z} + S\omega = 0 \tag{4-56}$$

当含沙量较小时，式中的 κ、v_*、ω 都是与 z 无关的常数，于是可用分离变量法得到式（4-56）的通解

$$\frac{\kappa v_*}{\omega} \ln S = \ln \frac{h-z}{h} + C \tag{4-57}$$

式中：C 为积分常数。

设参考点 $z=a$ 处的含沙量为 S_a，可求得积分常数 C，代入式（4-57），得到低含沙量条件下的含沙量沿水深分布规律为

$$\frac{S}{S_a} = \left(\frac{h-z}{z} \frac{a}{h-a} \right)^{z_*} \tag{4-58}$$

其中，指数 z_* 称为悬浮指标，是一个无量纲数，用下式表示

$$z_* = \frac{\omega}{\kappa v_*} \tag{4-59}$$

悬浮指标反映了重力作用与紊动扩散作用的相互对比关系，其中重力作用通过 ω 来表达，紊动作用通过 κv_* 来表达。z_* 越小，紊动作用相对越强，在相对平衡状态下，含沙量沿水深分布就越均匀；反之，z_* 越大，则重力作用相对越强，于是在相对平衡情况下，含沙量沿水深分布就越不均匀。当 $z_* > 5$ 以后，能以悬浮形式运动的泥沙就更少了，所以常以 $z_* = 5$ 作为划分悬移质和推移质的界限。

式（4-58）是劳斯于 1937 年提出的，因此被称为劳斯公式。劳斯公式只给出了相对含沙量 S/S_a 沿水深分布，当推求绝对含沙量沿水深分布时，必须知道参考点 a 处的时均含沙量才行。参考点含沙量需借助于其他途径得出，一般可根据已知 $z=a$ 处的实测含沙量求得。如果希望由水流及泥沙条件计算 S_a，则 a 一般尽可能接近河底，相应地称 S_a 为临底含沙量。从概念上说，临底含沙量应该指床面层顶端附近悬移质分布最低点处的含沙量。所以，可以认为 a 相当于床面层的厚度。爱因斯坦认为泥沙运动强度不大时，可取 a 等于床沙颗粒粒径的 2 倍。

此外，劳斯假设悬移质紊动扩散系数 E_{sz} 等于相应的水流紊动黏滞系数 ν_t，一直受到人们质疑。后来，不少学者对此进行过研究，发现两者并不相等，一般有下列关系：

$$E_{sz} = \beta \nu_t \tag{4-60}$$

其中，β 为比例系数，有 $\beta > 1$ 和 $\beta < 1$ 两种情况。相应的悬浮指标（谢鉴衡等，1981）为

$$z'_* = \frac{\omega}{\beta \kappa v_*} \tag{4-61}$$

由劳斯公式可知，在重力与紊动扩散的共同作用下，悬移质含沙量沿水深分布存在着表层小底层大的规律。但劳斯公式存在两个缺陷：一是水面含沙量总为 0；二是床面含沙量总为无穷大。这既与实际不符，又在理论上难以解释。造成这种缺陷的主要原因是，在

公式推导中引用了对数型流速分布公式。正因为这样，有许多学者试图对劳斯公式进行修正，或从其他途径来研究这一问题。

2. 重力理论

扩散理论是从紊动扩散与质量守恒的观点来研究悬移质沿水深分布的，没有考虑泥沙悬浮所需要的能量。维里坎诺夫（Великанов М. А.）根据能量平衡的原理，首创了重力理论。该理论的基本观点是：悬移质泥沙比水重，为维持泥沙在水中悬浮而不下沉，水流必须对它做功以维持悬浮。水流所作的这部分功称为"悬浮功"。按照维里坎诺夫的观点，水流提供的能量将分成两部分而被消耗掉：一部分用于克服边界的阻力；另一部分用于维持悬移质悬浮。

设 E_1 为单位体积挟沙水流中的清水部分自高处向低处流动时在单位时间内所消耗的总能量，W/m^3；E_2 为单位体积挟沙水流中的清水在运动过程中为克服阻力而在单位时间内消耗的能量，W/m^3；E_3 为单位体积挟沙水流中的清水对悬移质在单位时间内所作的悬浮功，W/m^3。维利卡诺夫认为能量平衡方程式可以写成

$$E_1 = E_2 + E_3 \tag{4-62}$$

在二维恒定均匀流中，有

$$E_1 = \rho g (1 - S_V) v_x J \tag{4-63}$$

$$E_2 = v_x \left[-\frac{\mathrm{d}\tau(1 - S_V)}{\mathrm{d}z} \right] = v_x \frac{\mathrm{d}\left[\rho(1 - S_V) \overline{v'_x v'_z} \right]}{\mathrm{d}z} = \rho v_x \frac{\mathrm{d}\left[(1 - S_V) \overline{v'_x v'_z} \right]}{\mathrm{d}z} \tag{4-64}$$

$$E_3 = g(\rho_s - \rho) S_V (-v_s) = g(\rho_s - \rho) S_V (1 - S_V) \omega \tag{4-65}$$

式中：v_x 为沿水流方向流速的时均值；S_V 为距床面 z 处的时均含沙量，以体积比计；v_s 为悬移质在 z 方向（垂向）的时均运动速度，按照重力理论的观点，应是垂向流速与沉速之差，即

$$v_s = v_z - \omega \tag{4-66}$$

在平衡输沙的情况下，在水流中距床面 z 处取一单位水平面积，根据质量守恒定律，推导出

$$v_z = S_V \omega \tag{4-67}$$

将式（4-67）代入式（4-66），有

$$v_s = -(1 - S_V)\omega \tag{4-68}$$

把式（4-63）～式（4-65）代入能量平衡方程式（4-62）中整理，并令 $a = \dfrac{\rho_s - \rho}{\rho}$，可得

$$g(1 - S_V) v_x J = v_x (1 - S_V) \frac{\mathrm{d} \overline{v'_x v'_z}}{\mathrm{d}z} - v_x \overline{v'_x v'_z} \frac{\mathrm{d}S_V}{\mathrm{d}z} + a g S_V (1 - S_V)\omega \tag{4-69}$$

式（4-69）是维里坎诺夫于 1954 年提出来的基于重力理论的能量平衡方程。式中有 3 个未知数，即 v_x、S_V 和 $\overline{v'_x v'_z}$，还需要两个条件才能求解。这两个条件可以借助清水水流的剪应力分布公式与流速分布公式得到。在清水水流中，有

$$\tau = -\rho \overline{v'_x v'_z} = \rho g J (h - z) \tag{4-70}$$

于是有

$$\frac{\mathrm{d}\,\overline{v'_x v'_z}}{\mathrm{d}z} = gJ \tag{4-71}$$

在含沙量不大的情况下，假定式（4-70）及式（4-71）对于浑水水流中的清水同样适用，代入式（4-69）中，于是式（4-69）改写成

$$v_x J(h-z)\frac{\mathrm{d}S_V}{\mathrm{d}z} + agS_V(1-S_V)\omega = 0 \tag{4-72}$$

含沙量不大时，$(1-S_V)\approx 1$，式（4-72）简化为

$$v_x J(h-z)\frac{\mathrm{d}S_V}{\mathrm{d}z} + ag\omega S_V = 0 \tag{4-73}$$

引入相对水深 $\eta = z/h$，可得

$$\frac{\mathrm{d}S_V}{\mathrm{d}\eta} = -\frac{ag\omega S_V}{v_x J(1-\eta)} \tag{4-74}$$

维里坎诺夫利用亚斯孟德-尼库拉茨（Iasmund-Nikuradze）对数流速分布公式

$$v_x = \frac{v_*}{\kappa}\ln\left(1+\frac{\eta}{\Delta}\right) \tag{4-75}$$

式中：κ 为卡曼常数；Δ 为相对粗糙度，$\Delta = K_s/h$，K_s 是床面粗糙度。

将式（4-75）代入式（4-74），得

$$\frac{\mathrm{d}S_V}{S_V} = -\frac{a\kappa\omega}{v_* J}\frac{\mathrm{d}\eta}{(1-\eta)\ln\left(1+\dfrac{\eta}{\Delta}\right)} \tag{4-76}$$

将式（4-76）两边从 Δ 至 η 处积分，并设 $\eta=\Delta$ 处，$S_V = S_{Va}$，得

$$\ln\frac{S_V}{S_{Va}} = -\beta\int_{\Delta}^{\eta}\frac{\mathrm{d}\eta}{(1-\eta)\ln\left(1+\dfrac{\eta}{\Delta}\right)} \tag{4-77}$$

其中

$$\beta = \frac{a\kappa\omega}{v_* J}$$

如令

$$\xi(\eta,\ a) = \int_{a}^{\eta}\frac{\mathrm{d}\eta}{(1-\eta)\ln(1+\eta/a)} \tag{4-78}$$

则悬移质沿水深分布规律表达式为

$$\frac{S_V}{S_{Va}} = \mathrm{e}^{-\beta\xi(\eta,\ a)} \tag{4-79}$$

维里坎诺夫用数值积分的方法求得了 ξ 随 η 及 a 变化的规律并制成图表，以便于进行计算。他用较粗的泥沙（$d>0.3\mathrm{mm}$）进行了验证，得到了较为满意的结果。但是，当用于计算细颗粒泥沙时，计算值与试验结果的差别却很大。

需要指出的是，重力理论从能量平衡的原理出发，试图考虑泥沙悬浮对水流紊动的影响，在机理上较扩散理论前进了一步，但所建立的两个能量方程却存在严重的问题。因为悬移质被水流托起所消耗的能量并不是水流的平均机械能，而是水流已经转换成紊动动能而消耗掉的那部分平均机械能，它不管通过何种途径做功或耗散，终将转化为热能而消耗掉，所以在水流的能量平衡方程中不能计入这一部分能量。由于重力理论存在上述缺陷，

目前还难以用它来解决实际生产问题。有人修正和发展了重力理论，不是在时均流能量方程方面，而是试图在紊动能量方程或总能量平衡方程中考虑悬浮功，并取得了一些进展。

四、悬移质输沙率与水流挟沙力

在一定的水流及边界条件下，单位时间内通过过水断面的悬移质数量，称为悬移质输沙率，一般用 G_s 表示，单位为 kg/s 或 t/s，它等于流量 Q 与含沙量 S 的乘积，即 $G_s = QS$。所谓水流挟沙力，系指一定的水力条件，挟带一定粗细的悬移质泥沙，使水流恰恰达到"饱和状态"的"临界含沙量"。在一般情况下，水流所挟带的冲泻质数量是不饱和的，只有床沙质有可能处于饱和状态。所以，通常将悬移质中的床沙质的饱和含沙量称为水流的挟沙力，一般用 S_* 表示。而国外更习惯于用饱和输沙率 G_* 来表示水流的挟沙力。水流的挟沙力是判断河床是否淤积、冲刷或不冲不淤的重要依据。当水流中的床沙质含沙量超过饱和含沙量时，水流处于超饱和状态，河床沿程发生淤积。反之，当小于饱和含沙量时，水流处于次饱和状态，河床沿程冲刷。通过这种淤积或冲刷，使水流中的床沙质含沙量达到饱和，河床恢复不冲不淤的平衡状态。

针对水流挟沙力问题，还存在着一些争议。例如，有学者认为，推移质和悬移质中的床沙质难以截然分开，因而主张水流挟沙力应同时包括这两部分在内。也有学者认为，推移质和悬移质应该分开，但悬移质中的冲泻质和床沙质是相互影响的，应同时包括在水流挟沙力之内。由于不同的学者对水流挟沙力有不同的理解，因而得出的水流挟沙力公式也具有不同的含义。有的公式仅考虑了床沙质，有的公式既考虑了床沙质也考虑了冲泻质，也有的公式将沙质推移质与悬移质中的床沙质合并在一起考虑。所以在选择应用公式时，一定要弄清楚它的含义。

水流挟沙力公式绝大部分是作为一维问题处理的，仅考虑全断面的平均水流挟沙力；也有少部分是作为二维问题处理的。这里主要介绍一维水流挟沙力公式。一维水流挟沙力公式按其处理方式的不同可以分为两大类：一类称为理论或半理论公式；另一类称为经验公式。现分述如下。

（一）理论或半理论公式

1. 爱因斯坦公式

理论上，如果知道了含沙量沿水深分布规律，就可以求得悬移质输沙率。但是，由于现有的理论只解决了含沙量相对数量沿水深分布规律，而不知道它的绝对值分布规律，必须补充一些假设才能利用它来计算悬移质输沙率。这类公式中有代表性的公式就是爱因斯坦公式。

爱因斯坦设定床面层厚度为 a，水深为 h，并引入下列对数流速分布公式

$$\frac{v_x}{v_*} = 5.75 \lg\left(30.20 \frac{zx}{K_s}\right) \tag{4-80}$$

通过积分下式

$$q_s = \rho_s \int_a^h v_x S_{Va} \mathrm{d}z \tag{4-81}$$

推导出了如下悬移质单宽输沙率公式

$$q_s = 11.60 v_* S_{Va} a \rho_s (P I_1 + I_2) \tag{4-82}$$

其中
$$P = \frac{1}{0.434} \lg\left(30.200 \frac{hx}{K_s}\right)$$

$$I_1 = 0.216 \frac{A^{z_*-1}}{(1-A)^{z_*}} \int_A^1 \left(\frac{1-z}{z}\right)^{z_*} \mathrm{d}z$$

$$I_2 = 0.216 \frac{A^{z_*-1}}{(1-A)^{z_*}} \int_A^1 \left(\frac{1-z}{z}\right) \ln z \, \mathrm{d}z$$

式中：v_x 为 z 处的时均流速，m/s；h 为水深，m；z 为距床面距离，m；K_s 为糙率度，m，取 $K_s = d_{65}$；x 为对数流速分布公式（4-6）中的修正系数；A 为相对床面层厚度，$A = a/h$；a 为床面层厚度，m；z_* 为悬浮指标；I_1、I_2 均为 A 和 z 的积分函数，已制成图表可查（图4-19）。

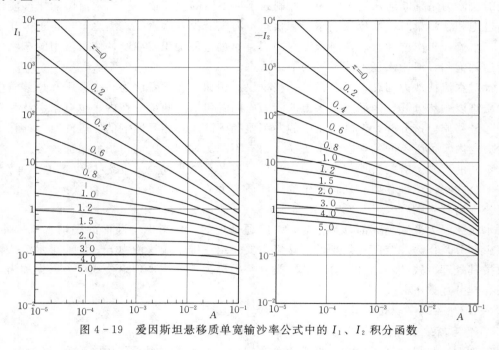

图4-19 爱因斯坦悬移质单宽输沙率公式中的 I_1、I_2 积分函数

用式（4-82）计算单宽输沙率还必须知道位于 a 处的含沙量 S_{Va}，爱因斯坦认为水流中存在一个床面层，其上才是悬浮区。假定床面层厚度为 $a = 2d$（d 为床沙粒径），床面层中的推移质分布均匀，以及推移质运动速度与摩阻流速成正比，求出 S_{Va}。将 S_{Va} 代入式（4-82）中，得

$$q_s = q_b(PI_1 + I_2) \tag{4-83}$$

式中：q_b 为推移质单宽输沙率，kg/(s·m)。

式（4-83）表明只要知道了推移质输沙率 q_b，就可计算出悬移质单宽输沙率 q_s。考虑到床沙、推移质和悬移质之间存在着不断的交换，将悬移质单宽输沙率 q_s 与推移质单宽输沙率 q_b 相加，得到如下包括推移质和悬移质中的床沙质在内的单宽总输沙率公式

$$q_{t*} = q_b(1 + PI_1 + I_2) \tag{4-84}$$

对于由各种粒径组成的混合沙，可分别算出各级粒径的单宽输沙率，然后相加得出总

的单宽输沙率。在用爱因斯坦的床沙质公式求输沙率时，如果床面存在沙波，则上述公式中的 v_* 应以 v'_* 代替。

2. 拜格诺公式

拜格诺（Bagnold R. A.）认为维持泥沙悬移所消耗的能量虽直接来自于紊动动能，但最终还是要消耗水流的势能。因此，悬移质输沙率和势能消耗之间存在着一定关系。从这一观点出发，拜格诺推导出下列以干沙重量计的包括推移质在内的床沙质单宽输沙率公式为

$$q_s = 0.01 \frac{\rho_s}{\rho_s - \rho} \frac{\tau_0 v^2}{g\omega} \tag{4-85}$$

或

$$S_* = 0.01 \frac{\rho_s}{\frac{\rho_s - \rho}{\rho} C^2} \frac{v^3}{h\omega} \tag{4-86}$$

式中：q_s 为以干沙重量计的包括推移质在内的床沙质单宽输沙率，$kg/(s \cdot m)$；τ_0 为床面剪应力，N/m^2；v 为断面平均流速，m/s；S_* 为包括推移质在内的床沙质挟沙力，kg/m^3；C 为谢才系数，$m^{1/2}/s$；其他符号意义同前。

3. 张瑞瑾公式

张瑞瑾挟沙力公式基于挟沙水流能量平衡原理，从理论上导出，但式中的系数和指数却依赖于实测资料确定，其结构形式为

$$S_* = K \left(\frac{v^3}{gR\omega} \right)^m \tag{4-87}$$

式中：S_* 为不包括冲泻质的床沙质挟沙力，kg/m^3；v 为断面平均流速，m/s；ω 为泥沙沉速，m/s；R 为水力半径，m，对于宽浅河道可用水深 h 代替 R；g 为重力加速度，m/s^2；K、m 分别为系数和指数，根据当地实测资料确定。

式（4-87）可用于含沙量变幅在 $10^{-1} \sim 10^2 kg/m^3$，$v^3/(gR\omega)$ 变幅在 $1 \sim 10^4$ 的水流。使用该式的关键在于合理确定式中的系数和指数，如无实测资料，可参考图 4-20 确定系数和指数。图 4-20 中的实线表示平衡输沙状态，上虚线和下虚线分别表示从淤积过程和冲刷过程趋于平衡输沙状态情况。

4. 窦国仁公式

窦国仁（1978）沿用维里坎诺夫（Великанов M. A.）观点，认为水流在悬浮泥沙时要消耗一部分能量，其值等于泥沙悬浮功，由此得到

$$S_* = \frac{k}{C_0^2} \frac{\rho_s}{\frac{\rho_s - \rho}{\rho}} \frac{v^3}{gh\omega} \tag{4-88}$$

式中：C_0 为无量纲谢才系数，$C_0 = h^{1/6}/(n\sqrt{g})$；$k$ 为系数，根据当地实测资料确定，无实测资料时，参考值

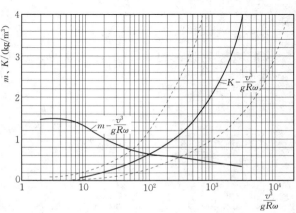

图 4-20　m、K 与 $v^3/(gR\omega)$ 的关系

为 0.0325。

5. 杨志达公式

杨志达 (1984) 根据能耗率原理推导出含沙量与单位水流功率 vJ 关系，并通过对 463 组资料进行多重回归分析，给出了下列形式的水流挟沙力公式：

$$\lg S_* = 5.435 - 0.286 \lg \frac{\omega d}{\nu} - 0.457 \lg \frac{v_*}{\omega}$$

$$+ \left(1.799 - 0.409 \lg \frac{\omega d}{\nu} - 0.314 \lg \frac{v_*}{\omega}\right) \lg \left(\frac{vJ}{\omega} - \frac{v_c J}{\omega}\right)$$

$$(4-89)$$

式中：S_* 为包括沙质推移质的床沙质挟沙力，以质量 ppm 计，即 10^{-6}，无量纲，其与质量比含沙量 S 的关系见式 (4-39)；ω 为泥沙沉速，m/s；d 为泥沙粒径，m；ν 为水流运动黏滞系数，m^2/s；v_* 为摩阻流速，m/s；J 为比降；v_c 为泥沙起动流速，m/s，可用式 (4-37) 或式 (4-38) 计算。

(二) 经验公式

经验公式往往是根据一些特定条件归纳总结出来的，运用时需注意它的特定条件。只有当所研究的实际问题与公式的特定条件类似或接近时，才不至于出现大的误差。

1. 经验公式的结构形式

通常，建立经验公式采取的做法是：先考察影响水流挟沙力的主要因素；然后拟合出水流挟沙力的函数关系；最后根据实测资料，采用回归分析法或图解法确定式中的系数及指数，得出经验公式。

影响水流挟沙力的主要因素有：断面平均流速 v，水力半径 R，重力加速度 g，水容重 γ，水的黏滞系数 ν，泥沙容重 γ_s，沉速 ω，粒径 d 等。因而水流挟沙力可以写成下列函数形式：

$$S_* = f(v, R, g, \gamma, \nu, \gamma_s, d, \omega) \qquad (4-90)$$

选择 v、R、γ 作为基本变量，通过量纲分析的方法将式 (4-90) 中的变量转化成以下无量纲函数关系：

$$S_* = f\left(\frac{v^2}{gR}, \frac{v}{\omega}, \frac{d}{R}, \frac{\gamma_s - \gamma}{\gamma}, \frac{vR}{\nu}\right) \qquad (4-91)$$

对于天然河道的泥沙，$\dfrac{\gamma_s - \gamma}{\gamma}$ 为常数，水流的黏滞性影响也可忽略不计，则式 (4-91) 可简化为

$$S_* = f\left(\frac{v^2}{gR}, \frac{v}{\omega}, \frac{d}{R}\right) \qquad (4-92)$$

式 (4-92) 还可以改写成指数形式

$$S_* = K\left(\frac{v^2}{gR}\right)^\alpha \left(\frac{v}{\omega}\right)^\beta \left(\frac{d}{R}\right)^\gamma \qquad (4-93)$$

式 (4-93) 是挟沙力经验公式的基本表达形式，一旦式中的指数以及系数确定了，就可得到挟沙力经验公式的具体表达形式。

2. 几个有代表性的经验公式

确定经验公式中指数和系数的方式有两种：一种是以选定的实测资料为依据，按照最小二乘法的原理，写出回归方程；另一种是以选定的实测资料为依据，逐步进行图解。下面介绍几个有代表性的经验公式。

（1）扎马林公式。扎马林（Замрин E. A，1947）通过实测渠道水流挟沙力，得出如下公式：

当 $0.002 < \omega < 0.008$ m/s 时，

$$S_* = 0.022 \left(\frac{v}{\omega}\right)^{3/2} (RJ)^{1/2} \tag{4-94}$$

当 $0.0004 < \omega < 0.002$ m/s 时，

$$S_* = 11v \left(\frac{vRJ}{\omega}\right)^{1/2} \tag{4-95}$$

式中：J 为水力比降；v 为水流平均流速，m/s；其他符号意义同前。

（2）麦乔威公式。麦乔威等（1958）以黄河干流及其部分支流，如无定河、渭河、伊洛河的实测资料为基础，经过统计分析推导出来仅适用于黄河干流及其支流的水流挟沙力公式，其形式为

$$S_* = 1.07 \frac{v^{2.25}}{R^{0.74} \omega^{0.77}} \tag{4-96}$$

式中：S_* 为包括冲泻质和床沙质的悬移质挟沙力，kg/m³；R 为水力半径，m，对于宽浅河道可用水深 h 代替 R；ω 为泥沙沉速，cm/s；v 为河道平均流速，m/s。

（3）沙玉清公式。沙玉清（1965）搜集了 1000 多组国内外水槽试验资料和黄河干支流及其渠系、长江、官厅水库等实测资料，运用相关分析方法进行统计分析，得到如下形式水流挟沙力公式：

$$S_* = \frac{Kd}{\omega^{4/3}} \left(\frac{v - v_0}{\sqrt{R}}\right)^n \tag{4-97}$$

式中：S_* 为包括冲泻质和床沙质的悬移质挟沙力，kg/m³；d 为泥沙粒径，mm；ω 为泥沙沉速，mm/s；R 为水力半径，m；n 为指数，与水流的佛劳德数 Fr 有关，对于 $Fr < 0.8$ 的缓流 $n = 2$，对于 $Fr > 0.8$ 的急流 $n = 3$；v 为河道平均流速，m/s；v_0 为挟动流速，m/s，其值介于止动流速和扬动流速之间，正常情况下可采用起动流速公式（2-72）计算；K 为挟沙系数，根据水流挟沙力饱和程度，可分为正常挟沙系数、不淤挟沙系数和不冲挟沙系数，相应得正常挟沙力、不淤挟沙力和不冲挟沙力，正常挟沙系数平均值为 $K = 200$。

该式适用于含沙量 $S < 1000$ kg/m³ 情况。

（三）非均匀沙挟沙力

以上讨论的都是均匀沙挟沙力的计算问题。对于非均匀沙，可用中值粒径或平均粒径作为代表粒径，代入上述均匀沙挟沙力公式计算；或将沙样按粒径大小分为若干组，分别求出各组的中值粒径，再用均匀沙挟沙力公式计算各组的水流挟沙力 S_{*i}，最后对其求和 $S_* = \sum S_{*i}$。但非均匀沙挟沙力一般包括挟沙力和颗粒级配的沿程变化。而用

均匀沙挟沙力公式计算非均匀沙挟沙力，只能计算挟沙力的沿程变化，不能计算挟沙力颗粒级配的沿程变化。有关非均匀沙分组挟沙力颗粒级配沿程变化计算方法，目前主要有以下几种方法：①考虑悬移质颗粒级配的韩其为方法；②仅考虑床沙颗粒级配的美国 HEC-6 模型方法；③考虑水流条件和床沙颗粒级配的李义天方法等。详细论述参见第十章河流模拟理论基础有关内容。

（四）水流挟沙力与流速的双值关系问题

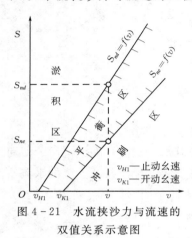

图 4-21 水流挟沙力与流速的双值关系示意图

众多实测资料表明，水流挟沙力与流速并非单值关系，而是呈"带状"分布，存在着上下限双值关系。也就是说，对应于某一流速 v，有两个极限挟沙力。上限是不淤挟沙力 S_{nd}，下限是不冲挟沙力 S_{ne}（图 4-21）。不淤挟沙力与不冲挟沙力之间的平均值为正常挟沙力，上述挟沙力公式所给出的都是正常挟沙力。当水流中的含沙量 S 在 S_{ne} 至 S_{nd} 之间变化时，河床不冲不淤，此时水流含沙量与挟沙力相适应，即所谓饱和输沙。当 $S>S_{nd}$ 时，河床就会发生淤积，即超饱和输沙。当 $S<S_{ne}$ 时，河床就会发生冲刷，即次饱和输沙。

但是也有不少学者认为，水流挟沙力与流速为单值关系，所以关于这个问题至今还有争议。

第三节 不平衡输沙与河床冲淤变化

实际输沙过程一般都处于不平衡输沙状态。在不平衡输沙状态下，如何确定含沙量沿程变化及河床冲淤变化？下面就来讨论这些问题。

（一）不平衡输沙含沙量沿程变化的解析值计算

若计算河段可简化为一维恒定非均匀流动，只考虑流速、水深和含沙量的沿程变化。则这种情况下的悬移质泥沙连续方程，可由悬移质扩散方程式（4-46）推导出

$$\frac{\partial (QS)}{\partial x} = -\alpha\omega B(S-S_*) \tag{4-98}$$

式中：α 为恢复饱和系数，理论上应为河底含沙量与垂线平均含沙量的比值，是大于 1 的综合系数。从实际资料分析中得到 α 小于或接近于 1，一般冲刷时取 $\alpha=1$，淤积时 $\alpha=0.25$。

在某短小河段内，可近似地认为流量保持不变，故式（4-98）也可改写成

$$\frac{dS}{dx} = -\frac{\alpha\omega}{q}(S-S_*) \tag{4-99}$$

由式（4-99）可知，α 越大，$\frac{dS}{dx}$ 的变化就越快，因此含沙量向挟沙能力恢复也就快。这也是称 α 为恢复饱和系数的缘故。

为了求式（4-99）的解析解，将其改写成

$$\frac{\mathrm{d}(S-S_*)}{\mathrm{d}x} = -\frac{\alpha\omega}{q}(S-S_*) - \frac{\mathrm{d}S_*}{\mathrm{d}x} \tag{4-100}$$

式（4-100）属于一阶线性常微分方程，其通解为

$$S-S_* = \mathrm{e}^{-\int\frac{\alpha\omega}{q}\mathrm{d}x}\left[-\int\frac{\mathrm{d}S_*}{\mathrm{d}x}\mathrm{e}^{\int\frac{\alpha\omega}{q}\mathrm{d}x}\mathrm{d}x + C\right] \tag{4-101}$$

式中：q 为单宽流量；C 为积分常数，假定 ω 沿程不变，可通过 $x=0$ 的边界条件求得。将 C 代入上式得特解为

$$S-S_* = (S_0-S_{0*})\mathrm{e}^{-\frac{\alpha\omega L}{q}} - \mathrm{e}^{-\frac{\alpha\omega L}{q}}\int_0^L \mathrm{e}^{\frac{\alpha\omega x}{q}}\frac{\mathrm{d}S_*}{\mathrm{d}x}\mathrm{d}x \tag{4-102}$$

式中：S_0、S_{0*} 分别为进口断面的含沙量和挟沙力；S、S_* 分别为出口断面的含沙量和挟沙力；L 为河段长度。

假定在短小河段内挟沙力沿程线性变化，则可取 $\mathrm{d}S_*/\mathrm{d}x$ 为如下常数：

$$\frac{\mathrm{d}S_*}{\mathrm{d}x} = -\frac{S_{0*}-S_0}{L}$$

将上式代入式（4-102），积分后得

$$S = S_* + (S_0-S_*)\mathrm{e}^{-\frac{\alpha L}{l}} + (S_{0*}-S_*)\frac{l}{\alpha L}(1-\mathrm{e}^{-\frac{\alpha L}{l}}) \tag{4-103}$$

其中，$l=q/\omega$ 表示泥沙由水面落到河底的特征距离。

从式（4-103）中可以看到，出口断面的含沙量 S 由 3 部分组成：第 1 部分为出口断面的水流挟沙力 S_*；第 2 部分为进口断面剩余含沙量沿程衰减后剩余部分 $(S_0-S_{0*})\mathrm{e}^{-\frac{\alpha L}{l}}$；第 3 部分为由于水力因素变化而引起的该河段挟沙力变化的修正值 $(S_{0*}-S_*)\frac{l}{\alpha L}(1-\mathrm{e}^{-\frac{\alpha L}{l}})$。在这 3 部分中，一般情况下，第 1 部分占主要分量；第 2 部分所占分量的大小决定于剩余含沙量的多少；第 3 部分则取决于水流的非均匀程度。当水流为均匀流时，则 $S_{0*}=S_*$，第 3 部分将等于 0。

式（4-103）仅适用于均匀沙，这是因为在该式的积分过程中，泥沙沉速 ω 是作为常数考虑的缘故。对于非均匀泥沙，韩其为（1980）将其分为若干个粒径组，对每一个粒径组，运用式（4-103）求分组含沙量 S_i 的沿程变化，总含沙量 S 则是各分组含沙量 S_i 之和，即

$$S_i = S_{*i} + (S_{0i}-S_{0*i})\mathrm{e}^{-\frac{\alpha L}{l_i}} + (S_{0*i}-S_{*i})\frac{l_i}{\alpha L}(1-\mathrm{e}^{-\frac{\alpha L}{l_i}}) \tag{4-104}$$

$$S = S_* + (S_0-S_{0*})\sum_{i=1}^n p_{0i}\mathrm{e}^{-\frac{\alpha L}{l_i}} + S_{0*}\sum_{i=1}^n p_{0i}\frac{l_i}{\alpha L}(1-\mathrm{e}^{-\frac{\alpha L}{l_i}})$$

$$-S_*\sum_{i=1}^n p_i\frac{l_i}{\alpha L}(1-\mathrm{e}^{-\frac{\alpha L}{l_i}}) \tag{4-105}$$

式中：p_{0i}、p_i 分别为进出口断面第 i 粒径组在粒配曲线上所占百分比；其他符号意义同前。

（二）不平衡输沙引起的河床变形的计算

从平均水深为 h 的平面二维流中，取出一个边长分别为 dx、dy、高为 h 的水柱作为控制体，如图 4-22 所示。设悬移质时均含沙量为 S，推移质和悬移质单宽输沙率分别为 q_b、q_s。

在微小时段 dt 内，在 x 方向流入与流出控制体的泥沙（包括推移质和悬移质）质量差为

$$\left\{(q_{bx}+q_{sx})-\left[q_{bx}+q_{sx}+\frac{\partial(q_{bx}+q_{sx})}{\partial x}dx\right]\right\}dydt=-\frac{\partial(q_{bx}+q_{sx})}{\partial x}dxdydt$$

在 dt 内，在 y 方向流入与流出控制体的泥沙质量差为

$$\left\{(q_{by}+q_{sy})-\left[q_{by}+q_{sy}+\frac{\partial(q_{by}+q_{sy})}{\partial y}dy\right]\right\}dxdt=-\frac{\partial(q_{by}+q_{sy})}{\partial y}dxdydt$$

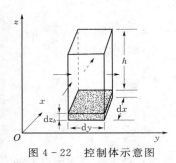

图 4-22 控制体示意图

故时段 dt 内流入与流出控制体的泥沙质量总差值为

$$-\frac{\partial(q_{bx}+q_{sx})}{\partial x}dxdydt-\frac{\partial(q_{by}+q_{sy})}{\partial y}dxdydt$$

这部分泥沙，一部分储存在控制体内，另一部分淤积在床面上。由于储存在控制体推移层内的推移质数量很少，可以忽略不计，那么储存在控制体内的悬移质质量为

$$\frac{\partial(Sh)}{\partial t}dxdydt$$

淤积在床面上的泥沙质量为

$$\rho'_s\frac{\partial z_b}{\partial t}dxdydt$$

式中：ρ'_s 为床沙干密度，kg/m^3；z_b 为河底高程，m。

根据沙量的连续条件，可得下式

$$-\frac{\partial(q_{bx}+q_{sx})}{\partial x}dxdydt-\frac{\partial(q_{by}+q_{sy})}{\partial y}dxdydt=\frac{\partial(Sh)}{\partial t}dxdydt+\rho'_s\frac{\partial z_b}{\partial t}dxdydt$$

$$(4-106)$$

即

$$\frac{\partial(q_{bx}+q_{sx})}{\partial x}+\frac{\partial(q_{by}+q_{sy})}{\partial y}+\frac{\partial(Sh)}{\partial t}+\rho'_s\frac{\partial z_b}{\partial t}=0 \qquad (4-107)$$

式中：q_{bx}、q_{sx} 分别为 x 方向推移质和悬移质单宽输沙率，$kg/(s\cdot m)$；q_{by}、q_{sy} 分别为 y 方向推移质和悬移质单宽输沙率，$kg/(s\cdot m)$，其中 q_{sx}、q_{sy} 可写成 $q_{sx}=q_x S$，$q_{sy}=q_y S$，q_x、q_y 分别为 x、y 方向单宽流量。

式（4-107）即为二维非恒定不平衡输沙下的河床变形方程。对于一维非恒定不平衡输沙，则有

$$\frac{\partial G}{\partial x}+\frac{\partial(AS)}{\partial t}+\rho'_s B\frac{\partial z_b}{\partial t}=0 \qquad (4-108)$$

如果不考虑水体中含沙量的因时变化，认为两断面间进、出沙量之差仅转化为河床上淤积或冲刷的沙量，则式（4-108）可以改写成

$$\frac{\partial G}{\partial x} + \rho'_s B \frac{\partial z_b}{\partial t} = 0 \qquad (4-109)$$

式中：G 为断面输沙率，kg/s，用于计算悬移质冲淤时 $G=QS$，用于计算推移质冲淤时 $G=Bq_b$；A 为过水断面，m^2；B 为河宽，m；其余符号代表意义同前。

习　题

4-1　论述沙波运动对泥沙输移的影响。

4-2　论述沙波的形成及消长过程与水流条件的关系。

4-3　已知某宽浅河道，比降 $J=0.00009$，平均水深 $h=3.0$m，平均流速 $v=2.0$m/s，床沙粒径 $d_{50}=0.2$mm，水的运动黏滞系数 $\nu=0.0101$cm^2/s。试用图 4-5、图 4-6和图 4-7 分别判断床面上的沙波形态。

4-4　什么是动床阻力？它和定床阻力有何不同？如何划分沙粒阻力和沙波阻力？

4-5　已知某宽浅河道，比降 $J=0.0003$，平均水深 $h=2.0$m，水的运动黏滞系数 $\nu=0.0101$cm^2/s，床沙特征粒径 $d_{35}=0.3$mm，$d_{50}=0.5$mm。设断面平均流速 v 由动床阻力决定，求沙粒阻力和沙波阻力对应的水深 h' 和 h''，以及相应的动床糙率 n。

4-6　什么是推移质输沙率？可以从哪些途径去进行研究？各种研究途径的基本思路如何？

4-7　已知某河道比降 $J=0.00009$，平均水深 $h=3.5$m，平均流速 $v=1.05$m/s，水的运动黏滞系数 $\nu=0.0101$cm^2/s，推移质泥沙特征粒径 $d_{50}=3.5$mm，$d_{90}=23$mm。试用沙莫夫公式、列维公式、梅叶-彼德公式、拜格诺公式、窦国仁公式、杨志达公式分别计算推移质单宽输沙率。

4-8　证明以质量 ppm 计的无量纲含沙量 S_{ppm} 与量纲为 kg/m^3 的质量比含沙量 S 有如下关系：

$$S = \frac{\rho S_{ppm}}{1 - \left(1 - \dfrac{\rho}{\rho_s}\right) S_{ppm}}$$

4-9　计算非均匀沙推移质输沙率的方法有哪些？

4-10　悬移质泥沙中的床沙质与冲泻质在基本性质上有什么不同？为什么要划分为床沙质与冲泻质？如何划分？

4-11　论述悬移质扩散理论的基本假定及劳斯含沙量沿水深分布公式存在的主要问题。

4-12　根据悬浮指标 $z_*=\omega/\kappa v_*$ 的物理意义说明其数值大小对含沙量沿水深分布的影响。

4-13　已知某宽浅河道，比降 $J=0.00008$，平均水深 $h=5.0$m，水的运动黏滞系数 $\nu=0.0101$cm^2/s，均匀沙粒径 $d=0.025$mm。设参考点 $a=0.1$m，该处泥沙含量 $S_a=3.0$kg/m^3。试用劳斯公式推求泥沙含量沿水深分布。

4-14　已知某宽浅河道，比降 $J=0.00002$，平均水深 $h=6.0$m，水的运动黏滞系数

$\nu=0.0101\text{cm}^2/\text{s}$,床沙中各粒径级泥沙所占的质量百分比见表 4-1。若以 $z_*=5$ 作为划分悬移质和推移质的界限,床沙中有百分之多少泥沙可以在给定的水流条件下进入悬浮状态。

表 4-1   床 沙 粒 径 级 配

粒径级/mm	0.85~0.65	0.65~0.45	0.45~0.35	0.35~0.25	0.25~0.15	0.15~0.07
质量百分比/%	5	15	15	17	23	25

4-15 悬移质沿水深分布的扩散理论与重力理论有何不同?它们各自存在哪些问题?

4-16 已知某宽浅河道,比降 $J=0.00008$,平均水深 $h=4.0\text{m}$,平均流速 $v=1.5\text{m/s}$,水的运动黏滞系数 $\nu=0.0101\text{cm}^2/\text{s}$。在这样的水流条件下,如果床沙质平均粒径 $d=0.1\text{mm}$,试分别用张瑞瑾公式、沙玉清公式、拜格诺公式和杨志达公式计算其水流挟沙力。

第五章 高含沙水流运动

高含沙水流在国内外许多多沙河流中都曾观测到，但尤以我国黄河中游干支流的高含沙水流最为突出。黄河上中游地区的许多支流，发源和流经黄土高原地区。这些黄土高原以黄土为主要组成成分，土质疏松，上下节理非常发育，抗冲能力极差，每遇暴雨洪水，土壤侵蚀非常严重，汛期极易发生高含沙水流，实测到的最高含沙量大约在 1500～1600 kg/m³。本章主要介绍高含沙水流基本特性、高含沙水流运动特性、高含沙水流运动及河床演变的若干特殊现象等内容。

第一节 高含沙水流基本特性

一、高含沙水流的概念

高含沙水流是指水流中的泥沙含量及颗粒组成，特别是粒径 $d<0.01mm$ 的细颗粒泥沙所占百分比，超过一定的临界值，以至于该挟沙水流在其物理特性、运动特性和输沙特性等方面都与牛顿流体有本质上不同时的挟沙水流。须要注意的是，水流含沙量高并不一定都是高含沙水流，关键在于流体是否呈现宾汉体的性质。比如说，由均匀粗颗粒组成的含沙水流，即使含沙量很高，也难以形成具有絮网结构的宾汉流体，仍属于一般挟沙水流。高含沙水流必须要有一定含量的细颗粒泥沙，因为只有细颗粒泥沙才具有电化学作用，当细颗粒达到一定浓度时，会形成不同絮网结构，使流体失去牛顿流体性质，并出现宾汉体的性质。水流由牛顿流体转化为宾汉流体的临界含沙量与水中细颗粒泥沙含量密切相关，当细颗粒含量比较多时，即使含沙量很小，水流也可能会转化为宾汉体；如果细颗粒泥沙含量很少时，水流只有在含沙量很高条件下才呈现宾汉体性质。高含沙水流不仅在物理特性、运动特性和输沙特性方面与一般低含沙水流有明显的不同，而且对河道冲淤的过程也有别于低含沙水流，如"揭河底""浆河"现象、不稳定流动现象和洪水异常涨落现象等。

二、流变特性

（一）流变方程

流变特性是区分高含沙水流与低含沙水流的一个很重要的特性。流变特性是指流体受剪时剪应力与剪切速率的关系。根据流变特性，流体可分为牛顿体、宾汉体、幂律体和屈服伪塑性体等，这些流体的流变特性均与时间无关，其流变曲线如图 5-1 所示，流变曲线方程分别为：

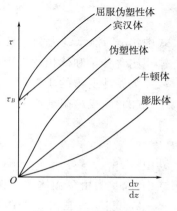

图 5-1 流变曲线

牛顿体
$$\tau = \mu \frac{\mathrm{d}v}{\mathrm{d}z} \tag{5-1}$$

宾汉体
$$\tau = \tau_B + \eta \frac{\mathrm{d}v}{\mathrm{d}z} \tag{5-2}$$

幂律体
$$\tau = \varepsilon \left(\frac{\mathrm{d}v}{\mathrm{d}z}\right)^m \tag{5-3}$$

屈服伪塑性体
$$\tau = \tau_B + \eta \left(\frac{\mathrm{d}v}{\mathrm{d}z}\right)^n \tag{5-4}$$

式中：τ 为剪应力；$\mathrm{d}v/\mathrm{d}z$ 为剪切速率；μ 为动力黏滞系数；τ_B 为极限剪应力；η 为刚度系数；ε 为稠度系数；m、n 分别为指数，当 $m < 1$ 时，为伪塑性体，当 $m > 1$ 时，为膨胀体。其中 μ、τ_B、η、ε、m、n 称为流变特性参数。

流变特性参数是反映流体流变特性的最基本参数。清水及低含沙水流属于牛顿流体，高含沙水流及泥浆属于宾汉流体，而描述宾汉体流变特性的两个参数，正是极限剪应力 τ_B 和刚度系数 η。

（二）流变特性参数计算

高含沙水流极限剪应力 τ_B 和刚度系数 η，主要通过流变试验确定，也可以用下面介绍的方法估算。

1. 费祥俊公式

费祥俊（1991）利用黄河郑州花园口淤泥及掺入不同含量较粗颗粒泥沙配制成 10 余组泥沙沙样，进行流变试验，得出了下列流变参数计算公式，然后又用黄河流域干支流 54 组泥沙沙样对公式进行了验证。

（1）刚度系数 η。

$$\frac{\eta}{\mu} = \left(1 - K \frac{S_V}{S_{Vm}}\right)^{-2.50} \tag{5-5}$$

其中
$$K = 1 + 2.00 \left(\frac{S_V}{S_{Vm}}\right)^{0.30} \left(1 - \frac{S_V}{S_{Vm}}\right)^4$$

$$S_{Vm} = 0.92 - 0.20 \lg \sum \frac{p_i}{d_i}$$

式中：μ 为清水动力黏滞系数，$\mathrm{N/(m^2 \cdot s)}$；K 为有效含沙量修正系数；S_V、S_{Vm} 分别为体积比含沙量和体积比极限含沙量；d_i 为某一粒径级泥沙的平均直径，mm；p_i 为某一粒径级泥沙所占的质量百分比。

（2）宾汉极限剪应力 τ_B。

$$\tau_B = 9.80 \times 10^{-2} \exp\left(8.45 \frac{S_V - S_{V0}}{S_{Vm}} + 1.50\right) \tag{5-6}$$

其中
$$S_{V0} = 1.26 S_{Vm}^{3.20}$$

式中：S_{V0} 为由牛顿体转变到宾汉体的体积比临界含沙量；τ_B 的单位以 $\mathrm{N/m^2}$ 计。

2. 窦国仁-王国兵公式

窦国仁和王国兵（1995）对高浓度含沙流体的极限含沙浓度、刚度系数和宾汉极限切应力进行了理论和试验研究，得出下列流变参数计算公式。

（1）刚度系数 η。

$$\frac{\eta}{\mu} = \left(1 - \frac{S_V}{S_{Vm}}\right)^{-2.50} \tag{5-7}$$

其中

$$S_{Vm} = \frac{\dfrac{2}{3}}{\sum \left(1 + \dfrac{2\delta}{d_i}\right)^3 p_i}$$

式中：δ 为薄膜水厚度，$\delta = 2.13 \times 10^{-5}$ cm；d_i、p_i 分别为某一粒径级泥沙的平均直径及其相应的质量百分比；其他符号意义同前。

（2）宾汉极限剪应力 τ_B。

$$\tau_B = \sigma_0 K_b \frac{S_V}{\left(1 - \dfrac{S_V}{S_{Vm}}\right)^2} \tag{5-8}$$

其中

$$K_b = \sum \frac{p_i \delta}{d_i}$$

式中：$\sigma_0 = \sigma_1 \pi / 6$，据试验资料，天然沙的 $\sigma_0 = 8 \times 10^{-4}$ kg/cm²；电木粉的 $\sigma_0 = 1.6 \times 10^{-4}$ kg/cm²。

以上各式中的浑水的极限含沙量 S_{Vm} 的定义为：一定颗粒组成的水沙混合体，所具有的相应最大含沙量。这时混合体中已不存在自由水，其黏滞系数趋于无限大。极限含沙量综合反映了泥沙粒配、颗粒形状、矿物成分、水温及介质特性等对黏度的影响。其中，粒配是影响极限含沙量的最关键因素。

三、泥沙群体沉降特性及沉降速度

（一）混合沙的沉降特性及临界含沙量

高含沙水流中的泥沙沉降特性与清水及低含沙水流的不同。高含沙水流中总是或多或少地包含有细颗粒泥沙，由于细颗粒泥沙的存在，泥沙的沉降特性将发生很大变化。此时，泥沙颗粒下沉不是彼此互不干扰以单颗形式自由下沉，而是彼此互相干扰、以群体沉降形式下沉。

天然河流的泥沙组成，都是具有一定级配的非均匀混合沙。对于含有黏性细颗粒的非均匀混合沙，泥沙群体沉降机理比较复杂。当含沙量较低时，细颗粒泥沙由于絮凝作用会形成絮团，其沉速远大于单颗粒沉速。当含沙量较高、进入高含沙水流时，混合沙的沉降可以分为两种类型：当含沙量不是很高时，存在一个临界不沉粒径，小于该粒径的泥沙，不能自由沉降，而是形成絮网结构状的悬浮体，以清浑水交界面形式沉降。清浑水交界面是指悬浮体与其上层水体之间有明显的分界层。大于该粒径的泥沙，仍受重力作用作自由沉降，但沉速却明显降低，因为其运动介质已不是清水，而是由小于临界不沉粒径的泥沙及清水构成的均质悬浮体。把这种既有自由沉降，又有交界面沉降的流体，称为高含沙非均质流。随着含沙量增加，当超过某一临界含沙量以后，全部泥沙形成絮网结构体，无论粗颗粒泥沙或细颗粒泥沙，都不存在颗粒的分选，并出现清浑水交界面。絮网结构体在颗粒的水下重量作用下，不能维持其稳定，而不断地发生塑性变形。从外观上看到，以清浑水交界面形式作整体缓慢下沉，这种流体称为高含沙均质流，也称为伪一相流。

归纳以上非均匀混合沙的沉降特征，对含有黏性细颗粒的泥沙沉速，可以把沉降分为以下 3 个大区。

Ⅰ区：以离散絮团形式沉降。

Ⅱ区：以离散颗粒形式在絮网结构体中的沉降。

Ⅲ区：以清浑水交界面形式作整体缓慢沉降。

由Ⅰ区进入Ⅱ区的临界含沙量，也是低含沙水流转变成高含沙水流的判断界限。费祥俊（1991）利用黄河中下游悬沙沙样进行流变试验，给出一个临界含沙量的计算公式

$$S_{V0} = k S_{Vm}^{3.2} \qquad (5-9)$$

式中：k 为系数，对于天然沙 $k=1.26$，对于煤浆 $k=1.87$；S_{Vm} 为体积比极限含沙量，由式（5-5）中的附属公式计算。

对于 $d_{50}=0.016 \sim 0.07\text{mm}$ 的泥沙，曹如轩（1979）也给出了一个判别式

$$S_{V0} = 0.0018 e^{63 d_{50}} \qquad (5-10)$$

式中：S_{V0} 为低含沙量过渡到高含沙量的临界含沙量，以体积比计；d_{50} 为泥沙中值粒径，以 mm 计。

由Ⅱ区进入Ⅲ区的临界含沙量，也是从非均质流过渡到均质流的判断界限。对于 $d_{50}=0.016 \sim 0.07\text{mm}$ 的泥沙，曹如轩（1979）给出了判别式

$$S'_{V0} = 0.12 e^{21.60 d_{50}} \qquad (5-11)$$

式中：S'_{V0} 为非均质流过渡到均质流的临界含沙量，以体积比计；d_{50} 以 mm 计。

钱宁（1989）在《高含沙水流运动》一书中也给出一个判别公式，即式（5-12），用来计算高含沙水体所能支托的最大粒径 d_{max}，如果 $d_{95} \leqslant d_{max}$，那么几乎全部泥沙都可以被水体所支托而不下沉，这样的高含沙水体属于均质流。反之，属于非均质流。

$$d_{max} = K \frac{\tau_B}{\gamma_s - \gamma_m} \qquad (5-12)$$

式中：K 为系数，取值为 $5 \sim 6$；γ_s 为泥沙容重，N/m^3；γ_m 为泥浆容重，N/m^3。

（二）混合沙沉速计算

综上所述，非均匀混合沙中的各种颗粒，在一定的含沙量下，各有各的沉速。低含沙量时，泥沙对沉速的影响见第二章相关内容。下面介绍高含沙非均质流和均质流中的混合沙沉速计算。

1. 非均质流中的混合沙沉速

曹如轩（1979）把非均质流中的泥沙分为两部分，大于临界不沉粒径的粗颗粒泥沙命名为"载荷"，小于临界不沉粒径的细颗粒泥沙命名为"载体"。细颗粒"载体"以清浑水交界面形式下沉，而粗颗粒"载荷"在"载体"中沉降，沉速大大小于在清水中的沉速。

计算"载荷"泥沙颗粒的沉速公式要能反映级配组成的影响。褚君达（1983）考虑了泥沙级配及含沙量的影响，给出一个群体沉速公式，其形式为

$$\omega_i = \omega_{0i} \left(1 - \frac{S_V}{S_{Vm}}\right)^m \qquad (5-13)$$

式中：ω_i 为第 i 粒径组泥沙颗粒在浑水中的沉速；ω_{0i} 为第 i 粒径组泥沙颗粒在清水中的

沉速；m 为指数，根据试验资料确定，无资料时，取 $m=3.5$；S_V 为体积比含沙量；S_{Vm} 为以体积比表示的浑水极限含沙量，由式（5-14）计算得到。

$$S_{Vm} = \left[1.4 \left(1 + 6 \sum_{i=1}^{n} \frac{p_i \delta}{d_i} \right) \right]^{-1} \qquad (5-14)$$

式中：δ 为薄膜水厚度，$\delta = 1.2 \times 10^{-3} \text{mm}$；$d_i$ 为第 i 粒径组泥沙平均粒径，mm；p_i 为第 i 组粒径泥沙所占质量百分比。

以下介绍两个确定临界不沉粒径的方法。

（1）把级配一定的泥沙配制成不同浓度的水沙混合体，进行静水沉降试验。测取不同时间浑水液面含沙量，以稳定浑水液面含沙量和原始含沙量的比值查原始粒配曲线，即可得出相应级配及含沙量的临界不沉粒径。

（2）根据悬浮指标 $\dfrac{\omega_i}{\kappa v_*} = 0.06$，再结合群体沉速公式（5-13）和斯托克斯清水沉速公式（2-37），得出临界不沉粒径

$$d_0 = \sqrt{\frac{1.08 \kappa v_* \nu}{\dfrac{\rho_s - \rho}{\rho} g \left(1 - \dfrac{S_V}{S_{Vm}} \right)^m}} \qquad (5-15)$$

式中：κ 为卡曼常数；v_* 为摩阻流速，m/s；ν 为清水运动黏滞系数，m^2/s。

2. 均质流中的混合沙沉速

均质流中的各种颗粒混合沙，不再像非均质流中的混合沙那样，各有各自的沉速，而是形成絮网结构体，以清浑水交界面形式作整体缓慢沉降，钱宁（1989）给出一个絮网结构体沉速计算公式

$$\omega_s = \frac{g(\rho''_s - \rho_0) S''_{V0} d_P^2}{80\mu} \qquad (5-16)$$

式中：ρ''_s 为黏性颗粒的密度，kg/m^3；ρ_0 为清水的密度，kg/m^3；S''_{V0} 为黏性颗粒在沉降体系中的初始浓度，以体积比计；μ 为清水动力黏滞系数，$\text{N/(m}^2 \cdot \text{s)}$；$d_P$ 为沉降圆筒的当量直径，随混合沙浓度而变化，它与 S''_{V0} 的关系见式（5-17）。

$$d_P^2 = \frac{5.76 \times 10^{-7}}{S''_{V0}} - 2.62 \times 10^{-3} \text{(cm)} \qquad (5-17)$$

第二节　高含沙水流运动特性

一、高含沙水流类型

高含沙水流根据泥沙颗粒组成与含沙量多少，可以分为非均质流和均质流两种类型。

（一）非均质高含沙水流（或高含沙二相流）

在含沙量不太高、或者细颗粒含量不太多的情况下，浑水的宾汉剪应力不足以支托全部粗颗粒不下沉。那部分有下沉趋势的粗颗粒泥沙的输移仍有赖于水流的紊动。这时可以把整个水流看成是清水与细颗粒泥沙混合而成的均质浑水挟带粗颗粒泥沙的运动。高含沙非均质流，虽然各种输沙流态已反映出不同于一般挟沙水流，但基本性质仍类似。非均质

高含沙水流是以较粗颗粒泥沙为主的高含沙水流，在这种情况下，泥沙在沉降时仍发生分选，泥沙沿水深方向存在明显梯度，流体流动时具有二相流性质。黄河高含沙水流一般属于非均质二相流。

（二）均质高含沙水流（或伪一相流）

含沙量再高时，由于黏性增大，粗颗粒泥沙不再分选，全部泥沙都有可能以中性悬浮形式运动，浑水具有很高的宾汉剪应力，足以支托最粗的颗粒使之不下沉。在这种情况下，全部粗细泥沙颗粒均匀地分布于水体内，形成均质的浑水整体流动。这时可以把它看成是水与泥沙均匀混合而成的泥浆的流动，而不再是水流挟带泥沙的运动。均质流是以黏性细颗粒泥沙为主的高含沙水流，在这种情况下，泥沙沿水深方向均匀分布，在沉降时不再发生分选而是以清浑水交界面形式缓慢下降，整个流体流动呈伪一相流性质，因而水流挟沙能力大幅度增加。

二、高含沙水流流速分布

（一）非均质高含沙水流流速分布

1. 紊流流速分布

非均质高含沙紊流的流速分布，在主流区的垂线流速分布与清水或一般挟沙水流一样，仍遵循对数分布规律，见式（5-18）。只因为泥沙颗粒的存在遏阻紊动交换，流速梯度较大，反映为卡曼常数值较小。在近底流区，流速分布偏离对数公式，且偏离范围因含沙量增大而增大。这样的流速分布也为管道试验资料所证明。宾汉极限剪应力在紊流充分发展情况下，几乎趋近于0。

$$\frac{v_{max} - v_x}{v_*} = \frac{1}{\kappa}\ln\frac{h}{z} \tag{5-18}$$

式中：v_{max} 为水面处（$z=h$）的流速；v_x 为离底部垂向距离 z 处的点流速；v_* 为摩阻流速；κ 为卡曼常数，与含沙量有关，随着含沙量增大，κ 将变小；h 为水深；z 为距河底的距离。

2. 层移运动流速分布

随着含沙量增高，当含沙量超过一定极限后，非均质紊流被层移运动所代替。在层移运动中不存在紊动，宏观上显示层流特征。王兆印和钱宁（1984）利用管道输送无黏性沙试验资料推导出层移运动时的流速分布公式

$$\frac{v_x}{v_{max}} = \left[1 - \left(1 - \frac{z}{z_m}\right)^2\right]^{1/2} \tag{5-19}$$

式中：v_{max} 为最大点流速，所在位置是 z_m。

（二）均质高含沙水流流速分布

均质高含沙水流的流型有层流、过渡流和紊流。均质高含沙水流的流速分布取决于它的流型（图5-2），不同流型的均质高含沙水流的流速分布规律也不同。

1. 层流区流速分布

室内试验和野外观测资料表明，均质高含沙水流在层流区运动时，与清水水流一样，黏滞力起主要作用，但其流态则表现为具有流核厚度很大的复杂结构流。其流速分布具有明显的流核，流核以下的边界层有较大的流速梯度。非流核区的流速梯度服从宾汉体流变

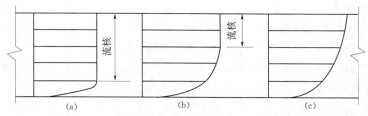

图 5-2 明渠均质高含沙水流各流型垂线流速分布示意

（a）层流；（b）过渡流；（c）紊流

方程；在流核区，由于水流作为一个整体向前运动，不可能存在相对运动，故流速梯度
$dv/dz=0$。

在非流核区，即 $z<\dfrac{\tau_0-\tau_B}{\gamma_m J}$ 的范围内，对宾汉体流变方程直接积分，并考虑到水面处
流速为 $v_{\max}$ 的边界条件，不难得出明渠均质高含沙水流的垂线流速分布公式

$$\frac{v_{\max}-v_x}{v_{\max}}=\left(1-\frac{\tau}{\tau_0-\tau_B}\right) \qquad (5-20)$$

其中
$$\tau_0=\gamma_m hJ,\quad \tau=\gamma_m zJ$$

式中：$v_{\max}$ 为水面处（$z=h$）的流速；h 为水深；J 为比降；z 为距河底的距离；τ_0 为作
用在床面上的水流剪应力；τ_B 为宾汉极限剪应力；γ_m 为泥浆容重。

在流核区，即 $z\geqslant\dfrac{\tau_0-\tau_B}{\gamma_m J}$ 的范围，流速均匀分布，其运动速度为

$$v_{\max}=\frac{(\tau_0-\tau_B)^2}{2\eta\gamma_m J} \qquad (5-21)$$

式中：η 为刚度系数。

对二维明渠水流来说，流核区的厚度 h_p 为

$$h_p=\frac{\tau_B}{\tau_0}h \qquad (5-22)$$

2．紊流区流速分布

实测资料表明，均质高含沙水流进入紊流后，紊动剪应力也逐渐增大，随着继续增
加，紊动强度也变大，流核厚度则逐渐变小。当进入阻力平方区后，流核完全消失。垂线
流速分布仍符合清水对数流速分布公式（5-18），只是卡曼常数 κ 小于清水的值。

3．过渡区流速分布

位于层流区与紊流粗糙区之间的区域相当于清水水流的光滑区和过渡区。在过渡区，
水面以下仍有一个流速均匀分布的流核，但流核较薄，流核以下的流速仍为对数分布，但
梯度较大。

三、阻力特性

影响高含沙水流阻力的主要因素为水流的黏度、紊动程度及河床边界条件，这些都和
含沙浓度有关。对含有细颗粒的高含沙水流而言，由于有絮网结构存在，且絮网结构随含
沙浓度及水流紊动强度而变化，所以其阻力变化规律更为复杂。

（一）非均质高含沙水流的阻力

非均质高含沙水流的阻力类似于一般挟沙水流的阻力，其阻力由黏性阻力、紊动阻力和动床阻力3个部分组成。而均质高含沙水流的阻力只有前2个部分。

如果用有效雷诺数 Re_m 点绘与阻力系数 f_m 的关系曲线，在层流区和紊流光滑区，非均质高含沙浑水与清水具有相同的阻力系数 f_m 与有效雷诺数 Re_m 关系；在紊流粗糙区，无论是浑水或清水，阻力系数 f_m 均与有效雷诺数 Re_m 无关，而取决于糙率形式和相对光滑度，因而可用清水的阻力关系式计算非均质高含沙水流的阻力。

对于粗颗粒非均质高含沙水流来说，细颗粒的存在，将使浑水的黏性增大，可以使粗颗粒的沉速减小，部分原来作推移运动的粗颗粒转化为悬移运动，其结果是水流的阻力减小。但当细颗粒含量超过某一临界值以后，继续增大细颗粒含量将只会因为黏性阻力的增加而使阻力增大。

当水流流经冲积河流并可能形成不同的床面形态时，由于高含沙水流中沙垄高度较小，形状平缓圆滑的缘故；也由于在清水水流中作推移运动的粗颗粒在高含沙水流中易于转化成悬移运动，使得高含沙水流的阻力往往小于清水水流阻力。特别是当清水水流中有高强度的推移质输沙或床面沙垄起伏特别明显时，通过高含沙水流后将使床面阻力有明显的下降。

（二）均质高含沙水流的阻力

1. 层流区

众多学者的研究表明，明渠均质高含沙层流区阻力系数 f_m 可以表示为

$$f_m = \frac{96}{Re_m} \tag{5-23}$$

其中，Re_m 为有效雷诺数，可以表示为

$$Re_m = \frac{4\rho_m v R}{\mu_e} \tag{5-24}$$

式中：ρ_m 为浑水密度；R 为水力半径；v 为流速；μ_e 为有效黏度，见式（5-25）。

$$\mu_e = \eta \left(1 + \frac{\tau_B R}{2\eta v}\right) \tag{5-25}$$

式中：τ_B 为极限剪应力；η 为刚度系数。

由式（5-23）可以看出，在采用了式（5-24）形式的有效雷诺数以后，高含沙层流区的阻力系数与雷诺数的关系与清水水流具有完全相同的结构形式。当 $\tau_B = 0$ 时，宾汉体的有效雷诺数即变成牛顿体的雷诺数。由式（5-23）～式（5-25）可以看出，高含沙层流区的阻力损失大于清水。

2. 紊流光滑区

在紊流光滑区，阻力关系服从 Blasius 公式

$$f_m = \frac{0.316}{Re_m^{1/4}} \tag{5-26}$$

费祥俊（1990）根据管道试验，测定了紊流光滑区阻力系数，见式（5-27），并说明可应用于明流。

$$f_m = \left[\frac{\kappa}{1.63\lg\left(\dfrac{Re_m\sqrt{f_m}}{14m}\right)}\right]^2 \qquad (5-27)$$

式中：κ 为卡曼常数；m 为近壁层流层厚度的无量纲系数；Re_m 为有效雷诺数。

3. 紊流粗糙区

杨文海等（1983）通过定床粗糙明渠试验，研究了均质高含沙水流在紊流粗糙区和过渡区的阻力规律，发现在紊流粗糙区（即阻力平方区），高含沙水流的阻力系数也与雷诺数无关，只取决于糙率形式和相对光滑度。清水的阻力规律仍适用于高含沙水流，可以用清水的阻力关系式计算高含沙水流的阻力。

4. 紊流过渡区

在紊流过渡区，高含沙水流的阻力系数是糙率形式、相对光滑度和雷诺数的函数。过渡区的阻力系数远小于阻力平方区。杨文海等（1983）在他们试验的特定边壁粗糙度条件下，得出关系式

$$\frac{1}{\sqrt{f_m}} - 2\lg\frac{h}{K_s} = 13.81 - 4.71\lg\frac{\rho_m v_* K_s}{\eta} \qquad (5-28)$$

式中：K_s 为边壁粗糙度；$\dfrac{\rho_m v_* K_s}{\eta}$ 为糙率雷诺数。

当 $\lg\dfrac{\rho_m v_* K_s}{\eta} = 2.3\sim 2.6$ 时，均质高含沙水流处于过渡区，而清水在 $\lg\dfrac{\rho_m v_* K_s}{\eta} = 2.3$ 时，尚处于粗糙区。这说明与清水相比，均质高含沙浑水要在更强的水力条件下才过渡到粗糙区，或者说均质高含沙浑水有更多的机会处于光滑或过渡区。这可以用均质高含沙浑水黏性增加，近壁层流层厚度加大来解释。

费祥俊（1990）根据管道试验，测定了紊流过渡区阻力系数，见式（5-29），并说明可应用于明流。

$$f_m = 0.0275\alpha\left(\frac{K_s}{D} + \frac{68}{Re_m}\right)^{0.25} \qquad (5-29)$$

式中：D 为管径；α 为系数，近似取 $\alpha = 0.80\sim 0.85$。

众多文献表明，含有细颗粒的高含沙均质水流，在层流区，高含沙水流的阻力损失大于清水；在紊流粗糙区，高含沙水流的阻力损失与清水水流相同；在紊流光滑区和过渡区，存在减阻现象，高含沙水流的阻力损失往往小于清水。

四、挟沙能力

天然河道及渠道中高含沙水流绝大部分属于非均质二相流，泥沙颗粒悬移运动仍靠水流的紊动扩散作用。从这点看高含沙非均质二相流和低含沙水流相同，也存在一个水流挟沙力问题。由于受含沙量的影响，高含沙非均质二相流挟沙力与低含沙水流的不同，水流携带泥沙的能力将不再遵循低含沙悬移质挟沙力规律。前面提到的挟沙力公式大部分不能用于高含沙非均质二相流。

在高含沙水流中，由于细颗粒泥沙的存在，改变了流体的流变特性，导致水流挟沙除了要克服黏性阻力与紊动阻力以外，还要克服流体本身极限剪应力的作用。同时，黏滞系

数增大和粗颗粒受细颗粒的悬浮作用，降低了泥沙的有效容重，从而导致泥沙沉速大幅度降低，使高含沙水流挟沙能力增大。下面介绍几个适用于高含沙非均质二相流的挟沙力公式。

曹如轩（1979）基于挟沙水流能量平衡原理，在考虑了含沙量对沉速和极限粒径的影响后，得到高、低含沙量统一的挟沙力关系式

$$S_{V*} = 0.019 \left[\frac{v^3}{\dfrac{\rho_s - \rho_m}{\rho_m} gR\omega} \right]^{0.9} \tag{5-30}$$

式中：S_{V*} 为以体积比计的床沙质（载荷）挟沙力；v 为平均流速，m/s；g 为重力加速度，m/s^2；R 为水力半径，m；ω 为床沙质（载荷）的群体沉速，m/s；ρ_m 为浑水密度，kg/m^3；ρ_s 为泥沙密度，kg/m^3。

张红武等（1992）从水流能量消耗应为泥沙悬浮功和其他能量耗损之和的关系出发，考虑了泥沙存在对卡曼常数及沉速等的影响，给出了适用于高、低含沙量的半理论半经验挟沙力公式

$$S_* = 2.5 \left[\frac{(0.0022 + S_V)v^3}{\kappa \dfrac{\rho_s - \rho_m}{\rho_m} gh\omega} \ln\left(\frac{h}{6d_{50}}\right) \right]^{0.62} \tag{5-31}$$

式中：S_* 为包括全部悬沙的挟沙力，以体积比计；S_V 为体积比含沙量；ω 为泥沙群体沉速，m/s；κ 为卡曼常数；h 为水深，m；d_{50} 为泥沙中值粒径，m。

式（5-31）经实测资料验证，计算值与实测值符合较好，实测资料既包括了少沙河流，也包括了多沙河流和水槽试验资料，含沙量变化范围为 $0.15 \sim 1000$kg/m^3。

舒安平等（2008）以固液二相挟沙水流紊动能量平衡时均方程为理论出发点，经过详细推导得出水流挟沙能力的结构公式，在此基础上，依据 115 组天然沙和粉煤灰两种平衡输沙试验的实测数据，结合高含沙水流的流变特性及输沙特性，确定挟沙能力结构公式中的有关参数，获得了同时能适应于高、低含沙水流挟沙力公式

$$S_{V*} = 0.3551 \left[\frac{\lg(\mu_r + 0.1)}{\kappa^2} \left(\frac{f_m}{8}\right)^{3/2} \frac{\rho_m}{\rho_s - \rho_m} \frac{v^3}{gR\omega} \right]^{0.72} \tag{5-32}$$

式中：S_{V*} 为以体积比计的挟沙力；μ_r 为相对黏滞系数，$\mu_r = \eta/\mu$，可由式（5-5）或式（5-7）确定；f_m 为浑水阻力系数；其他符号同上。

此外，沙玉清挟沙力公式（4-97）也适用于含沙量 $S < 1000$kg/m^3 的高含沙水流，只不过把式中的泥沙清水沉速换成群体沉速。

五、高含沙水流输沙特性

张瑞瑾（1981）在分析了天然河流和水槽试验的一些高含沙水流资料后，认为对一般挟沙水流而言，悬移质之所以能够被不断悬浮推移，在于水流的紊动扩散作用和重力作用这一对矛盾相互作用的结果。在高含沙水流中，受细颗粒泥沙支托，沙粒的沉速大为减小，这就意味着重力作用大为减弱，而紊动扩散作用相对增强，这是高含沙水流挟沙能力特别强，含沙量分布较均匀等特点的基本原因。曹如轩等（1979、1987）通过实测资料分析，将高含沙非均流分为"载荷"与"载体"两部分。"载体"的沉降规律不再遵循一般

挟沙水流沉降规律，而是形成絮网结构体以界面形式下沉；"载荷"的沉降仍遵循一般挟沙水流沉降规律作自由沉降，但它的运动介质不是清水，而是由"载体"与清水构成的均匀悬浮体，其黏滞性及浮力都远大于清水的数值，这使"载荷"颗粒的沉速大大小于在清水中的沉速。这样，在考虑了高含沙特性后，仍可用一般挟沙水流不平衡输沙公式来描述高含沙水流的输沙规律。而高含沙均质流表现为整体运动，含沙量和粒径沿程基本不变，不再遵循一般挟沙水流不平衡输沙的基本规律。

归纳起来，高含沙水流具有如下输沙特性。

（1）高含沙水流输沙分高含沙均质流与高含沙非均质流两种基本运动模式。

（2）非均质流以临界不沉粒径 d_c 为界，分为"载荷"与"载体"两部分。

（3）非均质流输沙规律遵循一般挟沙水流不平衡输沙的基本规律，仍可用式(4-103)计算含沙量沿程变化，只是公式中的挟沙能力选取了考虑高含沙影响的挟沙力公式，以及受高含沙量影响的泥沙沉速公式。

（4）制约均质流中泥沙运动的已不是水流紊动向上的分速与颗粒沉速相抗衡的问题，而是能否克服阻力的问题。所以，均质流不存在"沉速""挟沙"这些概念，而是在一定泥沙条件（含沙量和组成）、一定水流条件下，如果浑水水流提供的能量能够克服阻力所做的功（即 $\gamma_m RJ > \tau_B$），则整个浑水水流就能流动。

第三节　高含沙水流运动及河床演变的若干特殊现象

高含沙水流河床演变的基本原理及影响因素与一般挟沙水流河床演变相比较，无本质上的区别，但由于高含沙水流在物理特性和运动特性等方面有自己的特点，所以表现在河床演变规律方面也应有所不同，下面仅对其河床演变过程中的若干特殊现象加以简要阐述。

（一）揭河底

"揭河底"是黄河干支流上伴随高含沙洪峰发生的一种河床剧烈冲刷的特殊现象。当"揭河底"现象发生时，淤积在河底的泥沙，成片成片地被水流像卷"地毯"一样卷起，露出水面几平方米甚至十几平方米，然后在短时间内坍落、破碎，被水流冲走。在短短的几小时至几十小时内，河床可以被刷深几米甚至于近十米。黄河龙门站、渭河临潼站、北洛河朝邑站以及黄河下游孟津以下的河段都曾多次观测到这种强烈的河床冲刷现象。"揭河底"冲刷的特点是成片河床被掀起，而不是单颗粒的泥沙被水流冲走。此外，揭河底一般不是沿河宽全面发生，而是沿主流线方向呈带状发生，冲刷长度可达数十千米。

关于"揭河底"现象的机理及发生条件，国内许多专家学者做过研究。产生"揭河底"冲刷的条件可归纳为：

（1）含沙量高，持续时间长。"揭河底"冲刷不同于一般的河床冲刷，它总是在高含沙量水流条件下发生。例如黄河北干流河段"揭河底"冲刷时，龙门站实测的最大含沙量一般在 500kg/m^3 以上，含沙量大于 400kg/m^3 的持续时间在 16h 以上。

（2）洪峰流量大，持续时间长。高含沙量是发生"揭河底"的必要条件，但并非充分条件。要发生"揭河底"，还必须要有足够强的水流条件。例如黄河北干流"揭河底"冲刷时，最大流量一般在 $7000\text{m}^3/\text{s}$ 以上，流量大于 $6000\text{m}^3/\text{s}$ 的持续时间不少于 5h，且洪峰与沙峰过程基本对应。

（3）适宜的河床边界条件。适宜的河床边界条件包括：河床纵比降和横断面形态接近要调整的临界状态，河底淤积物含有一定黏性细颗粒泥沙，具有一定的厚度且被裂隙分割成互不相连的独立块体，这些块体结构较为密实，且具有结构分层特点，掀起后容易形成块体。发生"揭河底"冲刷的黄河北干流段及渭河临潼河段，恰好都满足了上述边界条件。

许多研究者在对"揭河底"现象的机理及发生条件探讨的同时，还从不同角度给出了"揭河底"发生的判别指标，下面介绍几个有代表性的判别指标。

张瑞瑾（1981）在分析了"揭河底"冲刷的条件后，建立了能掀起河床上大片淤积物的临界判别指标

$$C_1 C_2 \frac{v^2/2g}{(A\delta)^{1/3}} \geqslant \frac{\rho''_s - \rho_m}{\rho_m} \tag{5-33}$$

式中：C_1 为浮力强度系数；C_2 为面积系数；v 为断面平均流速，m/s；A 和 δ 分别为被掀起的淤积物的面积（m^2）和厚度，m；ρ''_s 为被掀起的淤积物的湿密度，kg/m^3；ρ_m 为浑水密度，kg/m^3。

张红武等（1996）将其本人提出的水流挟沙力公式简化后，得出"揭河底"现象发生的临界判别指标

$$S_V \frac{v^3}{gh\omega} > 1300 \tag{5-34}$$

式中：S_V 为体积比含沙量；h 为水深，m；ω 为浑水中泥沙的沉速，m/s。

江恩惠等（2010）基于瞬变流模型建立了"揭河底"发生的临界力学指标，并根据室内"揭河底"模拟试验资料，建立了"揭河底"现象发生的临界判别指标

$$0.2 \frac{v^2 J}{g\delta} \geqslant \frac{\rho''_s - \rho_m}{\rho_m} \tag{5-35}$$

式中：J 为水面比降；g 为重力加速度，m/s^2；其余符号意义同前。

"揭河底"现象，多发生在汛期头几次较大洪水的涨峰过程或峰顶，与前期河床的淤厚和高程有一定关系。在开始揭河底时，局部地方先形成跌水，几分钟后，既将淤积物从河床掀起，后又形成跌水，再将淤积物从河床掀起。此外，均质高含沙水流有助于"揭河底"冲刷，这是由于含有一定细颗粒泥沙的高含沙均质流，在充分紊动条件下，其阻力损失较小，易形成"揭河底"现象。

（二）浆河

"浆河"是均质高含沙层流区水流中的一种突发性现象。这种现象发生时，整个河段的泥浆骤然停止流动，造成淤积性的河床演变。"浆河"现象在黄河中游的支流上时有发生，多发生在高含沙量洪峰的陡急落水过程。随着流量的急剧减小，流速降低，造成大量泥沙的骤然淤积，使河床不同程度地淤积抬高，断面变宽，水深减小，而水位往往不是随着流量的减小而降低，有时反而略有升高。

"浆河"形成的临界条件是指河段内处于浆河过程中的浆体由流动转为静止的临界状

态。詹义正等（1991）根据"浆河"形成的受力情况，由二维明渠非均匀水流条件推导出形成"浆河"的临界条件为

$$\gamma_m h(J' + J'') \leqslant \tau_B \tag{5-36}$$

式中：h 为水深，m；J' 为床面比降；J'' 为相对于床面的水面比降。

式（5-36）表明宾汉极限剪应力 τ_B 对于浆河的形成有两个方面的贡献：一是用来克服河段两端的水压力差；二是用来克服浆体自重不至沿床面下滑。只有在床面为平坡的情况下，宾汉极限剪应力才全都用来塑造浆体的水面形态。

"浆河"淤积不同于一般的泥沙淤积，它不是通过大量地减小水体中的含沙量来实现的，而是通过水沙一体的泥浆骤然停滞来实现的。"浆河"形成时其流速接近或等于 0。在"浆河"形成以后的短暂期间，若上游大量浑水继续下行，使能量不断积蓄，将重新转化为运动状态。与此相反，若上游浑水也停止下行或来量较少，则"浆河"现象会持续下来，泥沙逐渐淤积密实。

（三）不稳定流动

高含沙水流常常伴随有不稳定流动现象，即当上游来流条件不变的情况下，本河段水位出现周期性起伏变化，形成一连串的滚波。这种现象常发生在黄河中游的一些支流上。

高含沙水流出现不稳定现象的原因与水流的结构性质有关，当边壁剪应力小于含沙水流极限剪应力，即 $\tau_0 \leqslant \tau_B$ 时，则水流即可停止流动，出现所谓"浆河"现象。浆河形成以后，但上游河道仍有水量源源不断补充，浆河河段的水位会慢慢抬高，当水位抬高到一定高度时停滞的泥浆又会恢复流动。流动片刻后，水位降低，比降变缓，流体又复停止。这样，在一段时间内便出现水流的不稳定现象。这种周期性的水位起伏变化，也常称为阵流。当来流条件使有效雷诺数接近于 1 时，可出现停滞—流动—停滞—流动，往复循环的间歇流现象。

室内试验观测表明（万兆惠等，1979）：含沙量越高，流速越小，则水位起伏的阵流现象越明显。若以水位起伏高度 ΔH 与该断面水深 H 之比 $\Delta H/H$ 来反映阵流的强弱，则有如下发生不稳定流动的条件：

（1）当有效雷诺数 $Re_m > 2000$，流动属紊流流态时，不存在水位起伏的不稳定流动现象。

（2）当 $Re_m < 2000$，流动进入层流流态时，出现水位起伏的不稳定现象，底部开始有停滞层形成。并有水位起伏高度 ΔH 与该断面水深 H 之比 $\Delta H/H$ 随 Re_m 减小而加大的趋势。

（3）当 $Re_m < 1.1$ 时，出现满槽浑水停止流动，然后又恢复流动的间歇流现象。

（四）水位涨落异常

高含沙水流通过宽浅河段时，有时还会发生水位涨落异常现象。即同流量下的高含沙洪水位比一般洪水位偏高许多，且洪水位陡涨陡落。如 1992 年 8 月 16 日 18 时，黄河花园口水文站洪峰流量为 6260m³/s，其水位比 1982 年 15300m³/s 流量时的水位还高 0.34m。高含沙洪水位迅速涨落现象主要表现在两个方面：一方面，随着洪水的上涨，泥沙在滩地上大量淤积，河床束窄，造成洪水位明显抬高；另一方面，当流量较大时，随着河床的束窄，水流集中归槽，使主槽产生强烈冲刷，又使相同流量下洪水位降低。

由于洪水水位的变化主要取决于河道的冲淤状况，所以，高含沙洪水期间异常高水位

的出现与前期河床不利的冲淤状况是分不开的。正是由于河床前期淤积，尤其是主槽淤积，以及高含沙洪水起涨段的强烈淤积，使主槽过水断面缩小，才造成了高含沙洪水较一般洪水水位明显偏高的异常现象。

（五）洪峰异常增值

高含沙洪水在河道演进过程中，洪峰流量有时会出现沿程递增异常现象，即上游站流量不变时，下游站的流量常常大于上游站很多。如 1992 年 8 月 15 日，黄河三门峡站洪峰流量为 $4610\mathrm{m^3/s}$，传播到小浪底站为 $4570\mathrm{m^3/s}$，支流洛、沁河入汇流量约为 $220\mathrm{m^3/s}$，16 日 18 时洪峰到达花园口站，流量猛增至 $6260\mathrm{m^3/s}$。该异常现象自 2002 年黄河下游开展大规模调水调沙以来也曾多次出现，如 2004 年 8 月、2005 年 7 月、2006 年 8 月、2007 年 8 月黄河下游调水调沙期间，小浪底水库异重流排出高含沙洪水过程后，花园口站的流量过程均发生了增值现象，增值率分别为 31.1%、34.9%、47.7%，38.8%。

江恩惠等（2006）、李国英（2008）对洪峰增值现象的机理进行了分析，认为洪峰增值的主要原因是河道糙率的大幅度减小，而河道糙率又与水流含沙量、悬沙级配、床沙级配、床面形态、河道断面形态及河岸周界情况等因素有关。研究认为，在调水调沙期间发生的洪峰异常增值现象是因为，小浪底水库异重流排沙之前的清水下泄过程，使河道床沙粗化，糙率大幅度增大，流速减缓，洪峰沿程衰减。当高含沙异重流出库后，随异重流排出的高浓度细颗粒泥沙在下游河道输移过程中，被挂淤充填进前期粗化的床沙中，使床沙细化，床面形态发生变化，糙率大幅度减小，导致后续水流流速加快，并赶上前方水流，发生洪峰叠加。

（六）长距离输送而不淤

高含沙水流在一定水沙条件和河床断面形态条件下，可以保持很高的水流挟沙能力，进行长距离输送而不淤积。实际上，黄河中游引黄灌区中曾出现过很多次高含沙水流长距离输送而不发生淤积的现象。天然河道中来水来沙与边界条件尽管都比渠道复杂，但也有不少高含沙水流长距离输送的实例。例如 1977 年 8 月 7—10 日，渭河下游发生高含沙水流，最大含沙量达 $800\mathrm{kg/m^3}$，此时的水面比降也只有 0.05‰，输送的距离达 100km 左右而基本不淤。

关于高含沙水流在什么条件下能实现长距离输送，目前研究得还很不充分。根据目前的研究成果，高含沙水流长距离稳定输送的条件可归结为：

（1）当高含沙水流为非均质两相流时，挟沙水流的流速不应低于相应条件下的泥沙不淤流速，即保持一定的水流挟沙力。为保持高含沙水流的挟沙力，就必须要有一定的水力比降。

（2）当高含沙水流为均质伪一相流时，应处在紊流光滑区和过渡区，而不是层流区。因为，伪一相流在在紊流光滑区和过渡区，阻力系数一般比较小，但一旦进入层流状态，阻力系数就会迅速增加，导致流速降低，最终可能会形成"浆河"。

（3）过流断面应为窄深断面。从野外观测到的资料中可以看到，天然河流的宽浅河段往往是破坏高含沙水流稳定输送的重要原因。宽浅河段中通常具有广阔的滩地。在洪水漫滩的条件下，水流横向上的挟沙力分布变得十分不均匀，在滩地上由于挟沙力低造成泥沙大量落淤，落淤后的清水回流主槽，又降低了主流的含沙量和黏性，使泥沙分选落淤的过程进一步增强。而在窄深的河段中，单宽流量大、挟沙力强且横向分布较均匀，可以避免高含沙水流稳定输送遭受破坏的不利影响。就河床断面形态而言，高含沙水流通过的河段，往往被塑造成为窄深的断面形态，这自然是和窄深断面河床的单宽流量大、挟沙力强有关。特别是高含沙水流对河床断面形态是较为敏感的，只要河床边界组成条件允许，总会形成窄深断面以适应高含沙水流通过，这种例子在实际中屡见不鲜。如，1992 年 8 月一场高含沙洪水后，黄河高村以上一些河段的 $\sqrt{B}/h$ 值就由汛前的 20～40 减少到 15～20。

习　题

5-1　什么是高含沙水流？

5-2　高含沙水流与清水的流变特性有何不同？

5-3　某河流悬移质泥沙颗粒级配见表 5-1（中值粒径 $d_{50}=0.014\mathrm{mm}$），试估算由低含沙水流转变成高含沙水流的临界含沙量。

表 5-1　　　　　　　　　　　　　泥沙颗粒级配

粒径级/mm	0.065～0.037	0.037～0.024	0.024～0.013	0.013～0.0035	0.0035～0.001
质量百分比/%	12.3	16.7	24	22	25

5-4　已知某高含沙水流含沙量 $300\mathrm{kg/m^3}$，泥沙颗粒级配如表 5-1 所示，水的动力黏滞系数 $\mu=0.00101\mathrm{N/(m^2 \cdot s)}$，试估算浑水的刚度系数 η 和宾汉极限剪应力 τ_B。

5-5　非均质高含沙水流和均质高含沙水流有何不同？

5-6　高含沙非均质二相流与低含沙水流的挟沙力有何不同？

5-7　已知某宽浅河道，比降 $J=0.000008$，平均水深 $h=2.0\mathrm{m}$，水的运动黏滞系数 $\nu=0.0101\mathrm{cm^2/s}$，悬移质含沙量 $300\mathrm{kg/m^3}$，泥沙颗粒级配见表 5-1，试计算该浑水的临界不沉粒径。

5-8　高含沙水流具有哪些输沙特性？

5-9　为什么高含沙水流会发生"揭河底"冲刷现象？产生"揭河底"冲刷的条件有哪些？

5-10　什么是"浆河"？形成"浆河"的临界条件是什么？

5-11　为什么高含沙水流会发生不稳定流动现象？发生不稳定流动的条件有哪些？

5-12　高含沙洪水在河道演进过程中，洪峰流量为什么有时会出现沿程递增的异常现象？

5-13　高含沙水流在什么条件下能够实现长距离输送而不淤？

第六章　潮汐河口水流泥沙运动规律

潮汐河口水流既受河川径流的影响，又受海洋潮汐的影响，是一种周期性、往复性的非恒定流。而且这种非恒定流在风的作用下，产生的波浪可增加作用在床面上的水流剪切力。同时，在河口区，由于海水与淡水的密度不同，两者在此交汇时，存在着盐淡水混合和盐水入侵的问题。因此，在径流、潮汐、波浪以及盐水入侵等多种动力因素作用下，河口区的泥沙运动规律不同于内陆河流。本章主要介绍潮汐河口水流运动特性和泥沙运动特性等内容。

第一节　潮汐河口水流运动特性

一、潮汐现象

海洋中的水位一般每天有规律地升降两次，白天的一次称为潮，夜间的一次称为汐，统称为潮汐。产生潮汐的原因主要是月球、太阳等天体对地球的引力的结果，这种潮汐又称为天文潮。

在潮汐变化过程中，水位上升称为涨潮，下降称为落潮；相应经过的时间分别称为涨潮时和落潮时。涨潮至最高水位称为高潮位；落潮至最低水位称为低潮位。相邻两高低潮位之差称为潮差。相邻两高潮位或两低潮位之间的时间称为潮周期。在由低潮位至高潮位或高潮位至低潮位转变过程中，水位在极短的时间内停止涨落则称为憩潮或平潮。潮水位从低潮位涨至高潮位又落回低潮位，周而复始，往复循环。

由于月球、太阳和地球在运行过程中相互位置不断变化，对地球的引力也时大时小，所以潮汐也有大小潮之分。一般逢朔（阴历每月初一）、望（阴历每月十五）的潮汐，其潮差为半月中最大，称为大潮。上弦（阴历每月初八）和下弦（阴历每月二十三）的潮差为半月中最小，称为小潮。年内不同季节的潮汐也有所不同，冬至和夏至时潮汐较小，秋分和春分时的潮汐相对较大。相对于月球而言，地球自转一周所需要的时间为 24h50min，即一个太阴日历时。太阴日是指以月球为参考点起算的地球自转周期。根据潮汐在一个太阴日的涨落潮周期，常将潮汐划分为 3 种类型：①半日潮，每日有两次高潮和两次低潮；②全日潮，每日有一次高潮和一次低潮；③混合潮，每日有两次高潮和两次低潮，但相邻的高潮位或低潮位明显不等。上述 3 种潮汐类型的潮位过程线如图 6-1 所示。在每天的两个高潮中把较高的那个高潮称为高高潮，把较低的那个高潮称为低高潮。

二、潮波与潮流

潮汐发生以后，会以波的形式向四周传播，称为潮波。潮波在传播过程中伴随有水体

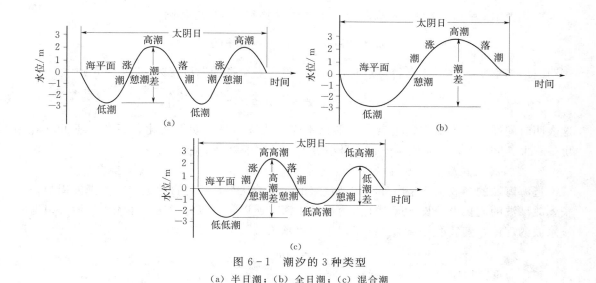

图 6-1 潮汐的 3 种类型

(a) 半日潮；(b) 全日潮；(c) 混合潮

的流动，称为潮流。

（一）潮流界与潮区界

潮波沿河口进入河道后，当潮流大于河水流速时，波峰向河道上游传播，但受河床阻力及下泄径流的影响，推进的能量则逐渐减小，潮差也逐渐减小。当潮波推进至相当距离时，河口已开始落潮，河道内的上溯流速、流量随之减小，潮流作用更为微弱。当潮流上溯至某一断面处，潮流上溯的流速恰好与河水下泄的流速相等，潮流停止上溯，这个断面位置称为潮流界。潮流界是潮流上溯最远处。潮流界以上，由于河水受阻壅积，仍存有潮差，潮波继续向上游推进，但潮差急剧下降，至潮差等于 0 处，该处称为潮区界。潮区界是潮水位影响最远处。潮流界和潮区界的位置受河水流量的大小及潮差高度影响，并不是固定不变的。潮区界至河口之间河段称为潮区，又称潮水河。潮区界以上的河道不受潮波影响，可按一般无潮河流对待。在水深大、比降小和潮差大的河口，潮区内可能有一个以上的潮波，而小河则最多只有一个潮波。

（二）潮波波形、传播速度和潮波引起的水流速度

1. 潮波波形

各河口的潮波波形尽管不尽相同，但在潮波进入河口之前，其波形仍可近似用正弦曲线表达为

$$z = a_0 \sin 2\pi \left(\frac{x}{L} - \frac{t}{T} \right) \qquad (6-1)$$

式中：a_0 为潮波振幅，即潮差的 $1/2$；x 为潮波传播方向的距离；L 为波长；t 为时间；T 为潮周期（对于半日潮，约为 12h25min）；z 为波形某点的高度。

式（6-1）的物理意义为，当 $t=0$ 时

$$z = a_0 \sin 2\pi \left(\frac{x}{L} \right)$$

该式表示 $t=0$ 时的潮波轮廓曲线。如果将 x 移到 $x+L$ 处，则

$$z=a_0\sin2\pi\left(\frac{x+L}{L}\right)=a_0\sin2\pi\left(\frac{x}{L}\right)$$

表明波形仍不变。当 x 为某特定点时，时间 t 经过一个潮周期后变为 $t+T$ 时，则

$$z=a_0\sin2\pi\left(\frac{x}{L}-\frac{t+T}{T}\right)=a_0\sin2\pi\left(\frac{x}{L}-\frac{t}{T}\right)$$

这表明时间经过一个潮周期之后，波形仍不变。故波形呈周期性变化。另外，还可以看出，z 的变化范围，最大值为 $+a_0$，最小值为 $-a_0$，潮差为 $2a_0$。

2. 潮波传播速度和潮波引起的水流速度

近海海域的潮波主要是由外海传播过来的，常被认为是一种自由波。因为潮波周期较长，故潮波的波长也较长，远大于近海海域水深。所以，可以将潮波看作浅水长波。根据浅水波的理论，潮波的传播速度 c 可以近似表示为

$$c=\sqrt{gh} \tag{6-2}$$

式中：g 为重力加速度；h 为水深。

若河道中的平均流速为 v，则

$$c=\sqrt{gh} \pm v \tag{6-3}$$

式中正负号当水流流速与波速方向相同时取正，反之取负。

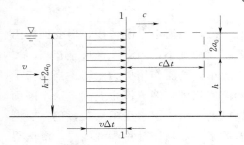

图 6-2　潮波引起的流速示意

至于潮波引起的水流速度，则可近似地用下法求出。假设在河道中水体原来是静止的，即 $v=0$，有一单波自左向右传播，如图 6-2 所示。若不考虑波形的变化，并设波速为 c，则在 Δt 时间内单波传播的距离为 $c\Delta t$。因为波已向前运动，原始断面的左侧必须有水体来补充，此水体为

$$V=(h+2a_0)v\Delta t$$

于是有

$$(h+2a_0)v\Delta t=2ca_0\Delta t$$

故

$$v=\frac{2ca_0}{h+2a_0} \tag{6-4}$$

若 $2a_0$ 与 h 相比其值很小时，则

$$v=\frac{2ca_0}{h} \tag{6-5}$$

因 h 常较 $2a_0$ 为大，故波速 c 比潮波引起的水流速度 v 为大。

（三）潮波的变形

当潮波进入到河流口门之后，在传播过程中将不断发生变形。影响潮波变形的因素是错综复杂的，主要有外海潮差、河口区地形、河底摩阻力、河川径流量等。潮波的变形不仅在不同的河口是不相同的，即使在同一个河口，在不同的河段也是不相同的。潮波的变形主要表现如下。

1. 潮差的变化

河口平面形态对潮波能量的反射与集中起很大作用。对于宽度和深度逐渐变化的河口，如长江口，潮波在传播过程中反射较少，主要受河底摩阻力的影响，能量损耗，潮差沿程减小。对于喇叭形河口，如钱塘江河口，潮波自口外向口内传播时，受两岸约束与潮波反射，能量集中，潮差沿程增加；但经过一段距离后，水深越来越小，河底摩阻力使潮波能量的损耗越来越大，潮差转而减小。

2. 涨落潮历时不对称

潮波进入河口后，波峰水深大，传播快；波谷水深小，传播慢。因而潮波上溯过程中会产生前坡变陡，涨潮历时缩短；后坡趋坦，落潮历时加长的变形。潮差越大，低潮水深越小，则涨落潮历时越不对称。

3. 潮流速和潮位过程曲线出现相位差

流速和潮位曲线出现相位差，很大程度上取决于反射波的作用。无反射时为推进波，其潮位与潮流过程的相位一致；完全反射时为驻波，其潮位和潮流过程的相位差 1/4 周期；一般情况介于推进波和驻波之间。相位差的存在使最大涨（落）潮流速先于最高（低）潮位出现。

在某些三角港河口中，往往会出现涌潮，涌潮是一种不连续波，它的前坡极陡，形似直立，以高速向上游推进，水位上涨极快，并发出很大的声音，数里之外都可听到。如我国钱塘江涌潮堪称天下奇观，涌潮通过钱塘江喇叭形的入河口而形成，潮头最高点可达 3.5m，潮差将近 9m。潮来时，江面上波涛汹涌，犹如万马齐奔，颇为壮观。

（四）径流对潮波的影响

河口地区的水流系由径流和潮流两部分组成。若径流量改变，则径流与潮流的力量对比必然也会改变。径流量大，则涨潮流量将减少，涨潮历时将缩短，落潮历时将延长，而落潮流量将增加。反之，若上游径流量小，则进潮量与历时将会有相应的变化。径流量的大小对潮波的影响体现在流速和潮位两个方面，而流速的改变自然会导致输沙的变化。

（五）潮汐河口水位与流量的关系

潮汐河口的水位不仅与河中流量有关，还与河口潮汐、风、河底地形等有关。对于宽深河口，潮水位过程线如图 6-3（a）所示。对于受上游来水量影响较大的河口，潮水位过程线如图 6-3（b）所示，图 6-3（c）为其相应的上游流量过程线。

在正常情况下，根据水流连续性原理，进入河口内的水量和流出河口的水量应相等。在 Δt 时段内若有实测潮水位水面线 Ⅰ、Ⅱ（图 6-4），则流出河口的水量应有

$$\left.\begin{array}{l} V = Q_1 \Delta t + A_2 - A_1 - A_3 \\ Q_2 = \dfrac{V}{\Delta t} = Q_1 + \dfrac{\Delta V}{\Delta t} \end{array}\right\} \qquad (6-6)$$

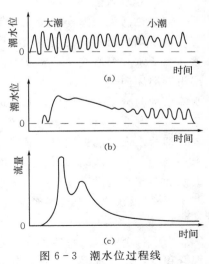

图 6-3　潮水位过程线

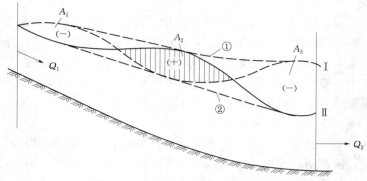

图6-4 潮汐河口水位与流量的关系

①—高潮位线；②—低潮位线

据此就可以求出各时段内的平均出流量，从而可绘出流量过程线。当涨潮时 $\Delta V < 0$，落潮时则 $\Delta V > 0$，对于憩流 $\Delta V = 0$。

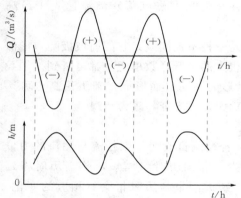

图6-5 潮水位与流量的关系

潮水河中，一般除在潮流界以上、潮区界以下这段范围内水位与流量具有较稳定的关系以外，其他河段大都找不到稳定的水位与流量关系。在潮流界以下，潮水位越高时流量越小或成负流量，而水位越低流量越大，如图6-5所示。前者因潮流倒灌造成；后者因落潮时潮流与河流流速方向一致。由于潮波是推进波性质，其波速与水深成正比，因而波峰速度常较波谷快，越到上游则前坡越短、越陡，后坡则逐渐增长而变平坦，因此涨潮历时要比落潮历时短，两者比值与当时的水深和潮差有关。

三、盐水入侵

河口是河流与海洋的交汇地带，一方面河流淡水自河口上游流向口外海域；另一方面海洋盐水则自河口下游随潮流上溯。因此，径流和潮流是影响河口海水入侵的主要动力因素。当淡水和海水这两种密度不同的流体交汇时，密度大的海水以异重流的形式在河水下层沿着河床向河口上游运动形成"盐水楔"。"盐水楔"是盐水入侵的一种主要形式。由于水流紊动与分子扩散作用，海水进入河口以后与径流混合，含盐度逐渐减小。当含盐度小于 2‰～3‰时已不影响植物的生长，所以，一般把 2‰含盐度咸水所及的地方称为咸水界，即盐水入侵的最远点。显然，咸水界随着潮汐强弱和下泄径流的大小而在一定范围内上下变动。人类活动、风、海平面变化等也会改变咸水界位置。通常，以多年平均枯水季大潮和多年平均洪水季小潮的咸水界为上下极限位置。

（一）盐淡水混合的类型及判别指标

1. 混合类型

由于各个河口的自然条件不同，盐水与淡水的混合和盐水入侵情况也有所差异。根据混合程度，盐淡水混合一般可分为 3 种类型。

（1）弱混合型。盐淡水之间混合程度低，有明显的交界面，呈上、下高度分层形式，如图6-6（a）所示，淡水因密度较小在盐水的上层下泄入海，而盐水则位于底层沿河底上溯而形成明显的"盐水楔"。此时在交界面上将产生剪切力，剪切力与盐水的密度梯度之间保持平衡，使盐水呈楔状侵入河口，因而有"盐水楔"之称，可见，"盐水楔"是河水与海水相交汇因其密度的差异而产生的异重流。这种混合类型多发生在潮差较小、潮流较弱而径流较强的河口。如我国的黄河、珠江口磨刀门等河口。

（2）缓混合型。盐淡水之间混合程度中等，无明显的交界面。此时，下层的盐水垂直向上扩散，上层的淡水也向下传送，于是在一定程度上发生了混合，但上、下层水体的含盐度仍有显著的区别。因此，水平方向和垂直方向都有密度梯度存在。虽然不出现明显的上、下分层现象，但含盐度的等值线以类似盐水楔的形状伸向上游。如图6-6（b）所示。这种混合型式一般发生在潮流和径流作用都比较强的河口。如我国的长江、闽江、射阳河、海河、辽河等河口。

（3）强混合型。盐淡水在垂直方向上充分混合，几乎不存在密度梯度，而水平方向的密度梯度却很明显。等盐度线呈垂直或近似垂直状态，此时不存在盐水楔，盐水入侵以近乎垂直分布形式随潮汐涨落向上游对流扩散，如图6-6（c）所示。这种混合类型发生在潮差较大、潮流较强而径流较弱的强潮河口，如我国的钱塘江、椒江、瓯江等河口。

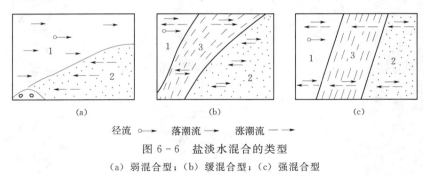

径流 ○—→　　落潮流 —→　　涨潮流 —→

图6-6　盐淡水混合的类型

（a）弱混合型；（b）缓混合型；（c）强混合型

1—淡水；2—盐水；3—混合水

河口混合类型主要取决于径流与潮流的相对强弱。我国河口的盐淡水混合类型，3种均有，但以缓混合型为主，弱混合型仅出现于少数弱潮河口，强混合型则集中分布在浙江沿海的若干强潮河口。须要注意的是：就是对于同一个河口，盐淡水混合的类型也并不是固定不变的，而是随着不同季节径流量和潮流量的对比关系，从一种类型转化为另一种类型。例如，长江口一般是属于缓混合型，但在洪水小潮的情况下，有时会出现盐水楔。

2. 判别指标

金元欢等（1992）认为我国河口盐淡水的混合类型与潮、径流量之比有着良好的相互关系，可用 α 作为判别盐淡水混合类型的指标，见式（6-7）。

$$\alpha = \frac{Q_t}{Q_r} \tag{6-7}$$

式中：Q_t 为年均潮流量，m^3/s；Q_r 为年均径流量，m^3/s。

当 $\alpha \geq 40$ 时，以强混合型为主；当 $\alpha \leq 4$ 时，以弱混合型为主；当 $4 < \alpha < 40$ 时，以缓

混合型为主。

西蒙斯（Simons H. B.，1969）建议用下式计算混合系数 η，并把 η 作为判别盐淡水混合类型的指标。

$$\eta = \frac{W_r}{W_t} \tag{6-8}$$

式中：W_r 为一个潮周期内的径水量，m^3；W_t 为涨潮的潮水量，m^3。

当 $\eta \geqslant 0.7$ 时，为弱混合型；当 $\eta = 0.2 \sim 0.6$ 时，为缓混合型；当 $\eta \leqslant 0.1$ 时，为强混合型。

（二）盐水入侵长度

盐水入侵长度与盐淡水混合的类型有关，径流和潮流的相互消长导致了盐水入侵强度和入侵长度的多变性。通常，可通过数值离散求解一维、二维甚至三维非恒定流水流连续方程、运动方程和相应的盐度对流扩散方程，得到河口盐度分布场和盐水入侵长度。除此之外，还可以使用简化方法求解盐水入侵长度。

对于弱混合型的盐水楔，斯契捷夫（Schljf J. B.）和斯楚恩菲尔德（Schoenfeld J. C.）假定，从盐水楔上流过的淡水为一维水流，盐水与淡水之间无混合发生，河槽为无限宽，盐水楔中净的流速为 0，估算盐水楔入侵长度的公式为

$$l = \frac{2h_0}{f'} \left[\frac{1}{5 \, (Fr'_0)^2} - 2 + 3 \, (Fr'_0)^{2/3} - \frac{6}{5} \, (Fr'_0)^{4/3} \right] \tag{6-9}$$

式中：l 为盐水楔入侵长度，m；h_0 为盐水楔入侵长度端部的河水平均水深，m；f' 为盐水楔交界面的平均阻力系数；Fr'_0 为盐水楔入侵长度端部的河水密度佛劳德数，可用式（6-10）计算。

$$Fr'_0 = \frac{v_0}{\sqrt{\dfrac{\Delta \rho}{\rho_2} g h_0}} \tag{6-10}$$

其中

$$\Delta \rho = \rho_2 - \rho_1$$

式中：ρ_1、ρ_2 分别为上层淡水和下层盐水的密度，kg/m^3；v_0 为盐水楔入侵长度端部的河水平均流速，m/s。

关于盐水楔交界面的平均阻力系数 f'，当交界面比较稳定时，可用式（6-11）计算。

$$f' = \frac{5.4}{Re_2} \tag{6-11}$$

式中：Re_2 为盐水的雷诺数，$Re_2 = v_2 h_2 / \nu_2$；v_2 为下层盐水的平均流速，m/s；h_2 为下层盐水的平均厚度，m；ν_2 为盐水的运动黏滞系数，m^2/s。

当盐淡水混合类型由弱混合型向缓混合型过渡时，交界面上将产生内波，这时就需要考虑内波的阻力，在这种情况下，可用式（6-12）计算交界面的平均阻力系数。

$$f' = 8\pi^3 \, \frac{\nu_1}{v_1 L} \left(\frac{a}{L} \right)^2 \tag{6-12}$$

式中：v_1 为上层淡水的平均流速，m/s；ν_1 为淡水的运动黏滞系数，m^2/s；a 为内波的

半波高，m；L 为内波的波长，m。

（三）盐水入侵对河口区水流的影响

在河口区盐水入侵的范围内，由于水平方向和垂直方向都有密度梯度的存在，使垂线流速分布发生了较大的变化，导致了河口区的水流形态也发生了变化。在盐水没有入侵的区域内，不受密度梯度的影响，在涨潮与落潮之间，从表层到底层，径流都是净的向下游流动，涨潮流落潮流的垂线流速分布均与无潮河相似。盐水入侵对河口区水流的影响与河口混合类型有关。

对于以盐水异重流入侵为主的河口，涨潮期间，密度梯度与水面比降一致，均指向上游，密度梯度起着加大涨潮流速的作用，但底层的密度梯度大，因而加大了底层流速，相应地减少了表层流速，因此使最大流速出现在水面下某一水深处，而不是表层。落潮期间，密度梯度与水面比降相反，密度梯度起了减少落潮流速的作用，但底层的密度梯度大，因而对底层流速起了阻碍作用，水流主要从密度梯度比较小的表层排走，因而增大了表层流速。在转流期间，由于水面比降很小，密度梯度起了控制作用，因而出现表层为落潮流，而底层仍为涨潮流，形成表底层流向相反的交错流。这些交错流持续的时间，随着河水径流量和潮差的大小而变。在枯水大潮期间，交错流持续的时间短些。但在洪水小潮期间，交错流持续的时间就要长些。

由于密度梯度的存在，上游径流从表层下泄；底层水流形成净向上游流动的所谓上溯流。底层水流以上溯流为主沿程转变到以下泄流为主的区域，其间一定有个净流量为 0 的断面，这个断面称为"滞流点"，如图 6-7 所示。滞流点可以视为上溯流上游边界，它的位置并非固定不变，而是随着径流与潮流的强弱而变化的。洪水季节滞流点的位置被推向下游；枯水季节则比较偏向上游。同样，潮差大小也会使滞流点的位置沿河道上下变动。

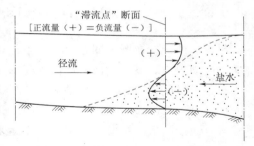

图 6-7 滞流点位置示意图

对于强混合型河口，由于潮流较强，盐度垂向分布趋于均匀，不存在密度梯度，所以在盐水入侵的范围内其垂线流速分布与无潮河相似。

综上所述，河口水流的特性可概括为以下 3 个方面。

（1）具有周期性、往复性和不恒定性。河口水流受海洋潮汐的影响，每天周期性地涨落，涨潮流指向上游，落潮流指向下游，涨落潮流是方向相反的往复流动，水位和流速都随时间而呈周期性变化，具有不恒定流的特性。在浅海潮波进入河口之前它的水位和流速随时间的变化基本保持一致，即涨潮流最大流速出现在高潮位附近，落潮流的最大流速出现在低潮位附近。

当浅海潮波进入河口之后，受河口边界的约束、河床阻力和上游下泄径流的顶托，相应的水位和流速随时间的变化过程线在时间上不再同步，而存在一定的相位差。在一般情况下，涨落潮过程中水位和流速的变化可分为以下 4 个阶段。

1）涨潮落潮流阶段。涨潮之初，海水流向河口，密度大的海水潜入密度小的河水中并向上游推进，此时在垂线上出现上、下两层方向相反的交错水流，上层密度小的河水流向下游，下层密度大的海水流向上游。河口水位开始上升，水面比降变缓甚至接近于 0，但仍指向下游，河水流速仍大于潮流流速，上层河水仍流向下游，流速渐缓。

2）涨潮涨潮流阶段。随水位的不断上升，水面比降已转向上游倾斜，落潮流经历憩流以后在整个断面上水流都转向上溯。

3）落潮涨潮流阶段。当涨潮流上溯至一定距离后，河口外已开始落潮，口内水位亦随之下降。此时水面比降趋于平缓，涨潮流速逐渐减小，但在涨潮流的惯性力作用下，水流方向仍指向上游，称为落潮涨潮流，此时在横断面上因岸边和河底流速小，惯性力作用弱而先落。主流区流速大，惯性力作用强，因而后落。

4）落潮落潮流阶段。河口水位继续下降，水面比降转向下游倾斜，涨潮流经历憩流以后在整个断面上都转变为落潮流。

（2）具有盐淡水混合的特性。由于河川径流是淡水，与含盐的海水密度不同，在混合过程中视潮流和径流相对的强弱，混合的过程有所不同，大体上可分为 3 种类型，即弱混合型、缓混合型和强混合型。同一河口在不同季节、不同河段也会出现不同的混合类型。

（3）具有表底层全潮净流速的循环运动。河口盐水入侵以后，由于盐淡水密度的不同而存在密度梯度。密度梯度引起涨落潮流垂线流速分布的变化，导致河口地区水流形态的变化。

第二节　潮汐河口泥沙运动特性

河口泥沙运动在既不同于海洋又不同于内陆河流的动力等因素影响下，必然具有一些特殊的运动规律。下面对河口区泥沙运动的这些特殊规律进行概要的介绍。

一、河口区泥沙的主要特性

（一）河口区泥沙的来源

河口泥沙的来源主要是河川径流搬运来的流域来沙及随潮流而来的海域来沙。由河川径流搬运到河口区的上游来沙，如果没有足够的动力条件把它带出河口而排入海中，则必然会淤积在河口区；如果有足够的动力条件将它带出河口之外，则其中的一部分会淤积在河海交界处，其余的可能被沿岸流带到较远的海区。海域来沙则比较复杂，这些泥沙有的是从海岸或海底沙洲、浅滩上被海流或沿岸流带到河口外的泥沙，随潮流进入河口；有的是汛期被径流输至口外的泥沙，枯水季节又有部分泥沙在海洋动力作用下返回河口；也有邻近河口的泥沙随潮流进入本河。除了流域来沙和海域来沙之外，工业废渣、城市垃圾等都会成为河口区的沉积物。河口的疏浚弃土，如果处理不当，也会造成淤积。如何确定河口区泥沙的来源和数量，常常是生产实践中必须解决的问题。常用的方法是根据河口区泥沙的物理特性和化学、矿物成分，并结合当地及附近的自然特征及动力条件，来判定泥沙来源。也有采用放射性同位素和荧光流明沙等示踪法来判定泥沙输移情况的。

（二）泥沙的絮凝、絮散和团聚与沉降

河口区的泥沙以黏性细颗粒为主，当这些细颗粒泥沙与含盐分的海水相遇之后，由于盐水中含有大量的强电解质，正离子浓度较高，促使絮凝发生，从而加快了其沉降过程。河口泥沙絮凝的最佳含盐度约为 $5 \times 10^{-3} \sim 15 \times 10^{-3}$。絮凝后的泥沙在海水超过了一定的

含盐度后，还会重新分散为较小的颗粒，即发生絮散。

泥沙的团聚是指细颗粒泥沙受海洋生物的影响而聚集成团，团聚后的泥沙沉速将大幅度增大，不亚于絮凝沉降。海洋中有一些生物，如牡蛎、蛤等，他们在摄取食物时，是把海水连同其中的浮游的固态物质一起吸入体内，吸收其中的养分，而将杂质排出体外。这样，海水中悬浮的细颗粒泥沙经过海洋生物的脏腑时，颗粒的表面便吸附了脏腑中分泌的黏液。于是，细颗粒的泥沙便能互相黏结在一起，形成了较大的团粒。泥沙形成了较大的团粒后，其沉降运动不再具有单颗粒沉降的规律，而是群体沉降。

（三）河口区泥沙的起动

在河口区，黏性细颗粒泥沙絮凝成一种含水量很高的松散结构，沉积到河底以后，将形成含孔隙水很多的底泥层。在每个潮周期内，在潮流流速大于底泥的临界起动流速的情况下，底泥要经历扬起、运移和沉积的全过程，所以没有时间固结，成为含水量很高的淤泥。这些淤泥又可以分为低浓度淤泥（浮泥）和高浓度淤泥两种。通常，低浓度淤泥（浮泥）密度介于 $1030\sim1250\text{kg/m}^3$；高浓度淤泥密度介于 $1250\sim1600\text{kg/m}^3$。对于往复水流作用下的淤泥起动，仍可借用单向流作用下的黏性细颗粒泥沙起动流速公式计算。

洪柔嘉等（1988）通过量纲分析，利用水槽试验和流变特性试验得到了天津新港浮泥起动流速公式

$$v_c = 5.62 \left(g\nu_m \frac{\rho_m - \rho}{\rho}\right)^{1/3} + 3.03 \left(\frac{\tau_B}{\rho}\right)^{1.20} (g\nu)^{-0.467} \tag{6-13}$$

式中：ρ、ρ_m 分别为清水和浮泥的密度，kg/m^3；ν、ν_m 分别为清水和浮泥的运动黏滞系数，m^2/s；τ_B 为浮泥宾汉极限剪应力，N/m^2；g 为重力加速度，m/s^2。

式（6-13）适用于密度小于 1200kg/m^3 的新港浮泥。

波浪对河口地区的泥沙起动具有不可忽视的作用。在河口地区常遇到在潮汐和波浪共同作用下的泥沙起动问题，这时，就须要考虑潮汐和波浪的共同影响。窦国仁等（2001）在全面分析了泥沙颗粒的受力情况下，考虑了颗粒间的黏结力、薄膜水固体性质导致的附加静水压力和波浪惯性力，导出了在潮汐和波浪共同作用下，适用于粗、细颗粒泥沙起动的统一公式

$$v_c = \sqrt{a\left(\frac{L}{K_s}\right)^{1/2}\left[3.6\frac{\rho_s-\rho}{\rho}gd + \beta_m\beta\frac{\varepsilon_0 + gh\delta\,(\delta/d)^{1/2}}{d}\right] + \left(b\frac{\pi L}{T}\right)^2} - \left(b\frac{\pi L}{T}\right) \tag{6-14}$$

式中：v_c 为以底部最大轨迹质点速度表示的临界起动流速；L 为波长；T 为波周期；h 为水深；d 为泥沙粒径；δ 为薄膜水厚度，$\delta = 2.13\times10^{-5}\text{cm}$；$K_s$ 为粗糙高度，其值为：当 $d\leq0.5\text{mm}$ 时，$K_s = 1.0\text{mm}$，当 $d\geq0.5\text{mm}$ 时，$K_s = 2d$，当 $L/K_s\geq1.0\times10^5\text{mm}$ 时，$K_s = L/1.0\times10^5$；ε_0 为黏结力参数，与颗粒材料有关，天然沙 $\varepsilon_0 = 1.75\text{cm}^3/\text{s}^2$，电木粉 $\varepsilon_0 = 0.15\text{cm}^3/\text{s}^2$，塑料沙 $\varepsilon_0 = 0.10\text{cm}^3/\text{s}^2$；$\beta$ 为泥沙密实系数，$\beta = (\rho'_s/\rho'_{s0})^{2.5}$；$\rho'_s$、$\rho'_{s0}$ 分别为泥沙的干密度和稳定干密度；a、b 分别为待定系数，依据波浪作用下的起动试验资料，可求出 $b = 0.03$，a 值与起动状态有关，当泥沙少量动时 $a = 0.051$，普遍动时 $a = 0.079$；β_m 为系数，$\beta_m = (d/d_1)^{0.75}$，$d_1 = 0.15\text{mm}$，当 $d>0.15\text{mm}$ 时，$\beta_m = 1$；ρ、ρ_s 分别为水和泥沙颗粒密度。

由于 v_c 与波高 H、波周期 T 和水深 h 有下列关系：

$$v_c = \frac{\pi H}{T} \frac{1}{\sinh(2\pi h/L)} \tag{6-15}$$

考虑到式（6-15），也可将式（6-14）改写成用波高表示的泥沙起动临界波高公式

$$H_c = \frac{T}{\pi}\sinh\left(\frac{2\pi h}{L}\right)\left\{\sqrt{a\left(\frac{L}{K_s}\right)^{1/2}\left[3.6\frac{\rho_s-\rho}{\rho}gd+\beta_m\beta\frac{\varepsilon_0+gh\delta(\delta/d)^{1/2}}{d}\right]+\left(b\frac{\pi L}{T}\right)^2}-\left(b\frac{\pi L}{T}\right)\right\}$$

$$\tag{6-16}$$

二、河口推移质泥沙运动

从上游径流来的推移质泥沙，输移至潮区界以下时，尽管这里不出现流向上游的负流速，但水流速度却受潮汐涨落影响而时大时小，这就使得本来就比较复杂的推移质间歇运动更加复杂。在潮流界以下，由于涨潮时出现负流速，此区域内的推移质不再是单一的向下游运动，而是在往复水流作用下做不断进退的往复运动。通常情况下，这些上游来的推移质泥沙都堆积在上、下咸水界之间，但是在大洪水时，也可能一直被推移至口外，堆积在拦门沙上。

对于沙质床面，与无潮河流一样，潮汐河口也可能出现沙波。这些沙波受潮汐水流周期性往复流动的影响，难以充分发展，但仍与无潮河流一样，具有迎流坡缓、背流坡陡的沙波形态。凭借沙波形态可以大概判断河口各河段是受涨潮流控制还是受落潮流控制。

三、河口悬移质泥沙运动

（一）悬移质泥沙运动特点及含沙量沿垂线分布

河口区的悬移质泥沙，在周期性的往复水流作用下，经常处于往复搬运、时沉时扬的过程之中。当潮流相对较强时，悬移质含沙量随涨潮流速的逐渐加快而增大，在涨潮流速达到最大值的稍后时刻，出现涨潮最大含沙量。此后，随着涨潮流速的逐渐减缓，含沙量也逐渐减小，憩流稍后含沙量最小。憩流之后转为落潮流，随着落潮流速的逐渐加快，含沙量亦随之增大，在最大落潮流速稍后时刻出现落潮期最大含沙量，然后含沙量又随落潮流速减小而降低，在下一次涨潮之前出现落潮最小含沙量，由于惯性作用，出现含沙量变化落后于流速变化的所谓"滞后"现象。对于沉速较小的细颗粒泥沙来说，滞后现象就更为明显。

受盐水入侵及潮流等因素的影响，在河口区存在一个最大浑浊带。最大浑浊带形成需有两个基本条件：一是有丰富的细颗粒泥沙补给；二是存在使泥沙在特定区段集聚的动力机制（沈焕庭等，2001）。不同类型的河口其最大浑浊带具有不同的特性。对弱混合型与缓混合型河口来说，在滞流点附近，正是底部处于下泄流转变为上溯流的区域，从上游下泄的泥沙和从下游上溯的泥沙，都在这里集中。此外，流域来的细颗粒泥沙遇到盐水后大量絮凝沉至底部，也被底部上溯流带往滞流点附近集中。因此，在滞流点附近往往存在一个含沙量很大的高含沙量区，即最大浑浊带。最大浑浊带的含沙量比上下游河段的含沙量都大，尤其是近底层。最大浑浊带的位置及含沙量的大小，随流域及海域的来水来沙条件不同而变化，这种变化与滞流点位置的变动完全是一致的。洪季盐水异重流作用强，底部泥沙更易集中，同时上游来沙多，也为泥沙集中提供了来源，所以洪季最大浑浊带比枯季明显得多。强混合型河口一般不存在盐水楔，但在径流与潮流两大动力因素势均力敌的地带，存在一个动力平衡区，导致细颗粒泥沙大量汇聚在这里，形成最大浑浊带。最大浑浊

带在全世界各种气候类型和潮汐条件下的河口均有发现，尤其是缓混合型和强混合型河口更为发育。

无潮河恒定流的悬移质含沙量沿垂线分布规律是否适用于潮流，国内外的研究者在河口区做了大量的流速及悬移质含沙量的实测工作，使用了比较精密的测深、测流和取样的仪器设备，特别是对于靠近底部的含沙量部分，给予了特别的关注，取得了比较可靠的结果。实测结果证实，在河口区的潮流中，悬移质含沙量沿垂线分布和无潮河恒定流情况相似，也遵守悬移质含沙量沿垂线分布"上稀下浓"规律。

（二）河口的浮泥运动

浮泥是接近海底的一层高含沙流体，它与上层水体间有明显的界面，且其流动性很大。一般来说，当河口泥沙粒径 $d_{50} < 0.01 \text{mm}$ 时，才有可能出现浮泥。浮泥是淤泥质河口地区特有的一种泥沙现象。浮泥的显著特点是：颗粒细、流动性大、含沙量高，就其力学性质来说，已不属于牛顿流体，而可以近似地认为是宾汉流体。浮泥的流动性体现在各种动力条件下都可以流动。另外，浮泥在波浪的作用下，也可以沿波浪传播方向流动，当然对浮泥运动起主导作用的还是水流，在水流的作用下，浮泥将随流速方向的变化而往复运动。

浮泥在沉降淤积过程中，在水流流速或波浪作用下，淤积层表面出现波动现象，当流速超过一定数值后，大量淤泥悬浮。由于底部淤泥可以不断地供给泥沙，于是在淤泥的交界面上形成浓度较大的一层浑水。淤泥中的泥沙不断通过浑水层的底面补充进来，又通过浑水层的顶面不断向水流供给悬沙。浮泥流也是一种不稳定的过渡状态体，当流速再增大时，它才能将这种浮泥直接扬起转化为悬移质。若流速降低，它将失去流体性质，又转化为淤泥。这种淤泥过渡层厚度一般仅 10cm 左右，因此浮泥流的输沙量并不大。

（三）潮汐水流挟沙力

潮汐水流挟沙力不仅受流速、水深、悬移质沉速等因素的影响，也受周期性潮汐动力条件、波浪、风、盐度等的影响，问题极为复杂。目前对潮汐水流挟沙力的研究不像无潮河水流挟沙力那样取得众多成果，但也取得了一定成果，主要有一些为数不多的经验公式和理论公式。

1. 经验公式

在建立经验公式时，一般将涨潮与落潮的水力因子和含沙量分别取平均值，再模仿无潮河流按恒定流处理办法，求河口半潮（即涨潮或落潮）的挟沙力经验公式，其一般形式为

$$S_{*f(e)} = K \frac{v_{f(e)}^{m}}{h_{f(e)}^{n} \omega^{d}} \qquad (6-17)$$

式中：$S_{*f(e)}$ 为半潮平均挟沙力；v、h、ω 分别为半潮平均流速、水深及沉速；K 为系数，由实测资料确定；m、n、d 为指数，由实测资料确定；下标 f、e 分别表示涨潮和落潮。

以上处理办法只考虑了本次涨（落）潮的水力因子，但实际上本次涨（落）潮的平均含沙量还与前期的水力因子或含沙量有关。特别是对那些淤泥质河口而言，本次含沙量与

前期含沙量密切相关。因此，含沙量经验关系式还应包括前期的水力因子或含沙量。如叶锦培等（1986）给出的珠江河口半潮平均水流挟沙力公式为：

涨潮时
$$S_{*f} = K_f S_0 \left(\frac{v_f^3}{gh_f \omega} \right)^{0.104} \qquad (6-18)$$

落潮时
$$S_{*e} = K_e \left(\frac{v_e^3}{gh_e \omega} \right)^{0.603} \qquad (6-19)$$

式中：K_f、K_e 为待定系数，中水期 $K_f = 0.157$、$K_e = 0.162$，洪水期 $K_f = 0.293$、$K_e = 0.570$，枯水期 $K_f = 0.075$、$K_e = 0.070$；S_0 为前期落潮平均含沙量，以体积比计；g 为重力加速度，m/s^2；v 为垂线平均流速，m/s；ω 为泥沙沉速，m/s；h 为水深，m。

刘家驹（1988）认为近岸海区浅水挟沙力在风吹流、潮流和波浪综合作用下可用如下函数形式表达：

$$S_* = f(v_{bt}, v_w, h, \rho_s, g) \qquad (6-20)$$

其中
$$v_{bt} = |\vec{v_b} + \vec{v_t}|$$

式中：v_{bt} 为风吹流和潮流合成流速值，m/s；$\vec{v_b}$、$\vec{v_t}$ 分别为风吹流平均流速和潮流平均流速，m/s；v_w 为波浪水质点平均水平速度，m/s；h 为水深，m；ρ_s 为泥沙密度，kg/m^3；g 为重力加速度，m/s^2。

根据现场资料并通过量纲分析，式（6-20）可以写成以佛劳德数为变量形式的挟沙力公式

$$S_* = \alpha \rho_s \left(\frac{|v_w| + |v_{bt}|}{\sqrt{gh}} \right)^m \qquad (6-21)$$

式中：α、m 分别为待定系数和指数，在 $0.02 \leqslant (|v_w| + |v_{bt}|)/\sqrt{gh} \leqslant 0.25$ 范围内，取 $\alpha = 0.0273$ 和 $m = 2$。

2. 理论公式

窦国仁等（1995）依据能量叠加原理，将潮流和波浪用于悬浮泥沙的能量相加，从理论上推导出了潮流和波浪共同作用下的挟沙力公式

$$S_* = \alpha \frac{\rho \rho_s}{\rho_s - \rho} \left(\frac{v^3}{C^2 h \omega} + \beta \frac{H^2}{hT\omega} \right) \qquad (6-22)$$

式中：α、β 分别为系数，由水槽试验资料和现场观测资料得到，$\alpha = 0.023$、$\beta = 0.0004$；ρ、ρ_s 分别为水和泥沙密度，kg/m^3；v 为垂线平均流速，m/s；C 为谢才系数，m$^{1/2}$/s；h 为水深，m；ω 为泥沙沉速，m/s；H 为波高，m；T 为波周期，s。上式右侧第 1 项为潮流作用下的挟沙力；第 2 项为波浪作用下的挟沙力。

曹文洪等（2000）基于湍流猝发的时空尺度得到波浪和潮流作用下床面泥沙上扬通量，然后根据连续原理，建立了平衡近底含沙量的理论表达式，进而根据波浪掀沙和潮流输沙的模式，推导出了充分考虑床面附近泥沙交换力学机理的潮流和波浪共同作用下的挟

沙力公式

$$S_* = \frac{\rho_s \delta}{\nu T_B^+} d_{50} S_{Vm} \frac{v_{*k}^4}{\omega_s v_*^2} \left[\left(1 + \frac{\sqrt{g}}{C\kappa}\right) J_1 - \frac{\sqrt{g}}{C\kappa} J_2 \right] \Big/ \left(\frac{1 - \eta_a}{\eta_a}\right)^{z_*} \qquad (6-23)$$

其中

$$S_{Vm} = 0.511 + 0.0357 \lg d_{50}$$

$$v_{*k} = v_* \left[1 + \frac{1}{2}\left(\eta \frac{v_m}{v}\right)^2\right]^{1/2}$$

$$v_m = \frac{\pi H}{T} \frac{1}{\sinh(2\pi h/L)}$$

$$J_1 = \int_{\eta_a}^1 \left(\frac{1-\eta}{\mu}\right)^{z_*} d\eta$$

$$J_2 = -\int_{\eta_a}^1 \left(\frac{1-\eta}{\mu}\right)^{z_*} \ln\eta d\eta$$

式中：ρ_s 为泥沙密度，kg/m³；δ 为单位床面面积上发生猝发的平均面积，无量纲，$\delta = 0.016$；ν 为水的运动黏滞系数，m²/s；T_B^+ 为低流速带无量纲间隔分布，大量实测资料表明近壁区的低流速带无量纲间隔分布大致有相同的数值，即 $T_B^+ = T_B v_*^2/\nu \approx 100$，$T_B$ 为湍流猝发的平均周期，s；d_{50} 为泥沙中值粒径，m；S_{Vm} 为单位面积床面层的体积比极限含沙量；v_{*k} 为波浪和单向流共同作用下的摩阻流速，m/s；v_* 为单向流摩阻流速，m/s；ω_s 为泥沙颗粒在浑水中的沉速，m/s；g 为重力加速度，m/s²；C 为谢才系数，m$^{1/2}$/s；κ 为卡曼常数；η_a 为近底相对水深，$\eta_a = a/h$，a 为近底某处距床面的距离，h 为水深，一般取 $a/h = 0.01 \sim 0.05$；η 为相对水深，$\eta = z/h$，z 为距床面的距离，m；z_* 为悬浮指标；v_m 为床面波浪质点运动最大水平分速，m/s；v 为垂线平均流速，m/s；H 为波高，m；T 为波周期，s；L 为波长，m。J_1、J_2 的值可以采用近似积分方法求得。

综上所述，河口区泥沙运动，与无潮河流相比，具有以下几个特点。

（1）河口区泥沙粒径比较细，受到海洋生物和盐水的作用后，容易发生团聚和絮凝形成絮团，而加大沉速。絮团进入淡水区后，还会重新分散为较小的颗粒，即发生所谓絮散。

（2）河口区的水流运动具有周期性往复流动的特点，在水体内存在有大范围的封闭式循环水流，使较粗颗粒的泥沙一般不易被水流带出河口区以外。

（3）由于涨潮和落潮之间存在有憩流阶段，流速在短时间内会降低为零，并作周期性变化，于是泥沙颗粒的运动不断经过落淤和起动的阶段，在水流和泥沙运动之间，经常存在着滞后现象，从而影响细颗粒泥沙的落淤部位。

（4）受盐水入侵及潮流等因素的影响，在河口区存在一个最大浑浊带。最大浑浊带的位置及含沙量的大小，随流域及海域的来水来沙条件不同而变化。

（5）在河口地区，河底常出现一层浮泥层，不断随着水流的涨落而往复搬运。

习　题

6-1　论述潮流界和潮区界的含义，并说明两者区别。

6-2　潮波变形主要表现在哪些方面？

6-3　表 6-1 是我国某 3 个河口的年均潮流量和年均径流量，试判断这 3 个河口的盐淡水混合类型。

表 6-1　　　　　　　　我国某 3 个河口的年均潮流量和年均径流量

河口名称	年均径流量/(m³/s)	年均潮流量/(m³/s)
A 河河口	1680	450
B 河河口	29400	227400
C 河河口	988	188500

6-4　论述盐水入侵对河口区水流的影响。

6-5　什么是咸水界、滞流点和最大浑浊带？

6-6　论述潮汐河口水流泥沙运动的规律。

第七章　河床演变基本原理

自然界的河流总是处在不断变化之中，如河湾的发展、汊道的兴衰、浅滩的移动等。当在河流上修建各种各样的工程设施后，河床的冲淤变化也将会受到影响。所谓河床演变是指在自然情况下，以及在修建工程后河流形态与河床边界所发生的演变过程。河床演变过程是一种极为复杂的现象，影响因素极其复杂。在现阶段，要对其普遍做出定量分析，仍有不少困难，但可以对河床演变进行定性分析和对某些问题进行定量分析。本章主要介绍河流类型与河型成因及转化、冲积河流的自动调整作用、河床演变中的一些基本概念、造床流量与河相关系等内容。

第一节　河流类型与河型成因及转化

一、河流类型及河型

河流，根据所处的地理位置（山区、平原、河口）和具有的水动力特性（比降、流速、输沙能力、水流方向等），一般可分为山区河流、平原河流和潮汐河流 3 种类型。山区河流在发育过程中，通常以侵蚀下切为主，因此河谷横断面多呈 V 形或 U 形。平原河流河谷开阔，地势平坦，有深厚的冲积层，河道横断面也呈多种形式。

平原河流由于河段所在位置的差异，来水来沙条件以及河床边界条件各不相同，因此河床演变的过程也错综复杂、多种多样。对于同一条河流，不同的河段其河床形态和演变规律也各有不同，会形成各种不同的河型。关于平原河流的河型划分，国内外学者做了大量研究工作，表 7-1 为国内外学者根据平原河流的平面形态和动态特征对河型划分的部分研究成果。

表 7-1　　　　　　　　国内外关于平原河流河型划分的部分研究成果

研究者	河型分类			
利奥波德（Leopold L. B. ，1957）	弯曲	顺直或微弯	辫状	
莱恩（Lane E. W. ，1957）和张海燕	弯曲	顺直	缓坡辫状	陡坡辫状
罗辛斯基（Россинский К. И. ，1956）	弯曲或蜿蜒	周期展宽或顺直	游荡	
拉斯特（Rust B. R. ，1978）	曲流	顺直	网状	辫状
布赖斯（Brice J. C. ，1984）	单股弯曲	微弯边滩	微弯分汊	顺直分汊
舒姆（Schumm S. A. ，1985）	曲流	顺直	分汊	辫状
方宗岱（1964）	弯曲		江心洲	摆动

续表

研究者	河 型 分 类			
林承坤（1963）	河曲	顺直微弯	分汊	
林承坤（1985）	弯曲	顺直微弯	分汊	散乱
武汉水利电力学院（1981）	弯曲或蜿蜒	顺直或边滩平移	分汊或交替消长	散乱或游荡
武汉水利电力学院（1997）	蜿蜒	顺直	分汊	游荡
李昌华（1982）	弯曲	顺直微弯	分汊	
	有限弯曲　蜿曲		潜洲型　江心洲型	游荡
钱宁（1985）	弯曲	顺直	分汊	游荡

西方国家早期对利奥波德（Leopold L. B.）划分方法有较多的认同，即把平原河流划分为弯曲型、顺直型和辫状型 3 种。国内根据黄河下游和长江中下游河流的辫状型河床演变特点，认为有必要把辫状型河流再进一步划分为分汊型河流和游荡型河流两种独立的河型，因为这两种河型的平面形态尽管都具有分汊的特点，但它们的动态特征却有明显的差异。目前国内关于平原河流河型的划分基本趋于统一，按其平面形态及动态特征，分为 4 种基本类型：①蜿蜒或弯曲型；②顺直或顺直微弯型；③分汊或江心洲型；④游荡或散乱型。1984 年，布赖斯（Brice J. C.）根据航测照片，将平原河流分为单股弯曲、微弯边滩、微弯分汊和顺直分汊 4 种类型。其中，单股弯曲河流比降最缓，然后依次增大，顺直分汊河流比降最陡。根据布赖斯对这 4 种河型特征的描述，它们依次与国内 4 种河型的对应见表 7-1。1985 年，舒姆（Schumm S. A.）又根据冲积河流特点，把平原河流划分为曲流、顺直、分汊和辫状。由表 7-1 可知，西方国家大多数学者把平原冲积河流划分为弯曲（或曲流）、顺直（或微弯边滩）、分汊（或缓坡辫状、网状、微弯分汊）和辫状（或陡坡辫状、顺直分汊）4 种。这 4 种河型与我国上述 4 种河型基本对应。这样一来，西方国家与我国的划分河型的方法就基本趋于一致了。但也有学者（王随继等，1999）从河型的定义、河道平面形态、地下沉积物特征、水动力、新河道形成机理和发育的地貌部位等方面对拉斯特（Rust B. R.）的网状河流与我国的分汊河流进行了对比，认为它们是不同的河型。

为了能够定量划分河流类型，近年来也有学者根据河型的稳定程度，采用模糊聚类方法或多元线性回归分析方法，建立河型判别式对河型进行判别分类。

二、河型成因

平原河流由于流经冲积扇或冲积平原，所以也称冲积河流。冲积河流为什么会形成不同的河型？形成的条件又是什么？河型成因的各种理论和观点就是围绕着这两个问题展开研究的。

（一）河型成因的若干理论和观点

迄今为止，解释河型成因的理论已有很多，但由于问题的复杂性，还没有一个理论被大家公认。关于河型成因的理论归纳起来大致有以下几类。

1. 地貌界限假说

地貌界限假说是指地貌系统在不断发展和演变过程中，从数量的变化达到某一界限以后发生质的突变，从而引起原有地貌系统的分解并导致地貌系统从原有状态向另一状态发生转化。舒姆（Schumm S. A.，1972）等把这种笼统的地貌界限划分为内部界限和外部界限。就河流地貌系统而言，内部界限是由塑造河流地貌系统的水沙流运动本身的内部规律（如自身的不稳定性或自身的能量耗散规律等）决定的一个数量界限；而外部界限则是指那些对河流地貌系统突变起控制作用的自然条件界限。

舒姆等将这一方法应用于解释河型成因时，认为在给定的流量当输沙平衡时，无论对哪种边界条件，总是存在两个极限比降 J_1 和 J_2，当河谷比降小于 J_1 时，河型将维持单一顺直；当河谷比降大于 J_1 时，河型将变为弯曲河流；而当比降超过另一极限值 J_2 时，河型将由弯曲河流突变为分汊或辫状河流。

尹国康（1984）基于地貌界限假说，认为河床坡度、河道输沙、水流动力是河型成因及转化的外部界限。在一定的流量下，河床坡度是河道输沙率及水流水力特性的一个指标，并可用来解释河型的变化。

2. 能耗率极值原理

能耗率极值原理，是指河流在演变过程中，在追求输沙平衡的同时，还追求在给定约束条件下能耗率最小，达到某种最佳动力平衡状态。倪晋仁等（1991）将能耗率极值理论称为假说，之所以称之为假说，是因为在此之前最小能耗率自身理论体系的合理性在数学上并无严格证明。为此，徐国宾等（2003，2015）基于非平衡态热力学的最小熵产生原理，经过一系列数学上的严格理论推导，证明了在河流系统中最小能耗率原理确实成立。所以最小能耗率就不应再称为假说，而是在数学上经过严格推导证明成立的科学原理。

张海燕（Chang H. H.，1979）曾将能耗率极值原理用于河型研究，并取得了较好的成果。

3. 相对可动性假说

罗辛斯基（Россинский К. И.，1965）等认为，河流在演变过程中，最终形成何种河型，主要取决于河底和河岸的相对可动性。一般来说，如果河岸与河底的可动性都较大，可能形成游荡型河流；如果河底的可动性大于河岸的可动性时，则可能形成周期展宽或弯曲型河流。

4. 稳定性理论

在松散可动的边界上，水沙流的运动在其运动界面上存在着周期性的波动现象，并和边界相互作用，以不同的沙波形态或平面形态表现出来，这就是研究河型成因的稳定性理论。从稳定性理论出发研究河型问题的基本方法，一般都是先假定河床上有一小的周期性的可衰减、可增大也可稳定的扰动，结合反映床面沙波形态的阻力公式及泥沙纵向和横向输沙的连续方程，求解得到扰动传播的有关参数，最后根据初始扰动有关参数随时间变化的稳定性分析或根据假定来给出相应的河流平面形态（Engelund F.，1973）。用稳定性理论进行河型分析时，一个最常用的假定是：认为导致河流弯曲（或分汊）的波长为对应于最大初始摆动速率的有限值，这意味着当河流摆动且河岸冲刷发生时，波长维持不变。

5. 随机理论

随机理论是把描述颗粒在平面上以定常速度作随机运动时概率最大的轨迹形状的有关研究结果通过类比引入河型研究中，从多种因素的随机影响来考虑河型问题。

Langbein 和 Leopold（1966）利用随机理论推导出了河流弯曲的正弦派生曲线，并用实测的河流资料对正弦派生曲线及其由此得到的有关弯曲半径等参数进行比较，得到了令人满意的结果。

6. 统计分析

采用统计分析方法进行河型研究时，常被视作统计对象的无非是河流的边界组成和来水来沙两类变量。目前多以水力判数作为主要参数，其侧重点是建立以水流能量有关的流量与比降的统计关系（Begin Z. B. ，1981）。流量与比降统计关系的物理意义在于它反映的是河流剪切能力与边界抗剪能力的对比。但这种方法不便对河型问题的另一个方面——边界组成作有效考虑。

除上述理论外，还有河床最小活动性假说、最小方差等理论等。但这些理论大部分是国外学者首先提出来的。下面我们再介绍国内一些有代表性的研究成果。

1. 床沙质来量及河岸抗冲性决定河型

钱宁（1985）认为，河流的特性取决于流域的特性。当流域条件发生改变时，河流将做出相应的调整。这种调整是通过水流作用下泥沙的冲刷、搬运和沉积过程来实现的。在这里，床沙质来量与水流挟沙力以及河岸抗冲性与水流冲刷能力这两种对应关系的对比消长，决定了调整的大致方向。从这些基本概念出发，钱宁认为床沙质来量及河岸抗冲性是决定河型的两个主要因素。

2. 内外营力决定河型

陆中臣等（1988）认为，自然河流的河型，都是内外营力共同作用的结果，反映了流域水文状况和地理环境间的平衡。影响河型的外营力主要有，来自上游的流量、沙量及其过程以及流域的形状因素；内营力主要有，地壳构造运动强度，即广义的河床边界条件。地壳构造运动对河型发育的影响主要表现在两方面：影响比降和影响河床边界的可动性。

3. 来水来沙条件决定河型

尹学良（1993，1999）首先针对几种河型成因观点，如比降与河型的关系，边界土质结构与河型的关系，冲淤与河型的关系发表看法，认为这几种关系，确实是自然现象的反映，但不是因果关系。这几种观点存在的问题就是把分类与成因混淆，把一般关系认作因果关系，把河性当成河型成因了。冲积河流的比降、断面形态、平面形态、土质结构、冲淤演变特性等，都是河流自己塑造而成，都是河流的属性，它们的总和就是河型。它们可作为河型分类依据，但不能作为河型成因。

尹学良在总结批判各家观点之后，结合大量实测资料和模型试验成果，提出了"水沙条件决定河型论"。认为，独立于河性之外而控制河型的，是来水来沙条件和外加的硬边界、侵蚀基准面等。硬边界较少，侵蚀基准面较稳定的，河型只由来水来沙控制。大水淤滩刷槽，小水淤槽，河型就在这对相互矛盾过程的相互交替、相互抵消、相互消长中形成、演化。前者导向好河，后者导向坏河。两者的强弱对比，就是河型差异的总根据。

4. 河槽形态决定河型

齐璞等（2002）从来水来沙条件塑造河槽，河槽形态约束水流泥沙运动，控制河床演变特性出发，认为河槽形态对于河型形成起着关键作用，河槽形态不同是河流形成不同平面形态的控制条件。河槽形态是由长期来水来沙条件所决定的，来水来沙条件不同，河道演变、输沙特性也不同，就会形成不同河型。

（二）河型成因分析

综上所述，河型成因众说纷纭，但这些河型成因观点大多强调外界影响因素，如地形地貌、河岸河底的相对可动性及来水来沙条件等对河型形成的作用，而忽视了河流本身的内部影响因素。

河流是一个开放系统，其演变过程必然同时受到内部因素和外界因素的影响。河流之所以会形成不同河型，主要是受内因和外因共同制约的结果。内因就是河道水流熵产生或能耗率有趋于最小值倾向，它是形成不同河型的根本原因。外因就是约束水流的各种外界条件，包括河流来水来沙条件和河床边界条件，它是形成不同河型的重要条件（徐国宾等，2012，2017）。

最小熵产生原理是非平衡态热力学的基本理论之一。所谓最小熵产生原理是指：在非平衡态线性区（近平衡态），当外界约束条件保持恒定时，一个开放系统内的不可逆过程总是向熵产生减小的方向进行，当熵产生减小至最小值时，系统的状态不再随时间变化。此时，系统处于与外界约束条件相适应的非平衡定态（简称定态）。这个结论称为最小熵产生原理。该原理是比利时自由大学著名的物理学家、化学家普利高津（Prigogine I.）教授在1945年提出来的，并得到严格证明，适用于热力学中的开放系统。开放系统处于非平衡定态时，其外界约束条件（包括边界条件）和系统的熵产生都不会随时间变化。系统一旦偏离定态，系统与外界交换物质和能量的平衡条件被破坏，其外界约束条件就不一定保持恒定，系统的熵产生也会随之发生变化。如果系统的外界约束条件保持恒定，一旦偏离定态，系统最后一定会恢复到原来的定态；如果系统的外界约束条件发生变化，系统将离开原来定态，寻找与新的外界约束条件相适应的定态。徐国宾等（2003）根据熵产生与能耗率关系，经过理论推导，得出最小熵产生原理与最小能耗率原理二者等价的结论，并基于最小熵产生原理证明在河流系统中最小能耗率原理成立。

河流是一个复杂的开放系统，同时又属于热力学系统，其演变规律当然应遵循非平衡态热力学基本理论。那么河流的自动调整就不仅趋向于相对平衡状态（非平衡定态），而且还应遵循最小熵产生原理或最小能耗率原理，在调整过程中，河流的熵产生或能耗率趋向于与当地外界约束条件相适应的最小值。作用在河流上的外界约束条件有两大类：①来水来沙条件，如径流量、含沙量、沉速和水温等；②河床边界条件，如组成河床边界物质的易侵蚀性、糙率、河谷比降，以及各种人为约束条件。

冲积河流自动调整总是朝着减小水流能耗率或熵产生的方向发展演变，这是因为河流内部存在着一种动力反馈机制，就是这种动力反馈机制促使河道水流能耗率或熵产生趋于最小值。也就是说，最小能耗率或最小熵产生原理指导着河流演变过程的发展和方向。但河流又为什么会发展成不同的河型呢？这就取决于外界的约束条件，不同的外界条件就会塑造出不同的河型。在自然界，经常看到同一条河流从河源到河口，由于沿程外界条件的变化，呈现出不同的河型。这是因为河流为了适应外界条件变化，只能通过调整河型达到减小能耗率或熵产生目的。河流在调整河型过程中，以外界条件允许的各种途径，如增加河宽、减小比降等方式减小能耗率或熵产生，朝着河流相对平衡状态方向发展演变，当到达相对平衡状态时，水流能耗率或熵产生为最小值。如果河流以减小比降方式减小水流能耗率或熵产生，则河流就可能发展成为弯曲型河流。如果河流以增加河宽方式减小水流能耗率或熵产生，则河流可能发展成为分汊型或游荡型河流。但河流究竟以何种方式减小水流能耗率或熵产生，这就取决于外界条件。

外界条件包括河流来水来沙条件和河床边界条件，形成不同河型的外界条件如下。

（1）弯曲型河流。组成河岸的物质稳定性大于组成河底的物质稳定性。河道径流量变幅小，中长期长，在较长时间内，河段输沙基本平衡。

（2）顺直型河流。组成两岸的物质具有较强的抗冲性能，如黏土等，河岸甚难冲刷，河流的横向变形因而受到限制，而河底组成物质为中、细沙。泥沙输移横向强度弱，主要是同岸纵向输移。

（3）分汊型河流。组成河床的物质不均匀，在河段上下游往往有较稳定的节点。河道径流变幅小，水流含沙量亦不大，河段基本上处于输沙平衡状态。

（4）游荡型河流。组成河底和河岸的物质均为较细颗粒的泥沙，黏土含量小，抗冲能力较差，易冲易淤，两岸及河底的可动性较大。河道年径流量变幅大，洪枯悬殊，洪水暴涨暴落，来沙量及含沙量偏大。

黄浩等（2008）根据黄河、长江等河流12个河段的实测资料，采用多元线性回归分析方法对河型进行分析时，得出对河型影响最大的外界条件是河床边界条件，其次是来水条件。徐国宾和赵丽娜（2013，2017）根据黄河下游花园口、夹河滩、高村、孙口、艾山、泺口和利津7个水文站的实测资料，采用指标信息熵值法计算了各影响因素对河床演变的权重因子，由权重因子的大小也得出河床边界条件对河床演变的影响大于来水来沙条件。

综上所述，冲积河流不同河型形成的原因就是河流为了使水流能耗率或熵产生趋于最小值，在所处外界条件的限制和要求下，进行自动调整的结果。

（三）不同河型的能耗率

1. 河流能耗率

河流能量耗散函数可以表示为

$$\phi = \sum_{j=1}^{m} \boldsymbol{J}_j \boldsymbol{X}_j \qquad (7-1)$$

式中：ϕ 为能量耗散函数；$\boldsymbol{X}_j$ 为广义力；$\boldsymbol{J}_j$ 为广义流。

如果广义力 $\boldsymbol{X}_j$ 和广义流 $\boldsymbol{J}_j$ 确定了之后，便可以由式（7-1）计算出能量耗散函数 ϕ。河流中存在两种流，即能量流和物质流。在不考虑热交换的情况下，能量流是通过动量传输实现的，物质流是通过质量扩散完成的。

众所周知，单位体积的流体所具有的动量为 ρv，将通过给定流体空间边界面的流体动量通量定义为动量流，则动量流等于流体动量 ρv 和流速 v 的乘积，即

$$\boldsymbol{J}_p = \rho v v \qquad (7-2)$$

式中：$\boldsymbol{J}_p$ 为动量流；ρ 为水流密度；v 为流速。

流速梯度的存在将促使流体发生动量扩散，这类扩散是由高流速区指向低流速区，所以动量流对应的广义力是流速梯度，即

$$\boldsymbol{X}_p = -\frac{\mathrm{d}v}{\mathrm{d}l} \qquad (7-3)$$

式中：$\boldsymbol{X}_p$ 为动量流对应的广义力或动量力；l 为流向坐标轴。

质量流被定义为密度乘以流速，即单位时间内扩散的质量：

$$\boldsymbol{J}_m = \rho v \tag{7-4}$$

式中：$\boldsymbol{J}_m$ 为质量流。

在河流中，驱动水体流动的因子是重力。重力沿流向的分量为质量流对应的广义力，即

$$\boldsymbol{X}_m = g \sin i \tag{7-5}$$

式中：$\boldsymbol{X}_m$ 为质量流对应的广义力或质量力；g 为重力加速度；i 为水面比降。

对于平原河流，i 值很小时（$i \leqslant 6°$），$\sin i \approx i$，于是得到

$$\boldsymbol{X}_m = g i \tag{7-6}$$

广义力和广义流乘积的量纲可以由 3 个基本量纲，即长度 [L]、质量 [M] 和时间 [T] 导出。河流的动量流和动量力的乘积为 $\boldsymbol{J}_p \boldsymbol{X}_p = -\rho v v \cdot \dfrac{\mathrm{d}v}{\mathrm{d}l}$，其量纲为 $\dfrac{\mathrm{M}}{\mathrm{L}^3} \cdot \dfrac{\mathrm{L}}{\mathrm{T}} \cdot \dfrac{\mathrm{L}}{\mathrm{T}} \cdot \dfrac{\dfrac{\mathrm{L}}{\mathrm{T}}}{\mathrm{L}} = [\mathrm{ML}^{-1}\mathrm{T}^{-3}]$；河流的质量流和质量力的乘积为 $\boldsymbol{J}_m \boldsymbol{X}_m = \rho v \cdot g i$，其量纲为 $\dfrac{\mathrm{M}}{\mathrm{L}^3} \cdot \dfrac{\mathrm{L}}{\mathrm{T}} \cdot \dfrac{\mathrm{L}}{\mathrm{T}^2} \cdot \dfrac{\mathrm{L}}{\mathrm{L}} = [\mathrm{ML}^{-1}\mathrm{T}^{-3}]$，可以看出构造河流能量耗散函数的两个广义力和广义流乘积的量纲均具有单位时间单位体积能量的量纲。

将河流广义力和广义流代入式（7-1），得到河流能量耗散函数具体表达式：

$$\phi = \boldsymbol{J}_p \boldsymbol{X}_p + \boldsymbol{J}_m \boldsymbol{X}_m = -\rho v v \cdot \frac{\mathrm{d}v}{\mathrm{d}l} + \rho v \cdot g i = \rho g v \left(i - v \cdot \frac{\mathrm{d}v}{g \,\mathrm{d}l} \right) \tag{7-7}$$

将水面比降 $i = -\dfrac{\mathrm{d}}{\mathrm{d}l}\left(h + \dfrac{p}{\rho g}\right)$ 代入上式，则式（7-7）可以写成

$$\phi = -\rho g v \left[\frac{\mathrm{d}}{\mathrm{d}l}\left(h + \frac{p}{\rho g}\right) + \frac{\mathrm{d}\left(\dfrac{v^2}{2g}\right)}{\mathrm{d}l} \right] = -\rho g v \, \frac{\mathrm{d}}{\mathrm{d}l}\left(h + \frac{p}{\rho g} + \frac{v^2}{2g}\right) \tag{7-8}$$

将水力比降 $J = -\dfrac{\mathrm{d}}{\mathrm{d}l}\left(h + \dfrac{p}{\rho g} + \dfrac{v^2}{2g}\right)$ 代入上式，则式（7-8）变为

$$\phi = \gamma v J \tag{7-9}$$

式中：γ 为水容重，$\mathrm{N/m}^3$；J 为水力比降。

对能量耗散函数求体积分，得到河流能耗率表达式：

$$\Phi = \iiint_V \phi \,\mathrm{d}V = \gamma \iiint_V v J \,\mathrm{d}V \tag{7-10}$$

式中：Φ 为能耗率，具有单位时间能量的量纲 $[ML^2T^{-3}]$，即功率的单位瓦特（W）。

沿水流流动方向取单位长度 $l=1m$，并且设在单位长度内 J 是常数，则式（7-10）简化为

$$\Phi_l = \gamma J \int_A v \, dA = \gamma Q J \tag{7-11}$$

式中：Φ_l 为单位长度河流能耗率，W/m；A 为过水断面，m^2；Q 为流量，m^3/s。

设过水断面为常数，则单位长度河流能耗率可以简化为

$$\Phi_V = \gamma v J \tag{7-12}$$

式中：Φ_V 为单位体积河流能耗率，W/m^3。

设水容重为常数，则单位体积河流能耗率可以简化为

$$\Phi_N = v J \tag{7-13}$$

式中：Φ_N 为单位重量河流能耗率，W/N，也称为单位水流功率。

对于天然河流，大多数情况下可以用水面比降 i 代替水力比降 J，河流的能耗率也常用单位水流功率表示。

2. 不同河型的能耗率

不同河型的能耗率或熵产生是不同的。徐国宾和赵丽娜（2013）以黄河下游河道为例，计算分析了不同河型的能耗率及其随时间变化过程。黄河下游是典型的冲积河流，在小浪底水库运用前，黄河下游已经形成了游荡型、过渡型和弯曲型 3 种典型河型。孟津白鹤至高村为游荡型河段，高村至陶城铺为过渡型河段，陶城铺以下为弯曲型河段，其中利津以下为河口段，如图 7-1 所示。

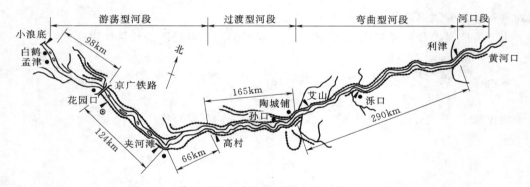

图 7-1　黄河下游 7 个水文站的位置及各河段的河型

根据系统理论，可以把任何一条河流系统按河段分为数个相对独立的子系统。选择两个水文站之间的河段作为研究对象，把每一个河段看作是一个相对独立的子系统。据此，将黄河下游花园口、夹河滩、高村、孙口、艾山、泺口和利津 7 个水文站（图7-1）之间的 6 个河段看作是 6 个子系统。利用这 7 个水文站 1972 年、1973 年、1975—1980 年、1982 年、1985 年、1987 年、1988 年和 1991—2000 年共计 21 年的水文年鉴中所列的月平均水文资料及黄河水利委员会实测资料，分别计算了 6 个河段各年平均水文要素值（表 7-2），依据这些实测水文要素值研究了每一河段单位水流功率随时间的变化特征。

表7-2   黄河下游6个河段21年的实测水文要素值

河段	年份	比降/(×10⁻⁴)	河宽/m	水深/m	流量/(m³/s)	河段	年份	比降/(×10⁻⁴)	河宽/m	水深/m	流量/(m³/s)
花园口—夹河滩	1972	1.796	697	1.08	923	夹河滩—高村	1972	1.530	605	1.18	903
	1973	1.797	758	1.16	1117		1973	1.518	614	1.22	1111
	1975	1.749	827	1.42	1698		1975	1.535	585	1.63	1642
	1976	1.771	649	1.64	1635		1976	1.513	549	1.65	1589
	1978	1.699	562	1.41	1074		1978	1.581	595	1.26	1016
	1979	1.736	577	1.40	1149		1979	1.525	491	1.51	1112
	1980	1.768	648	1.13	868		1980	1.500	616	1.19	820
	1982	1.753	700	1.46	1325		1982	1.468	691	1.41	1277
	1985	1.768	614	1.67	1455		1985	1.474	549	1.86	1426
	1987	1.758	385	1.42	684		1987	1.495	327	1.59	616
	1988	1.774	429	1.62	1082		1988	1.495	380	1.68	995
	1991	1.758	374	1.45	722		1991	1.482	396	1.25	657
	1992	1.769	679	1.58	814		1992	1.496	401	1.34	759
	1993	1.770	401	1.64	934		1993	1.538	389	1.53	894
	1994	1.669	439	1.54	940		1994	1.642	400	1.49	902
	1995	1.588	387	1.25	723		1995	1.739	368	1.15	665
	1996	1.583	429	1.31	839		1996	1.723	504	0.99	776
	1997	1.587	330	1.03	419		1997	1.718	323	0.95	357
	1998	1.605	353	1.41	661		1998	1.682	370	1.19	605
	1999	1.606	311	1.40	647		1999	1.547	370	1.12	564
	2000	1.575	280	1.55	509		2000	1.649	356	1.16	464
高村—孙口	1972	1.145	464	1.48	866	孙口—艾山	1972	1.200	383	1.81	832
	1973	1.143	603	1.48	1078		1973	1.196	496	1.88	1032
	1975	1.137	510	1.84	1605		1975	1.228	410	2.49	1595
	1976	1.127	494	1.74	1568		1976	1.163	423	2.40	1617
	1978	1.163	426	1.45	964		1978	1.199	346	2.04	933
	1979	1.160	414	1.59	1078		1979	1.182	368	2.02	1041
	1980	1.153	426	1.40	769		1980	1.177	342	2.04	731
	1982	1.168	513	1.58	1217		1982	1.176	397	2.08	1158
	1985	1.153	449	2.15	1376		1985	1.155	380	2.39	1307
	1987	1.160	363	1.54	571		1987	1.216	292	2.37	521
	1988	1.206	390	1.61	950		1988	1.218	329	2.12	866
	1991	1.160	388	1.44	617		1991	1.194	311	2.00	587
	1992	1.162	376	1.42	703		1992	1.111	276	2.12	648
	1993	1.102	410	1.75	867		1993	1.169	329	2.06	811
	1994	1.126	423	1.37	872		1994	1.218	361	1.86	850
	1995	1.126	392	1.18	627		1995	1.172	319	1.87	601
	1996	1.144	463	1.38	700		1996	1.207	300	1.93	648
	1997	1.155	279	1.21	300		1997	1.259	189	1.90	245
	1998	1.178	341	1.37	558		1998	1.224	242	2.08	523
	1999	1.165	340	1.35	510		1999	1.245	237	2.04	448
	2000	1.165	362	1.24	384		2000	1.235	259	1.99	362

河段	年份	比降/(×10⁻⁴)	河宽/m	水深/m	流量/(m³/s)	河段	年份	比降/(×10⁻⁴)	河宽/m	水深/m	流量/(m³/s)
艾山—泺口	1972	1.007	287	2.52	793	泺口—利津	1972	0.902	495	2.54	734
	1973	1.002	266	2.50	978		1973	0.907	245	2.46	916
	1975	0.983	285	3.35	1579		1975	0.917	284	3.11	1530
	1976	0.994	285	3.40	1500		1976	0.912	301	3.13	1445
	1978	1.017	496	2.72	904		1978	0.927	234	2.72	833
	1979	1.076	258	2.82	998		1979	0.908	254	2.68	911
	1980	0.997	245	2.66	698		1980	0.924	259	2.24	630
	1982	1.002	529	2.82	1085		1982	0.955	276	2.52	983
	1985	0.992	294	3.19	1296		1985	0.925	345	2.97	1268
	1987	1.028	196	2.82	449		1987	0.934	169	2.03	378
	1988	1.027	200	2.79	774		1988	0.939	220	2.18	671
	1991	0.999	204	2.75	536		1991	0.936	188	2.37	443
	1992	1.013	180	2.60	576		1992	0.987	163	2.17	475
	1993	1.002	225	2.65	723		1993	0.940	225	2.28	633
	1994	0.998	240	2.63	801		1994	0.983	223	2.37	721
	1995	1.212	201	2.44	551		1995	0.802	188	1.85	472
	1996	1.000	200	2.25	601		1996	0.992	183	2.24	527
	1997	1.442	127	1.96	178		1997	0.930	132	1.17	99
	1998	1.016	164	2.52	471		1998	0.957	182	1.83	439
	1999	1.012	170	2.22	371		1999	0.956	198	1.60	273
	2000	1.004	175	2.18	300		2000	0.975	185	1.44	209

　　根据表 7-2 实测资料，利用单位水流功率计算公式 $\Phi_N = vJ$ 计算了黄河下游 6 个河段 21 年的单位水流功率及其随时间变化过程，如图 7-2 所示。从图中可以看出，6 个河段单位水流功率的大小依次是花园口—夹河滩、夹河滩—高村、高村—孙口、孙口—艾山、艾山—泺口和泺口—利津河段。花园口—夹河滩和夹河滩—高村河段是典型的游荡型河段，该类河型的单位水流功率最大；艾山—泺口和泺口—利津河段属于弯曲河段，该类河型的单位水流功率最小；高村—孙口和孙口—艾山河段为过渡型河段，该类河型的单位水流功率介于游荡河型和弯曲河型的单位水流功率之间。因此，过渡型河段的特点具有游荡型与弯曲型河段的双重特点。

　　图 7-2 还表明，花园口—夹河滩和夹河滩—高村游荡型河段 21 年的单位水流功率变化幅度一直较大，表明该游荡型河段在调整过程中还没有达到相对平衡状态，这是因为大量控导工程的兴建对黄河下游游荡型河段的河势变化虽起到了一定程度的控制作用，但因为工程密度、工程长度有限，对主流的约束较差，致使主流摆幅虽有减小但仍然很大。高村—孙口和孙口—艾山过渡型河段的单位水流功率越来越接近艾山—泺口和泺口—利津弯

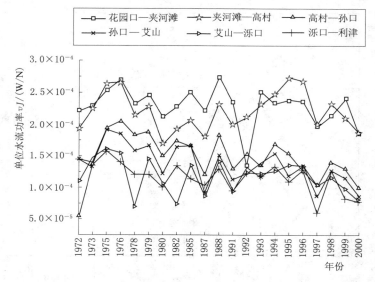

图 7-2　黄河下游 6 个河段 21 年单位水流功率 vJ 变化图

曲型河段的单位水流功率，并且变化幅度也越来越小，表明此段河型越来越趋向于弯曲型河段且逐渐趋于相对平衡状态。艾山—泺口和泺口—利津弯曲型河段 21 年单位水流功率变化幅度越来越小，说明该河段已经接近相对平衡状态，但由于河流的相对平衡是动态平衡，所以单位水流功率即便接近最小值，也仍围绕着最小值的均值存在波动。须要说明的是：1997 年 10 月 28 日小浪底截流，导致泺口—利津河段出现断流，使其在 1997 年的单位水流功率变化幅度突然增大，1997 年之后，该河段的单位水流功率又恢复到原来的变化幅度，趋于相对平衡状态。

三、河型转化

在自然界，气候的变迁、地壳构造变化和人类活动，最后都有可能导致河型转化，这种转化是相互的。

（一）河型转化中的临界值

利奥波德（Leopold L. B.，1957）统计了美国和印度的 50 多条河流资料，将比降 J 与平滩流量 Q 的关系点绘在双对数坐标纸上（图 7-3），发现了一条著名的判别河型的比降与流量关系，即

$$J = 0.0125Q^{-0.44} \tag{7-14}$$

式中：Q 为平滩流量，m^3/s。

从图 7-3 中可以看出，辫状型河流的点据位于该直线的上方，弯曲型河流的点据位于该直线的下方，而顺直型河流的点据则混杂在这两种河型的点据之中。这表明，在弯曲型河流与辫状型河流之间存在着一个比降的临界值。在一定的流量下，大于此临界值的为辫状型河流，小于此临界值的为弯曲型河流。顺直型河流不存在临界值，因为它属于不稳定河型。此外，图 7-3 中的关系曲线还表明，弯曲型河流具有较小的比降，较辫状型河流更为稳定。

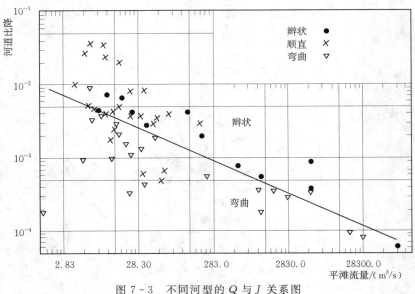

图 7 - 3 不同河型的 Q 与 J 关系图

蔡强国（1982）给出了一个河型转化的二维判别图（图 7 - 4），这是在实验室里利用具有升降装置的水槽模拟地壳升降运动所得到的成果。在试验中观察到了 5 种河型转化：弯曲型、游荡型、顺直型、分汊型和多汊型。图中的横、纵坐标用下列函数表达

$$X = 0.323A + 0.924vJ - 0.020H_{max} + 0.010\frac{d_{35}}{HJ} - 0.030\frac{v_{max}}{v} + 0.188G - 0.073E \quad (7-15)$$

$$Y = -0.061A + 0.119vJ + 0.034H_{max} - 0.044\frac{d_{35}}{HJ} + 0.047\frac{v_{max}}{v} + 0.280G + 0.407E \quad (7-16)$$

式中：A 为河宽不稳定系数；vJ 为单位水流功率；H_{max} 为滩槽高差；$\dfrac{d_{35}}{HJ}$ 为纵向稳定系数；d_{35} 为相应于 $p=35\%$ 的床沙粒径；v_{max}/v 为断面横向流速分布；G 为输沙特性；E 为地壳升降运动特性。

Jan H. van den Berg（1995）认为，冲积河流河型的水力条件可以用单位水流能耗率表达，并分别以单位水流能耗率 Φ_V 和床沙质中值粒径 d_{50} 为纵、横坐标轴，将搜集到的世界各地 192 条河流实测的 228 个点据绘制在坐标图上（图 7 - 5），得到区分辫状河流与单流路河流的直线方程为

$$\Phi_V = 900d_{50}^{0.42} \quad (7-17)$$

式中：Φ_V 为单位水流能耗率，即单位宽度和单位长度河床上的水流能耗率

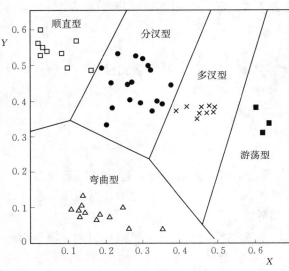

图 7 - 4 不同河型二维判别分析图

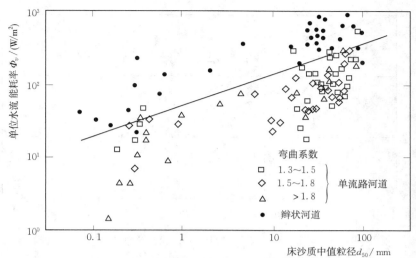

图 7-5　不同河型的单位水流能耗率与床沙粒径关系图

（能耗率的一种简化表达方式），W/m^2；d_{50} 为床沙中值粒径，mm。

在这里单位水流能耗率表达成

$$\Phi_V = \frac{\Phi_l}{B} \qquad (7-18)$$

式中：Φ_l 为单位河长上的水流能耗率，W/m；γ 为水的容重，N/m^3；Q 为平滩流量，m^3/s；J、B 分别为平滩流量时的河床比降和河宽，m。

从图 7-5 中可以看出，辫状型河流的点据位于该直线的上方，单流路河流（包括弯曲型和顺直河流）的点据位于该直线的下方。该关系曲线还表明，单流路河流的能耗率小于辫状型河流的能耗率，所以，单流路河流较辫状型河流更为稳定。

张红武等（1996）也介绍了一个不同河型的判别图。他根据大量的天然河流和模型小河实测资料，分别以 X_*、Y_* 为横、纵坐标轴，将实测点据绘制在双对数坐标纸上（图 7-6）。图中 X_* 和 Y_* 为河床的纵向和横向稳定指标，具有下列函数形式

$$X_* = \frac{1}{J}\left(\frac{\rho_s - \rho}{\rho}\frac{d_{50}}{h}\right)^{1/3} \qquad (7-19)$$

$$Y_* = \left(\frac{h}{B}\right)^{2/3} \qquad (7-20)$$

式中：J、h、B 分别为平滩流量时的河床比降、水深和河宽；d_{50} 为床沙中值粒径；ρ、ρ_s 分别为水和沙的密度。

由图 7-6 可知，所有的点据被下列两条直线

$$Y_* = 5X_*^{-1} \qquad (7-21)$$

$$Y_* = 15X_*^{-1} \qquad (7-22)$$

分成 3 个区域（Ⅰ、Ⅱ、Ⅲ区域）。游荡型河流点据分布在Ⅰ区，该区为非稳定区；分汊型河流点据分布在Ⅱ区，该区为次稳定区；弯曲型河流点据分布在Ⅲ区，该区为稳定区。

谢鉴衡（2004）考虑冲积河流静态和动态特征，视主流摆幅大小来衡量河床稳定性程

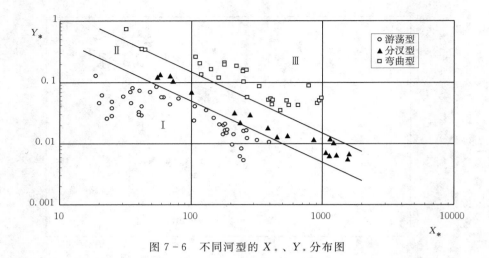

图 7 - 6　不同河型的 X_*、Y_* 分布图

度，利用以黄河、长江干支流为主的 17 条河流、50 多个河段的实测资料进行多元回归分析，得出了河型判别临界值计算式

$$\phi=\left(\frac{d}{hJ}\right)\left(\frac{h'}{B^{0.8}d^{0.2}}\right)^{3.620}\left(\frac{1}{C_V}\right)^{0.756}\qquad(7-23)$$

其中
$$C_V=\sqrt{\frac{\sum\left[\dfrac{Q_{\max}}{\overline{Q}_{\max}}-1\right]^2}{n-1}}$$

式中：ϕ 为河型判数；J、h、B 分别为平滩流量时的河床比降、水深和河宽；d 为床沙平均粒径；h' 表示满槽水深，一般情况下 $h'=h$，在河床发生严重冲刷情况下 $h'>h$；C_V 为洪峰流量变差系数；$Q_{\max}$、$\overline{Q}_{\max}$ 分别为洪峰流量、n 次洪峰的平均流量；n 为洪峰流量次数。

河型判数 $\phi<0.01‰$ 为游荡型；$0.01‰<\phi<0.5‰$ 为分汊型；$0.5‰<\phi<5‰$ 为蜿蜒型；$\phi>5‰$ 则为顺直型。同时指出，两种河型之间的界面是模糊的，存在重叠交错现象，特别是同属相对稳定河流的分汊、蜿蜒、顺直 3 种河型的区分，重叠现象尤甚。

综上所述，在河型转化过程中，确实存在着临界值，只不过是不同的学者选用表达临界值的指标不同。河型转化是在外界条件缓慢变化过程中，超过某一临界值而发生的突变，这种突变相当于热力学中的非平衡相变，是由某些参数的渐变引起的从量变到质变的一个过程。

（二）河型转化分析

河型转化的这种突变，可以用耗散结构和混沌理论解释（徐国宾等，2004，2017）。耗散结构理论是指一个远离平衡态的开放系统，通过与外界环境不断地交换物质和能量，当其中的某个或某组参数变化达到一定的临界值时，通过"涨落"可能发生突变亦即非平衡相变，进而形成一种在时间、空间或功能上的有序的稳定结构。这种在远离平衡态形成的新的有序结构称作耗散结构（湛垦华等，1982）。耗散结构须要不断与外界交换物质和能量才能维持，并保持一定的稳定性，不再因外界微小的扰动而消失。由于系统在一定条件下能够自行产生组织性和相干性，因此，耗散结构理论也被称作非平衡系统的自组织理论，该理论是普利高津（Prigogine I.），经过数十年的努力，在 1969 年提出来的，它与最小熵产生原理一起构成了非平衡态热力学理论的基本框架。混沌理论的发展晚于耗散结构理论，它与耗散结构理论一样，也是研究开放系统在远离平衡态区域所表现出的非线性特性的理论。所谓混沌，是指发生在确定性非线性系统中的一种貌似无规则、类似随机的现象。混沌实现的途径与耗散结构相同，即当开放系统远离平衡态时，超过某一临界点后，通过分岔突变，导致混沌状态出现。混沌理论和耗散结构理论并不矛盾。耗散结构理论侧重于研究系统如何从无序向有序的演变，而混沌理论则使我们认识到在自然界还存在着另外一个相反的演变方向，即有序向无序的演变。从某种意义上说，混沌理论是对耗散结构理论的一种补充，两者之间还存在着一些共同的规律，如分岔、涨落和突变等。

由耗散结构和混沌理论可知，一个远离平衡态的开放系统演变与平衡态或近平衡态开放系统演变的最大区别就是远离平衡态的系统存在着发展演变的多种可能性，而其表现就是系统存在着分岔或分支点现象。通过分岔突变，可能达到两种不同的状态：一种是耗散结构；另一种是混沌态。耗散结构意味着有序；混沌态意味着无序。在自然界中，绝大部分现象不是有序的，而是无序的。所以，混沌态是自然界普遍存在的一种现象，而耗散结构只不过是混沌态的一种特例。

河流可能以两种不同的状态存在，即：近平衡态和远离平衡态。河流处于近平衡态时，其演变过程表现为逐渐趋向于与外界条件相适应的相对平衡状态，即非平衡定态。当河流处于相对平衡状态时，水流的熵产生或能耗率为最小值。最小能耗率或最小熵产生原理保证了河流的稳定性。在这种状态下，河流具有一定的抗干扰能力，河型转化绝不会发生。当河流处于远离平衡态时，在外界条件变化超过某一临界值后，由于河流水沙运动所引起的随机涨落通过相干效应不断地被放大，一个微小涨落就有可能使原有的河型失稳而突变到一个新的河型。在这种状态下，河型转化就有可能发生。

河型转化是否会发生，可根据河流的熵变判断。河流的熵变 dS 由两项组成，即

$$dS = d_e S + d_i S \tag{7-24}$$

式中：$d_e S$ 为河流与外界交换能量和物质所引起的熵变，称为熵流，其值可正、可负或为 0，一般说来没有确定的符号；$d_i S$ 为河流发生不可逆过程所产生的熵变，称为熵产生，根据热力学第二定律，熵产生 $d_i S$ 永远是正值（注：在热力学中通常用符号 S 表示熵）。

根据 $d_e S$ 与 $d_i S$ 之间的关系可简单判断河流所处的状态。

（1）当 $dS = d_e S + d_i S = 0$ 时，即 $d_e S = -d_i S$，河流处于相对平衡状态，河型转化绝不会发生。

（2）当 $dS = d_e S + d_i S > 0$ 时，即 $d_e S > -d_i S$；或 $dS = d_e S + d_i S < 0$ 时，即 $d_e S < -d_i S$，河流偏离相对平衡状态，但仍位于近平衡态区域。在这种情况下，河流通过自动调整，最终有可能会重新恢复相对平衡状态，河型转化仍不会发生。

（3）当 $dS = d_e S + d_i S \ll 0$ 时，即 $d_e S \ll -d_i S$，河流处于远离平衡态区域，河流外界条件变化强烈，河型转化就有可能发生。

河型在转化过程中，既可以从外界获得负熵流，也可以获得正熵流，这取决于外界条件的变化。河流的状态有有序的一面，也有混沌的一面。负熵流促使河流朝有序化方向发展，正熵流促使河流朝无序化方向发展。有序化过程可能产生耗散结构，无序化过程可能产生混沌态。耗散结构与混沌态在河型转化过程中交替出现，就可能会形成不同的河型。冲积河流在发展演变过程中总是试图建立水流熵产生或能耗率最小的河型，在建立这种河型过程中，又受到外界条件的约束。在弯曲型、顺直型、分汊型和游荡型几种河型中，弯曲型河流水流熵产生或能耗率最小，因而比其他河型更加稳定，更加有序化。这就是为什么冲积河流无论其初始河型如何，如果外界条件允许河流向弯曲型河流发展演变，那么河流会首先选择弯曲型河流作为它发展演变的目标。河流在发展演变过程中总是倾向于弯曲型河流，将导致形成有序化的耗散结构。弯曲型河流也有可能向分汊型、游荡型河流转化，但这种转化导致形成无序化的混沌态。可见，河流在试图建立弯曲型河流过程中，同时仍伴随有无序化过程。有序化和无序化两个过程是伴生的，没有无序化的过程，也就没有有序化的过程。无序化是熵增过程，有序化是熵减过程。河流演变由近平衡态区域进入远离平衡态区域后，通过涨落使原有的河型失稳而突变形成新的河型，是有其发展演变历史的。判断转化后的河型属于耗散结构还是混沌态，必须考查河流的发展演变历史。如果河型转化后，新河型较原有的河型更加稳定，则新河型属于耗散结构。如果转化后，新河型的稳定性较原有的河型更差，则新河型就处于混沌态。

河型转化经历了这样一个过程：旧河型失稳→突变→新河型形成。在新河型形成之后，河流经过自动调整，重建相对平衡状态，水流的熵产生或能耗率又降至最小值，河流重新恢复稳定性。新河型的形成和维持，需要有适合它的外界条件，否则，即便形成后也不会维持，可能还会向其他河型转化。河流都有向弯曲型发展变化的倾向，但在形成弯曲型河流之后能否维持弯曲形态不变，并按弯曲型河流演变规律发展，就取决于外界条件。倪晋仁（1989）的室内模型试验也表明了这一点。模型小河在发展成弯曲型河流之后，如果边滩抗冲能力较强，水沙条件不变，则保持弯曲型河流状态，否则河流切滩，转化成游荡型河流。

（三）不同河型的混沌特性

河流系统是一个非线性动力系统，具有产生混沌的基本条件，即对初始条件的敏感性和内在随机性。因而，河流具有混沌特性是可能的。但是河流是含有多元变量时间序列的复杂非线性动力系统，其动态特性包含在多元变量的演变轨迹中。因此，在对河流系统进行混沌特性分析时，不能只对系统中的某一变量时间序列进行混沌分析，这样得出来的系统演变信息往往是片面的和不全面的，而是须要对多元变量时间序列逐一进行混沌特性分析，在此基础上，对这些多元变量时间序列的混沌特性进行加权平均，这样才能够对含有多元变量时间序列的复杂非线性动力系统的混沌特性做出全面而正确的识别。

影响河床演变的外界条件包括来水来沙条件和河床边界条件，不同的外界条件所形成的河型也不同。所以，河床演变所表现出的混沌特性，完全取决于这些外界条件。通过分析这些外界条件的混沌特性，可以揭示出河流系统的混沌特性。其中，水沙条件主要包括流量、含沙量和沉速等；河床边界条件主要包括宽深比、糙率和比降等。经过混沌特性识别，发现沉速、糙率和比降这些时间序列不存在混沌特性，只有径流量、含沙量和宽深比时间序列存在混沌特性。因此，在对河流系统进行混沌特性识别时，只对径流量、含沙量和宽深比时间序列进行混沌特性分析。

徐国宾和赵丽娜（2017）以混沌理论为基础，利用相图法、功率谱法、主分量分析（PCA）、饱和关联维数（G-P）法、最大 Lyapunov 指数法和测度熵法分别对黄河下游6个河段3种不同的河型，即花园口—夹河滩、夹河滩—高村、高村—孙口、孙口—艾山、艾山—泺口和泺口—利津河段的月径流量、月含沙量和月宽深比时间序列进行了混沌特性定性或定量识别分析。分析结果表明，这些月径流量、月含沙量和月宽深比时间序列都存在着混沌特性，说明黄河下游这些河段都具有混沌特性。但不同河型的混沌特性强弱还无法确定。为此，须要对这些月径流量、月含沙量和月宽深比时间序列的混沌特性求加权平均值，以便判断不同河型的混沌特性强弱。

根据黄河下游花园口、夹河滩、高村、孙口、艾山、泺口和利津7个水文站之间的6个河段，即花园口—夹河滩、夹河滩—高村、高村—孙口、孙口—艾山、艾山—泺口和泺口—利津河段，1991—2000 年共计 10 年的月径流量、月含沙量和月宽深比实测水文资料，采用信息熵法计算了各影响因素对河型形成的权重因子（徐国宾等，2013），得出月径流量、月含沙量和月宽深比对河型的影响权重，然后利用这些权重计算识别这些河段混沌特性强弱的饱和关联维数加权平均值 D_m、最大 Lyapunov 指数加权平均值 λ_m 和测度熵加权平均值 K_m。计算结果表明，从游荡河型到弯曲河型，其 D_m、λ_m 和 K_m 呈减小趋势。也就是说，游荡河型混沌特性较强，弯曲河型混沌特性较弱。系统的混沌特性越强，表现就越无序。所以，游荡河型对应于无序，而弯曲河型对应于有序。

（四）河型稳定判据

当河流来水来沙条件和河床边界条件发生较大变化时，河型就有可能转化。为了判断河型转化的可能性，就须要对河型的稳定性进行分析。不过须要说明的是，河型稳定与河床稳定是两个不同的概念。河型稳定是指从长时期来看，河流所表现出来的河型不会发生变化。河床稳定是指随着流域来水来沙条件因时间的变化，河流所表现出来的局部的、暂时的相对变异幅度。比如一条游荡性河流，尽管河势变化剧烈，主流摆动不定，河床表现为不稳定性，但从长时期来看，如果游荡性河型不发生变化，那么河型就是稳定的。河流是一个开放系统，适合于开放系统的非平衡态热力学的稳定性判据也同样适用于河流。因此，河型的稳定性可由开放系统的超熵产生 $\delta_X P$ 的符号来判断（其中，δ_X 为变分符号，下标 X 表示熵产生变化与广义力的改变有关；P 为熵产生）。根据稳定性判据理论，$\delta_X P>0$ 表示河型稳定，河型转化不会发生；$\delta_X P<0$ 表示河型不稳定，河型转化有可能会发生；$\delta_X P=0$ 表示河型临界稳定。据此，赵丽娜和徐国宾（2015）推导出河型稳定判别式

$$\left. \begin{array}{l} \dfrac{v}{g}\dfrac{\mathrm{d}v}{\mathrm{d}l}<i \quad 河型稳定 \\[2mm] \dfrac{v}{g}\dfrac{\mathrm{d}v}{\mathrm{d}l}>i \quad 河型不稳定 \\[2mm] \dfrac{v}{g}\dfrac{\mathrm{d}v}{\mathrm{d}l}=i \quad 临界稳定 \end{array} \right\} \tag{7-25}$$

式中：v 为平均流速，m/s；g 为重力加速度，m/s²；l 为流向坐标轴，m；i 为水面

比降。

第二节　冲积河流的自动调整作用

一、河流自动调整趋向于相对平衡状态

冲积河流具有一定的自动调整作用。自动调整作用通常是指对于不同的来水来沙条件和边界条件，河流有关的物理量将会作出相应的自动调整，力图恢复输沙平衡。河流的自动调整具有平衡倾向性和调整过程的随机性双重特性。

冲积河流的河床边界组成物质为松散沉积物，具有可冲刷性，在水流作用下会发生冲淤变形，它的河床几何形态是水流和河床相互作用的结果。一方面，水流作用于河床，改变了河床几何形态；另一方面，河床几何形态的变化又反过来影响水流运动，进而又对河床变化过程产生新的影响。这是一个动力反馈过程，即河床演变的结果又会影响到河床演变过程本身。水流和河床的这种相互作用，是通过泥沙运动表现出来的。河流中的泥沙来源于地表和组成河床边界的物质。在一定的水流和河床边界条件下，水流所携带的泥沙数量恰好等于水流挟沙力，此时河床就会不冲不淤。如果水流的实际含沙量大于水流挟沙力，就会有泥沙淤积，使河床升高或束窄。如果水流的实际含沙量小于水流挟沙力，就会产生冲刷，使河床下降或展宽。由此可见，河床冲淤变形的根本原因在于河流输沙不平衡。

冲积河流存在着动力反馈机制，正是这一反馈机制使河流在一定程度上能够实现自动调整。冲积河流的自动调整是通过水流和河床的相互作用，不断调整河流的某些物理量，力图使水流挟沙力与来沙量相适应。这种调整是逐渐衰减的，即调整的强度和幅度逐渐减小，并趋向于相对平衡状态。河流的相对平衡是指在一个较长时期内，来沙量与水流挟沙力基本适应，河床没有显著的单向变形，这种平衡也是一种动力平衡。所以说，冲积河流的调整不是随意的，而是朝着河流相对平衡状态方向调整，这就是冲积河流河床过程的平衡倾向性。河流在趋向于相对平衡的过程中，可以调整的物理量有两大类：①与河床边界条件有关的量，如河道断面形状、糙率和纵剖面（比降、浅滩、深槽等）等；②与水沙特性有关的量，如水深、流速分布、含沙量分布和紊动特性。

二、河流处于相对平衡状态时水流的熵产生或能耗率最小

河流是一个开放系统，那么它的自动调整不仅趋向于动力平衡，还应遵循最小熵产生原理或最小能耗率原理，朝着与外界约束条件相适应的水流熵产生或能耗率最小值方向自动调整某些物理量，直到河道水流熵产生或能耗率达到最小值，河流恢复相对平衡状态为止。如果该河流不处于相对平衡状态，那么水流的熵产生或能耗率就不为最小值，但河流可以通过自动调整，使水流的熵产生或能耗率减少到最小值，而重建相对平衡状态。当河流处于相对平衡状态时，水流的熵产生或能耗率为最小值。所以，可根据河流能耗率随时间的变化趋势来判断河床的稳定性。

河流处于相对平衡状态时，其外界约束条件不会随时间大幅变化，只是在一定限度内作小幅度变化，基本保持恒定。如果河流的外界约束条件保持恒定或在一定限度内变化，一旦偏离相对平衡状态，河流将通过减少熵产生或能耗率的方式，恢复到原来的相对平衡

状态。如果河流的外界约束条件发生较大变化，河流将离开原来的相对平衡状态，寻求与新的外界约束条件相适应的相对平衡状态或向远离平衡态演变转化成其他河型，在这个调整过程中，熵产生或能耗率并不是单调减少，而是有增有减，直到新的相对平衡状态，水流的熵产生或能耗率一定是与新的外界约束条件相适应的最小值。这一点可由图 7 - 7 看出。

图 7 - 7 是杨志达（Yang C. T.，1979，1986）给出的美国田纳西州 South Fork Forked Deer 河某河段单位水流功率与时间的关系曲线。在 1964—1966 年期间，对该河段进行了人工治理。从图中可以看出，该河段在治理前（1965 年）单位水流功率保持一个最小值，表明该河段处于相对平衡状态。河道治理后，原有的外界约束条件发生了变化，河流开始调整，相对平衡状态被破坏。河流在调整过程中，单位水流功率离开最小值，寻求与治理后外界约束条件相适应的单位水流功率最小值。河流在调整的初期，由于河床冲淤变形幅度较大，河床边界变化较大，即外界约束条件不再保持恒定。在这种情况下，单位水流功率不一定减小，而是有可能增加，这取决于河床

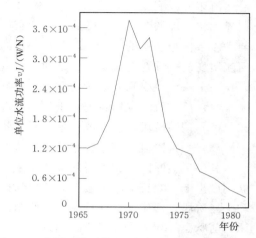

图 7 - 7　美国田纳西州 South Fork Forked Deer 河
Halls 水文站单位水流功率与时间的关系曲线

边界的冲淤变化幅度。在调整的后期（1970 年以后），随着河床冲淤变形幅度减小，河床边界变化也逐渐趋于稳定，即外界约束条件开始保持恒定，这时，河流的调整开始朝着减小单位水流功率方向进行。当河流调整到相对平衡状态时（1982 年），单位水流功率又达到与治理后外界约束条件相适应的最小值。这个最小值与治理前的单位水流功率最小值是不相等，这是因为河道治理后，约束水流的边界条件发生了变化，那么与边界条件有关的单位水流功率最小值也就不可能相等。

这里还须要特别指出，不能把经典热力学中有关孤立系统的熵变化规律简单地移植应用到河流系统。例如利奥波德（Leopold L. B.，1962）等根据热力学第二定律（又称最大熵原理），认为冲积河流在调整过程中力求使熵 S 达到最大值，当熵达到最大值时，河流就处于相对平衡状态。这种概念目前流传甚广，但是很遗憾，不得不指出这种概念是不正确的（徐国宾等，2004）。因为他们至少混淆了如下两点：

第一点，河流是一个开放系统，而不是孤立系统。在开放系统中，最大熵原理并不成立。最大熵原理只适用于孤立系统。热力学中的孤立系统是指那些完全不受外界影响的系统，也就是说该系统与外界既无物质交换，又无能量交换。严格说来，在自然界孤立系统并不真正存在。根据热力学第二定律，对于孤立系统，系统内部由于不可逆过程产生的熵单调地增加，即 $dS = d_i S > 0$，直到热力学平衡态时，熵达到最大值，即 $dS = 0$。而开放系统的熵变为 $dS = d_e S + d_i S$，随着熵流项 $d_e S$ 的变化，dS 可大于零、小于零或等于零，并不总是单调地增加。

第二点，河流的相对平衡是一种动力平衡，这种动力平衡相当于热力学开放系统的线性非平衡定态，而不是平衡态。热力学中的平衡态是指静态平衡。如果河流处于静态平衡状态，那么就是死水一潭，不存在任何水沙运动。河流的熵趋于最大值，就是说河流调整迟早要达到热力学平衡态，而这正是不可能发生的事情。所以，河流中的熵永远不会趋于最大值。

三、河床演变的滞后响应

河床冲淤演变一般滞后于来水来沙条件的变化，原因是当水沙条件发生变化后，河床边界无法立即调整为与改变后的水沙条件相适应的状态，而是需要一定的时间才能调整到与水沙条件相适应的状态，即存在一定的滞后响应现象。因此，河床演变滞后响应是冲积河流演变的一种普遍现象，也是冲积河流自动调整的重要特征。

一个系统在受到外部扰动后的，其响应过程一般可以划分为如下 3 个阶段。

（1）反应阶段，即系统对于外部扰动所需要的反应时间。

（2）调整阶段，即系统调整至平衡状态的时间。

（3）平衡阶段，即系统维持平衡状态的时间。

其中反应时间和调整时间统称为系统滞后响应时间。由于河床通过冲淤会对水沙变化立刻做出响应，反应时间极短，所以河床受到外部扰动后其响应过程可以简化为调整阶段和平衡阶段。河床演变滞后响应时间与河床调整的速率密切相关，而河床调整的速率与河床当前状态和相对平衡状态之间的差值成正比（吴保生等，2015），即随着时间变化河床调整的速率会越来越慢。

四、河流的短期调整与长期调整

河流趋向于相对平衡的自动调整不是一蹴而就的，而是需要一个演变过程。河流中的水沙运动因时而异，因此河床冲淤变形每时每刻都在进行，即便是在相对平衡状态，河床变形也不会停止，只不过是变形幅度相对小一些而已。河床变形过程是一个十分复杂的现象。一方面，河床变形随水沙条件变化而变化，当来水来沙条件发生变化时，河床变形也会随之发生；另一方面，由于河床演变的滞后响应，河床变形往往滞后于水沙条件的改变，这样就会造成旧一轮河床变形还没有结束，新一轮河床变形又开始发生。因而，河床变形呈往复性，时而冲刷，时而淤积。河流的自动调整总是企图减小河床变形的幅度，朝着相对平衡状态方向发展，这种调整是一个持续不断的过程。河流调整从时间上讲，有短期调整和长期调整之分。短期调整伴随着来水来沙变化总是在不断进行之中，即便河流处在相对平衡状态下也不会停止。长期调整的目标是寻求河流相对平衡状态，长期调整往往是一个漫长的时间过程。河流在长期调整演变过程中，水流的熵产生或能耗率也处在变化之中，熵产生或能耗率并不是最小值。只有当河流调整到终极状态，即相对平衡状态时，水流熵产生或能耗率才达到最小值。但由于河流的相对平衡是动态平衡，所以熵产生或能耗率即便是最小值，也仍围绕着最小值的均值存在波动。

第三节　河床演变中的一些基本概念

一、变形过程与终极状态

当河床形态与上游来水来沙和边界条件彼此相适应时，河床就不会发生显著冲淤变形，或者说不发生显著的单向冲淤变形，这样的状态称为终极状态。终极状态即为相对平衡状态。如果河床形态与上游来水来沙和边界条件不完全适应，则河床将发生变形，使河床形态与上游来水来沙和边界条件逐渐趋于适应，而这需要一定的时间，不可能一蹴而就，在这个时间内发生的河床变形称为变形过程。当河床处于变形过程中时，即使上游来水来沙条件不变，水沙运动也具有不恒定性。通常情况下上游来水来沙总是随时间不断变化，而河床变形又常滞后于水沙条件的变化。所以，河床总是处在变形过程之中，严格的终极状态则很难达到。从预测河床变形的难易程度来看，预测终极状态变形远较预测变形过程容易，因此，当变形过程历时较短时，可以只研究终极状态变形而不研究变形过程。而当变形过程历时较长时，原则上应该研究变形过程，但在规划设计阶段，作为预测也可只研究终极状态。

二、侵蚀基准面

河床的下切侵蚀不可能无限制地发展下去，它有一定的侵蚀极限，这个侵蚀极限就是侵蚀基准面，亦称侵蚀基点。侵蚀基准面是一个控制河床下切侵蚀的水平面，其上游的河床一般不会下切得比它更低。所以，侵蚀基准面对其上游河床的稳定以及河床纵剖面的演变都至关重要。侵蚀基准面可分为局部侵蚀基准面和终极侵蚀基准面两种。像支流汇入主流汇合点的河面，河流注入湖泊（水库）的湖（库）面，河床中造成急流或瀑布的坚硬岩石的表面以及人工坝面等，这些基面起着暂时和局部性的控制上游河段的侵蚀作用，是局部侵蚀基准面。由于地球上大多数的河流汇集于海洋，海平面是河流出口最低的水平面，被认为是这些河流的共同侵蚀基准面，称为终极侵蚀基准面或总侵蚀基准面。但终极侵蚀基准面只是一种潜在的基准面，并不能决定全河段的侵蚀作用的实际过程，某些河段在低于海平面以下时仍有侵蚀发生。

侵蚀基准面是可变的，地壳运动或是气候变化均可使海平面和某些局部侵蚀基准面发生升降。侵蚀基准面的变化，必然会引起河流的再造床过程。如果侵蚀基准面上升，水流搬运泥沙的能力减弱，则会发生溯源（向源）堆积。相反，若侵蚀基准面下降，水流侵蚀作用加强，开始在新出露的河段上发生侵蚀，然后向上游逐渐发展，造成溯源侵蚀。所以，侵蚀基准面是河床演变的重要边界条件之一，其变化对河床具有重要影响。

三、河床变形分类

河床变形是指河道在自然情况下，或受人工干扰时所发生的变化过程。在河床演变过程中，河床变形概括起来主要有下列几类。

1. 长期变形和短期变形

按河床演变的时间特征，河床变形可以分为长期变形和短期变形两类。如由河底沙波运动引起的河床变形历时不过数小时以至数天；由水下成型堆积体引起的河床变形历时则可长达数月乃至数年；而发展成蜿蜒曲折的弯曲河流，经裁弯取直之后再向弯曲发展，历时可能长达数十年乃至百年之久；至于修建大型水库造成的坝上游淤积和坝下游冲刷，其变形可能延续数十年甚至百年以上。

2. 长河段变形和短河段变形

长河段变形是指在较长距离内河床的普遍冲淤变化，如河流的蜿蜒曲折等。短河段变形也称局部河床变形，是指在较短距离内局部河床的冲淤变化，如个别河弯的演变、汊道的兴衰、浅滩的冲淤等。

3. 纵向变形和横向变形

纵向变形指河道沿流程方向的变形，即河床纵剖面的冲淤变化。纵向变形是由于水流纵向输沙不平衡引起的，这种变形可以出现在较短或较长的河段中，在某段河床发生冲刷则在另一段河床发生淤积。

横向变形也称平面变形，是指河床在与水流流向垂直的方向发生的变形，即河道在横断面上发生的冲淤变化。横向变形是由于横向输沙不平衡所致，表现为河床在平面上的摆动。

4. 单向变形和复归性变形

单向变形是指河道在相当长时期内只是单一地朝某一方向发展的演变现象。也就是说，在此期间内，河道只为冲刷发展，或只为淤积发展。这种单向变形是就平均情况而言，严格的单向变形是不存在的。

复归性变形是指河道周期性往复发展的演变现象。也就是说，在一定时期内，河道处于冲刷发展状态；此后一定时间内，河道则处于淤积发展状态。

四、影响河床演变的主要因素

影响河床演变的因素十分复杂。对于一条具体河段来说，影响河床演变的主要因素有：①上游来水量及其变化过程；②上游来沙量、来沙组成及其变化过程；③河谷比降；④河床形态及地质情况。

在上述 4 个主要因素中，第①、②个因素决定着水沙条件，是反映输沙不平衡的基本要素。如果河段的来水量大，则水流挟带泥沙的能力大，若河段的来沙量小，则来沙量不能满足水流挟沙能力的要求，形成输沙不平衡，河床将发生冲刷。第③、④个因素决定了河床的边界条件，河谷比降、河床形态对水流条件影响甚大，在相同的来水量及其变化过程的情况下，如果河谷比降、河床形态不同，水流条件也不相同，从而影响河床演变发展。河段的地质情况决定河床抵抗冲刷的能力。如果河段的河床和河岸的地质比较坚硬，则抗冲能力强，当由于输沙不平衡而引起河床发生冲刷时，就能限制河床的变形。但是，如果河床和河岸的地质是由疏松沙质组成时，则抗冲能力弱，就难以抵抗水流的冲刷，因而河床的变形将加剧。

水流与河床两者相互依存，相互制约，决定和影响着河床演变过程的发展。而上述的主要因素正是水流与河床相互作用的决定性因素。来水、来沙因素决定着水流泥沙条件，河谷比降、河床形态及地质情况因素决定着河床的边界条件。

须要指出，现代河流的演变无不受人类的影响。人类为改善自身的生产和生活条件而进行的大规模经济活动，如修建水库、河道整治、河道采沙石、河口建挡潮闸等，改变了来水来沙条件和约束水流的边界条件，对河床演变产生了巨大影响，甚至导致河型转化发生。

由于影响气象、地理、地质条件的因素是非常复杂的，因而河段的来水来沙条件的变化也是非常复杂的。河床演变的具体原因尽管千差万别，但根本原因可以归结为输沙不平衡。

第四节 造床流量与河相关系

一、造床流量

影响河床演变的主要因素之一，是河道的来水量及其变化过程。为了能够反映来水量变化过程对河床演变的影响，于是就提出了造床流量的概念。造床流量是指其造床作用与多年流量变化过程的综合造床作用相当的某一种流量。这种流量对塑造河床形态所起的作用最大，它既不等于最大洪水流量，又不等于枯水流量。因为尽管最大洪水流量的造床作用剧烈，但历时过短，所起的造床作用并不是最大；枯水流量虽然历时较长，但流量过小，所起的造床作用也不是最大。因此，造床流量应该是一个比较大但又并非最大的洪水流量。在实际工作中，一般多采用下述方法确定造床流量。

1. 马卡维耶夫法

马卡维耶夫（Маккавеев Н. И.）认为，某个流量造床作用的大小与其输沙能力的大小有关，同时还决定于该流量的历时长短。他用 $G = Q^m J$ 表示水流的输沙能力，其中 Q 为流量；J 为比降。并以该流量出现的频率 P 表示造床历时。从这一概念出发，建议将流量过程分级，确定每级流量出现的频率及其平均比降，然后计算每级的 $Q^m J P$ 值，绘制 $Q^m J P$ - Q 关系曲线，其中相应于 $Q^m J P$ 最大峰值的流量即为造床流量。

具体计算步骤如下。

（1）将河段某断面历年（或选典型年）观测到的全部流量分成若干相等的流量级，求出每级流量的平均值 Q。

（2）确定各级流量出现的频率 P。

（3）绘制该河段的流量与比降关系曲线，以确定各级流量相应的比降 J。

（4）计算出每级流量的 $Q^m J P$ 值，其中指数 m 可由实测资料确定。平原河道，一般可取 $m=2$。

（5）绘制 $Q^m J P$ 与 Q 关系曲线，相应于 $Q^m J P$ 为最大值时的流量 Q 即为造床流量，如图 7-8 所示。

从图 7-8 中可以看到，平原河流的 $Q^m J P$ 值通常都出现两次峰值。相应最大峰值的流量值约相当于多年平均最大洪水流量，其水位约与河漫滩水位齐平，一般称此流量为第一造床流量。相应次大峰值的流量值略大于多年平均流量，其水位约与边滩水位相当，一般称此流量为第二造床流量。通常所说的造床流量系指第一造床流量，它决定了中水河床的形态，第二造床流量仅对塑造枯水河床有一定的作用。

关于指数 m 取值问题，梁志勇等（1994）通过分析国内外一些河流的输沙能力与流量关系，认为指数 m 值与河型有明确关系，见表 7-3。m 值小表明：大水期来沙偏少，而小水期来沙偏多，易发展成游荡型

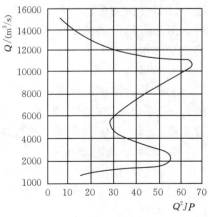

图 7-8 计算造床流量的
$Q^2 J P$ - Q 关系曲线

河流；m 值大表明：大水期来水偏多，可以淤高滩地或形成江心洲，小水期来沙偏少，使河槽淤积较少，从而易形成弯曲型或分汊型河流。

表 7-3　　　　　　　　　　　河型与 m 值关系

河流	站名	m 值	河型	河流	站名	m 值	河型
渭河	华县	4.0	弯曲	黄河	陕县	2.0	游荡
北洛河	㐁头	5.5	弯曲	黄河	花园口	2.0	游荡
汾河	河津	2.8	弯曲	永定河	三家店	2.2	游荡
南运河	馆陶	4.0	弯曲	滹沱河	黄壁庄	2.4	游荡
黄河	包头（中低水）	3.7	弯曲	黄河	包头（高水）	2.0	游荡
辽河	铁岭（中低水）	2.9	弯曲	辽河	铁岭（高水）	2.0	游荡
下荆江	监利	2.2	弯曲	淮河	蚌埠	2.35	弯曲
黄河	龙门	2.5	游荡	Brahmaputra -Jumuna	Bahadurabad	1.2~2.5	游荡
赣江	吉安	2.9	弯曲及分汊	西江	梧州	3.4	分汊

也有学者指出，马卡维耶夫法在河床边界条件稳定的深槽河段是成立的，但是对于多沙河流或浅滩河段，因流量与输沙能力之间的关系比较复杂，就不能够简单地通过绘制 $Q^m JP-Q$ 关系曲线来推求造床流量。在我国，直接采用马卡维耶夫法计算造床流量，普遍认为偏大。

2. 平滩流量法

平滩流量法是目前广泛使用的一种确定造床流量的方法。平滩流量是指河水位与河漫滩高度大致齐平时的相应流量。平滩流量通常大于年平均流量，张海燕（Chang H. H.，1990）点绘了平滩流量与年平均流量的关系，它们之间成正比关系。平滩流量所对应的水位称为平滩水位。当河水位达到平滩水位时，水流的造床作用最大，水位再升高，造床作用不仅不会增强，反而会有所削弱。在运用这个方法时，困难之处是不易准确确定河漫滩高程。因此，一般都是选择一段较长的典型河段，此河段内包括若干个实测的横断面及相应的水位流量资料。如果在某一流量下，各断面的水位基本上与该河段河漫滩高程齐平，这一流量就作为造床流量。由于平滩流量法概念清楚，方法简易，在实际工作中应用较广泛。但因天然河道的断面形态极不规则，特别是多沙河流，冲淤幅度大，变形快，这就给确定平滩水位带来了一定的困难。

3. 频率分析法

利用某一频率的流量作为造床流量，可简化造床流量计算。Leopold（1964）根据美国东部 13 个测站的资料发现平滩水位的重现期平均为 1.5 年。钱宁（1989）也建议，作为粗略近似，造床流量可取重现期为 1.5 年的洪水流量。

4. 汛期平均流量法

考虑到汛期洪水对河床演变影响较大，也可直接用汛期洪水流量的平均值作为造床流量。黄河水利委员会水利科学研究院根据黄河资料认为，造床流量与多年汛期平均流量之间存有下列关系：

$$Q_z = 7.7Q_f^{0.85} + 90Q_f^{0.33} \tag{7-26}$$

式中：Q_z 为造床流量，m^3/s；Q_f 为多年汛期平均流量，m^3/s。

5. 韩其为方法

韩其为（2004、2009）通过分析黄河实测资料认为，第一造床流量是代表变动流量过程输沙能力的等价输沙流量，是保证河道处于纵向平衡的流量，也是塑造河床纵剖面的流量。由于河床纵剖面的塑造较横断面更为基本，故称它为第一造床流量。经黄河实测资料分析，第一造床流量稍大于年平均流量。第二造床流量的定义是在年最大洪水过程中冲淤达到累计冲淤量一半时对应的洪水流量。韩其为利用洪水过程塑造的河床横断面实测资料解释了第二造床流量相当于平滩流量。第二造床流量是塑造横断面的流量，反映了洪水塑造河槽的能力。韩其为定义的第一、第二造床流量与马卡维耶夫按输沙能力两个峰值定义的第一、第二造床流量是不相同的。

第一造床流量的计算式为

$$Q_{z1} = \left[\sum Q_i^\alpha P_i \right]^{1/\alpha} \tag{7-27}$$

式中：Q_{z1} 为第一造床流量，m^3/s；Q_i 为实测流量过程，m^3/s；P_i 为流量 Q_i 出现的频率，$P_i = \Delta t_i / T$，Δt_i 为流量 Q_i 的历时，s，$T = \sum \Delta t_i$ 为一年或多年时段，s；α 为含沙量随流量变化的指数，取值范围为 $1.5 \sim 4$，对于冲积河流可取 $\alpha = 2$。

第二造床流量的计算式为

$$\frac{\sum\limits_{Q=Q_m}^{Q=Q_{z2}} (S_i - S_{*i}) Q_i \Delta t_i}{\sum\limits_{Q=Q_m}^{Q=Q_M} (S_i - S_{*i}) Q_i \Delta t_i} = \frac{1}{2} \tag{7-28}$$

式中：Q_{z2} 为第二造床流量，m^3/s；S_i 为实测含沙量过程，kg/m^3；S_{*i} 为挟沙力，kg/m^3，可利用挟沙力公式计算；Q_i 为实测流量过程，m^3/s；Δt_i 为流量 Q_i 的历时，s；Q_m 和 Q_M 分别为年最大洪水过程中的最小流量和最大流量，m^3/s。

由式（7-27）和式（7-28）可知，第一造床流量和第二造床流量可以根据实测水沙过程资料直接计算，计算方法较为简便，而计算结果又能间接反映两级平滩流量。

二、河相关系

冲积河流在水流的长期作用下，通过自动调整，有可能形成相对平衡状态。这种相对平衡状态下的河床几何形态与流域水沙条件及河床边界条件之间存在着某种函数关系，称之为河相关系。河相关系是预测河床演变终极状态和河道整治的重要依据。河相关系可写成数学表达式

$$\left.\begin{array}{l} B = f_1(Q, G, D) \\ h = f_2(Q, G, D) \\ J = f_3(Q, G, D) \end{array}\right\} \tag{7-29}$$

式中：B 为河宽；h 为平均水深；J 为河床纵比降；Q 为来自上游的水量及其过程，常用造床流量代替；G 为来自上游的泥沙量及其过程；D 为河床边界条件。

为了求得式（7-29）的具体函数关系式，引进下列方程

水流连续方程 $\qquad\qquad\qquad Q = Av \tag{7-30}$

水流运动方程 $\qquad\qquad\qquad J = \dfrac{n^2 v^2}{R^{4/3}} \tag{7-31}$

输沙方程
$$S = K \left(\frac{v^3}{gh\omega} \right)^m \tag{7-32}$$

式中：Q 为造床流量，m^3/s；A 为过水断面面积，m^2；v 为断面平均流速，m/s；R 为断面水力半径，一般可用水深 h 代替，m；n 为糙率，$s/m^{1/3}$；S 为处于饱和状态的临界含沙量，即水流挟沙力，kg/m^3；ω 为泥沙沉速，m/s；K、m 分别为系数和指数，由当地实测资料确定；其他符号代表意义同前。

须注意，式（7-32）是悬移质挟沙力公式，只适用于以悬移质为主的造床运动。若造床运动以推移质为主时，则应选用推移质输沙率公式代替悬移质挟沙力公式。

式（7-30）～式（7-32）3 个方程中含有 4 个待求的未知变量——河宽 B、水深 h、比降 J 和流速 v，多于方程的个数，因而方程组是不封闭的，还需要补充一个独立方程才能求解。寻求这个独立方程是国内外众多学者长期以来致力于研究的重要课题，并取得了许多研究成果，这些成果归纳起来不外乎经验型和理论型两大类。下面扼要介绍一些较有代表性的成果。

（一）经验型河相关系

经验型河相关系是通过统计大量实测资料，建立起来的河床几何形态与水力、泥沙因素之间的关系。根据它们所反映的河床几何形态特征可分为纵剖面河相关系和横断面河相关系。

1. 纵剖面河相关系

纵剖面河相关系是指河床纵比降（或流速）与水力、泥沙因素之间的关系。这类河相关系的研究开展较早，最初是从研究稳定渠道几何形态开始的。早在 1895 年，印度的肯尼迪（Kennedy R. G.）在整理分析了印度大量稳定渠道实测资料后，给出了渠道流速与水深关系式

$$v = Ch^m \tag{7-33}$$

式中：v 为平均流速，ft/s；h 为平均水深，ft；系数 $C = 0.84$；指数 $m = 0.64$。

式（7-33）尽管较为粗糙，仅考虑了水深对流速的影响，而没有考虑其他几何形态和泥沙因素的影响，但它为研究河相关系开创了一条途径。

1929 年拉赛（Lacey G.）对肯尼迪公式加以改进完善，在公式中引进了水力半径和反映泥沙性质的系数 f，得到关系式

$$v = 1.17\sqrt{fR} \tag{7-34}$$

其中
$$f = 1.59\sqrt{d_{50}}$$

式中：v 为流速，ft/s；f 为泥沙系数；R 为水力半径，ft；d_{50} 为泥沙中值粒径，mm；

肯尼迪、拉赛公式只适用于稳定渠道设计，后来人们沿着这条途径把稳定渠道几何形态研究扩展到天然河流中。

苏联的阿尔图宁（Алтунин С. Т.）根据苏联中亚细亚地区河流资料，建立起了河床纵比降与泥沙中值粒径的关系

$$J = 0.85d_{50}^{1.10} \tag{7-35}$$

式中：J 为河床纵比降，‰；d_{50} 为床沙中值半径，mm。

我国的李保如等（1965）在分析了长江、黄河、永定河及实验室模型小河的资料后，

给出了关系式

$$J = 0.00455 \left[\left(\frac{S}{Q} \right)^{1/2} d_{50} \right]^{0.59} \tag{7-36}$$

式中：J 为河床纵比降，‰；Q 为平滩流量，m^3/s；S 为平滩流量时的床沙质含沙量，kg/m^3；d_{50} 为床沙中值粒径，mm。

2. 横断面河相关系

横断面河相关系是指横断面几何形态（如河宽、平均水深）之间的相互关系。在我国较有影响和应用最为广泛的是苏联国立水文研究所在 1924 年根据其国内平原河流资料建立起来的横断面宽深比关系

$$\frac{\sqrt{B}}{h} = \zeta \tag{7-37}$$

式中：B 为平滩水位对应的平均河宽，m；h 为平滩水位对应的平均水深，m；ζ 为断面河相系数，砾石河床 $\zeta = 1.4$，粗沙河床 $\zeta = 2.75$，极易冲刷的细沙河床 $\zeta = 5.5$。此外，根据我国一些河流实测资料得出：长江荆江弯曲河段 $\zeta = 2.55 \sim 3.27$，黄河高村以上游荡河段 $\zeta = 19.0 \sim 32.0$，黄河高村以下过渡型河段 $\zeta = 8.6 \sim 12.4$。

阿尔图宁利用苏联中亚细亚地区河流资料，对式（7-37）作了进一步改进，得出关系式

$$\frac{B^m}{h} = \zeta \tag{7-38}$$

式中：ζ 为河相系数，山区河段 $\zeta = 10 \sim 16$，山麓河段 $\zeta = 9 \sim 10$，中游河段 $\zeta = 5 \sim 9$，下游河段若为壤土河床 $\zeta = 3 \sim 4$，若为沙土河床 $\zeta = 8 \sim 10$；m 为指数，平原河段 $m = 0.5 \sim 0.8$，山区河段 $m = 0.8 \sim 1.0$。

式（7-37）和式（7-38）只是通过统计一些河流实测资料，简单地建立起了河宽与水深之间的关系，没能反映出河床组成物质颗粒级配及抗冲能力对宽深比的影响，但具有结构简单，便于应用等特点，特别是式（7-37）。谢鉴衡选用式（7-37）与式（7-30）～式（7-32）联解，并设河床横断面为宽浅矩形断面，用水深 h 代替式（7-31）的水力半径 R，得到下列形式河相关系式：

$$\left. \begin{array}{l} B = \dfrac{K^{0.2/m} \zeta^{0.8} Q^{0.6}}{g^{0.2} S^{0.2/m} \omega^{0.2}} \\[3mm] h = \dfrac{K^{0.1/m} Q^{0.3}}{g^{0.1} \zeta^{0.6} S^{0.1/m} \omega^{0.1}} \\[3mm] J = \dfrac{g^{0.73} \zeta^{0.4} n^2 S^{0.73/m} \omega^{0.73}}{K^{0.73/m} Q^{0.2}} \\[3mm] v = \dfrac{g^{0.3} S^{0.3/m} \omega^{0.3} Q^{0.1}}{K^{0.3/m} \zeta^{0.2}} \end{array} \right\} \tag{7-39}$$

为了能够在经验公式中对水力、泥沙等影响因素有所反映，苏联的罗辛斯基（Россинский，К. И.）及库兹明（Кузьмин И. А.）提出了河岸河底相对可动性假说，相对可动性主要取决于河岸组成物质的颗粒分布及其抗冲能力。沿着这一思路，我国的柴挺生、俞俊和明宗富等人分别建立了宽深比河相关系。

柴挺生（1963）分析了长江中下游资料，给出宽深比关系式

$$\frac{\sqrt{B}}{h} = 4\lambda_{v_c}^{2.5} \tag{7-40}$$

式中：λ_{v_c} 为水深 1m 时河底泥沙与河岸泥沙的起动流速比值。

俞俊（1982）统计分析了国内外 60 多条平原河流资料，认为下列宽深比关系式与实测资料较吻合：

$$\frac{B^{0.8}}{h} = 10.5 \left(\frac{m}{\sqrt{d_{50}}}\right)^{0.4} \tag{7-41}$$

式中：d_{50} 为床沙中值粒径，mm；m 为历年最低水位与多年平均水位之间的河岸稳定边坡系数的平均值。

明宗富（1983）收集整理了国内主要流域各类冲积河流实测资料，给出宽深比关系式

$$\frac{B^{0.8}}{h} = \alpha d_{50}^{-0.065} \tag{7-42}$$

式中：α 为系数，因河型而异，游荡河段 $\alpha=229.5$、过渡性河段 $\alpha=77.0$、弯曲及顺直和分汊（只限单汊）河段 $\alpha=13.3$；d_{50} 为床沙中值粒径，mm。

明宗富将式（7-42）与式（7-30）～式（7-32）联解，并用下式替换挟沙力公式（7-32）

$$S = K_1 \rho_s \frac{v^3}{\left(\dfrac{\rho_s - \rho}{\rho}\right) gh\omega} \tag{7-43}$$

得到河宽、水深、比降和流速关系式

$$\left.\begin{aligned}
B &= 2.26 \frac{K_1^{0.16} \alpha^{0.64} Q^{0.48}}{(S\omega)^{0.16} d_{50}^{0.042}} \\[2mm]
h &= 1.94 \frac{K_1^{0.13} d_{50}^{0.031} Q^{0.38}}{\alpha^{0.49} (S\omega)^{0.13}} \\[2mm]
J &= 0.022 \frac{n^2 \alpha^{0.35} (S\omega)^{0.75}}{K_1^{0.75} d_{50}^{0.018} Q^{0.23}} \\[2mm]
v &= 0.23 \frac{(S\omega)^{0.29} d_{50}^{0.011} Q^{0.14}}{K_1^{0.29} \alpha^{0.15}}
\end{aligned}\right\} \tag{7-44}$$

式中：K_1 为挟沙力系数，用实测资料率定；其他符号意义同前。

式（7-44）适用于床沙粒径 $d_{50}=0.05\sim0.5$mm 的中细沙河床。

（二）理论型河相关系

1. 河床最小活动性假说

河床最小活动性假说由窦国仁（1964）提出，他认为，在给定的水沙条件和河床边界条件下，河床在冲淤变化过程中力求建立河床活动性最小的断面几何形态，并给出如下形式的河床活动性指标：

$$K_n = \frac{Q_P}{Q}\left[\left(\frac{v}{\alpha v_{pb}}\right)^2 + 0.15\frac{B}{h}\right] \tag{7-45}$$

式中：K_n 为河床活动性指标；Q_P 为年出现频率 $P=2\%$ 的多年洪水流量平均值，$\mathrm{m^3/s}$；Q 为造床流量，$\mathrm{m^3/s}$；v 为断面平均流速，$\mathrm{m/s}$；v_{pb} 为床沙止动流速，$\mathrm{m/s}$；B 为平滩水深对应的河宽，m；h 为平滩水深，m；α 为河岸与河底的相对稳定系数，由 $\alpha = \alpha_w/\alpha_b$ 确定，其中 α_w 和 α_b 分别为河岸和河底组成物质的稳定系数，见表 7-4。若河岸和河底组成物质相近，两者稳定程度相差不大，可取 $\alpha=1$。

$$\text{令} \qquad \left.\begin{array}{r} \dfrac{\partial K_n}{\partial v}=0 \\[2mm] \text{或} \qquad \dfrac{\partial K_n}{\partial h}=0 \\[2mm] \text{或} \qquad \dfrac{\partial K_n}{\partial B}=0 \end{array}\right\} \tag{7-46}$$

求得河床活动性指标最小值。式（7-46）中任一条件都可以作为推导河相关系式的补充方程，与式（7-30）～式（7-32）联解。窦国仁用下式替换式（7-32）：

$$S = K\frac{v^3}{ghv_{ps}} \tag{7-47}$$

最后得到下列形式河相关系式：

$$\left.\begin{array}{l} B = 1.33\left(\dfrac{gv_{ps}SQ^5}{K\alpha^8 v_{pb}^8}\right)^{1/9} \\[3mm] h = 0.81\left(\dfrac{K\alpha^2 v_{pb}^2 Q}{gv_{ps}S}\right)^{1/3} \\[3mm] J = 1.15n^2\left(\dfrac{g^4 v_{ps}^4 S^4}{K^4\alpha^2 v_{pb}^2 Q}\right)^{2/9} \\[3mm] v = 0.93\left(\dfrac{g^2 v_{ps}^2 S^2\alpha^2 v_{pb}^2 Q}{K^2}\right)^{1/9} \end{array}\right\} \tag{7-48}$$

式中：v_{ps} 为悬沙止动流速，$\mathrm{m/s}$；n 为糙率；g 为重力加速度，$\mathrm{m/s^2}$；其他符号意义同前。

表 7-4　　　　　　　　　　河岸与河底组成物质的稳定系数值

河底或河岸的土壤组成	河岸和河底的稳定系数值	备　注
粗沙（2.00～1.00mm）	2.5～2.0	
中粗沙（1.00～0.50mm）	2.0～1.5	
中沙（0.50～0.25mm）	1.5～1.2	
细沙（0.25～0.10mm）	1.1～0.9	岸上有植物覆盖或其他护岸措施
粉沙（0.10～0.05mm）	1.0～0.8	时，河岸的稳定系数值应较表中数
粉土（0.05～0.01mm）	1.0～0.8	值为大
亚黏土、黏壤土	1.3～1.7	
黏土	1.8～2.2	
重黏土	2.3～2.5	

2. 最小方差理论

设河床横断面几何特征值（河宽、水深）和水力因子（流速、比降）与造床流量之间存在着下列经验性河相关系：

$$
\left.\begin{array}{l}
B = \alpha_1 Q^{\beta_1} \\
h = \alpha_2 Q^{\beta_2} \\
v = \alpha_3 Q^{\beta_3} \\
J = \alpha_4 Q^{\beta_4}
\end{array}\right\} \tag{7-49}
$$

最小方差理论认为（Williams G. P.，1978），冲积河流在调整过程中，通过调整河床几何特征值和水力因子，将尽可能使式（7-49）中的各项指数的平方和保持最小，即

$$
\beta_1^2 + \beta_2^2 + \beta_3^2 + \beta_4^2 = 最小值 \tag{7-50}
$$

3. 最小能耗率原理

最小能耗率原理表明，河流在相对平衡状态时水流能耗率最小。因而可以将最小能耗率原理数学表达式与式（7-30）～式（7-32）联解，求得河相关系。最小能耗率原理数学表达式可写成

$$
\Phi_l = \gamma Q J = 最小值 \tag{7-51}
$$

式中：Φ_l 为单位长度河流能耗率，W/m；γ 为水的容重，N/m³；Q 为造床流量，m³/s；J 为河床比降。

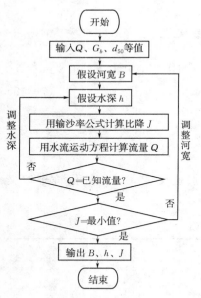

图 7-9　计算程序框图

张海燕（Chang H. H.，1980）以水流运动方程、推移质输沙率公式作为约束方程（水流连续方程包含在这两个方程中），编制了一个计算程序，直接利用计算机试算求解，求出河床比降 J 为最小值时的河床几何形态值。这是因为对于已知流量 Q，能耗率 $\Phi_l = \gamma Q J$ 最小意味着比降 J 最小。该计算程序的框图如图 7-9 所示。该计算方法也可用来设计稳定渠道。在计算中，水流运动方程采用恩格隆（Engelund F.）和汉森（Hansen E.）方程。推移质输沙率公式采用 DuBoys 输沙率公式。当然，也可采用其他形式的水流运动方程和推移质输沙率公式。

杨志达（Yang C. T.，1981）将水流运动方程代入式（7-51）表示的最小能耗率函数中，消掉比降 J，得到一个目标函数。以无量纲单位水流功率表示的含沙量公式作为约束方程，构成一个拉格朗日函数。然后求其极值，得到经验性河相关系式（7-49）的理论指数，这些理论指数非常接近天然河流的实测值。

徐国宾（1993）根据最小能耗率原理，以水流能耗率 $\Phi_l = \gamma Q J$ 极小化作为目标函数，以水流连续方程、水流运动方程和悬移质挟沙力公式或推移质输沙率公式作为约束条件，通过对目标函数求条件极值，分别推导出以下以悬移质造床为主的河相关系式和以推移质

造床为主的河相关系式。

在推导以悬移质造床为主的河相关系式时，选择悬移质挟沙力公式（7-32），得到以悬移质造床为主的河相关系式

$$
\left.
\begin{aligned}
B &= 3.120\ \frac{K^{1/(7m)}Q^{3/7}}{g^{1/7}S^{1/(7m)}\omega^{1/7}} \\
h &= 0.426\ \frac{K^{1/(7m)}Q^{3/7}}{g^{1/7}S^{1/(7m)}\omega^{1/7}} \\
J &= 2.437\ \frac{g^{16/21}n^2 S^{16/(21m)}\omega^{16/21}}{K^{16/(21m)}Q^{2/7}} \\
v &= 0.752\ \frac{g^{2/7}S^{2/(7m)}\omega^{2/7}Q^{1/7}}{K^{2/(7m)}}
\end{aligned}
\right\}
\qquad (7-52)
$$

对于以沙质推移质造床为主的河道，用张瑞瑾推求的基于沙坡运动的推移质输沙率公式（4-34）取代悬移质挟沙力公式，得到以沙质推移质造床为主的河相关系式

$$
\left.
\begin{aligned}
B &= 1.634\ \frac{\alpha^{4/29}\rho_s'^{4/29}Q^{16/29}}{g^{6/29}d_{50}^{1/29}G_b^{4/29}} \\
h &= 0.146\ \frac{\alpha^{4/29}\rho_s'^{4/29}Q^{16/29}}{g^{6/29}d_{50}^{1/29}G_b^{4/29}} \\
J &= 284.572\ \frac{g^{32/29}n^2 d_{50}^{16/87}G_b^{64/87}}{\alpha^{64/87}\rho_s'^{64/87}Q^{82/87}} \\
v &= 4.192\ \frac{g^{12/29}d_{50}^{2/29}G_b^{8/29}}{\alpha^{8/29}\rho_s'^{8/29}Q^{3/29}}
\end{aligned}
\right\}
\qquad (7-53)
$$

式中：α 为沙波体形系数，$\alpha = 0.52 \sim 0.53$；ρ_s' 为泥沙干密度，kg/m^3；G_b 为断面推移质输沙率，kg/s；d_{50} 为床沙中值粒径，m；g 为重力加速度，m/s^2。

在这里特别强调，要选择合适的悬移质挟沙力公式或推移质输沙率公式，因为有些公式的结构不宜用来作为约束条件求极值，如果利用这些公式作为约束条件，往往会寻找不到极值，或得不到显式河相关系表达式。

习　题

7-1　简述河型成因的各种理论。

7-2　形成不同河型的外界条件都包括哪些？

7-3　为什么同一条河流会在上、中、下游出现不同的河型？

7-4　写出单位长度河流能耗率、单位体积河流能耗率和单位重量河流能耗率计算公式。

7-5　试用耗散结构和混沌理论分析河型转化。

7-6　为什么冲积河流总是向弯曲型河流发展演变？

7-7　如果河流具有混沌特性，那么对河流演变的短期或长期预测有什么影响？

7-8　在什么情况下，可以认为河流处于相对平衡状态？

7-9　为什么说当河流处于相对平衡状态时，水流的熵产生或能耗率为最小值？

7-10　河流是开放系统？还是封闭系统或孤立系统？为什么？

7-11 什么是河床变形过程和变形终极状态？

7-12 什么是侵蚀基准面？其有何意义？

7-13 影响河床演变的因素主要有哪些？

7-14 什么是造床流量？为什么可以用平滩流量来表示造床流量？

7-15 什么是河相关系？说明其意义。

7-16 某河道上要修建一个拦河闸，该河段为粗细沙组成的沙质河床，推移质中值粒径 $d_{50}=0.0035\mathrm{m}$，输沙率 $G_b=50\mathrm{kg/s}$，床沙干密度 $\rho'_s=1590\mathrm{kg/m^3}$，造床流量 $Q=117\mathrm{m^3/s}$，试问拦河闸净过水宽度至少应设计多宽才适宜？（提示：拦河闸净过水宽度应等于或大于冲淤平衡河宽）

第八章　不同类型河流的河床演变特点

河流根据所处的地理位置和具有的水动力特性，可分为山区河流、平原河流和潮汐河流3大类。一条发育完整的大、中型河流，往往上中游为山区河流，中下游为平原河流，入海处为潮汐河流。不同类型的河流，其河床演变过程也不同。本章主要介绍山区河流的河床演变，平原河流的河床演变和潮汐河口的河床演变等内容。

第一节　山区河流的河床演变

山区河流是指流经陡峻地势、丘陵山区、崇山峻岭的河流。较大河流的上中游段多为山区河流。

一、山区河流的主要特征

山区河流因所处地段的地理、地质和气候条件复杂，具有以下特征。

（一）水文特征

（1）水位。山区河流所流经的地段，坡面陡峻，径流模数很大，汇流时间较短；加之河谷狭窄，河槽调蓄能力低，暴雨来时，引起河水猛涨；暴雨过后，纵坡陡峻的河道又能较快地将洪水排走，故河道水位有明显的暴涨暴落现象。有些河段在一昼夜时间，水位涨落即可达10m以上。

（2）流量。河道流量和水位变化一样，主要是受降水的影响，其变幅和水位变幅一样都很大。往往暴雨过后，流量猛增，短时期内又退落下来，洪枯流量相差悬殊。枯水流量一般都比较稳定，变化不大，历时较长。

（3）流速。河道流速随着水位、流量的变化也有不同的变化。枯水期，深槽水流平缓，流速很小，而滩地水流湍急，流速普遍较大，滩地流速往往为2~3m/s，有的可达6~8m/s；洪水期，深槽流速则增大，而大多数滩地流速相应减小，沿程流速趋向均匀。通常丘陵河段的流速较山区河段小，沿程分布也较山区河段均匀。

（4）泥沙。河流的含沙量一般都较小，特别是在枯水期，许多河流都是清澈见底。在岩石风化严重、岩层破碎、植被差、山坡陡峻的地区，暴雨时山洪往往挟带大量的泥沙、石块流向干流，有的可能形成泥石流，威胁航运和工农业生产。山区河流所挟带的悬沙，主要为细沙、粉沙和黏土，通常处于不饱和状态，可视为冲泄质，一般不起造床作用。推移质有卵石、块石和沙砾，以卵石为主。卵石推移运动在山区河流普遍存在，是卵石河床的主要造床质。

卵石运动在山区河流任何时候都存在，只是运动强度因河段不同而异。洪水期，特别是洪水暴涨期，除个别特殊河段外，流速普遍较大，卵石大量往下游输移；枯水期，峡谷和深槽输移强度通常很弱，某些河段甚至完全停止输移，而峡谷的进出口上下游邻近河段以及过渡段上，则进入比较持续、稳定的输移阶段，反映在河谷的冲淤变化上，则为洪水冲谷淤滩，枯水冲滩淤谷。

（二）形态特征

山区河流的平面形态因受地质构造和岩石性质的限制，外形极为复杂。在背斜构造或岩石抗冲性能较强的地区常发展成峡谷河段，此处河谷狭窄，岸坡陡峻，岩石裸露，岸边和河心常有巨石凸出，岸线极不规则。在向斜构造或岩石抗冲性能软弱地区，河流常发展成宽谷河段，此处河面宽阔，岸坡平缓，阶地发育，河中常有河漫滩、心滩等泥沙堆积体，形成浅滩。山区河流两岸常有溪沟汇入，在入口处常常形成冲积扇。从总体上看，山区河流沿程多为峡谷段与宽谷段相间。山区河流形态特征如下。

（1）由于沿途地形、地质构造及岩性差异，河道平面呈宽谷段与峡谷段相间的外形。宽谷河段谷身比较开阔，谷底被水流侵蚀较浅，河床比较宽浅，两岸常有台地，河中常有边滩、江心洲分布，洪、中、枯水位河宽有明显差异。峡谷河段谷身狭窄，谷底被水流侵蚀较深，谷坡陡峻，甚至两岸高山、峭壁挟持，基岩裸露，槽窄水深，洪、中水位河宽几乎没有多大差异。

（2）河道岸线不规则，两岸常有岩嘴、石梁和乱石堆体伸入河床，河面突宽突窄，卡口、窄槽较多，特别是枯水河岸线。山区河流由于岸线弯曲，河中常有石梁、石盘等，故有不少枯水河槽曲曲弯弯。

（3）河道纵剖面通常比较陡峻，起伏不平，变化急剧，存在一系列折点，形态极不规则，急滩与深潭上下交错，且常出现台阶形。在落差集中处往往形成陡坡跌水甚至瀑布。由于纵向河底起伏不平，致使山区河流滩槽相间，比降沿流程分布很不均匀，特别是枯水期，深槽水面平缓，比降极小，而滩段水面陡峻，比降很大。山区河流由于有较多的河弯、石梁、石盘、凸嘴等，因而存在较多的横比降。

（4）河床主要是石质河床和卵石河床，也有少量的沙质河床。石质河床主要由基岩或粗粒径的乱石所组成。石质河床没有明显的冲淤变形现象。引起石质河床形态改变主要是水流长期的下切和侧蚀。但是由于滑坡、山崩以及溪沟暴发山洪等外部原因，而引起的局部河段变形却很急烈、频繁。卵石河床主要由卵石和沙砾组成，在个别河段，可能没有沙砾充填物，只出现纯卵石层。卵石形态与乱石不同，卵石经过水流长距离搬运摩擦，表面光滑，没有棱角，呈现扁形。卵石河床有明显的冲淤变形现象，但卵石粒径大，重量大，故卵石河床远比沙质河床稳定。在某些山区河流，在汇入干流的邻近河段，由于长期受干流高水位顶托，悬沙大量沉积，形成所谓沙质河床。与山区河流峡谷河段和宽谷河段的相间出现相应，山区河流的石质河床和卵石河床也是相间出现的，但山区河段主要是石质河床，卵石河床只出现在局部河段上，丘陵河段则相反，主要是卵石河床，局部河段可能出现石质河床。

（5）河流在发育过程中，通常以侵蚀下切为主，因此河谷横断面狭窄，多呈 V 形或 U 形。河谷坡面多呈直线形，在陡峻的地形限制下，河床切割很深，河槽狭窄。中水河床与洪水河床之间无明显分界线。

（6）河流一般多处于徐缓侵蚀下切，加上河道摆动不大，故两岸常存在阶地，表现为多级平台和与之相连的斜坡，如图8-1所示。

（7）河道滩险较多，有些河段礁石林立，狭窄弯曲；有些河段泡漩汹涌，横流乱水丛生。

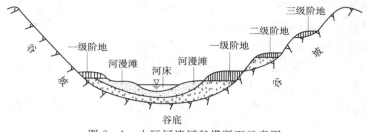

图8-1 山区河流河谷横断面示意图

（三）流态特征

山区河流由于河床地形复杂以及水流湍急，常形成不良流态。这些不良流态包括剪刀水、泡漩水、滑梁水、扫弯水等。它们的产生与发展，既与当地河床地形的复杂变化有关，又同水流动能较大分不开。

（1）剪刀水。剪刀水主要出现在卡口急流滩上。因滩口处平面收缩，水流流经滩口时逐渐向下游收缩成一束，水波纹的平面形态似剪刀形状，故称为剪刀水（图8-2）。虽然在整个剪刀水范围内都存在水流湍急的问题，但最大表面流速往往出现在"舌尖"附近，而最大河心比降则出现在其上方一定距离处。

（2）泡漩水。泡水是一种强烈的上升水流，漩水是一种强烈竖轴环流，两者本有明显区别，但往往相伴而生，故习惯上统称为泡漩水。由于泡漩水的生成与当地河床形态、行近流速、水深等条件有关，而这些条件又都随水位涨落而有所变化，因此，泡漩水也有消长强弱的相应变化。就一般规律而言，峡谷河段的泡漩水具有汛期增强、非汛期减弱以及水位上涨时强于水位下退时的基本趋势。

（3）滑梁水。从石梁、石盘、碛坝或丁坝顺坝顶部流过的水流称为滑梁水（图8-3）。滑梁水形成时伴有较大的横比降，显然滑梁水也是一种横流，且比较强烈。滑梁水有可能造成船舶偏离航道、滑向石梁，而当石梁等障碍物顶部虽有一定水深、但不够航深时，船舶一旦被滑梁水带至其顶，将产生搁浅或碰撞事故。

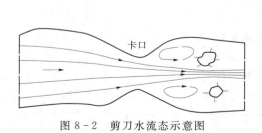

图8-2 剪刀水流态示意图

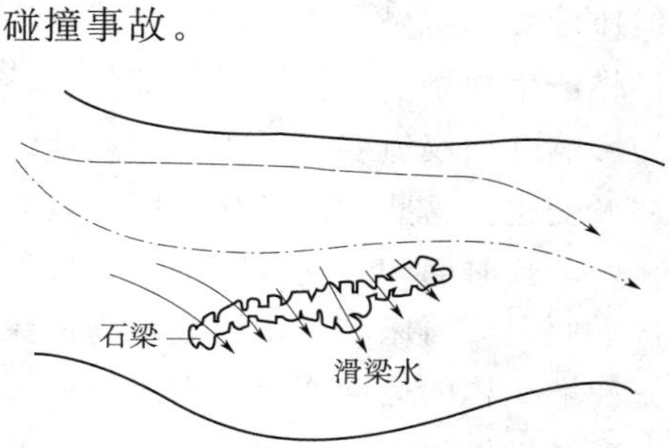

图8-3 滑梁水流态示意图

（4）扫弯水。扫弯水是一种指向弯道凹岸并贴岸而下的水流，它实质上是一种较强的弯道环流，主要出现在急弯河段。扫弯水流态往往很乱，泡漩较多。扫弯水和航向始终构成较大的交角，所以扫弯水也是一种横流。扫弯水有可能导致船舶产生较大的横向漂移，船舶被扫弯水推到凹岸，从而发生"触岸"或"扫尾"，甚至翻船事故；下行船危险更甚。

二、山区河流的河床演变特点

山区河流由于复杂的边界、水流条件，其河床演变主要有以下若干特点。

（1）山区弯曲型河流，受两岸山崖阶地的约束，自由变化的余地较小，多为强制性河弯，环流不能充分发展。河床蜿蜒蠕动只能沿着河谷方向平移。弯道下移后原位于弯顶的深槽往往在后面留下一条狭长的尾汊；河流进入谷坡和阶地的悬崖峭壁以后，在岸坡前面掏出深槽，往往使水流长期在这里坐湾。

（2）山区分汊河流的江心州和心滩位置较为固定。分汊河流多出现在宽谷段，以两汊居多。

（3）山区河流宽谷与峡谷相间的河段，使泥沙冲淤周期性变化。汛期由于峡谷进口的壅水作用，造成泥沙，无论是悬移质，还是推移质，在上游宽谷段内大量落淤。非汛期宽谷段则水浅流急，淤积在宽谷段的泥沙冲刷下移，在进入下游峡谷段后，由于峡谷段水深流缓，有相当大一部分会在峡谷段淤积下来，至次年汛期才冲移至下一个宽谷段。

（4）山区河流推移质主要为卵石，河床演变主要取决于卵石运动。由于山区河流水流的沿程剧烈变化，以及床面卵石的排列、结构、粗化层的形成和破坏以及卵石的补给都会直接影响着卵石的运动。所以，卵石运动在时间分布上具有明显的间歇性。同时，卵石的输沙率也具有明显的阵发性。

（5）由于山区河流沿程有许多溪沟汇入，在沟口发育形成冲积扇，这些冲积扇向河中伸展，常会挤压主流，影响泥沙运动，形成新的成型堆积体。

第二节　平原河流的河床演变

平原河流在一定流域来水来沙和河床边界条件下，经过水流与河床的长期调整，多数已达到相对平衡或准平衡状态，河床形态与流域来水来沙和边界条件之间已基本适应，从一个相当长的时段与河段来看，河床没有显著的单向冲淤变形，或虽有一些单向冲淤变形，但速度极其缓慢。但是，由于流域的来水来沙随时间不断变化，在一定时期内，河床形态仍将产生冲淤变化。同时，即使流域来水来沙和边界条件不发生任何变化，由于局部条件的影响（如汊道变迁、深槽浅滩交替等），在一定时期内，在河床的局部地区，也存在着冲淤变化。这些冲淤变化一般都具有周期性的特征，即一个时期冲刷，另一个时期淤积，在一个长时期和长河段范围内，冲淤量很小，并得到相互补偿，属于周期性的变形。因此，平原河流河床演变主要表现为河床循环性的往复变形，特别是河床的平面变迁和河床中泥沙堆积体的运动变化。由于平原河流的河床均由中、细沙等松散物质构成，在水流作用下容易发生运动。因此，平原河流冲淤变化的速度还是比较快的，冲淤变化的幅度也是比较大的。当然，对于不同的河段，其冲淤变化情况也有很大差异。平原河流的河床演变与河型关系甚大。平原河流一般可分为弯曲、顺直、分汊和游荡4类基本河型，不同的河型又具有各自的演变规律。

一、蜿蜒型河床演变

蜿蜒型河流又称为弯曲型河流，不但具有蜿蜒曲折的外观，而且还具有蜿蜒蠕动的动态特征。这类河流在世界上分布极广，是冲积平原河流中最常见的一种河型，如我国的长江下荆江河段、渭河下游、汉江下游、颍河下游、南运河和辽河等，都是著名的弯曲型河流。对这种河型的研究由来已久，自 1908 年 Fargue O. 根据在法国加隆河上的长期观测结果，提出河湾的 5 条基本定律以来，对弯曲河流的研究至今未断，成果也最多。

（一）几何形态

蜿蜒型河段是由一系列正反相间的弯道和较为顺直的过渡段衔接而成，一般多为单股，很少分汊，其平面形态如图 8-4 所示。在弯道段内，深槽紧靠凹岸，边滩依附凸岸，两者都延伸甚长，横断面比较窄深，呈不对称的三角形。过渡段一般较弯道段为短，段内存在连接上下边滩的水下浅滩，横断面呈对称的抛物线形或梯形。弯顶处深槽与过渡段浅滩相间，滩槽水深相差较大。从纵剖面看，河底纵比降平缓。

蜿蜒型河段的几何轴线在平面上呈波状曲线，弯道段一般具有余弦曲线形式，其曲率半径在弯顶处最小，在与过渡段交界处最大。曲率半径变化不大的几何轴线，可近似地用单一的圆弧曲线或复合的圆弧曲线代替。弯道段上游起点和下游终点辐射线所构成的夹角，称为中心角。沿弯道起点和终点几何轴线的曲线长度与其直线长度的比值，称为弯曲系数或曲折系数。较长的蜿蜒型河道的各弯道曲折系数的加权平均值，为这一河道的平均曲折系数。显然，弯曲系数越大，表明河流越弯曲。蜿蜒型河段的平均弯曲系数一般在1.5 以上，弯曲系数达 2.5～3.0 的弯道常被称作

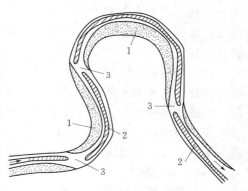

图 8-4　蜿蜒型河段平面形态
1—边滩；2—深槽；3—过渡段浅滩

河曲。蜿蜒型河段的深泓线纵剖面沿程起伏相间，通常最深点位于弯道顶点偏下处；最浅点位于过渡段中心点偏下处。

（二）形成条件

形成弯曲型河段的条件，大致可归纳如下。

（1）河底和河岸的土壤组成与结构，往往具有所谓二元结构的规律性。如果河岸土壤黏性较大，坚实耐冲，则凹岸冲刷发展将比较微弱。反之，如果河岸系由非黏性中细沙组成，则河岸冲刷发展必然严重。两者均不利于形成弯曲型河段。只有当河岸和河底均由可冲刷土壤构成，但河岸土壤稳定性又大于河底时，如河底土壤为中、细沙，河岸土壤为壤土及黏土，才利于弯曲型河段的形成。

（2）河段内纵向输沙基本平衡，即凹岸泥沙冲刷量基本上等于凸岸的泥沙淤积量时，河段内泥沙交换主要是横向泥沙交换，才有利于弯曲型河段形成。

（3）从来水来沙特性说，造床作用时间长，即河道流量变幅小，中水期长，水位涨落不是过于猛烈或频繁，易出现高强度和高旋度的弯道横向环流，利于弯曲性河段的形成。

（4）洪水期水面比降平缓，滩面有植被，减缓边滩移动速度，便于边滩发育，有利于

弯曲型河段的形成。

（三）水沙特性

（1）弯道横向环流。在弯道段内，由于离心力的作用形成横向环流。横向环流与纵向水流相结合，形成的表层水流流向凹岸、底层水流流向凸岸的一种螺旋前进的水流，称为弯道横向环流，又称弯道螺旋流。河道水流沿弯道做螺旋运动时，由于离心力的作用在水面形成横向比降，凹岸水面高于凸岸水面。弯道水流水面最大横向比降一般出现在弯道顶点附近，向上、下游方向逐渐减小。弯道横向环流最大强度在弯道顶点和弯道后半部，向上、下游方向逐渐减弱。

（2）弯道水流动力轴线。弯道水流动力轴线自弯道进口至出口，是逐渐由凸岸向凹岸过渡的。主流线一般在弯道进口段或者在弯道上游过渡段开始偏离凸岸，进入弯道后逐渐向凹岸偏移，至弯顶上游部位，才靠近凹岸，出弯道以后在相当长的一段距离内，还继续偏靠凹岸。另一个特点是低水傍岸，高水居中。枯水期主流线曲率最大，靠近凹岸；洪水期主流线曲率最小，偏离凹岸。与此相应，水流对凹岸的顶冲点位置是随水流流量大小而改变，形成低水上堤，高水上挫，即洪水时顶冲点位置在弯顶以下，枯水时一般在弯顶附近或弯顶以上。

（3）弯道泥沙特点。弯道河段泥沙运动与螺旋流关系密切。在横向环流的作用下，表层含沙量少的水流不断流向凹岸，冲刷凹岸，并折向河底，挟带大量泥沙流向凸岸发生淤积，形成横向输沙不平衡。加上纵向水流对凹岸的顶冲作用，使凹岸坍塌，坍塌下的泥沙被底流带向凸岸淤积，其结果形成凹岸坍塌后退，凸岸边滩不断淤积延伸。由于水流中泥沙沿垂线分布上细下粗，所以水流挟带运往凸岸的泥沙多为粗沙。

（四）演变特点

蜿蜒型河段的演变，归根到底是在弯道环流作用下引起的横向输沙不平衡所致。图8-5为蜿蜒型河段的演变过程，其演变特点如下。

（1）凹岸崩退与凸岸淤长。在弯道横向环流作用下，凹岸不断冲刷崩退，凸岸不断淤长，使河道弯曲程度不断加剧，河长增加，曲折系数也随之增大。过渡段两岸也会发生一定的冲淤变化，但强度较弱，两岸冲淤面积接近相等，断面形态保持不变。

（2）弯曲发展和河线蠕动。随着凹岸崩退和凸岸淤长，弯曲度不断增大，并且弯道平面形态会发生扭曲。随着弯道顶冲点位置不断下移，整个弯道向下游缓慢蠕动。

（3）裁弯取直与弯道消长。当弯曲度发展到一定程度，弯道过流阻力加大，而同岸上、下两弯道的弯顶相距很近，洪水时容易被冲开，使河道自然裁弯取直，发展成新河，而旧河则被逐渐淤塞，形成与新河道隔断的弯月形湖泊，称为牛轭湖。之后，新河又会重新发展成弯曲河道，如

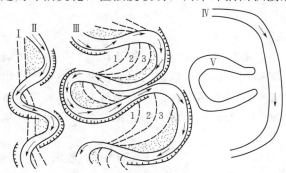

图8-5　蜿蜒型河段的演变过程

Ⅰ—初始河道；Ⅱ—弯曲河道；Ⅲ—河曲；

Ⅳ—截弯取直河道；Ⅴ—牛轭湖；

1、2、3—演变中的河道和河漫滩

此循环往复。

（4）河道纵向冲淤变化基本平衡。汛期弯道段凹岸冲刷和过渡段浅滩淤积，而枯水期则相反，年内冲淤变化虽不能完全达到平衡，但就较长时期的平均情况而言，基本上是平衡的。

二、顺直型河床演变

顺直型河段是一种最基本最简单的河型，在自然界中并不多见，往往作为其他河型的过渡段存在。顺直型河段由于与其他类型的河段交织在一起，其演变过程常受到这些河型的影响，但也有其自身的演变规律。

（一）几何形态

顺直河段的基本特征为，具有比较顺直或稍有弯曲的单一河身，弯曲系数一般小于1.5，两岸分布着犬牙交错的边滩和深槽，边滩与边滩之间存有浅滩作为过渡段（图 8-6）。滩槽水深、流速和比降，在枯水期差别较大。随着流量增加，这些差别逐渐缩小。河道的深泓线纵剖面特性与蜿蜒型河段的相似，沿程起伏相间，但变幅较小。河道的主流线，在中、枯水期为曲线，有环流产生；在洪水期基本上为直线，此时河床中无显著环流存在，河漫滩上的水流与中水河床水流方向基本一致。

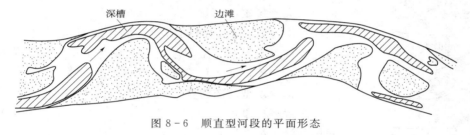

图 8-6　顺直型河段的平面形态

（二）形成条件

（1）两岸在较长的一段内广泛分布有抗冲性较强的物质，如基岩、黏土层、密集的植被或其他节点等，且在铅直方向分布较深，限制了河流的横向发展。

（2）蜿蜒型河流在正常发展过程中，暂时形成的一段顺直过渡河段，这样的顺直过渡河段也有一定的稳定性，但在河岸蠕动的过程中，有可能产生变化或消失。

（3）河流进入坡度极缓的河口三角洲地区以后，常保持比较顺直的河身。

（三）水沙特性

（1）边滩与深槽的流速沿垂线分布差别较大，边滩部分流速分布均匀些。边滩上流速自滩头起沿程增加，至中部达最大值，以后又沿程减小，深槽部分则与此相反。

（2）顺直型河段由于存在深槽和浅滩，在不同流量下其水流条件的变化类似于蜿蜒型河段。低水位时，浅滩段水深小，比降陡，而流速较大；深槽段则水深大，比降小，故流速较小。

（3）顺直型河段由于横向环流强度较弱，泥沙横向输移强度也弱，从深槽段冲起的泥沙一般不会达到相对应的边滩。泥沙输移主要是同岸纵向输移。

（4）泥沙有明显的分选，粗颗粒都聚集在浅滩上，深槽段的河床组成物质一般较细，这种沿程方向的分选主要是由于洪水期泥沙运动强度最大的时候，深槽段流速远大于浅滩段，泥沙自深槽移向浅滩，并在那里沉积下来的缘故。

（四）演变特点

（1）边滩和深槽顺流下移。在水流作用下，犬牙交错的边滩向下游移动，与此相应，深槽和浅滩也同步向下游移动，这是顺直型河段演变最主要的特征。

（2）深槽和浅滩冲淤变化交替发生。枯水期浅滩水面比降大，发生冲刷，冲刷下来的泥沙在下一个深槽中淤积下来；洪水期深槽水面比降大，发生冲刷，泥沙又从深槽搬运到下一个浅滩上淤积。深槽和浅滩冲淤变化就如此交替发展。这种冲淤规律与蜿蜒型河段的相类似。

（3）河床周期性展宽和缩窄。随着边滩的下移，对岸将产生冲刷，因而枯水位以上的河床展宽了。当展宽到一定程度后，边滩受水流切割而成为江心滩或江心洲。以后随着某一股汊道的淤塞，河宽又缩窄了。此后，又开始展宽过程。展宽和缩窄如此循环往复，不断变化发展。

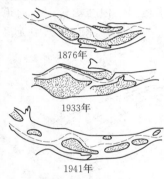

1876年

1933年

1941年

图 8-7 某顺直型河段的
演变过程

图 8-7 是一个典型的顺直型河段的演变过程。

综上所述，尽管沿着水流方向顺直型河段的河底起伏要比蜿蜒型河段小，但在沿程水面线及糙率的变化上，顺直型河段均大于蜿蜒型河段。从这个意义上讲，一般认为顺直型河段是不稳定的，而蜿蜒型河段要比顺直型河段更为稳定。因此，许多人把顺直型河段看作是蜿蜒型河段的一种过渡形式（倪晋仁等，2000），不是没有道理的。

三、分汊型河床演变

分汊型河段也是冲积平原河流中较常见的一种河型，在我国各流域都有这种河型，例如珠江流域的北江、东江，黑龙江流域的黑龙江、松花江，长江流域的湘江、赣江、汉江等，特别是长江中下游这种河型最多。

（一）几何形态

分汊型河流的基本特征为，中水河床呈宽窄相间的藕节状，窄段一般为单股，水深较大；而宽段则常出现1个或多个江心洲或江心滩，将水流分成两股或多股汊道，水深较浅。从外观上看，分汊型河段与游荡型河段很相像，也是洲滩密布，但两者的主要区别是分汊型河段洲滩相对稳定，不像游荡型河段洲滩移动那样迅速。分汊河段的纵向冲淤变化总体来说也基本平衡，既不严重淤积也不严重冲刷。这一点也有别于游荡型河段。

从汊道分流点到江心洲的洲头称为分流区，从江心洲尾到汇流点称为汇流区，中间称为分汊段。分汊河段的江心洲，其首尾两端呈流线形，延伸较长，在水下部分称为潜洲。在汊道进出口附近常有浅滩存在。

分汊型河流就其外形来说可以分为3种类型：顺直分汊型、微弯分汊型、鹅头分汊型，如图8-8所示。其中顺直分汊型各股汊道的河床都比较顺直，弯曲系数在1.0～1.2之间，汊道基本对称，江心洲有时不止1个，但多上下按顺序排列；微弯分汊型各支分汊河道中至少有一支弯曲系数较大（1.2～1.5），成为微弯形状，多数是两支简单的汊河，但也有河心存在两个并列的江心洲而形成三股的复式汊道；鹅头型分汊河道形态特殊，分别以上游鹅颈、中游鹅头及下游鹅嘴组成，三者彼此联系，不可分割。鹅头分汊型各股汊道中至少有一股弯曲系数很大，超过1.5，成为很弯曲或甚至鹅头状的形状，多数具有两个或两个以上的江心洲，分成3支或3支以上的复式汊道，弯道的出口和直道的出口交角很大。罗海超（1989）统计分析了长江中下游分汊型河段资料认为，顺直分汊型河段平面形态稳定性最高；微弯分汊型稳定性较差；鹅头分汊型稳定性最差。

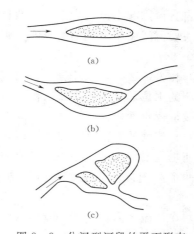

图8-8　分汊型河段的平面形态
(a) 顺直分汊型；(b) 微弯分汊型；(c) 鹅头分汊型

（二）形成条件

分汊型河段的形成条件也是多方面的，但归结起来主要有以下几方面。

（1）有形成江心洲的边界条件。形成江心洲的边界条件有以下几种。

1）在河流节点上游的壅水段和下游的展宽段，由于流速减小，水流挟沙能力急剧降低，大量泥沙沉积，形成江心滩。江心滩一经形成，其阻水作用增强，促使该处的流速进一步减小，泥沙进一步淤积，江心滩不断淤长。洪水期的挟沙水流淹没滩顶，细颗粒泥沙在滩顶普遍落淤，为植物生长创造了有利条件。滩顶植物的出现，更有利于漫滩水流的泥沙落淤。经过几次漫滩的洪水，江心滩逐渐发展形成江心洲。

2）在顺直河段上，当边滩发展到相当大的程度，河道过分弯曲，洪水期由于水流的惯性作用，流路趋直，水流切割边滩，逐渐形成江心洲。

3）若河面较宽，在河中心有基岩凸出，水流在这里被强制分汊，然后再经过泥沙淤积逐渐形成江心洲。

4）在弯曲河道内，由于河道过分弯曲，发生自然裁弯，原新老河之间的河漫滩在完成裁弯后遂变成江心洲。

（2）洪水动力强劲。在江心洲形成和演变的过程中，洪水起了很大的作用。洪水动力强劲，挟带的泥沙就多，漫过滩地以后，会产生较多的淤积，使一些浅滩露出水面形成江心洲。

（3）汊道上下游的两岸有节点控制。节点是指河道两岸组成物质抗冲能力较强或有人工建筑物，河势变化在此受到节制。节点是形成分汊河段特定的边界条件，不同类型的节点可以导致形成不同类型的分汊河段（洪笑天等，1978）。一般说来，两岸对峙的节点多形成顺直分汊型河段，两岸交错的节点有利于形成微弯分汊型河段，而单边节点则多形成鹅头分汊型河段。

此外，还有对形成分汊型河段起促进作用的其他有利条件。例如，河段基本上处于纵向输沙平衡状态，年内流量变幅与含沙量均不大等。

（三）水沙特性

分汊型河段水流最重要的特征是，具有分流区和汇流区。分流区的分流点是变化的，一般是高水下移，低水上提，类似于弯道顶冲点部位的变化，这是由水流动量的大小所决定的。自分流点起水流分为左、右两支，而流线的弯曲方向往往相反，且表层流线比较顺直，而底层流线由于受地形的影响，则比较弯曲。下面就分流区和汇流区的水沙特性加以介绍。

（1）在分流区内，水流分汊，出现两股或多股水流，其中居主导地位的则进入主汊。支汊一侧的水位总是高于主汊一侧，纵比降也小于主汊一侧。由于主汊与支汊之间存在水位差，故形成水面横比降，并常伴随有横向环流。

（2）分流区的断面平均流速沿流程呈减小趋势，流向主汊一侧和支汊一侧的水流垂线平均流速也是沿程逐渐减小的，且流向支汊一侧的要减小得多一些。分流区内断面上的等速线有两个高速区，靠主汊一侧的流速最大，靠支汊一侧的流速次之，而中间则为低速区。

（3）在汇流区内，支汊一侧的水位高于主汊一侧的，纵比降也是主汊一侧大于支汊一侧。由于两岸存在水位差，故汇流区同样也存在横比降和横向环流。

（4）汇流区的断面平均流速沿程增大，来自主汊一侧和支汊一侧的垂线平均流速也是沿程增大，但前者大于后者。汇流区内断面上的等速线同样存在两个高速区和中间低速区，且与横断面内主流部位相对应。

（5）分流区左、右两侧含沙量都较大，而中间较低，这样的分布特点是与流速等速线相对应的。而汇流区正好相反，左、右两侧含沙量较小而中间较大，且底部的含沙量更大，这样的分布特点可能与汇流后两股水流在交界面处渗混作用加强有关。

（6）分流区床沙的组成变化特点是，汛期高水位时大幅度变细，枯季低水位时大幅度变粗，这与汊道汛期淤积枯季冲刷的变化规律有关。从部位看，支汊一侧的较细，主汊一侧的较粗，这是主汊冲刷，支汊淤积的必然结果。

（四）演变特点

（1）汊道兴衰和交替。由于分水分沙情况的变化，各股汊道总是周期性的交替兴衰发展，一股汊道的发展常伴随着另一股汊道的衰退。这是分汊型河段演变最显著特点。

（2）洲滩移动与分合。在水流作用下，江心洲洲头不断地坍塌后退，洲尾不断地淤积延伸，形成整个江心洲不断缓慢向下游移动。同时，因此冲彼淤而产生横向摆动。在移动过程中，江心洲常发生合并和分割变化。

（3）河岸崩退和弯曲。随着洲滩移动，两岸也将产生相应的崩退和淤长，同时，岸线不断向弯曲发展。

（4）主、支汊交替变化的周期相当长，即分汊具有相对稳定的性质。

分汊型河段，除上述共同的演变规律外，由于分汊类型的不同，尚有其各自的特点。顺直分汊型河段的演变特点与顺直单一河段基本相同，微弯分汊型河段大都是由顺直分汊型河段进一步发展演变而成的，这类汊道演变到一定程度主、支汊逐渐趋向稳定。而形成鹅头分汊型河段的必要条件是应有适宜的地质构造与地貌条件：河床组成物可动性介于两岸之间，而且沙层出露厚度与滩槽高差之比值大于 0.4；河岸具有明显的二元结构，河床一岸由坚硬物质组成单侧节点，而另一岸为广阔的冲积平原。除此之外，还必须具备 3 个充分条件：首先是地球自转科氏力的影响，它能促使河道具有右移趋势，导致单边矶头起挑流作用；其次，从水流动力条件看，上游河势的变化能否使起决定作用的单边矶头着流，以及使其挑流作用有强弱变化；再者，单边节点上游河岸（鹅颈部分）具有一定曲率，以便动力轴线进入鹅头部分之前有回旋的余地。由此可见，特殊的边界条件及地球自转科氏力的影响，对鹅头状河型的形成与演变起着主导作用。图 8 - 9 是长江官洲鹅头分汊河段的演变过程（刘中惠，1993）。

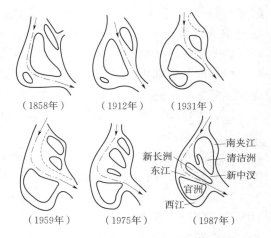

（1858年）　（1912年）　（1931年）

（1959年）　（1975年）　（1987年）

图 8 - 9　长江官洲鹅头分汊河段的演变过程

四、游荡型河床演变

由于形成游荡型河型的条件普遍存在，因此，游荡型河流也是一种广泛存在于自然界的河型。如我国的黄河下游孟津—高村河段、渭河下游咸阳—泾河口河段、永定河下游卢沟桥—梁各庄河段、南亚的布拉马普特拉河、北美的红狄尔河、鲁普河和普拉特河、南美的塞贡多河和北欧的塔纳河等，均属于这类河流。

（一）几何形态

游荡型河段在平面形态上一般表现为河床宽浅，洲滩密布且移动迅速，河势变化剧烈，水流散乱，主流摆动不定且摆幅大，无稳定深槽，如图 8 - 10 所示。这种河段一般比较顺直，无显著弯道。在较长的范围内，往往宽窄相间，类似藕节状。窄段具有控制河势的节点作用。

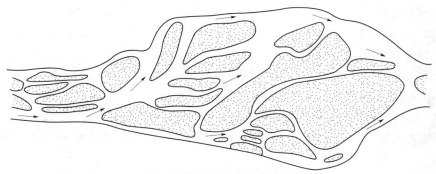

图 8 - 10　游荡型河段平面形态

游荡型河段的纵比降一般较分汊型河段陡。因而水浅流速大，挟带的泥沙数量多，粒径粗。由于上游来沙量大，含沙量经常处于超饱和状态，因而在多年平均情况下，河床总是不断淤高。随着河床的淤高，河床常高出两岸地面而成为"悬河"。如黄河下游大堤的临背高差一般达 3～5m，最大达 10m 以上（胡一三等，1998）。

（二）形成条件

游荡型河段的平面形态和演变的两个最基本的特征是：水流散乱和主流摇摆不定。具备这两个特征的主要条件为：一个是相对于一定的流量时，比降较陡，流速较大，具备较强的水流冲刷力；另一个是组成河床的物质为松散细颗粒泥沙，在较强水流的作用下，易冲易淤。两个条件结合在一起，河床必然会发生严重冲刷，使河床变得十分宽浅，河床上洲滩消失和移动速度必然会很大，就构成了河道水流散乱和主流摇摆不定的游荡状态。

除上述条件外，还有对河流的游荡强度起促进作用的其他条件，如：

（1）河床的堆积作用。堆积作用较强的河流，一般水流挟沙处于超饱和状态，容易形成宽浅河床，促使主流摇摆动，促进河流向游荡方向发展。

（2）流量变幅悬殊及洪峰暴涨猛落，也有利于游荡型河段的形成。河床形态与水流条件应是处于相适应的状态，大水要求河床横断面与弯道曲率半径大，小水要求则相反。而河床形态变化一般滞后于水流变化，因此，小流量塑造的河床形态，常被大流量洪峰冲毁，引起河势变化；大洪峰流量塑造的河床形态，不适于小流量，容易淤积成沙滩。两者使河道具有游荡的特点。

（3）同流量下含沙量变化大，也是形成游荡型河段的有利条件。由于同流量下，含沙量大时河床发生淤积，含沙量小时又转向冲刷，所以造成下游河势频繁变化的不稳定状态。

以上这些条件是造成河道游荡的现时条件，不是形成游荡型河道的历史条件。从形成游荡型河道的历史条件来看，最根本的条件是河床的强烈堆积作用。

（三）水沙特性

（1）洪水具有暴涨猛落特性，年径流量相对较小，而来沙量及含沙量却很大。这是游荡型河段水沙特性与其他类型河流的主要区别。

（2）游荡型河段平均水深一般很浅，河底比降大，流速大，佛劳德数远较一般河流为大，形成水浅流急的险恶流态。

（3）同一流量下的含沙量变化大，流量与含沙量关系紊乱。

（四）演变特点

（1）河床处于淤积抬高状态，多呈"悬河"。在多年平均情况下，河床不断淤积抬高，河床的变形呈单向淤积变形。

（2）年内冲淤变化规律。汛期由于水流漫滩，出现槽冲滩淤的现象，而非汛期由于水流归槽走弯，又出现槽淤滩刷的现象。也就是说年内滩槽冲淤具有往复变形的规律。

（3）主流经常变动，而且摆动速度和幅度都很大。主流摆动如此剧烈的原因，大致可归纳为下面几点。

1）河床淤积堆高，主流夺汊。在沙滩罗列、串沟汊道纵横交错的河床中，主流原来所流经的主汊较低，但由于泥沙淤积，河床和水位逐渐抬高，迫使水流流向较低和较顺直的沟汊，经过一次大水后，主流便发生摆动，原来的主汊则逐渐淤塞。

2）洪水漫滩拉槽，主流易道。当洪水漫滩后，由于滩地对水流的控制作用较弱，水流因惯性作用而取直，于是在滩地上拉出一条新的沟汊，并逐渐展宽成为主河汊。

3）上游河势的改变。上游主流路由于各种原因改变方向，相应地引起下游主流路的改变，使主槽发生摆动。

图8-11为一个典型的游荡型河段的演变过程。

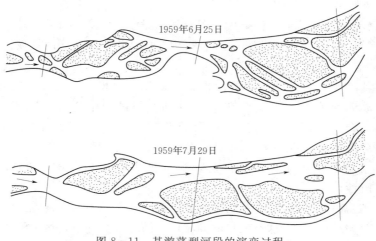

图 8 - 11　某游荡型河段的演变过程

第三节　潮汐河口的河床演变

　　潮汐河口在河流和海洋的水文、水动力因素影响下，形成了特殊的自然条件，产生了独特的河床演变过程（熊绍隆，2011；陈吉余等，2007）。影响河口区河床演变的因素有很多，除了潮汐、河川径流、来沙量及河床边界条件起主要作用外，风、波浪及地球自转的科氏力等都有一定的影响。当然，河口区的河床演变过程仍然是水流与河床的互相作用过程，只是由于河口区来水、来沙呈双向往复性，导致了河口区河床演变的复杂性。

一、潮汐河口分类

　　河流潮区界以下的部分称为河口。河口具有以下几个特征：①河口水流既受流域径流影响，又受海域潮汐影响，具有周期性、往复性和不恒定性；②由于海水入侵，河水具有盐淡混合特性；③河道内的泥沙既有径流挟带来的陆相泥沙，又有随潮流而来的海相泥沙；④河水进入海域后，因径流扩散，流速变小，水流挟沙能力降低，泥沙落淤，可能会在口门附近（即河口段与口外海滨段的交接地区）形成拦门沙或在口内形成沙坎。

　　由于水文、地质和地貌条件的不同，河口分为不同的类型。河口可以从不同角度进行分类：①按地貌形态特征，可分为三角港河口和三角洲河口，如我国的钱塘江河口、英国泰晤士河河口等都属三角港河口，其主要特点是潮流强、含沙量小。而我国的黄河河口、长江河口、珠江河口及欧洲的多瑙河、非洲的尼罗河、北美洲的密西西比河等河口属三角洲河口，其主要特点是来水含沙量大、潮汐不算很强。②按盐淡水混合的类型，可分为弱混合型、缓混合型和强混合型河口。③按潮汐的强弱，可分为强潮海相河口和弱潮陆相河口。

　　我国河口众多，类型齐全，在世界上也具有典型的代表意义。我国学者对河口分类研究取得了不少成果。黄胜等（1995）针对我国河口具体情况，按潮汐的强弱，将我国河口分为以下 4 类。

1. 强混合海相河口

这类河口的特点是径流弱、潮差大、潮流强。泥沙主要来自口外海域。河口平面外形呈喇叭口状。口外海滨一般无拦门沙，而在口内形成沙坎。如我国的钱塘江河口即为这类河口。

由于潮流强，水流的紊动掺混作用也强，所以含盐度垂线分布较均匀，它对流速分布及泥沙运动无明显影响。潮流在这类河口上溯过程中递减率大，河床放宽率也大，平面外形呈喇叭形。由于潮波的剧烈变形，河口下段的涨潮流速除在较大洪水期外，都大于落潮流速。在海相泥沙有充分补给的条件下，口外海滨泥沙大量上溯，在过渡段及其上游淤积下来，河床隆起，形成庞大的淤积体——沙坎。但在口外海滨，一般无拦门沙。

这类河口，过渡段及河流段一般均呈明显的洪冲枯淤规律，而潮流段则为洪淤枯冲，但其幅度较上游为小。此外，这类河口的潮流段，河身一般都很宽浅，河床组成大多为细粉沙。大潮期内，涨潮流作用强，河床主槽随之向涨潮流顶冲方向摆动；在径流较强季节，落潮流强，主槽又向落潮流方向摆动，致使主流线产生频繁的大幅度摆动。

2. 缓混合海相河口

这类河口的特点是，径流经上游湖泊调节后变幅小。泥沙主要来自口外海域。口门附近常有拦门沙。如黄浦江、射阳河等河口就属于这类河口。

此类河口除近海一段较顺直外，一般比较弯曲，横断面沿程变化很小，进潮量不大，过渡段不明显，潮波沿程衰减和变形很缓慢。

河床冲淤主要取决于涨落潮流速的对比。洪季湖泊水位高，落潮流速大，河床冲刷，枯季则相反。这类河口在沿岸飘沙或入汇的干流输沙量较大且与落潮水流又有一定交汇角时，也易形成拦门沙。

3. 弱混合陆相河口

这类河口以黄河口为代表，其特点是，潮流弱，潮差及潮流速较小，径流强。泥沙主要来自陆相流域。口门附近常有拦门沙。

此类河口入海河道容易改道。盐淡水一般为弱混合型。河床向下游均匀展宽，放宽率不大，潮波不会发生剧烈变形，落潮流速常大于涨潮流速，口门附近常有拦门沙。口门不断淤积延伸，河床逐渐抬升，一遇较大洪水就可能发生改道，另寻低洼处入海。改道之后，上述过程复又重演，多次改道结果形成岸线全面向外延伸。

4. 缓混合陆海双相河口

这类河口的特点是，径流和潮流两种势力相当。陆相和海相泥沙都较丰富，共同参与造床。口门附近常有拦门沙。如长江河口、海河河口、辽河河口、闽江河口及鸭绿江河口等都属于这类河口。

此类河口河床冲淤主要决定于径流与潮流两种势力的组合与对比。在冲积平原上，一般潮流段河床宽阔，支汊众多，主、支汊口门都能维持相对稳定，主汊潮流段具有洪淤枯冲特点，支汊则相反。过渡段枯季潮流带进泥沙多，故淤积，洪季则冲刷。河流段涨潮纯属淡水的回溯，河床冲淤主要决定于上游来水来沙条件。

上述4种类型河口的平面和纵剖面形态如图8-12所示。

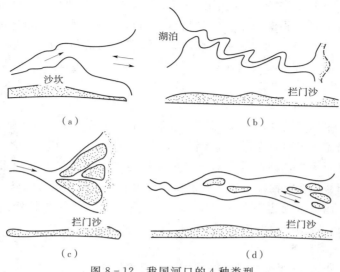

图 8-12　我国河口的 4 种类型

(a) 强混合海相河口；(b) 缓混合海相河口；

(c) 弱混合陆相河口；(d) 缓混合陆海双相河口

为了能够定量区分上述 4 种类型河口，黄胜等（1995）根据我国 20 个河口资料，从径流与潮流、流域来沙与海域来沙进行综合分析，求得分类指标

$$\alpha = \frac{Q_m T S_m}{Q'_m T' S'_m} \tag{8-1}$$

式中：Q_m 为多年平均径流量，m^3/s；Q'_m 为多年平均涨潮平均流量，m^3/s；T 为全潮周期，s；T' 为涨潮流平均历时，s；S_m 为多年平均径流含沙量，kg/m^3；S'_m 为涨潮流平均含沙量，kg/m^3。

当分类指标 $\alpha < 0.01$ 时为强混合海相河口；$0.01 < \alpha < 0.05$ 时为缓混合海相河口；$\alpha > 0.5$ 时为弱混合陆相河口；$0.05 < \alpha < 0.5$ 时为缓混合陆海双相河口。

二、潮汐河口分段及其河床演变

（一）河口的分段

整个河口区根据河流和海洋的动力因素相互消长的特点，沿程可分为 3 段，即近口段、河口段、口外海滨段，如图 8-13 所示。

（1）近口段，也称河口河流段。它指潮区界至潮流界之间的河段。在近口段，河流径流是主要的动力因素。该段主要特征是水流为单向运动，无盐水入侵，潮位有涨落变化。

（2）河口段，也称过渡段。一般指潮流界至河口口门之间的河段，是径流与潮流共同作用、相互消长的河段。该段主要特征是水流呈双向运动，有盐水入侵，河

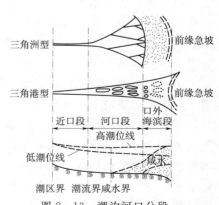

图 8-13　潮汐河口分段

道存在分汊。河口口门是指多年平均中潮位水面纵比降与平均海平面的交点所在位置。

（3）口外海滨段，也称潮流段。它是指自河口口门起至水下三角洲的前缘急坡一段，是潮流、波浪和海流等海洋动力起主要作用的地区，但河流径流亦可能有重要作用。该段潮流作用强，存在着沙洲沙滩的分布。

（二）河口各段的河床演变

1. 近口段的河床演变

近口段在多年平均径流量时已无涨潮流。垂线流速分布和含沙量分布受潮汛影响不明显，含沙量主要随流域来沙而变化，与潮汛大小无关。但水位受潮汐影响，仍有周期性起伏变化。此河段以径流为主，该段的河床演变仍属于河流性质。但受潮汐影响，在涨潮过程中，流域来水受挡蓄积在此河段，使水位壅高，悬沙中的冲泻质不易沉降，底沙输移速度有所减缓。落潮时，该段水面比降大于河床纵比降，促使主流线拉长趋弯曲，以减小水面比降。主流线趋弯时，容易导致河岸崩塌，这是近口段河床演变的特点。

2. 河口段的河床演变

河口段是径流与潮流两种力量共同作用、相互消长的河段。洪季小潮时，以径流作用为主；枯季大潮时，则以潮流作用为主。在潮流界以下，单向水流变成受涨、落潮影响的双向往复流。泥沙在水流作用下往复运移，呈双向运动。含沙量随流域来沙变化，也受海域来沙变化影响，同时还受涨、落潮过程中流速变化影响。涨潮流沿河上溯将含盐水体带入河口段，受径流冲淡和涨潮流逐渐减弱的影响，含盐度沿程减小。在咸水界以下，盐水入侵还改变了河口段流速分布和含沙量分布。此河段径流与潮流强弱交替、盐水与淡水混合类型变换、含沙量高低更迭，故也称为河口区的过渡段。但该段的河床演变仍保留冲积河流河床演变的一些基本特性。

河口段涨落潮流路分离以后，在涨落潮流的中间地带为缓流区，容易形成暗沙或沙洲，使水流分汊；涨落潮时，由于暗沙或沙洲两侧水位涨落时间不同，引起水位差，出现横比降，先涨的一侧水位高于另一侧，先落的一侧水位低于另一侧，由横比降而生产横向越滩水流，使沙滩难以淤高且易造成落潮主泓线摆动，使汊道兴衰交替。

3. 口外海滨段的演变

当河流流出口门以后，两侧无陆地约束，水流扩散，流速降低，水流中挟带的泥沙就会沉积下来，成为水下暗沙，其部位常处于河口段与口外海滨段的交接区，即在口门附近故称之为拦门沙。在强混合海相河口，如钱塘江则沉积在口门以内，则称之为沙坎。口外海滨在涨落潮作用下形成水下冲刷槽，在缓混合陆海双相河口，径流量较大，落潮冲刷槽伸展至口门附近，其与涨潮冲刷槽交接的地区，或因涨落潮流冲刷力量的减弱或因涨落潮流方向的不一致，而使局部河床床面抬高，形成拦门沙浅滩。口外海滨段河流性质已趋于消失，潮流和波浪起主要作用。

河口拦门沙是挟沙水流入海后，受水流扩散和潮汐顶托等影响，泥沙落淤于径流和潮流两者动力近于平衡地带的淤积体。其特性受制于河流入海水沙条件和河口潮汐等海洋动力特性。拦门沙的形成与最大浑浊带密切相关，两者位置往往一致。拦门沙常在口外海滨段延伸范围很大，成为主要沉积特征。拦门沙的演变规律与河口水沙条件密切相关，是洪淤枯冲。洪水季节上游来沙量大而水温高，细颗粒泥沙易于絮凝沉降，而在拦门沙地区落淤；枯水季节一方面上游来沙量小，水温又低，细颗粒泥沙絮凝沉降慢而枯季潮流相对较强，在拦门沙滩顶表现为冲刷。同时，拦门沙的部位不是固定的，随着洪季平均流量的大小而上下摆动，洪季平均流量越大则拦门沙的部位越向下游。此外，在一些中小河口，径流和潮流较弱，在波浪作用下形成沿岸漂沙，由泥沙的横向运动所形成的水下沙脊、沙坝，使局部主河槽变浅。

须要指出，尽管河口地区的河床演变过程以堆积为主，但是，自 20 世纪中叶开始，随着全球气候变暖海平面上升和近岸水动力增强，以及人类大规模经济活动影响、如修建大型水库、人工采沙石等，导致陆相来沙减少，使得河口地区河床演变过程发生了一些变化，如一些河口开始发生河口岸滩侵蚀。我国从北到南多种多样的河口海岸都有侵蚀发生（李光天等，1992），而且这已经成为一个世界性的问题。河口岸滩侵蚀的后果是加大海侵，带来盐渍化和生态系统的破坏，这应该引起我们足够的重视。

三、不同类型河口演变特点

（一）河口区河床演变的特点

河口区的河床演变同无潮河流一样，也是水流与河床相互作用的结果。但河口区的水流条件比无潮河流要复杂得多，这就使得河口区的河床演变规律比无潮河流更为复杂。从水流与河床相互作用这一共同特征来说，有关无潮河流河床演变的基本原理和规律，对河口区的河床演变仍然适用。不过，由于河口区所处的独特环境，水流条件和地貌特征都与无潮河流有较大的差别，这就使得河口区的河床演变特点与无潮河流相比有很大的不同。

影响河口区河床演变的因素，不外乎是来水来沙和边界条件两方面，其中水流的作用往往居于主导地位。但是河床的边界特征，特别是河口区的外貌对于来水来沙条件的影响往往很大，例如三角洲河口和三角港河口由于它们的外貌不同，对于进潮量和潮波变形的影响是不同的。水流影响河床，河床形态又反过来影响水流，在河床演变过程中，水流与河床两者既相互联系又相互制约，这一点在河口区的河床演变过程中表现得特别明显。此外，在研究大型河口的河床演变时，地球自转科氏力的作用是不容忽视的。

不同类型的河口，由于地质、地貌、水流、泥沙条件的不同，演变规律是不同的，而且由于各个河口所处的自然条件都不相同，即使是属于同一类型的河口，它们之间除了有一些共同的演变规律之外，尚有其自身的一些独特的演变规律。

（二）三角港河口的演变

三角港河口是凹向陆地的海湾型河口，亦称河口湾。它是在冰后期最后一次海平面上升后，泥沙充填不足的一种形态。泥沙充填不足的原因是河流来沙不多，潮流强大，致使水下三角洲难以发育，或发育到一定程度就难以继续成长。这类河口具有以下 3 个特点：①河口平面形态为向海域扩展的喇叭口形，河床纵剖面呈隆起状，水深浅，拦门沙位于口内，成为沙坎；②潮差大，潮流急，常有涌潮出现；③河床不稳定，纵向冲淤幅度大，河床宽浅，主流摆动频繁，呈游荡型。

钱塘江河口是我国最大的强潮河口，属于典型的三角港河口，其平面形态如图 8－14 所示。自南汇嘴至镇海连线宽 100km 左右，往上游逐渐收缩，尖山附近约宽 26km，盐官宽约 12km，至杭州闸口则束窄为仅 1km。河口区自潮区界富春江水电站（芦茨埠）至杭州湾口，全长 282km，分为 3 段。近口段：富春江水电站（芦茨埠）至杭州市东江嘴与浦阳江汇合处，长 75km，以径流作用为主，江中多江心洲，河床基本稳定。河口段：东江嘴至澉浦的长山闸与余姚市西三闸的连线断面，长 122km，径流和潮流相互作用，水浅流急，涌潮汹涌，河床变形剧烈。口外海滨段：澉浦至南汇嘴至镇海连线断面（称杭州湾），长 85km，以潮流作用为主，河床相对稳定（韩曾萃等，2003）。

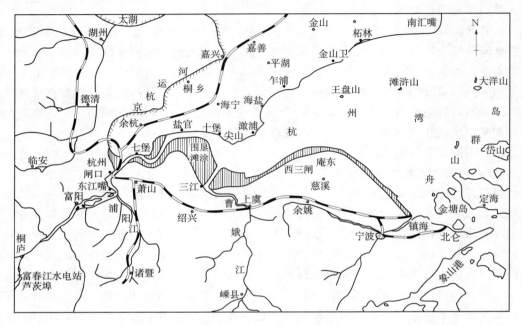

图 8-14　钱塘江河口平面形态

钱塘江的年平均入海径流量为 441 亿 m³，年均输沙量约 794 万 t，潮区界平均含沙量为 0.2kg/m³，属清水河流。潮汐强、潮差大，澉浦年平均潮差达 5.62m。涌潮更是钱塘江的奇观，海宁附近，涌潮高度最高可达 3.7m，传播速度可达 8～9m/s，对河口段河床冲淤变化影响极大。涨潮时带进的沙量很大，澉浦涨潮最高含沙量可达 18kg/m³，涌潮来时，最高含沙量更可达 51.5kg/m³。

钱塘江河口与其他河口不同，有一个显著特点是河床的平面摆动。造成这种河道平面摆动的因素很多，从边界条件看，两岸对水流的约束能力弱，有宽广的摆动余地。两岸对水流约束能力弱主要表现在两方面：一是河床宽浅，滩槽高差小，随着水情变化，其流路容易摆动；二是滩、槽主要由粉沙组成，缺乏黏性土，抗冲能力弱。从动力条件看，则有涨潮与落潮的流路不一致，涨、落潮流势力消长变化大等。由于这些边界条件和动力条件的存在，导致了主槽摆动幅度大、摆动频繁。造成这些边界条件和动力条件的原因是在河口段存在规模庞大的沙坎。该沙坎上起东江嘴，下至乍浦，长 130km，高约 10m。它的形成与该河口的边界条件和来水、来沙条件密不可分。首先具有喇叭口平面外形；其次是潮流势力远大于径流势力；然后是海域来沙丰富。

钱塘江河口沙坎的存在对河口区的潮流，泥沙运动及河床演变都有很大影响。一是对潮波的影响，喇叭口形的外形对潮波的反射作用很大，使潮差增大近 1 倍，在潮波上溯的过程中，受沙坎影响，水深迅速减少，促使潮波变形进一步加剧，前坡越来越陡，最终形成涌潮。二是导致涨潮流速大于落潮流速，由于潮波变形使涨潮历时缩短，落潮历时延长，当径流水量不大时，涨、落潮的水量基本相近，故涨潮流速大于落潮流速，在尖山、海宁等处，实测最大潮流速达 5m/s。三是导致河床不稳定。由于涨潮流速大于落潮流速，必然导致泥沙向上游输移。在大潮汛季节，泥沙在上游河段淤积，而在洪水季节，泥沙又会向下游输移，故上游河段是洪冲枯淤；而下游河段是洪淤枯冲。

（三）三角洲河口的演变

三角洲河口是凸出海岸伸向大海的冲积型河口。它的演变是通过河道分汊进行的，但是，随着新汊道的发展，一些老的汊道也会趋于衰亡，其速度的快慢是大不相同的，演变的方式也大不一样。例如我国的长江、黄河、珠江河口虽然都属于三角洲河口，但黄河口的特点是改道频繁，三角洲向外延伸较快；长江口的特点是有规律的分汊，南面的汊道得到发育，北面的逐步衰退；而珠江河口的三角洲则较稳定。它们的情况如此不同，主要是由流域来沙量多寡以及口外潮汐情况所决定的。所以三角洲的发育程度也是各式各样的，这在很大程度上造成了三角洲河口平面形态的显著差别。按照三角洲的地貌形态特征，三角洲河口可分成扇形三角洲河口、鸟足状三角洲河口、鸟嘴形三角洲河口和岛屿状三角洲河口，它们的演变特点也各有所不同。

1. 扇形三角洲的演变特点

扇形三角洲的演变一般经历淤积、延伸、改道 3 个过程。这类河口一般流域来沙丰富、含沙量大、潮汐较弱。流域来沙到达河口地区之后，由于断面加大、比降变缓，便首先在口门附近落淤，随后淤积向上游和口外延伸。于是河床逐渐抬高，形成所谓地上河。当河中水位高出地面一定程度时，水流往往会在薄弱的部位决口改道，另选一条阻力较小的流路。然后在新的流路中，重复上述的过程。

黄河河口位于渤海湾与莱州湾口，属于扇形三角洲河口，如图 8-15 所示。黄河口的潮汐较弱，潮差在神仙沟口仅 0.5m，潮流界只有 2～3km，所以潮流对河口段的演变作用不大。黄河以水少沙多著称。据河口利津水文站 1950—1999 年资料统计，年平均径流量为 342.6 亿 m³，年输沙量达 8.7 亿 t。由于来沙多而海洋动力弱，大量泥沙在口门附近落淤形成拦门沙，沙体纵向长度变化在 6～10km 范围内，并以每年约 1.6km 的速度向外迅速延伸（王恺忱等，2002），形成较大的三角洲。河口 2m 水深线以外是水下三角洲前缘急坡，在 12m 水深线以下，逐渐过渡到海底平原（李泽刚，1997）。拦门沙形态具有长度短，顶部水深浅，前缘坡度陡 3 个突出特点，集中体现了黄河挟沙水流入海，在海洋动力的顶托下，流速迅速减小，泥沙集中沉积的特征。三角洲上的新老汊道交替改道，自北向东摆动。据统计，自 1855 年黄河于铜瓦厢决口夺大清河改由山东入海以来，分汊摆动就达 50 多次，其中大的改道就有 10 次。分汊摆动范围很广，北边曾经由海河出海，南边曾夺淮河入长江，纵横数百千米。黄河河口在向外延伸的同时，还有沿海的岸坡逐渐后退的现象。这是由于河口改道之后，该处泥沙供应中断，海洋动力因素将原有的淤积物冲刷并将泥沙带往别处而造成的。开始时，退后的速度较快，待岸线后退一段距离之后，水下岸坡逐渐变缓，动力作用逐渐减弱，后退速度便相应变慢，直至相对稳定为止。目前，黄河三角洲受侵蚀后退的速度达每年 100～300m。

1949 年以前，黄河河口入海流路处于自然演变状态。1949 年以后，随着河口地区的生产发展，不再允许尾闾河道任意改道。自 1953 年以来进行了 3 次大的有计划的人工改道。1953 年由甜水沟、宋春荣沟、神仙沟分流入海，变为神仙沟独流入海；1964 年由神仙沟流路改道刁口河流路；1976 年汛前，由刁口河流路改道清水沟流路。1996 年汛前，为达到人工造陆采油的目的，在清水沟流路清 8 断面以上 950m 处实施了清 8 改汊工程，缩短河长 16km。所以，自 1976 年实施的清水沟流路分为清水沟流路原河道行河和清 8 汊河行河两个时期（安催花等，2003）。

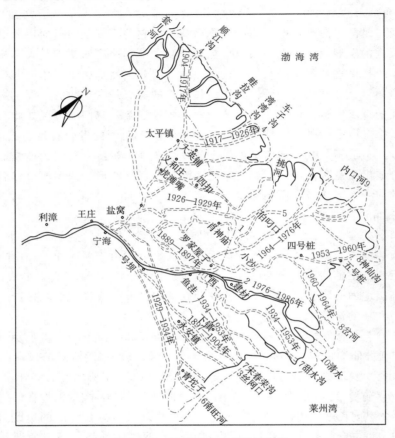

图 8-15　黄河河口三角洲示意图

2. 鸟足状三角洲的演变特点

鸟足状三角洲，在河口口地带分为数汊，泥沙围绕各汊道沉积，像鸟足状凸出于海中，使海岸线十分曲折，在各汊堆积体之间，形成凹入的海湾和淤泥沼泽带。鸟足状三角洲多发生于弱潮河口，沿海波浪力微弱，故泥沙能迅速向前沉积，而各汊之间的海域却来不及充填。

密西西比河是美国最长的河流，流域面积为 322 万 km²，也是世界第四长河，其河口为典型的鸟足状三角洲，如图 8-16 所示。三角洲末端分为 3 条水道入海，即阿洛脱水道（Pass A'loutre）、南水道（South Pass）和西南水道（Southwest Pass），每个水道都有拦门浅滩，浅滩自然水深仅 2.74m。该河口为全日潮型的弱潮河口，西南水道口门处平均潮差 0.46m。枯水期潮区界位于分汊口上游 459km（巴吞鲁日上游 72.5km）。密西西比河口盐水楔为弱混合型，枯水期近底咸水界可上溯 217.3km，影响新奥尔良市（距西南水

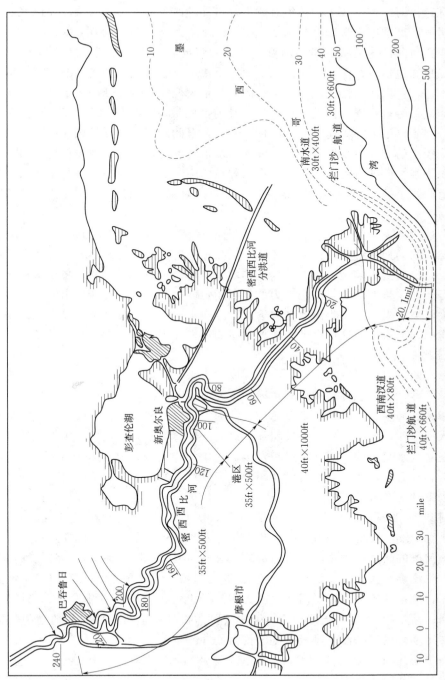

图8-16 密西西比河河口三角洲示意图

道口门 183.5km）的供水。

密西西比河河口处年径流总量为 5700 亿 m³，年平均流量为 1.9 万 m³/s，年输沙总量为 4.95 亿 t。河口处流域来沙占绝对数量，口外墨西哥湾地形水深坡陡，风浪及潮流掀沙作用不明显，洪季近岸含沙量为 0.2～0.5kg/m³，远岸含沙量为 0.03kg/m³。

密西西比河河口鸟足状三角洲的形成有其独特的自然地理条件，其中也有人为的因素。现行三角洲包括一个深水三角洲和至少 6 个浅水亚三角洲。前者是鸟足状的，包括 4 条较直的水道，它们注入接近大陆坡边缘的水深很大但波能量较低的水下陡坡；水道两侧为伸向沼泽地带的自然堤，前端为拦门沙，其前部的坡脚虽处深水区，但淤进仍较迅速。该河口的分汊始自于亥德帕斯（Head of Passes），自此以下，主要的风向朝东，没有强劲的向岸风，较小的支汊不易发育。几条较大的水道因不受迎面风的阻滞作用，河口沙洲和自然堤沉积物很快向外海延伸。美国陆军工程兵团为了航运，对河道进行了整治，并在河口西南水道修筑了长导堤，将泥沙导向深水区，这对维持现有水道的稳定起了很大作用（任美锷，1989）。

上述自然的和人为的因素促使支汊不断向前发展。其中南道宽 240m，长 21km，河流与两侧海湾间的地面很窄，最窄处才 8m 左右，最宽处也不到 1.6km。这些水道有的已横贯大陆架，发展到大陆坡的前沿，这在其他大河河口是极其罕见的。各个水道之间的海湾面向大海，缺少自然屏障，海洋动力的作用较强。加之细颗粒泥沙一出河口，即进入坡度陡峻的大陆坡区附近，易为海流带向远处。因而水道之间的海湾不是没有较细物质的沉积，但沉积的速度很慢，这也有助于使鸟足状的河口外貌长期保持下来。

3. 鸟嘴形三角洲的演变特点

鸟嘴形三角洲河口以主流为中心，发育成为尖头状凸出于海上，称为尖形三角洲，有时尖头很像鸟嘴，所以也称鸟嘴形三角洲。这类河口的泥沙一般来自海陆相两方面，洪水季节以陆相来沙为主，枯水季节则以海相来沙为主。海相来沙颗粒一般较细，以悬沙形式随潮流进入河口区；陆相来沙中的较粗部分以底沙输移为主；较细部分则以悬沙形式泄入海域中，在盐淡水交汇的区域常有淤积发生。这类河口的显著特点是水下沙洲、浅滩多，常形成边滩、江心滩，甚至会发展成江心洲。所以，有的河口会发生分汊，有的虽未发生分汊，但水下却会有数条深槽。

长江河口是我国最大的河口，也是一个鸟嘴形三角洲河口。长江河口区全长约 642km，分为 3 段，如图 8-17 所示。大通（潮区界）至江阴（洪季潮流界）为河口区的近口段，该河段的河道已发育成相对稳定的江心洲河型；江阴至河口拦门沙浅滩（外界大致为佘山—牛皮礁—大戢山一线），为河口区的河口段，该河段河床演变的基本特点为洪水塑造河床，潮量维持水深，拦门沙河段为泥沙的汇集区，河口浅滩发育，滩槽之间水、沙交换频繁；河口拦门沙浅滩至 -30m 等深线，为口外海滨段，该河段的动力特征表现为流向旋转多变，风浪掀沙及风成余流比较明显（恽才兴，2004）。

崇明岛将长江河口分为南、北两支（图 8-18），长兴岛又将南支分为南港和北港，南港的下段又被九段沙分为南槽、北槽。在主要的支汊中，还存在着白茆沙、扁担沙、瑞丰沙及中央沙等。长江口的沙滩大都属于边滩性质，但平面上并不呈犬牙交错状分布，这可能是由于长江口江面宽，环流发育不强的缘故。长江口的北支目前正逐渐趋向淤废，南

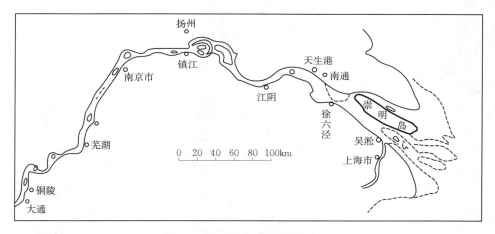

图 8-17 长江河口分段示意图

支已成为入海的主流，而长兴、横沙等岛屿有连接成一个长条状岛屿的趋势。

根据大通水文站 1950—2003 年资料统计，长江平均年径流总量为 9051 亿 m^3，年输沙量为 4.33 亿 t。口门附近平均潮差为 2.60～2.70m，属于中等强度潮差，进潮量比径流量要大好几倍。通过北支和南、北港的进潮流量可达 263000m^3/s，为多年平均径流量的 9 倍。洪季大潮进潮量可达 53 亿 m^3。由于河道比降平缓，口外岛屿又少，故外海来潮可以长驱直入，枯水大潮汛季节，潮波影响到距河口约 650km 的安徽大通。

长江河口的演变基本特点为汊道冲淤多变，洲滩及活动沙体迁移不定，分流口的分流与分沙比经常调整，底沙下移及涨、落潮流路分异引起河槽分化，拦门沙河段潮滩不断向外淤伸，北支日渐萎缩淤浅导致水、沙、盐倒灌进入南支等。长江口的演变之所以有这一特征主要是因为长江河口是海陆相河口，进潮量和径流量都很大，河口江面宽阔，在地球自转科氏力作用下，涨、落潮流分离，在涨、落潮流路之间泥沙淤积发展成为江心沙洲。由于径流量大，落潮流较强，落潮槽逐渐发展成为主槽。落潮流挟带大量泥沙输向外海，导致河口逐渐向外，向东南方向延伸。而涨潮槽因涨潮流带进的泥沙，落潮时往往不能全部带出，导致涨潮槽逐渐萎缩，江心沙洲随之北靠，河槽束窄。因此，长江河口总是以分汊的形式向前推进。

4. 岛屿状三角洲的演变特点

珠江河口是一个岛屿状三角洲河口，三角洲的河网纵横交错（图 8-19），区域内有主要水道 100 多条且相互贯通，平均河网密度约 0.8km/km^2，世界少有。河网区的分流比随着上游来水量、潮流条件以及不同时期河道水动力条件的变化而变化，互动影响极大。河口处有许多山丘、岛屿，呈北东—南西方向排列，起到屏障作用，使河口波浪动力减弱。

珠江由西江、北江、东江及三角洲诸河 4 个水系组成。西江、北江、东江汇入珠江三角洲后，经虎门、蕉门、洪奇门、横门、磨刀门、鸡啼门、虎跳门和崖门等八大口门出海，形成"三江汇流，八口出海"的水系特色。这 8 个口门，分属于不同的河流系统。各河口的水动力条件不一。一种是径流强、潮流弱的河口，如西江和北江主干入海的磨刀门、横门、洪奇门、蕉门。这里形成了高度成层的盐水楔异重流，咸水界的移动范围较小，在汛期盐水楔楔顶所在处，泥沙集中堆积成拦门沙。由于径流动力强劲，三角洲向东南伸展突出。另一种

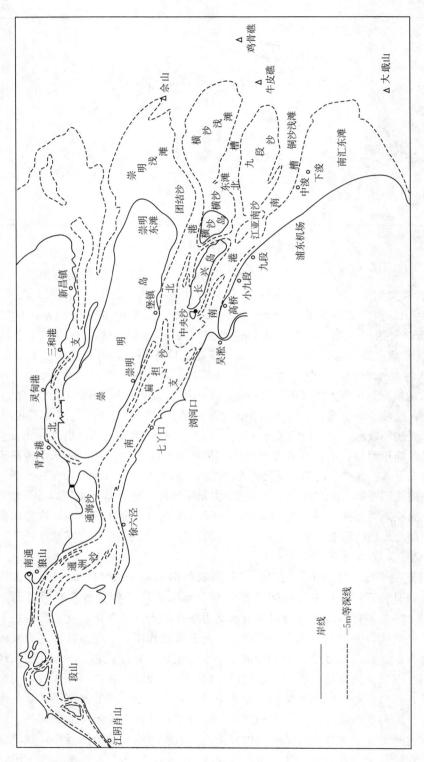

图8-18 长江河口分汊形势图

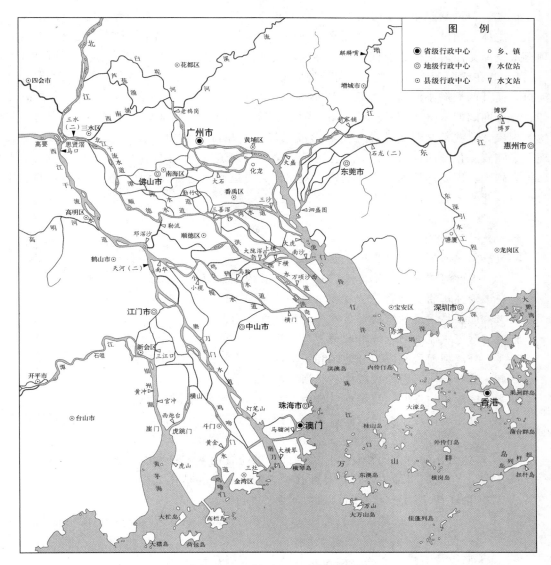

图 8-19　珠江河口三角洲示意图

是径流弱、潮流较强的河口，如以珠江主干和潭江入海的虎门、崖门为代表。河口形态呈喇叭状向内深入，水道宽阔顺直，很少分汊，外海潮波传播至此能量聚集，潮差增大，盐淡水混合在汛期属于弱混合型，在枯季则成为强混合型，咸水界移动范围较大。

　　珠江河口亦包括近口段、河口段、口外海滨段 3 部分，其中东江苏村—石龙、北江飞来峡—思贤滘、西江三榕峡—思贤滘为近口段；东江石龙以下，西、北江思贤滘以下直至海岸线为河口段；海岸线至－45m 水深处为口外海滨段。

　　珠江入海水量丰沛，年平均径流总量为 3260 亿 m³，仅次于长江，而年平均输沙量为8694 万 t，平均含沙量不到 0.3kg/m³。由于含沙量小，虽然汊道纵横交错，但比较稳定。珠江河口属弱潮河口，平均潮差为 0.86～1.63m，最大潮差约 3.5m。

　　珠江河口网状三角洲的发展演变过程有以下特征和规律（李春初等，2002）：①在纵向上，主体三角洲——西、北江联合三角洲上河流的河口性质逐渐发生转换变化，即由湾顶潮成平原充填时期的废弃河口向海逐渐转变成河流优势型河口和河流—波浪型河口（磨刀门）；②在横向上，扇形主体三角洲的各分流河口皆为河流优势型河口或河流—波浪型河口，而其两翼弱小河流入海延伸段形成的河口却为潮汐优势型河口，它们一个向海凸伸、一个向陆凹入呈相依并存的关系，随之三角洲平原上衍生出现"河道"与"潮道"共生的现象，这些都是现代珠江三角洲形成发展过程中陆海动力耦合和相互作用的生动表现；③随着三角洲的向海推进，主体三角洲上的"河道"与其两侧的"潮道"之间的横比降越来越大，因此连接两者之间的横向支汊河道应运而生并得到发展。横向汊道对调节并减小西、北江的高水位起着重要的作用。

习　　题

8-1　山区河流的形态特征主要有哪些？

8-2　山区河流常见的不良流态有哪些？其成因如何？

8-3　论述弯曲、顺直、分汊和游荡型 4 种河型的河床演变的主要特点。

8-4　什么是河道的弯曲系数？弯曲型河段的弯曲系数一般为多少？

8-5　弯道水流动力轴线自弯道进口至出口如何变化？

8-6　分汊型河段在汊道分流区和汇流区水流泥沙运动有何特点？

8-7　解释黄河下游河段成为"悬河"的原因。

8-8　按潮汐的强弱，我国河口分为哪几种类型？各有哪些特点？

8-9　论述近口段、河口段和口外海滨河段的含义，各段水流运动及河床演变的特点如何？

8-10　什么是河口拦门沙？为什么拦门沙的位置通常与最大浑浊带的位置一致？

8-11　三角港河口的主要特点是什么？它的形成条件是什么？

8-12　论述钱塘江河口形成涌潮的原因。

8-13　三角洲河口按地貌形态特征又分为哪些河口？并说明它们各自的特征及演变特点。

8-14　形成黄河河口流路摆动和改道的主要原因是什么？

8-15　为什么珠江河口各口门都比较稳定？

第九章 水 库 泥 沙

在河流上修坝建库后，库区水位壅高，水面比降减缓，流速减小，水流挟沙能力显著降低，促使大部分泥沙淤积在库内。其结果不仅导致水库有效库容减小，降低兴利效益和防洪能力，甚至威胁水库使用寿命及安全运行；同时水库淤积引起回水末端上延，将扩大淹没和浸没面积，并威胁上游城镇、工矿及交通安全；回水末端的泥沙淤积还会影响航运；水库淤积发展到坝前，除影响闸门的启闭外，还会使大量粗颗粒泥沙通过水轮机，严重磨损水轮机的过流部件；库区泥沙的大量淤积，可能造成有害物质沉积于库底，污染水库和周围环境，并且将会淤没鱼类的产卵地，影响鱼类繁殖；与此同时，水库的运用也给下游河道带来一系列新的问题。如下游河道冲刷下切，容易造成两岸堤防基础悬空坍塌。所以，在进行水库规划设计时，必须对水库泥沙问题给予足够的重视。本章主要介绍水库来沙量分析和估算、水库泥沙淤积形态及规律、水库异重流、水库淤积终极状态估算、坝前局部冲刷漏斗、防治或减轻水库淤积的措施和水库下游河道冲淤变化等内容。

第一节　水库来沙量分析和估算

表示河流输沙特性的指标有含沙量、输沙量、输沙率等。这些指标的多年平均值反映河流泥沙数量的多少，是水库、河流规划设计的重要依据。多年平均年输沙量为多年平均悬移质年输沙量与多年平均推移质年输沙量之和。前者实测资料较多，后者实测资料很少，且精度不高。下面分别介绍它们的估算方法。

一、悬移质年平均输沙量估算

（一）有长期实测资料时

当实测的流量及相应的悬移质含沙量资料系列足够长时，且年输沙量与年径流之间有较好的相关关系，可由这些资料估算出各年的悬移质输沙量，然后计算多年平均悬移质年输沙量

$$\overline{W}_s = \frac{1}{n} \sum_{i=1}^{n} W_{s,i} \tag{9-1}$$

式中：$\overline{W}_s$ 为多年平均悬移质年输沙量，10^4t/a；$W_{s,i}$ 为第 i 年的悬移质输沙量，10^4t；n 为实测泥沙资料年数，a。

（二）缺乏实测资料时

当悬移质输沙量实测资料不够长时，可根据不同情况采用下面的一些方法进行计算。

（1）如悬移质实测资料系列很短，例如只有一两年或两三年，不足以作相关分析时，则可粗略地假定悬移质年输沙量与相应的年径流量（或汛期径流量）之比为常数，然后根

据多年平均年径流量（或多年平均汛期径流量）按下式推求：

$$\overline{W}_s = \alpha_s \overline{W} \tag{9-2}$$

式中：$\overline{W}_s$ 为多年平均悬移质年输沙量，10^4t/a；$\overline{W}$ 为多年平均年径流量（或多年平均汛期径流量），m^3/a；α_s 为实测各年的悬移质年输沙量与年径流量（或汛期径流量）之比的平均值，10^4t/m^3。

（2）若具有长期年径流量资料和短期的同步悬移质年输沙量资料，且两者关系密切，则可建立它们之间的相关关系，由长期年径流量资料插补延长悬移质年输沙量系列，然后按式（9-1）求多年平均年输沙量。若当地汛期降雨侵蚀作用强烈，上述年径流相关关系不密切时，则可建立汛期径流量与悬移质年输沙量的相关关系，由各年汛期径流量插补延长悬移质年输沙量系列。

（三）无实测资料时

当无实测泥沙资料时，可采用以下方法估算多年平均悬移质年输沙量。

1. 利用侵蚀模数分区图

悬移质多年平均侵蚀模数是多年平均情况下单位流域面积上每年产生的悬移质沙量。在我国各省的水文手册中，一般均有悬移质多年平均侵蚀模数分区图。可根据设计流域所在的分区，查得侵蚀模数的值，将它乘以流域面积，即得到多年平均悬移质年输沙量。

$$\overline{W}_s = \sum_{i=1}^{m} M_{si} F_i \tag{9-3}$$

式中：$\overline{W}_s$ 为流域多年平均悬移质年输沙量，10^4t/a；M_{si} 为分区侵蚀模数，$10^4 \text{t/(km}^2 \cdot \text{a)}$；$F_i$ 为分区流域面积，km^2。

必须指出，由于下垫面因素对流域产沙影响很大，且侵蚀模数分区图多系按大、中流域的实测资料绘制，故用于小流域，所求必然比较粗略。对此，应尽量结合设计流域的实际情况，给予必要的修正。

2. 利用已建水库的淤积测验资料

如果拟建水库上游有已建成的水库，而且已建水库在水文、气象、地貌、土壤、植被等条件方面与拟建水库比较接近，可利用已建水库的淤积测验资料估计拟建水库的来沙量（中小型水库设计与管理中的泥沙问题，1983）。计算公式为

$$\overline{W}_{s2} = \frac{\rho_s V_{s1}}{\beta_s t} \frac{F_2}{F_1} \left(\frac{F_1}{F_2} \right)^m \tag{9-4}$$

式中：$\overline{W}_{s2}$ 为拟建水库的年平均来沙量，10^4t/a；F_1、F_2 分别为已建水库（有淤积资料）和拟建水库的流域面积，km^2；t 为淤积时间，a；ρ_s 为泥沙密度，t/m^3；β_s 为水库拦沙率，$\beta_s = 1 - \eta_s$；η_s 为水库排沙比；V_{s1} 为已建水库的淤积量，10^4m^3；m 为指数，对于中小型水库，m 值约可取为 0.229，或根据流域实测资料统计分析确定。

3. 经验公式法

经验公式法是根据影响流域产沙的因素，通过多元回归或逐步回归分析，建立起输沙量与它们之间的关系式。第一章中所列的土壤侵蚀产沙模型，都可用来推求缺乏泥沙观测资料流域的多年平均悬移质年输沙量。

4. 利用悬移质水流挟沙力公式估算

对河床有充分补给的平原河流，还可利用水流挟沙力公式计算。由于现阶段所采用的悬移质水流挟沙力计算公式多属于经验性或半理论半经验性质，因此应尽可能用本河流实测资料对所采用的计算公式进行检验，以判断选用的公式对于本河段是否合理可靠。

5. 实验室模拟

假定入库水流挟沙力处于饱和输沙状态，利用水槽试验推求悬移质饱和挟沙力。试验中根据入库设计典型年的流量变化过程，设定若干级流量。每级流量试验时，通过调整水槽进口含沙量和级配，使水槽出口含沙量和级配与进口含沙量和级配接近，将此时的含沙量和级配作为该级流量下的饱和挟沙力。通过试验绘制出流量或流速与饱和挟沙力关系。根据这一关系便可求出全年的悬移质入库输沙量。若有整体模型，也可借助整体模型进行模拟。

二、推移质年平均输沙量估算

由于推移质的量测仪器和技术尚存在许多问题，所以目前只有个别水文站有少量的推移质测验资料，而且精度不高。因此，推移质输沙量的估算比悬移质输沙量更为困难。最好采用几种方法估计，经综合分析后，确定合理的成果。下面介绍一些多年平均推移质年输沙量的估算方法。

1. 实测推移质输沙率

若具有长期年推移质资料时，其算术平均值就是多年平均推移质年输沙量。

2. 按推悬比估算

据统计，大多数河流的推移质输沙量与悬移质输沙量之间存在一定的比例关系，常用"推悬比"表示这种关系。对于一条具体河流，这种比例关系一般稳定在一定范围内。当实测悬移质年平均输沙量资料较多时，可根据悬移质实测资料推算多年平均推移质年输沙量。

$$\overline{W}_b = \alpha \overline{W}_s \tag{9-5}$$

式中：$\overline{W}_b$ 为多年平均推移质年输沙量，$10^4 t/a$；$\overline{W}_s$ 为多年平均悬移质年输沙量，$10^4 t/a$；α 为推移质占悬移质的比例系数，可根据有实测泥沙资料的河流估计，或参考下列经验数值选取，平原地区河流 $\alpha = 0.05 \sim 0.10$，丘陵地区河流 $\alpha = 0.05 \sim 0.15$，山区河流 $\alpha = 0.15 \sim 0.30$。

在计算推悬比时，不能以一次洪水或一年悬移质输沙量来确定。因为同一流域一次洪水的推悬比随流域内降水强度和位置的不同有可能相差很多。所以，应采用长系列水文资料来计算推悬比。

3. 利用推移质输沙率公式估算

推移质输沙量一方面与水力条件有关，另一方面又与推移质补给条件有密切关系。现有的推移质输沙率计算公式很多，但这些公式只反映了水力条件，却没有反映补给条件。再加上各个公式的取舍因素及概括的方法不一致，便形成了不同结构形式的公式。公式中都包含有待定参数，这些待定参数须通过实测资料或试验资料确定。无论采用哪一家公式进行计算，只要这些待定参数用实测资料或试验资料率定过，计算结果与实际值就不会有太大出入。

4. 实验室模拟

实验室模拟包括河段整体模型试验和水槽试验。

河段整体模型试验是，取天然河道的一条顺直河段，根据该段的河床比降及床沙级配，按正态模型相似律缩制，进行推移质平衡输沙试验。试验中在模型的末端埋设取样盒，先在上游放某一流量冲刷，将取样盒采集到的沙样进行称重及颗粒级配分析，根据测到的推移质泥沙级配及输沙率，再在模型上游加沙，重复在下游取样，如此往复进行几次试验，直到加沙率与取样盒上得到的输沙率基本接近，且试验前后床沙的级配基本一致，试验段床面无冲淤、粗化、细化等现象，此时便得出单宽流量与单宽输沙率关系，作为推算天然河道推移量的依据。

水槽试验是在顺直河段，顺流向取出一个条带，包括水流及河床组成。按正态模型相似律缩制到水槽中（彭润泽等，1984）。按河段整体模型试验方法进行推移质平衡输沙试验，得出单宽流量与单宽输沙率关系。水槽试验和河段整体模型试验相比较，工作量小，需要的时间短。

如果试验的床沙与天然床沙在级配上完全相似，可以直接按模型律换算成天然河段的流量与推移质输沙率关系。但有时要做到床沙级配完全相似是困难的，这时仅用模型律推算，就会产生偏差，须要辅以输沙率公式进行计算。对于卵石推移质，一般可用天然沙模拟，如模型按正态设计，则推移质输沙率比尺不会因采用不同的推移质输沙率公式而出现差异，得到的成果还是比较可靠的。

5. 岩石矿物分析法

林承坤（1982）在研究川江卵石来量时使用了岩石矿物分析方法。这一方法的基本思路是，根据河段出口断面的推移质粒配及矿物成分，结合考虑上游干支流来沙的同类资料，首先估算出每一粒径组不同来源所占百分数，然后根据其中一条支流的已知推移质来量即可估算出口断面的输沙总量。

第二节　水库泥沙淤积形态及规律

水库淤积现象虽然复杂，但仍有一定的规律性可寻。多年来，人们通过对大量水库淤积实测资料和工程实践的总结分析，对水库淤积现象和规律已有深刻了解。下面分别就水库淤积形态、淤积物组成、库区糙率和淤积上延等几方面问题加以介绍。

一、水库淤积形态

水库淤积形态是多种多样的，影响水库淤积形态的主要因素有：水库运用方式、库区地形、入库水沙条件、水库的泄流规模和泄流方式、库容的大小等因素。下面分别介绍水库的纵向淤积形态和横向淤积形态。

（一）纵向淤积形态

1. 基本淤积形态

水库淤积的纵剖面形态是比较复杂的，但可概括为 3 种基本淤积形态：①三角洲淤积；②带状淤积；③锥体淤积。实际淤积的纵剖面形态可能介于这 3 种形态之间，或同时兼有两种以上形态，这取决于水库的特定条件。现将这 3 种基本淤积形态分述如下。

（1）三角洲淤积。三角洲淤积体的纵剖面呈三角形形态，如图9-1所示。按其特征一般可分为4段：①三角洲尾部段；②三角洲顶坡段；③三角洲前坡段；④坝前淤积段。

三角洲尾部段的主要特点是，挟沙水流处于超饱和状态，推移质和悬移质中较粗的泥沙颗粒首先在这段落淤，泥沙分选非常明显，具有明显的床沙沿程细化现象。由于泥沙淤积，使回水曲线抬高。回水末端上延，又促使尾部段的淤积向上游发展。

三角洲顶坡段的挟沙水流已趋于饱

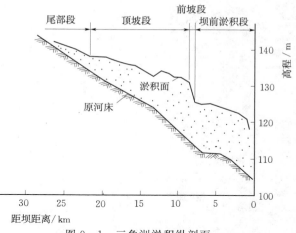

图9-1　三角洲淤积纵剖面

和状态，顶坡坡面一般与水面线接近平行，水流近似为均匀流，来自尾部段的全部泥沙基本上都可通过，顶坡上的床沙组成沿程变化不大，无明显的床沙沿程细化现象，顶坡段的平均比降已接近水库的淤积平衡比降。

三角洲前坡段是淤积最强烈的地方，主要特点是水深陡增，流速沿程剧减，水流挟沙力也大大减小，挟沙水流又一次处于超饱和状态，泥沙淤积迅速，颗粒分选明显，其结果使三角洲不断向坝前推移，河床沿程细化。

坝前淤积段的主要特点是：这里的泥沙淤积是由于不能排往水库下游的异重流在坝前形成的浑水水库淤积，泥沙几乎以静水沉降的方式慢慢沉淀，落淤的泥沙全为细颗粒，淤积物表面往往接近水平。粒径沿程几乎无变化，基本上不存在分选作用。淤积分布比较均匀，其淤积纵剖面大致与库底平行。

三角洲淤积体主要出现在相对库容较大，来沙组成较粗，水库蓄水位变幅较小，库区地形开阔（如湖泊型水库）的水库中。但是须指出，这种淤积形态并不是只出现在多沙河流的湖泊型水库中，在多沙河流的河道型水库中也会出现。在少沙河流的上述两种类型的水库中，只要库水位年内变幅不是太大，库区也会出现三角洲淤积形态。三角洲淤积体一般出现在坝前水位较稳定、壅水较高且具有一定回水长度的水库，对于已经形成了三角洲淤积体的水库，如果坝前水位变化幅度加大到一定程度，则已形成的三角洲可能被破坏。

（2）带状淤积。带状淤积体特征是：淤积物均匀地分布在回水范围的库段上，呈带状均匀淤积（图9-2）。这种淤积形态沿程可分为3段：①变动回水段；②常年回水区行水段；③常年回水区静水段。

变动回水段是指最高至最低库水位两个回水末端间的库段。当库水位较高时，较粗的泥沙淤在回水末端；当库水位下降后，回水末端向下游移动，原来高水位淤积的泥沙被冲到下游，并在下游回水末端处淤积，这样便形成比较均匀的带状淤积。随着库水位周期性的变动，不同运用时期不同水流条件对泥沙的分选作用，还在横断面上形成粗细泥沙沿垂向分层交错的现象。库水位下降时，回水末端以上的河段恢复成天然河道，河床发生冲刷，形成一定宽度的主槽。

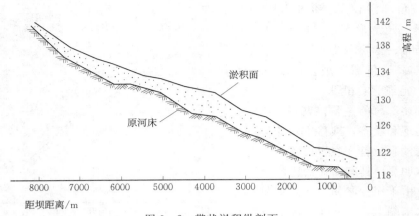

图 9-2 带状淤积纵剖面

常年回水行水段是指最低库水位以下的回水段，这一段的水流具有一定的流速，水流沿程变化不大，随着库水位的周期变化，流速大小也做周期性的变化，使得淤积均匀分布。这一段除首端略有少量推移质淤积外，主要淤积悬沙中的中、细颗粒，淤积范围长，分布也较均匀，仅为一很薄的淤积层。

常年回水静水段指的是库区流速很小，几乎为 0 的坝前段。这一段淤积的是悬移质中较细的部分。因为粒径细，其淤积分布极为均匀，基本上是沿湿周均匀薄薄地淤一层。

带状淤积体的水库，坝前水位变幅必然很大，致使变动回水区的范围很长，并且变动回水区和常年回水区的范围也是变化的。对于来沙不多，颗粒较细，库区流速较大，库水位变幅较大，并且多呈周期性变动的水库，常为带状淤积。带状淤积形态多出现在河道型水库中。

（3）锥体淤积。锥体淤积的特征是淤积厚度自上而下沿程递增至坝前，坝前淤积厚度达到最大。淤积面比降近乎一个比降（图 9-3）。一次洪水的淤积就可能到达坝前，淤积体形状就像一个锥体。形成这种淤积体的原因是库水位较低壅水段短、进库含沙量高、底坡大。因为底坡大、水深小，故水流流速较大，能将大量泥沙带到坝前淤积；又因进库含沙量高，故造成坝前淤积发展很快。异重流淤积也是重要原因之一，因为水库壅水段短、底坡大，异重流常常能运行到坝前。此外，由于水库小，异重流到坝前之后即逐渐排挤清水，并和清水相混合，使水库的清水完全变浑，异重流随之消失，挟带的泥沙便在坝前大量淤积。锥体淤积面的比降不同于三角洲顶坡段的河床比降，也不同于三角洲前坡比降。三角洲前坡大体是一个固定的比降，随着淤积的发展，三角洲前坡以同样的比降向坝前推进。而锥体淤积面比降是随着淤积发展而不断趋缓的，它不是一个固定的比降。

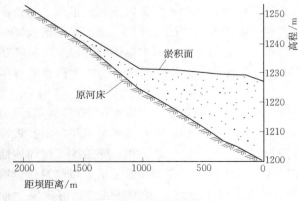

图 9-3 锥体淤积纵剖面

这种淤积形态的主要特点是坝前

淤积多，泥沙淤积很快发展到坝前，形成淤积锥体，与大型水库先在上游淤积然后向坝前推进发展的淤积形式完全不同。当水库淤满后，河床纵比降比原河床纵比降小，此后淤积继续向上游发展。

多沙河流上的中小型水库多数是锥体淤积。少数大型水库，在一定条件下也会出现锥体淤积形态。如黄河三门峡水库，在滞洪运用时期，因库水位较低，库区流速较大，大量泥沙被带到坝前淤积，因而出现锥体淤积形态。有些少沙河流上的水库，尽管含沙量不大，但由于坡陡流急、回水短，也出现锥体淤积形态。此外，所有水库淤积平衡后，均为锥体淤积。

以上所述为 3 种基本的水库淤积形态。有些水库的淤积介于这 3 种基本形态之间，形成复合淤积形态，在研究水库淤积的现象和规律时，必须对具体情况作具体分析。

2. 淤积形态判别式

影响纵剖面淤积形态的主要因素有：来水来沙条件、水库壅水程度及坝前水位的变幅、库容大小及库区地形。现有的纵向淤积形态判别式大都是考虑到这些影响因素，通过分析水库实测资料，得到的经验公式。

（1）姜乃森公式。

姜乃森（1980）以 $\psi = \dfrac{SV}{Q}$ 来反映库区内水沙运动情况，通过分析北方多沙河流水库资料，得到下列判别式。

当 $\psi > 1$ 时，若

$$\frac{\Delta H}{H} < 0.1 \tag{9-6}$$

为三角洲淤积。

当 $0.25 < \psi < 1$ 时，若

$$0.1 < \frac{\Delta H}{H} < 1 \tag{9-7}$$

为带状淤积。

当 $\psi < 0.25$ 时，若

$$\frac{\Delta H}{H} > 1 \tag{9-8}$$

为锥体淤积。

式中：S 为年平均入库含沙量，kg/m^3；Q 为年平均入库流量，m^3/s；V 为正常运用水位下的库容，m^3；ΔH 为汛期库水位变幅，m；H 为汛期坝前平均水深，m。

（2）陈文彪公式。

陈文彪等（1980）分析了 8 座少沙河流的水库资料，得到如下适用于少沙河流水库的判别式

$$\varphi = \frac{H}{\Delta H} \left(\frac{\overline{W}_s}{\overline{W}} \right)^{1/2} \tag{9-9}$$

式中：φ 为水库纵向淤积形态无量纲判别数；ΔH 为水库历年平均最大水位变幅，m；H 为水库历年平均最大坝前水深，m；$\overline{W}_s$ 为多年平均入库悬移质输沙量，亿 m^3；$\overline{W}$ 为多年

平均入库径流量，亿 m^3。

若 $\varphi > 0.04$ 时为三角洲淤积；若 $\varphi < 0.04$ 时为带状淤积。少沙河流水库纵向淤积形态多为三角洲淤积和带状淤积两种。

（3）清华大学公式。

清华大学统计了 30 个水库的实测资料（水库泥沙，1979），得到判别式

$$K = \frac{V}{\overline{W}} \tag{9-10}$$

式中：V 为正常水位下的库容，m^3；$\overline{W}$ 为多年平均入库水量，m^3。

若 $K < 0.3$，为锥体淤积；若 $K > 0.3$，为三角洲淤积。

另一个判别式

$$K' = \frac{V}{\overline{W}_s J_0} \tag{9-11}$$

式中：V 为正常水位下的库容，m^3；$\overline{W}_s$ 为多年平均入库沙量，m^3；J_0 为库区原始河床纵比降，以万分率计。

当 $K' < 2.2$，为锥体淤积；若 $K' > 2.2$，为三角洲淤积或带状淤积。

以上只是列举了部分经验判别式，当然，还有其他一些判别式，这里就不一一列举了。须要指出的是，这些经验判别式都受到所用实测资料的限制，所得判别数据仅具有参考意义。除了经验判别式外，近年来也有学者利用模糊聚类分析方法对水库纵向淤积形态进行分类研究。

（二）横向淤积形态

水库建成运用后，由于单向淤积以及淤积之后的冲刷，水库的横断面形态会发生极为复杂的变化。尽管如此，其变化仍有一定的特点和规律。水库的横向淤积形态一般有以下几种基本形态。

（1）全断面水平淤高。淤积沿横断面基本上是水平升高，只有在回水末端附近才出现滩槽。这种淤积形态多出现在淤积物呈泥浆状，具有一定流动性的坝前段，如异重流淤积及浑水水库淤积。蓄水运用的水库，水深很大，滩上和主槽的水流条件差不多，总淤积量大，全库区除了水库末端有滩槽外，也常以全断面水平淤高。

（2）高滩深槽。对于蓄清排浑运用的水库，因有低水位排沙运用阶段，因此全库区有明显的滩槽之分。滩地只淤不冲，逐年淤高；主槽则有淤有冲，这就是所谓的"死滩活槽"的规律。在高水位运用中，滩地水深不大，水流主要集中在主槽里，淤积也主要发生在主槽里。低水位排沙运用时，冲刷也主要发生在主槽里。所谓"冲刷一条带"就是指这种情况。冲刷与淤积交替变化的结果是形成一个"高滩深槽"的复式断面。

（3）沿湿周均匀淤积。当淤积量不大，颗粒较细，水深较大，淤积常均匀分布在全湿周上。少沙河流上水库，常是这种淤积形态。这种淤积形态多出现在流速和含沙量较小，泥沙粒径较细，但又形不成异重流的坝前段。在这种条件下，含沙量及泥沙粒配沿横向分布均匀，为沿湿周均匀淤积提供了条件。在某些峡谷断面中也会出现这种情况，这是因为，这里虽然含沙量较大且粒径也较粗，但两者沿横向分布

都较均匀的缘故。

（4）淤滩为主。这种现象仅出现在局部蓄水河段，如弯道蓄水后，主流取直，凸岸边滩会发展壮大。

综上所述，水库横向淤积形态与水库运用方式密切相关。水库的槽库容淤积后可以通过冲刷而得到恢复，而滩地库容一旦淤积就难以恢复。因此在水库管理运用中，一方面应尽可能降低拉槽水位排沙，以扩大主槽库容；另一方面应力求避免损失滩地库容，在汛期含沙量高时，尽量使水流不漫滩，以减缓滩地淤积。只要水库管理运用得当，库区就会形成高滩深槽的横向冲淤形态，就可以最大限度地保留一部分库容，供长期使用。

二、水库淤积物的组成

（一）水库淤积物粒径分布

水库淤积物包括悬移质和推移质，它们的淤积物组成特点是不一样的。水库悬移质淤积物组成的基本特点是，淤积物的粒径是自上而下沿程细化的，越靠近坝身，淤积物的粒径就越细。但这种细化并不是逐渐完成的，而是集中在两个区段：一个在变动回水区，即三角洲的尾部段；另一个在常年回水区的三角洲前坡段或锥体淤积近坝段。显然，随着泥沙淤积向前推进，第二个集中细化区将日益向坝身靠近，以致最后趋于消失。与此同时，由于泥沙淤积向前推进时，三角洲顶坡段的高程将相应上升，由此引起的回水曲线抬高将进一步向上游发展，结果是第一个集中细化区将日益向上游推进。

水库淤积物粒径在横向上的分布，一般是主槽较粗，滩地较细。通常情况下，对于滩槽区分比较明显的变动回水区，这一特点表现得较为突出。对滩槽区分不明显的常年回水区和坝前段，主槽和滩地的泥沙组成都较细，几乎无明显差别。无论是主槽或滩地，一般都是水深处泥沙较细，水浅处泥沙较粗；静水处泥沙较细，动水处泥沙较粗；淤积厚度大的部位泥沙较细，淤积厚度小的部位泥沙较粗。

对于以悬移质淤积为主的水库，推移质淤积物一般仅出现在变动回水区的上中段。推移质淤积物组成的基本特点也是沿程细化，自上而下依次出现卵石淤积，沙卵石淤积，砾石及粗、中、细沙淤积。随着水库的淤积回水曲线逐渐向上游发展，卵石淤积部位也将逐步上移。

（二）水库淤积物干密度分布

水库淤积物干密度的大小主要受泥沙粒径、淤积历时、淤积厚度及暴晒时间的长短等因素的影响。焦恩泽等（1990）分析了各种类型的水库资料，发现淤积物粒径是影响干密度主要因素，淤积物的中值粒径与干密度的变化是同步的。淤积物的中值粒径越小，干密度就越小；反之也一样。

张耀哲等（2004）统计了巴家嘴、黑松林、盐锅峡、刘家峡、小道口等十多个北方水库的实测干密度资料，表明无论其淤积形态、来水来沙、运用方式如何，库区淤积物平均干密度均呈现沿程减小的变化趋势。越靠近坝身，干密度就越小。通常情况下，回水末端及淤积上延段多为较粗的床沙或推移质泥沙的淤积区，淤积物干密度较大，一般为 $1.4 \sim 1.9 \mathrm{t/m^3}$。进入常年壅水区或三角洲顶坡段以后水库淤积物干密度实测值在 $1.0 \sim 1.5 \mathrm{t/m^3}$ 之间变化。在三角洲淤积前坡段或锥体淤积近坝段，淤积物干密度明显减小，实测最小值至 $0.76t/m^3$。国内几座大型水库实测的坝前淤积物中值粒径及干密度见表 9-1。

表 9-1　　　　　国内几座大型水库实测坝前淤积物中值粒径及干密度统计

水库工程名称	坝　前　淤　积　物	
	中值粒径/mm	干密度/(kg/m^3)
刘家峡	0.020	900~1000
盐锅峡	0.0435~0.325	1030~1460
青铜峡	0.00607~0.094	1390
龚嘴	0.03~0.04	800~1000
丹江口	0.01~0.039	600~800

淤积物干密度沿横向分布与水库运用方式有关。常年蓄水运用水库，由于具有主槽摆动使全断面整体淤积抬升的特点，淤积物干密度的横向分布比较均匀。对于蓄清排浑和自然滞洪运用的中小型水库，由于水位涨落及各部分暴露情况不一等因素，淤积物干密度横向分布不均匀，一般呈现两岸大中间小的特征。

三、水库糙率

水库糙率与天然河道糙率一样由床面糙率和岸壁糙率两部分组成。但水库糙率比天然河道糙率变化更复杂。一方面建库后由于壅水作用，岸壁糙率在综合糙率中所占的比重增大，特别是河道型水库，岸壁糙率一般不能忽略。另一方面，即便是床面糙率，也因为淤积前后的床沙组成不同，其糙率也不同。另外，对于不同库段，糙率也不一样。应着重考虑变动回水区和常年回水区壅水不大的库段的糙率。至于坝前壅水比较严重的库段，水面比降一般甚小，糙率的误差不致引起较大的水位误差，无须过多地纠缠糙率的精度问题。

1. 岸壁糙率

若有水库蓄水后的实测水面线、流量资料，可反求水库综合糙率，然后扣掉床面糙率即可得岸壁糙率。在无实测资料的条件下，也可查岸壁糙率表估算其糙率。

韩其为在《水库淤积》（2003）一书中给出了他本人和惠遇甲在分析了长江三峡河段天然糙率后，分别提出的岸壁糙率参考数值，见表 9-2 及表 9-3。

表 9-2　　　　　　　　　　岸壁糙率表（韩其为）

分　类	河　段　形　态　描　述	岸　壁　糙　率
I	峡谷段，岸壁河底起伏大，多石梁、巨砾	0.10 左右
II	非峡谷段，河底岸壁起伏大	0.06 左右
III	一般山区河道，河谷开阔，有边滩或心洲	0.03~0.04
IV	河谷开阔，岸壁河底均较平顺	0.025 左右

表 9-3　　　　　　　　　　岸壁糙率表（惠遇甲）

分　　类	河　段　形　态　描　述	岸　壁　糙　率	
		范围	平均
I	河谷狭窄，悬谷陡壁，边坡锯齿突出，两岸大块碎石	0.11~0.22	0.15
II	河谷狭窄，呈 U 形，石壁较光滑，完整，岸坡碎石较少	0.10~0.15	0.12

分 类	河 段 形 态 描 述	岸 壁 糙 率	
		范围	平均
Ⅲ	河谷开阔，岸坡稍缓，两岸有山嘴梁，风化大碎石	0.08～0.12	0.095
Ⅳ	河谷开阔，两岸为光滑石壁或风化碎石，岸壁不规整	0.04～0.08	0.06
Ⅴ	河谷开阔，岸坡多风化碎石粒径较细，岸边较顺直	0.04～0.05	0.045

岸壁糙率在不同的库段，对综合糙率的影响程度也不一样。坝前壅水库段，岸壁糙率对综合糙率的影响程度最大，越往上游影响程度越小。

2. 床面糙率

水库床面糙率分淤积前糙率、淤积过程糙率和淤积平衡后糙率。下面分别讨论如何确定这 3 个阶段的床面糙率。

水库淤积前的床面糙率，可根据河道在天然条件下的实测沿程水面线、流量资料，反求河床糙率，作为水库未淤积时的床面糙率。

水库淤积过程中，库区床沙不断细化，因而床面糙率也将随之减小，由淤积前的床面糙率逐渐减小到淤积平衡后的床面糙率，在这一过程中，床面糙率变化比较复杂。韩其为在《水库淤积》（2003）一书中给出了一个糙率插值公式，可以计算从淤积前的糙率到淤积平衡后的糙率之间的任意时段糙率。但过于复杂，不便应用。考虑到淤积过程的床面糙率其实也是动床糙率，可以按本书第四章给出的动床阻力计算方法估算。

水库淤积平衡后的床面糙率，基本上为一个常数，不再有明显变化。可考虑采用如下方法确定：①采用动床阻力计算方法估算；②在水库下游寻找一段河道形态与库区河道形态近似、床沙组成与库区淤积平衡后的床沙组成相近的河段，用该河段的糙率近似作为库区淤积平衡后的床面糙率。

确定了岸壁糙率和床面糙率后，就可按第三章给出的方法进行综合糙率计算。

四、水库淤积上延

水库淤积上延是水库规划设计中需考虑的重要问题之一。如果淤积上延产生的问题突出，有时甚至成为水库能否修建，或者建成后能否正常运行的关键问题。

1. 水库淤积上延现象

水库淤积上延是指水库泥沙淤积向上游发展，延伸至水库最高蓄水位以上。水库淤积上延也就是通常所说的"翘尾巴"淤积。当水库蓄水运用后，由于水位壅高，产生回水。水库在回水范围内发生的淤积为正常淤积，而在回水末端以上的淤积就是"翘尾巴"淤积。回水末端处于水库与河流的过渡地带，水库与河流的特性兼而有之。

所谓的水库回水末端，应是水库最高蓄水位与天然河道水面线的交点。由于回水曲线在回水末端附近与原河道水面线是逐渐逼近的，所以回水末端即使在入库流量及坝前水位保持不变的条件下，也不是很确定的，何况两者都在随时变化，所以就更不确定了。为方便起见，一般把水库最高蓄水位与天然河道的平交点 A 作为水库的回水末端，A 点至坝址的距离为回水长度 L_0。回水末端最上游淤积点 B 至 A 点的高程差称为翘尾巴高度 ΔH，至此点的水平距离称为翘尾巴长度 ΔL（图 9-4）。

水库淤积上延有以下两种模式。

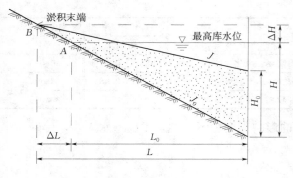

图 9-4 水库淤积末端上延示意图

（1）由于水库回水与泥沙淤积相互作用所造成的回水淤积上延。当水库回水末端发生淤积时，会使回水曲线抬高，回水曲线抬高又会产生新的淤积。在这种回水和淤积的相互作用下，回水末端向上游发展，淤积末端也随之向上游延伸。

（2）由于前期淤积的影响，河流进行纵向调整所造成的淤积上延。有些水库，即使在库水位已经下降，原壅水河段已经脱离回水的情况下，因受前期淤积影响，该河段仍会发生淤积，使淤积末端继续向上游延伸。这主要是因为前期淤积，抬高了局部侵蚀基准面，使河段比降变缓，河段输沙能力降低而发生的淤积。

2. 水库淤积上延的危害性

水库淤积上延给水库末端地区的防洪、航运、农业生产以及生态环境等带来一系列危害，主要表现在以下几方面。

（1）增加水库上游淹没浸没损失。水库淤积上延的最直接结果是造成上游河床抬高，淹没范围增大，同时抬高两岸地下水位，扩大了当地盐碱地面积。

（2）淤堵支流河口。由于水库淤积上延，造成回水末端附近支流河口淤堵，排水不畅。

（3）造成二次或多次移民，增加赔偿费用。由于水库淤积末端逐年向上游延伸，超出建库初期的土地征用范围，常造成二次或多次移民赔偿。

（4）恶化航运及工农业引水条件。淤积上延使床沙细化、纵比降变缓、常使滩槽冲淤、坍塌的变化加剧，河道断面及平面形态发生变化。这样就可能使主流摆动，航道恶化，使航运及工农业引水发生困难。

（5）降低水库兴利指标。为控制水库淤积末端的发展，水库被迫降低汛期水位运行，这样必然影响发电、供水等兴利效益。

但水库淤积上延并非都是不利的。如有些多沙河流水库上游河段的两岸有大片荒滩地，则淤积上延，可淤滩造田，化害为利。

3. 水库淤积上延的影响因素

影响水库淤积上延的因素错综复杂，对不同水库须做具体的分析。但不外乎为来水来沙条件和影响河道水流挟沙力的因素等两大方面。现概括如下。

（1）入库水沙条件的影响。入库水沙条件对水库淤积上延有着重要的影响。凡是淤积上延严重的水库，几乎都是多沙河流上来沙量大的水库。当来水量小而来沙量大时，对淤积上延影响更为严重。一般来说，来沙量年内分布越不均匀，越利于排沙和限制淤积上延的发展。来沙组成对淤积上延也有一定的影响，但不是主要因素，它只能服从于其他主要因素而起一定的影响作用。如果来沙粒径远较原床沙粒径细，水库淤积上延就不严重；反之，来沙粒径与原床沙粒径接近时，水库淤积上延就比较严重。入库泥沙颗粒的粗细对淤积上延也有影响。某些水库入库含沙量虽不太高，但因泥沙颗粒较粗也会发生水库淤积上延现象。

（2）水库运用方式的影响。水库运用方式对淤积上延一般可起决定性的控制作用。蓄水运用的水库，坝前水位长期较高，回水影响严重，淤积上延也严重。蓄清排浑的水库，由于在一定时期内坝前水位降低，回水影响消失，淤积上延也因而消失，甚至发生冲刷。有的水库在泄流过程中产生强烈的溯源冲刷，甚至可以影响到回水末端以上，从而限制淤积上延的发展。由此可见，采用蓄清排浑或泄洪排沙运用时，可以限制淤积上延的发展；若运用得当，泄洪排沙及时，甚至可以使河床冲刷下降，对淤积上延所起的控制性作用是十分明显的。

（3）库区地形的影响。库区地形对淤积上延也有一定影响。建库前库区及其上游的河床纵比降对水库淤积上延起重要作用。原河床比降大，挟沙力大，泥沙不易落淤，淤积上延较缓，反之，则淤积上延较严重。湖泊型水库，有利于形成累积性淤积，使淤积上延严重。但库区地形的影响并非决定性因素。

（4）水库泄流设施及泄流规模的影响。水库泄流设施及泄流规模的大小对淤积上延起着重大影响，它与水库运用方式相配合，有可能对淤积上延起到控制性的作用。如果水库设有泄流排沙底孔，其位置较低，尺寸较大，则泄流排沙能力大，可以限制淤积上延的发展。若底孔位置偏高，或尺寸过小，或无底孔，则泄流排沙能力小，淤积上延将严重发展。

（5）其他因素的影响。

1）库区滩面上树、草丛生的影响。这些繁密的树、草对洪水的阻滞作用很大，使淤积量增多，对淤积上延也起促进作用。

2）在水库回水末端上修建大量整治工程，对水库淤积上延也起促进作用。因此，在回水末端修建工程应持慎重态度，如处理不当有可能加剧水库淤积末端上延。

综上可见，影响淤积上延的因素极其复杂，对不同水库须做具体的分析。

4. 水库淤积上延的预估

谢鉴衡（1997）根据图9-4所示模式，对水库淤积上延现象进行了分析。该图为水库已达到淤积平衡的极限情况。从图中由几何关系推导得淤积上延相对高度和相对长度的估算公式

$$\frac{\Delta L}{L_0} = \frac{\Delta H}{H} = \frac{\dfrac{J}{J_0} - \dfrac{H - H_0}{H}}{1 - \dfrac{J}{J_0}} \qquad (9-12)$$

式中：ΔL 为翘尾巴长度，km；L_0 为回水长度，km；ΔH 为翘尾巴高度，m；H 为最高库水位下未淤积的坝前水深，m；H_0 为坝前淤积平衡厚度，m；J_0 为库区天然河道纵比降；J 为库区淤积平衡纵比降，如图9-4所示。

也有学者利用模糊分析方法对水库淤积上延程度进行预测，但这种预测不能给出确定数值，只能判断淤积上延的程度如何。此外，水库淤积上延也可利用泥沙数学模型计算。

第三节　水 库 异 重 流

一、水库异重流的现象和基本特性

（一）水库异重流现象

异重流是两种比重相差不大的流体，因为比重差异而发生的相对运动。异重流有很多种，有挟沙水流在清水下面流动的异重流；有盐水在淡水下面流动的异重流；有冷空气在热空气下面流动的异重流等。异重流是自然界中常见的一种现象。这里只讨论水库异重流。汛期河道水流含沙量高，当这些挟带泥沙的浑水进入水库后，由于入库浑水的比重大于水库清水比重，在一定条件下，入库浑水就会潜入水库清水底部继续沿库底向坝前流动，并通过泄水底孔排出库外。这种在水库清水以下流动的浑水流体称为水库异重流。

浑水从明流潜入清水下形成异重流的位置称为潜入点，如图 9-5 所示。在潜入点附近的水面上常可看到大量的漂浮物，如杂草、秸秆和废弃物等。这是因为当异重流沿着库底向坝前流动时，将带动一部分交界面上的清水相随同行，因而在水面附近就会出现相反方向的微弱回流，带动水面上的漂浮物聚集在潜入点附近。漂浮物的聚集常是判别发生异重流并确定潜入点位置的良好标志。在异重流潜入过程中，浑水与清水产生剧烈的掺混。所以在潜入点附近水面上常可见到浑水泥团不时冒升水面的"翻花"现象，并形成明显的一条或数条舌状清浑水分界线（图 9-6），该分界线时隐时现，上下摆动变化。掺混结果使异重流在潜入点附近形成大量的淤积。

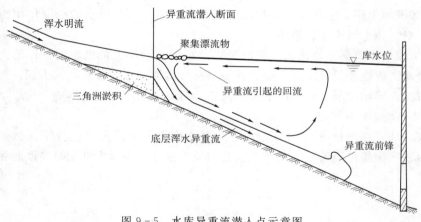

图 9-5　水库异重流潜入点示意图

异重流沿库底流动过程中，其前锋要排开清水，所以要克服的阻力较大，因而前锋厚度较大。但随着流动距离的增加，厚度逐渐降低，并趋于稳定。异重流在运动过程中除了克服库底阻力外，还要克服清浑水交界面上的阻力，由于清浑水交界面的掺混也使得异重流产生沿程淤积。

（二）水库异重流的基本特性

异重流与明渠挟沙水流相比，最主要的特性就是重力作用大为减少。异重流和明渠流运动的原因都是由于重力的作用。所不同的，仅仅在于异重流和相接触的流体的比重相差

192

不多，挟带泥沙的异重流因处在清水的包围之中，受清水的浮力的作用，使异重流的重力作用大为减少。因此，对于明渠挟沙水流来说，重力和惯性力作用处于同等重要的地位，而异重流，则由于重力作用的减小，使惯性力作用居于突出的地位。

明渠挟沙水流，是水流挟带泥沙，但当它进入水库形成异重流以后，却是泥沙的存在才使异重流具有有效重力，促使异重流向前运动。因此，泥沙的含量越大，异重流的流速就越高。另一方面，异重流之所以能够存在，是以紊动不以破坏水流交界面的稳定为条件。但是，如果没有紊动产生向上的紊

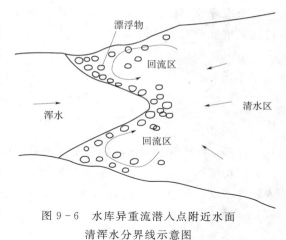

图 9-6　水库异重流潜入点附近水面清浑水分界线示意图

速，用来抗衡泥沙下沉的沉速，泥沙就会沉到库底，异重流也就不复存在。

异重流的另外一个基本特性是具有非恒定非均匀性。尤其是对于许多中小型水库，洪水暴涨暴落，具有明显的非恒定性质，这使异重流也具有非恒定性质。同时中小型水库异重流流程较短，异重流也常呈现非均匀性。对于大型水库，洪水进入水库形成异重流后，沿库底往前运动，其异重流相对较为稳定，可以近似地考虑为恒定异重流。

由于非恒定非均匀异重流流速计算过于复杂，同时考虑到目前异重流计算也大多按简化的均匀异重流处理，在以下的讨论中，除特别说明外，均按简化的恒定均匀异重流处理。

（三）利用水库异重流排沙的重要意义

水库异重流可以挟带大量泥沙，历经长距离运动而不与清水混合。这为减少水库淤积、延长水库寿命提供了一种可能性。如果掌握了异重流运动规律，可以在异重流到达水库坝前时，及时打开泄流底孔，就可将异重流带到坝前的泥沙排出库外，减少水库淤积。如黄河调水调沙的一个重要目标是实现小浪底水库减淤。在 2007 年调水调沙中，小浪底水库利用异重流排出库内泥沙 0.243 亿 t，排沙比达 40.5%，排沙效果十分显著。

利用异重流排沙的优点如下：①减少水库淤积，保持一定的有效库容，从而提高了防洪能力和兴利效益；②不需要降低库水位排沙，能大量减少水库排沙用水，提高水库发电、城市供水、灌溉等供水能力，解决鱼类养殖和排沙的矛盾；③排出的泥沙可以淤灌下游两岸农田，改良盐碱地，提高农田肥力。

二、水库异重流的形成和持续条件

（一）水库异重流的形成条件及潜入点的位置

异重流形成的标志就是在水库清水表面有明显的潜入点。潜入点处的水流泥沙条件即为异重流的形成条件。通过分析潜入点处的水流泥沙条件可知，异重流之所以能够形成，一是水流中挟带足够数量的细颗粒泥沙；二是水流具有足够的能量，即有一定的流速和单宽流量。人们从潜入点处的水流泥沙条件着手研究，得到了表达形式不同、物理意义相同的经验公式，用来估算水库异重流潜入点的位置。

范家骅等（1959）通过分析清浑水交界面比降，并且结合水槽试验和野外观测资料，得到异重流潜入条件关系为

$$Fr_0 = \frac{v_0}{\sqrt{\frac{\Delta\rho}{\rho_m}gh_0}} = 0.78 \qquad (9-13)$$

或

$$h_0 = 1.64\frac{v_0^2\rho_m}{g\Delta\rho} \qquad (9-14)$$

式中：Fr_0 为异重流潜入点处的密度佛劳德数，在异重流潜入点处 $Fr_0 = 0.78$；v_0 为潜入点处平均流速，m/s；ρ_m 为异重流密度，kg/m³，可近似表达为 $\rho_m = 1000 + 0.63S$；S 为入库含沙量，kg/m³；$\Delta\rho$ 为清浑水密度差，$\Delta\rho = \rho_m - \rho$，kg/m³；$\rho$ 为清水密度，kg/m³；h_0 为异重流潜入点处水深，m。

日本学者芦田和男（1980）将异重流潜入处水流简化后，最后推导出在一定比降的流路上，潜入点水深计算公式

$$h_0 = 0.365q_m^{2/3}\left(\frac{\Delta\rho}{\rho_m}gJ\right)^{-1/3} \qquad (9-15)$$

式中：q_m 为潜入点处异重流单宽流量，m³/（s·m）；J 为潜入点附近河底比降；其余符号同上。

应用以上任一公式求得 h_0 后，就可以确定出异重流潜入点的位置。在库水深 h 等于潜入点水深 h_0 的地方就是潜入点的位置。

（二）水库异重流的持续条件

异重流形成以后，需要满足一定条件才能持续不断地向前运动，这些条件就叫做异重流的持续条件。当这些条件一旦被破坏，异重流就会很快停止运动，就地淤积而消失。异重流的持续条件主要有：

（1）入库洪水流量的持续性。维持异重流形成所必需的洪水流量应是持续的。否则，异重流即使形成并已经运动，如果入库洪水一旦中止，则前面的异重流就很快地停止运动，就地消失。所以异重流的基本持续条件就是要继续保持形成异重流的条件，即形成异重流的入库洪水流量要持续不断。

（2）洪峰持续时间必须大于异重流运动到坝前的时间。反之，如果异重流运动至水库中某处而因上游流量骤减而不能运动至坝址，即洪峰历时短，这就表明这次洪峰不能满足异重流持续条件，因而异重流就不能排出。根据经验，洪水持续时间一般为洪水涨峰和落峰之间的时间，异重流运动到坝前的时间与异重流运动速度和潜入点至坝前的流程有关。

（3）库区地形条件。库区障碍物较少，变化比较平缓，以深槽形式出现的河谷，就有利于异重流的持续。反之，过急的弯道，突然缩窄和放宽以及平而宽的河谷，都是不利于异重流持续的，因为局部阻力增加，流速减小，异重流有可能不能继续运动到坝前并排出库外。

三、水库异重流的运动规律

（一）异重流运动速度和厚度

异重流的运动主要就是通过惯性力和有效重力的相互作用引起的，阻力在中间起了关

键的作用。异重流阻力与明渠水流相比，多出一个清浑水交界面阻力。异重流阻力是研究异重流运动的重要参数。如果知道了异重流阻力，那么就可以求得异重流运动速度。

异重流清浑水交界面阻力一般小于边壁阻力，范家骅（1959）通过水槽试验求得交界面阻力系数平均值为 $\lambda' = 0.005$。异重流阻力系数 λ_m（包括边壁和清浑水交界面阻力系数）与流型有关。对于紊流，λ_m 为常数。当雷诺数 $Re = 15000 \sim 80000$ 时，$\lambda_m = 0.02 \sim 0.04$，平均值可取 0.025。对于层流，$\lambda_m$ 不是常数，而与雷诺数 Re 有关，可用式（9-16）计算。

$$\lambda_m = \frac{225}{Re} \tag{9-16}$$

一旦确定异重流阻力，就可用式（9-17）计算异重流的平均流速。

$$v_m = \sqrt{\frac{8g}{\lambda_m} \frac{\Delta\rho}{\rho_m} h_m J_0} \tag{9-17}$$

式中：v_m 为异重流平均流速，m/s；λ_m 为异重流阻力系数；h_m 为异重流平均厚度，m；J_0 为河底比降。

异重流平均流速沿程逐渐减小，但距离越长越趋于稳定。

将连续方程 $q_m = h_m v_m$ 代入式（9-17），得到异重流平均流速另一种表达方式

$$v_m = \left(\frac{8g}{\lambda_m} \frac{\Delta\rho}{\rho_m} q_m J_0\right)^{1/3} \tag{9-18}$$

以及异重流平均厚度

$$h_m = \left(\frac{\lambda_m}{8g} \frac{\rho_m}{\Delta\rho} \frac{q_m^2}{J_0}\right)^{1/3} \tag{9-19}$$

式中：q_m 为异重流单宽流量，$m^3/(s \cdot m)$。

异重流的厚度沿程变化表现为潜入点区域厚度较大，随着纵向距离的增加，厚度逐渐减小，但距离越长，越趋于稳定。关于异重流宽度，对于河道型水库，异重流宽度可取为库底宽度。对于湖泊型水库，异重流不能充满全部库底，而是按一定的扩散角扩散，应以扩散后异重流实占的库底宽度作为异重流宽度。

（二）异重流挟沙力与不平衡输沙

水流挟沙力主要取决于紊动扩散与重力之间的矛盾。异重流是挟沙水流的一种特殊形式。异重流挟沙力与明渠挟沙力不应有太大的区别，异重流挟沙力计算可以借用明渠挟沙力公式，只不过公式中的流速应换成异重流流速。如韩其为（2003）将异重流流速代入下列明渠挟沙力公式

$$S_* = K\rho_s \left(\frac{v^3}{gh\omega}\right)^m$$

得异重流挟沙力公式

$$S_* = K\rho_s \left[\frac{5.04 \dfrac{S}{\rho} q_m J}{\lambda_m h_m \omega}\right]^m \tag{9-20}$$

式中：S_* 为异重流挟沙力，kg/m^3；S 为异重流含沙量，kg/m^3；ρ_s 为泥沙密度，kg/m^3；ω 为泥沙沉速，m/s。

异重流不平衡输沙规律与明渠不平衡输沙规律没有本质上的差别，可以利用明渠不平衡输沙公式计算异重流各断面的含沙量。通常情况下，异重流处于超饱和输沙状态，只淤不冲。

$$S_{i+1} = S_{i+1*} + (S_i - S_{i*})\mathrm{e}^{\frac{-\alpha\Delta L_i}{l}} + (S_i - S_{i+1*})\frac{l}{\alpha\Delta L_i}(1 - \mathrm{e}^{\frac{-\alpha\Delta L_i}{l}}) \qquad (9-21)$$

式中：S_i、S_{i*} 分别为 i 断面的含沙量和挟沙力，kg/m^3；S_{i+1}、S_{i+1*} 分别为 $i+1$ 断面的含沙量和挟沙力，kg/m^3；ΔL_i 为断面间距，m；α 为恢复饱和系数；$l = q_m/\omega$ 为泥沙沉距，m；q_m 为异重流单宽流量，$m^3/(s\cdot m)$；ω 为泥沙沉速，m/s。

上述含沙量计算仅适用于均匀沙。对于非均匀沙，可将 d_{50} 代入式中计算，也可按粒径分组计算求得总含沙量。

$$S_{i+1} = S_{i+1*} + (S_i - S_{i*})\sum_{j=1}^{n} p_{i,j}\mathrm{e}^{\frac{-\alpha\Delta L_i}{l_j}} + S_{i*}\sum_{j=1}^{n} p_{i,j}\frac{l_j}{\alpha\Delta L_i}(1 - \mathrm{e}^{\frac{-\alpha\Delta L_i}{l_j}})$$
$$- S_{i+1*}\sum_{j=1}^{n} p_{i+1,j}\frac{l_j}{\alpha\Delta L_i}(1 - \mathrm{e}^{\frac{-\alpha\Delta L_i}{l_j}}) \qquad (9-22)$$

式中：$p_{i,j}$、$p_{i+1,j}$ 分别为 i、$i+1$ 断面第 j 组粒径泥沙质量百分比；$l_j = q_m/\omega_j$ 为第 j 组粒径泥沙沉距，m；其他符号意义同前。

（三）异重流淤积和排沙比

异重流刚潜入时，尚含有一定数量的粗颗粒泥沙，随着异重流的运动，粗颗粒泥沙很快淤积下来，然后持续运动的异重流主要是挟带细颗粒泥沙。当异重流运动到坝前时，若排沙底孔及时打开，则能排走异重流浑水泥沙，若排沙底孔不能及时打开或开度较小，则异重流在坝前形成浑水水库，泥沙逐渐淤积在坝前。

异重流沿程淤积量可用下式计算

$$W_s = \sum_{j=0}^{t} \Delta W_{s,j} \qquad (9-23)$$

其中
$$\Delta W_{s,j} = Q_m(S_i - S_{i+1})t_j$$

式中：W_s 为异重流在持续时间 t 内的沿程淤积量，kg；$\Delta W_{s,j}$ 为 i 断面至 $i+1$ 断面在时段 t_j 内的淤积量，kg；Q_m 为异重流的流量，m^3/s；S_i 为 i 断面的异重流含沙量，kg/m^3；S_{i+1} 为 $i+1$ 断面的异重流含沙量，kg/m^3；t_j 为异重流持续时间 t 减去异重流从潜入点断面运动到 i 断面所需时间 t'，即 $t_j = t - t'$，s；$t' = L'/v_m$，L' 为潜入点断面至 i 断面的距离，m。

异重流排沙比是指异重流排沙量占同期入库沙量的百分比，如用 η_s 表示，则有

$$\eta_s = \frac{\bar{Q}_0\bar{S}_0 t - W_s}{\bar{Q}_0\bar{S}_0 t} \qquad (9-24)$$

式中：$\bar{Q}_0$ 为异重流在潜入点断面的平均流量，m^3/s；$\bar{S}_0$ 为异重流在潜入点断面的平均含沙量，kg/m^3。

（四）异重流排沙和吸出高度

异重流排沙效果除了与洪水流量、含沙量特性有关外，还与水库调度运行方式有关。实践证明：异重流排沙时，若库水位过高，异重流沿程损失能量就大，大量泥沙在库区落

淤，影响排沙效果；若库水位过低，往往在坝前形成浑水水库，也影响排沙效果。预报异重流到达坝前的时间，及时开闸排沙，是排沙调度工作的关键。若异重流到达坝前时间预报不准确。就会造成异重流已到达坝前，未开闸排沙而造成了坝前的浑水水库，严重影响排沙效果。或者提前开闸，排出去的是清水，浪费了水量，降低了排沙比。所以恰到好处，是提高排沙效果的关键。沙峰过后要及时关闸蓄水，以减少排沙耗水，也可以提高排沙效果。

异重流在孔口附近集中出流形成低压区，对异重流有吸出作用。由于这个原因，异重流有一定爬高能力，这个高度 h_l 称为异重流的最大爬高，又称异重流吸出极限高度（图 9-7）。如果坝前异重流交界面低于吸出极限高度的交界面（异重流吸出下限交界面）时，异重流无法排出，孔口出流只能是清水。如果坝前异重流交界面高于吸出极限高度的交界面后，孔口出流既有异重流又有清水。随着异重流交界面上升，孔口出流中的异重流所占的比例也会增大，并逐渐超过清水所占的比例。当异重流交界面上升超过孔口某一高度时，孔口才几乎没有上层清水泄出，为纯异重流出流，这个高度 h_a 称为清水吸出的极限高度（异重流吸出上限交界面）。因此，异重流吸出极限高度是规划孔口位置时必须考虑的一个重要数据。如果孔口高程设置过高，不仅异重流到达坝前时无法排出库外，而且随着坝前淤积面的抬高，近坝段淤积比降将比原河床为

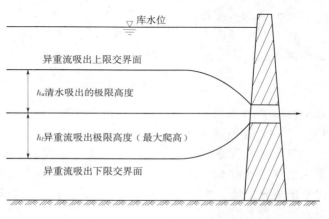

图 9-7　异重流排沙和吸出高度示意图

缓，造成异重流沿程流速减小，淤积增加，使到达坝前的异重流含沙量减少，时间缩短，或者可能达不到坝前。如果要充分利用异重流排沙，必须设置高程较低的底孔。在条件允许情况下，孔口应尽量布置在主槽部分。根据能量平衡分析和一些试验资料，在圆孔情况下，异重流的最大爬高 h_l 有如下关系

$$h_l = \left(\frac{0.154\rho Q^2}{K'^2 \Delta\rho g} \right)^{1/5} + \frac{\rho_m q_m^2}{2\Delta\rho g h_m^2} \qquad (9-25)$$

其中
$$\Delta\rho = \rho_m - \rho$$

式中：Q 为孔口泄流量，$\mathrm{m^3/s}$；h_m 为坝前异重流厚度，m；q_m 为到达坝前异重流单宽流量，$\mathrm{m^3/(s \cdot m)}$；ρ_m 为异重流密度，$\mathrm{kg/m^3}$；ρ 为清水密度，$\mathrm{kg/m^3}$；K' 为圆孔进水面的形状系数，当迎水面直立时，$K'=1$。

四、高含沙异重流

以上讨论的是低含沙异重流，但我国北方的多沙河流，由于发源或流经水土流失严重地区，故汛期形成高含沙量洪水的机遇很多，在这些河流上修建的水库，汛期经常会遇到高含沙异重流。高含沙异重流由于存在宾汉极限剪应力，其运动规律与低含沙异重流不同，主要表现在高含沙异重流容易形成，前锋传播速度快，挟带的泥沙粒径粗，排沙持续

时间比洪峰持续时间长，排沙效率高等方面。

（一）高含沙异重流形成条件

曹如轩等（1984）通过水槽试验，发现高含沙异重流潜入点流态存在以下 3 种类型。

（1）A 类为低含沙水流或流量较大的高含沙非均质流。明流段为急流，过渡段有波状水跃，潜入后有明显拐点，流态处于紊流阻力平方区。拐点以下异重流为均匀流，表层清水有回流，清水层下布满漩涡。

（2）B 类为高含沙非均质流或流量大的均质流。明流段为缓流，过渡段有微弱起伏，潜入后有拐点雏形。流态处于紊流过渡区。

（3）C 类为高含沙均质流。明流段为缓流层流，过渡段水流平静无起伏波动，潜入后无拐点。流态进入层流区。

由于流态不同，异重流形成条件遵循不同的规律。

对于 A 类异重流，即低含沙异重流，其形成条件如上所述，不再赘述。

对于 B 类异重流，潜入后有拐点，表明潜入后有动量变化。因此，根据潜入点及拐点断面建立动量方程，经分析推导得潜入点处水深

$$h_0 = \alpha q_m^{2/3} \left(\frac{\Delta \rho}{\rho_m} g J \right)^{-1/3} \qquad (9-26)$$

式中：h_0 为异重流潜入点处水深，m；α 为系数，根据实测资料分析，$\alpha = 0.4 \sim 0.57$，平均为 0.44；其他符号意义同前。

对于 C 类异重流，流态进入层流区，由明流过渡到异重流，首先受到清水顶托，异重流则要排开清水向前运动。因此，当浑水有效重力与阻力平衡时，浑水便平静地潜入清水下形成异重流。异重流潜入后无拐点的特征，说明异重流在潜入点受到的阻力与潜入后异重流的阻力近似相同。有

$$h_0 = \frac{K_p \tau_B}{64 \Delta \gamma J} \qquad (9-27)$$

式中：K_p 为系数，K_p 的平均值为 150；$\Delta \gamma = \gamma_m - \gamma$，N/m³；$\tau_B$ 为极限剪应力，N/m²。

（二）高含沙异重流持续条件

高含沙浑水满足一定条件潜入清水下形成异重流后，仍须具备一定条件才能持续向前运动。异重流的持续运动与其阻力特性和输沙特性密切相关，上述 3 种类型是基本类型，制约着异重流的全部运动规律。在水槽试验中观测到，高含沙异重流与高含沙明流一样，流动中也会发生阵流和间歇流，但其特性和明流有若干区别，主要是阻力较明流大。

对于 A 类异重流，一般流态为紊流，泥沙的悬浮仰赖水流的紊动。运动中的异重流，一旦进库洪峰消失，异重流便迅速停止流动，全部泥沙就地消散。因此，来流洪峰持续时间 t_c 大于异重流传播时间 t_p，即

$$t_c > t_p \qquad (9-28)$$

而

$$t_p = \frac{L}{v_f} \qquad (9-29)$$

式中：L 为异重流潜入点断面至坝址断面的距离，m；v_f 为异重流锋速，m/s。

对于 B 类异重流，前锋流态为紊流，锋速大；后续异重流流态一般为层流，传播速

度显著减小。由于这种阻力特性的制约，异重流持续运动的历时将比洪峰持续时间长。又由于高含沙异重流的输沙特性为属于载体部分的泥沙，在静水情况下是以交界面形式下降的。属于载荷部分的泥沙因介质黏性变大，故沉速减小。在形成浑水水库情况下，一方面在纵向，异重流以较低的流速向前运动；另一方面在垂向，有粗颗粒在重力作用下作制约沉降，细颗粒（载体部分）以交界面形式下降。异重流排沙时间 t_d 远大于洪峰持续时间 $t_{\dot{c}}$。持续条件为

$$t_d = \frac{\Delta H_m}{\omega_c + \dfrac{Q_0 \Delta H_m}{\varphi V_m}} \qquad (9-30)$$

式中：ΔH_m 为坝前浑水水库厚度，m；Q_0 为孔口出流量，$\mathrm{m^3/s}$；V_m 为最大浑水库容，$\mathrm{m^3}$；ω_c 为浑水界面沉速，m/s；φ 为泄流系数，一般可取 0.5。

对于 C 类异重流，由于阻力特性及输沙特性的制约，洪峰消失后，只要基流含沙量仍属高含沙量范畴，则异重流仍能以阵流、间歇流形式持续运动，直至边壁剪应力小于含沙水流极限剪应力，即 $\tau_0 < \tau_B$。若洪峰消失后，基流含沙量不属高含沙量范畴，则将发生中层异重流，在水槽中观测到这种流态相同但含沙量不同的两层流体并不掺混，中层异重流传播快，下层高含沙异重流传播非常慢。

（三）高含沙异重流阻力规律

曹如轩等（1983）在室内水槽试验及野外原型观测资料基础上，研究了高含沙异重流阻力规律。高含沙异重流前锋为紊流，后续异重流一般为宾汉体层流。紊流与层流的分界有效雷诺数 Re_m 约为 6000～8000。

对高含沙紊流异重流来说，其阻力系数同低含沙紊流异重流一样，为常数，但大于低含沙紊流异重流。曹如轩在水槽试验中曾测到 $\lambda_m = 0.05 \sim 0.22$。

对高含沙层流异重流来说，其阻力系数 λ_m 同有效雷诺数 Re_m 密切相关，可用式（9-31）计算。

$$\lambda_m = \frac{K}{Re_m} \qquad (9-31)$$

其中

$$Re_m = \frac{4h_m v_m \rho_m}{\eta\left(1 + \dfrac{\tau_B h_m}{2\eta v_m}\right)}$$

$$K = 96 + \left[166\left(\frac{\eta}{\mu}\right)^{-1.3} + 3\right]$$

式中：Re_m 为有效雷诺数；η 为异重流的刚度系数，$\mathrm{s \cdot N/m^2}$；τ_B 为异重流极限剪应力，$\mathrm{N/m^2}$；v_m 为异重流流速，m/s；h_m 为异重流厚度，m；ρ_m 为异重流密度，$\mathrm{kg/m^3}$；μ 为交界面上层清水的动力黏滞系数，$\mathrm{s \cdot N/m^2}$。

知道了高含沙异重流阻力后，仍可用式（9-18）计算高含沙异重流的平均流速。

（四）高含沙异重流输沙特性

高含沙异重流的输沙特性与高含沙明流基本一致，即仍可区分为高含沙非均质流及高含沙均质流两种基本模式（曹如轩等，1984），可以借用高含沙明流不平衡输沙公式计算异重流各断面的含沙量，详见第五章高含沙水流运动。

第四节　水库淤积终极状态估算

在水库的规划设计中，水库泥沙的淤积量、淤积分布、淤积物组成和它们的淤积过程、相对平衡状态及使用寿命，都必须进行预测。然而，由于影响水库淤积的因素复杂多变，要进行详细预测，唯一可行的方法就是进行泥沙数学模型计算或物理模型试验。这里只简单介绍一些粗略估算方法。这些方法虽然不可能给出比较详细的计算结果，但由于它们简便易行，而且也有一定理论依据，并经过不同程度的实践检验，还是可以用来进行水库淤积终极状态预测的。

一、水库终极库容和淤积平衡比降

水库有一定泄流规模的泄水排沙底孔，并采用蓄清排浑运用方式，如汛期降低水位排沙和短时间泄空冲刷运用，就可能使主槽冲淤达到相对平衡。当水库冲淤发展达到相对平衡以后，进出库沙量在一定时期内维持平衡，库容损失已达最大值，侵蚀基准水位以下滩库容已全淤满，这时剩余下来的槽库容，就是终极库容，亦称长期使用库容。终极库容的存在是以库区的冲淤规律为依据的。滩地由于洪水漫滩淤积逐步升高，不易冲刷，因此，经过多年使用后，滩面高程最后达到侵蚀基准水位，而主槽仍维持冲淤平衡状态。

终极库容纵剖面比降为淤积平衡比降，横断面为高滩深槽形态。深槽位置的高低主要取决于水库运用中库水位的降落幅度。库水位降落的幅度越大，冲刷出来的河槽就越深。蓄清排浑运用的水库，要求有足够的泄流规模和较低的泄水排沙底孔，这是形成终极库容的必要条件。泄水排沙底孔的进口高程过高，势必限制库水位的降落，从而减小终极库容。泄流规模过小，不但会延长排沙期，也会影响到侵蚀基准面的降低，而使终极库容受到影响。

终极库容的大小是水库蓄清排浑长期效益的一个重要指标，因而在水库的规划设计阶段，需要预报终极库容的大小，作为方案比较的一个指标。图 9-8 为终极库容示意图。从图中可以看出，库容横断面具有滩槽形态，因而整个库容可以划分为滩库容和槽库容。在水库的整个淤积发展过程中，滩库容逐渐损失，一直到滩面淤高到侵蚀基准水位，整个水库淤积就达到了冲淤平衡。平衡的主要标志有：①悬移质输沙达到平衡；②库区河床形态，包括横向形态和纵向形态，已趋稳定。下面介绍终极库容的估算方法（水库泥沙，1979）。

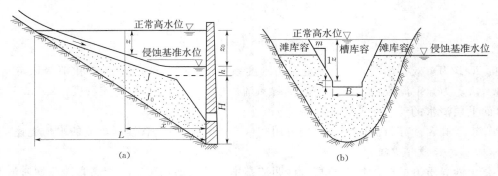

图 9-8　终极库容示意图

(a) 纵剖面；(b) 横断面

由图 9-8 可知，终极库容取决于坝前正常高水位至侵蚀基准水位落差 z_0、淤积平衡比降 J 及横断面形态。如果不考虑滩库容，设距坝 x 处槽库容的横断面积为

$$A = Bh + (B + zm)z$$

将 $z = z_0 - Jx$ 代入上式得

$$A = Bh + [B + (z_0 - Jx)m](z_0 - Jx)$$

$$= B\left(h + z_0 + \frac{mz_0^2}{B}\right) - (BJ + 2mJz_0)x + mJ^2x^2$$

沿 x 方向积分上式，并将 $L = \dfrac{z_0}{J}$ 代入，得相应库容

$$V = \frac{1}{J}\left(Bhz_0 + \frac{1}{2}Bz_0^2 + \frac{1}{3}mz_0^3\right) \tag{9-32}$$

式中：B 为冲淤平衡主槽底宽，m；h 为主槽水深，m；m 为主槽边坡系数；J 为淤积面纵向平衡比降；z_0 为坝前正常高水位至侵蚀基准水位落差，m。

由式（9-32）可知：参数 B、m、z_0 越大，J 越小，则库容 V 就越大。以下确定这些参数。

1. z_0 的确定

z_0 的确定与坝前河槽的侵蚀基准（面）水位有关，根据水库运用情况和泄流规模的不同，有以下几种情况。

（1）水库排沙期空库迎泄。水库在排沙期有空库运行的机会，而且底孔或拦河闸泄流规模等于或大于天然河道的造床流量，这时，库区淤积平衡纵剖面直接与底孔或拦河闸进口底板高程连接，坝前侵蚀基准水位为底孔或拦河闸进口底板高程加上主槽水深，则 z_0 为

$$z_0 = z_z - z_d + h \tag{9-33}$$

式中：z_z 为正常高水位，m；z_d 为底孔或拦河闸进水口底板高程，m；h 为主槽水深，m。

（2）水库排沙期控制运用。水库排沙期无空库运行机会，而是控制在排沙水位运用。若排沙水位下的泄流规模等于或大于天然河道的造床流量，这时，库区淤积平衡纵剖面通过局部冲刷漏斗与底孔进水口高程连接，排沙水位即为坝前侵蚀基准水位，则 z_0 为

$$z_0 = z_z - z_p \tag{9-34}$$

式中：z_p 为排沙水位，m。

排沙水位如何确定？这取决于水库来水来沙和排沙期运行方式。长期的工程实践经验表明，排沙水位可以选择死水位或汛期限制水位。为了保持足够容积的长期使用库容，死水位下的泄流规模应至少等于天然河道的造床流量；而汛期限制水位下泄流规模应大于造床流量，满足相当于频率 $P = 33\% \sim 20\%$ 的洪峰流量，或相当于多年平均洪峰流量。如果泄流规模定得过小，库容难以恢复；泄流规模定得过大，可能给水工建筑物布置造成困难，特别是修建在峡谷河段的大坝，由于场地狭窄，必然会增加枢纽的工程量和造价。

2. 边坡系数 m 的确定

边坡系数 m 值与横断面形成的原因及淤积物物理力学性质有关，大致分为以下 3 种

情况。

（1）蓄清排浑运用的水库。淤积物相对较粗，但随淤随冲，淤积物一般未固结，冲刷时往往引起岸壁坍塌溜泥，因而横断面边坡较缓，边坡系数不是固定值，平均为1：5～1：7。横断面形态近似三角形，如图9-9（a）所示。

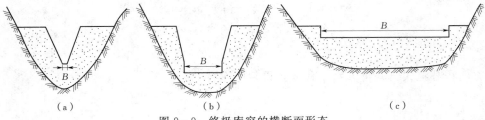
图9-9 终极库容的横断面形态

（2）先蓄洪后蓄清排浑运用的水库。先淤后冲形成的河槽，冲刷时因淤积物固结程度较高，在有些情况下，先期蓄洪时的淤积物多为细颗粒黏性泥沙，经较长时间固结为极耐冲的胶泥，断面形态近似梯形，边坡较陡，边坡系数 m 值平均为1：5，如图9-9（b）所示。

（3）淤积物为粉细沙的水库。在这种情况下，冲刷形成的河槽，一般为宽浅矩形河槽，边坡近似直立，如图9-9（c）所示。

3. 纵向平衡比降 J、稳定河宽 B 及相应水深 h 的确定

水库修建后，经过长时期的泥沙的淤积，最终会进入冲淤相对平衡状态。此时河床纵剖面将有一个相对稳定的比降，即为淤积平衡比降。影响水库淤积平衡比降的因素较多。但主要与来水来沙及河床边界条件有关。不同来水来沙条件及不同河床边界条件，水库的淤积平衡比降则不同。水库淤至相对平衡状态时，其形态接近天然河道。可通过联解水流阻力公式、水流连续公式、水流挟沙力公式及断面河相关系式求得纵向平衡比降 J、稳定河宽 B 及相应水深 h。具体公式参见第七章中有关河相关系的内容。

许多峡谷水库，河谷狭窄，其宽度有时会较冲积性河流的稳定河宽小。在这种情况下，河宽无须通过淤积加以调整，则上列公式中的断面河相关系式可舍弃。此时，河宽取为定值，联解其余3个基本方程式就可得到在这种情况下的淤积平衡比降和水深。

还须说明，水库冲淤达到相对平衡状态，需要经历一个很长的发展过程，不仅水库未淤满时离发展过程的终点还很远，即使水库已经淤满，这个过程也不一定就终止了。由于这种终极状态是一种最不利的状态，所以作为规划设计依据是偏于安全的。

二、水库年平均淤积量及淤积年限

水库年平均淤积量及淤积年限估算，通常采用库容淤损法（水利水能规划，1997），这是一种经验方法。该方法考虑了多年平均水沙条件下的水库库容的淤损率、拦沙率或排沙比，下面予以介绍。

水库年平均淤积量

$$\overline{W}_d = \overline{\alpha}_V V_0 \tag{9-35}$$

水库淤积年限

$$T = \frac{k}{\overline{\alpha}_V} \qquad (9-36)$$

式中：$\overline{W}_d$ 为水库年平均淤积量，m^3；V_0 为水库初始调节库容，m^3；T 为水库淤至某种程度的年限，a；k 为水库淤积程度的系数，例如 $k = 0.6$ 指淤积掉的库容达初始调节库容的 60%，当水库达到淤积平衡时，一般 $k = 0.85 \sim 0.95$；$\overline{\alpha}_V$ 为库容平均淤损率，指水库每年因淤积而损失的库容占初始调节库容的百分比，采用多年平均情况（%），可用式（9-37）或式（9-38）计算。

$$\overline{\alpha}_V = \frac{\overline{W}_d}{V_0} = \beta_s \frac{\overline{W}_s}{V_0} \qquad (9-37)$$

或

$$\overline{\alpha}_V = 0.0002 M_s^{0.95} \left(\frac{V_0}{F} \right)^{-0.80} \qquad (9-38)$$

式中：M_s 为流域平均侵蚀模数，$t/(km^2 \cdot a)$；F 为流域面积，m^2；$\overline{W}_s$ 为平均年入库泥沙量，m^3；β_s 为拦沙率，指年内拦在水库内的沙量占该年入库沙量的百分数，%，用式（9-39）计算其平均值。

$$\beta_s = \frac{\overline{W}_d}{\overline{W}_s} = \frac{V_m/\overline{W}}{0.012 + 0.0102 V_m/\overline{W}} \qquad (9-39)$$

式中：$\overline{W}$ 为平均年入库水量，m^3；V_m 为淤积年限内平均调节库容，m^3，一般采用淤积年限内平均兴利库容，$V_m = (V_0 + V_t)/2$，其中 V_t 为淤积后的调节库容。注意式中 β_s 和 $V_m/\overline{W}$ 均用百分数表示。

　　拦沙率越大，排沙比就越小。排沙比是指年内的排沙量占同期入库沙量的百分比，如用 η_s 表示，显然有，$\eta_s = (1 - \beta_s)\%$。随着水库淤积发展的变化，拦沙率或排沙比也随着改变。水库在运用初期，拦沙率较高，排沙比较小；随着库容逐年淤损，拦沙率就逐年减少，排沙比逐年增加。最后当水库淤积达到冲淤平衡时，水库拦沙率趋近于零，而排沙比接近 100%。

三、坝前泥沙淤积高程

　　坝前泥沙淤积高程是水工建筑物设计中考虑泥沙荷载的主要参数之一。坝前泥沙淤积高程与有无排沙底孔、水库运行方式、水库形状、淤积形式等因素密切相关。杨贲斐（1995）根据国内一些水库及其所在河流的库沙比 K，（$K = V_0/\overline{W}_s$，即正常蓄水位库容 V_0 与多年平均入库沙量 $\overline{W}_s$ 比值），将水库分为 3 类，并依此作为坝前泥沙淤积高程设计依据。

　　（1）库沙比 $K < 30$，水库在 30 年内即淤达平衡，此类水库由于淤积速度较快，因此设计时，坝前泥沙淤积高程计算年限可取水库淤积平衡年限作为设计标准。淤积高程可直接采用坝前侵蚀基准水位，作为设计的坝前泥沙淤积高程。

　　（2）库沙比 $30 < K < 100$，属于此类工程说明水库有一定的库容，因此要确定采用多少年的来沙量作为设计标准，则要与工程的基准期联系起来考虑。由于目前大坝的设计基准期定为 $50 \sim 100$ 年，因此坝前泥沙淤积高程计算年限也采用 $50 \sim 100$ 年，与工程的基准期相应是较合适的。

　　（3）库沙比 $K > 100$ 年的工程，对于此类工程可从两方面来分析，一方面说明这类工程的泥沙问题不严重，需要很长时间泥沙才能到达坝前，对大坝不构成威胁；另一方面，从工程设计的基准期来看，也已超过工程必须保证的稳定工作阶段，因此属于此类的工程，设计时可不必考虑泥沙淤积荷载。

第五节　坝前局部冲刷漏斗

修建在多沙河流上的水库，往往需要设置泄流排沙底孔适时进行排沙。当底孔闸门开启后，近孔水流向孔口汇集，孔口前泥沙在大流速水流的动力作用下，甚易发生溯源冲刷而形成冲刷漏斗。此冲刷漏斗的形成相当于在底孔前形成一个定期冲洗的沉沙池，能够拦蓄泥沙、沉草等，防止孔口淤堵和减少粗沙过机。

一、冲刷漏斗的形成及形态

当泄流底孔打开后，邻近孔口处的泥沙首先被冲走。随着库水位下降，孔口前形成较陡的水面比降，近孔水流流速很大。此时，淤积在孔前的泥沙堆积体坡度远大于泥沙水下休止角，于是泥沙塌落，发生溯源冲刷。冲刷由坝前逐渐向上游发展。随着冲刷向上游发展，冲刷强度逐渐减弱，直到与当时的水沙条件相适应后，溯源冲刷才停止，从而在孔口前形成稳定的冲刷漏斗。从打开闸门到形成冲刷漏斗，这一过程历时很短。从工程角度来看，漏斗形成过程并不重要，重要的是它的形态和尺寸。

坝前冲刷漏斗的平面形态可以概化成如图 9-10（a）所示，平面形态呈半椭圆形，大漏斗中套着小漏斗。

图 9-10（b）为冲刷漏斗纵剖面形态示意图。漏斗纵坡为一条上凸曲线，一般是由两个以上的多级坡度所组成，越靠近孔口，坡度越陡，远离孔口，坡度则缓。靠近孔口、坡度较陡的这一段称为小漏斗，小漏斗一般在距坝 50～100m 范围内。孔口前有一冲刷平段，平段上一般有明显的冲刷坑，最深点在孔口底部之下。小漏斗是在溯源冲刷作用下，一次拉沙形成的，所以坡度较陡。大漏斗范围一般不超过 500m。大漏斗是在溯源冲刷和沿程冲刷共同作用下，多年拉沙

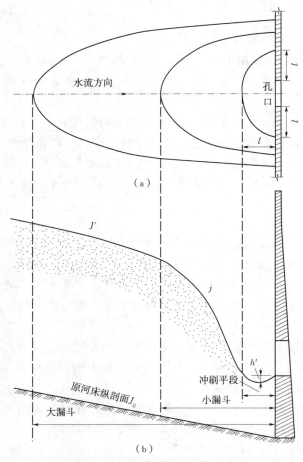

图 9-10　坝前冲刷漏斗概化示意图
（a）平面形态；（b）纵剖面

形成的，坡度缓于溯源冲刷坡度，又大于沿程冲刷坡度。大漏斗对小漏斗有一定的保护作用，一旦大漏斗塌滑，将直接威胁小漏斗的稳定。

冲刷漏斗横断面形态是，中间冲刷深度比两侧深，这是因为中间流速比两侧流速大。漏斗的横坡主要受底孔孔口两侧地形和邻孔泄流干扰的影响。距孔口越远，横坡就越缓。

二、影响冲刷漏斗形态和尺寸的因素

坝前冲刷漏斗的形态和尺寸主要受以下因素影响。

1. 坝区地形的影响

坝前冲刷漏斗的平面形态同坝区河道地形密切相关。若坝区河道地形为顺直河段，漏斗形态顺水流方向发展较充分，垂直水流方向的发展受岸边或邻孔的限制。孔口两侧水下地形基本对称，孔前冲刷漏斗的平面形态多呈半椭圆形，如图 9－10（a）所示。若坝区河道地形为弯曲河段，受环流影响，孔口两侧水下地形不对称，垂直于主流的两侧坡度不同，凹岸陡而凸岸缓，其平面形态如图 9－11 所示。

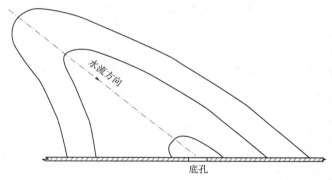

图 9－11　底孔侧向引水冲刷漏斗平面形态示意图

2. 水库运用方式的影响

水库运用方式对坝前冲刷漏斗形态和尺寸起重要作用。高水位泄流排沙时，坝前水位较高，坝前流速小，溯源冲刷强度低，冲刷漏斗的纵向坡度较陡。低水位泄流排沙时，尤其是泄空拉沙，坝前水位较低，流速大，在泄流过程中坝前产生强烈的溯源冲刷，冲刷漏斗的纵向坡度较缓。坝前水位越高，冲刷漏斗的纵向坡度越陡。冲刷漏斗的纵向坡度随坝前水位降低而变缓，而横向坡度则一般变化不明显。

3. 泄流底孔布置形式及泄流规模的影响

水库泄流底孔布置方式及其泄流规模的大小对坝前冲刷漏斗形态和尺寸有着重大影响，它与水库运用方式相配合，对坝前冲刷漏斗形态和尺寸起控制性的作用。

图 9－12 是黄河龙口水电站重力坝上游立视图。为减轻泥沙淤积对电站安全运行的影响以及排泄水库泥沙，在电站进水口下分散设置排沙孔；在右岸一侧集中布置泄流排沙底孔。这种泄流排沙底孔布置形式是黄河上游诸多水电站采用的一种典型布置形式，像万家寨、沙坡头、青铜峡等均为类似布置。在电站进水口下设置排沙孔的目的是，在电站进水口附近形成局部冲刷漏斗地形，保持电站进水口前"门前清"，避免泥沙和杂草对电站的危害。布置在岸边泄流排沙底孔的作用是泄洪、冲沙和拉沙、保持水库长期使用库容。

根据模型试验结果看（徐国宾等，1997），该电站进水口下的每个排沙孔前都会形成

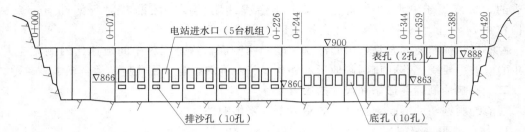

图 9-12 黄河龙口水电站枢纽建筑物上游立视图

一个冲刷漏斗，而且横向上彼此相连通，但在靠近孔口前，孔口与孔口之间存在一个沙坎，形成锯齿地形，这一点从冲刷漏斗横断面图（图 9-13）中可以明显看出，由于排沙孔的泄流规模小，形成的冲刷漏斗容积较小，漏斗的纵向坡度较陡，孔口前也无平段，如图 9-14（a）所示。在右岸集中布置的泄流排沙底孔泄流规模大，孔口前流速很大，所以冲刷漏斗容积也大。而且在横向上彼此相互贯通，不像排沙孔那样，在孔口前形成锯齿形地形。孔口前约 10m 范围内为冲刷平段，其高程低于底孔进口高程，平段之后接漏斗纵坡段，其纵向坡度也缓于排沙孔，如图 9-14（b）所示。

由此可见，泄流底孔布置形式及泄流规模与冲刷漏斗的大小直接有关。实测资料表明随着泄量的增加，可以使冲刷漏斗的纵向坡度减缓。

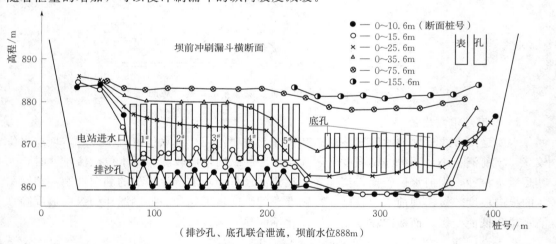

（排沙孔、底孔联合泄流，坝前水位 888m）

图 9-13 龙口水电站冲刷漏斗坝前横断面图

4. 坝前淤积物特性

坝前淤积物特性也是影响坝前冲刷漏斗形态和尺寸的重要因素。坝前淤积物特性对冲刷漏斗形态的影响主要表现为，淤积物粒径组成、干容重大小、淤积厚度。坝前淤积厚度小，干容重小，颗粒细，冲刷漏斗坡度较缓。反之，冲刷漏斗坡度就陡。

综上所述，影响冲刷漏斗尺寸和形态的主要因素是坝区地形、水库运用方式、水库底孔布置形式及泄流规模和坝前淤积物特性等。此外，来水来沙条件等因素对漏斗形态也有一定影响，但不是主要因素。

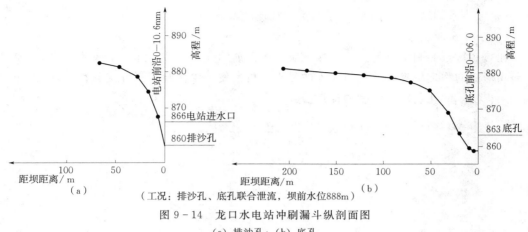

（工况：排沙孔、底孔联合泄流，坝前水位888m）

图 9 - 14　龙口水电站冲刷漏斗纵剖面图

（a）排沙孔；（b）底孔

三、冲刷漏斗形态和尺寸估算

（一）冲刷漏斗坡度

1. 大漏斗纵坡

这里所说的大漏斗纵坡是指小漏斗以上的纵坡（图 9 - 10），可用式（9 - 40）估算。

$$J' = kJ_o \tag{9-40}$$

式中：k 为系数，对于黄河，焦恩泽（2004）建议取 $k=1.6$；J_o 为原河床纵比降。

2. 小漏斗纵坡和横坡

小漏斗的纵坡是指顺水流方向的边坡，横坡是贴近孔口沿垂直于水流主流方向漏斗的侧向边坡。严镜海等（1980）收集了三门峡等近 10 座水库深水孔口门前局部水下地形资料及一些模型试验的资料，通过分析得出估算小漏斗顺水流边坡及侧向边坡经验公式如下：

顺水流边坡即纵坡

$$j = 0.235 - 0.063 \lg \frac{Qv}{v_{01}^2 H_s^2} \tag{9-41}$$

侧向边坡即横坡

$$m = 0.312 - 0.063 \lg \frac{Qv}{v_{01}^2 H_s^2} \tag{9-42}$$

式中：Q 为孔口平均泄流量，m^3/s，可通过调洪演算求得；v 为孔口平均流速，m/s；v_{01} 为水深 1.0m 时床沙起动流速，m/s；H_s 为孔口底板以上淤积厚度，m。

冲刷漏斗的大小可以用冲刷坑的边坡来衡量。冲刷漏斗纵坡越缓，漏斗的容积就越大。漏斗容积越大，对排沙、减少过机含沙量及粒径就越有利。冲刷漏斗横向坡度较纵向坡度陡。

（二）冲刷平段长度

成都勘测设计院科学研究所（1980）在进行龚嘴水电站底孔排沙的试验研究时，选用不同粒径、不同比重的数种模型沙进行试验，测出冲刷漏斗平段长度

$$l = \varphi \left(\frac{Q}{\sqrt{\frac{\rho_s - \rho}{\rho} g d_{50}}} \right)^{1/2} \tag{9-43}$$

式中：φ 为系数，测出龚嘴水电站 $\varphi=0.32$；d_{50} 为泥沙中值粒径，m；ρ_s 为泥沙密度，

kg/m^3；ρ 为水的密度，kg/m^3；g 为重力加速度，m/s^2。

（三）孔前冲刷深度

孔口底坎至冲刷坑底的高差称作冲刷深度。熊绍隆（1989）探讨了底孔前散体泥沙冲刷漏斗形成的物理机理，从孔前泥沙的受力分析出发，由试验和野外实测资料得到了可以用于工程实际的孔前冲刷深度的计算公式

$$h' = 0.0108 h_k \left[\frac{v^2}{\dfrac{\rho_s - \rho}{\rho} g d_{50} \xi} \sqrt{\frac{H - H_s}{h_k}} \right]^{0.63} \tag{9-44}$$

其中

$$\xi = 1 + 4.96 \times 10^{-6} \left(\frac{d_1}{d_{50}} \right)^{0.72} \frac{10 + H}{\dfrac{\rho_s - \rho}{\rho} d_{50}}$$

式中：H 为孔口底板以上水深，m；d_{50} 为泥沙中值粒径，m；d_1 为参考粒径，取 0.001m；v 为孔口平均流速，m/s；H_s 为孔口底板以上淤积厚度，m；h_k 为孔口高度，m；其他符号意义同前。

第六节　防治或减轻水库淤积的措施

防治水库淤积的措施，概括起来，不外乎"拦"（上游拦截，就地处理）、"排"（水库排沙，保持库容）、"清"（清除淤沙，恢复库容）等几方面的措施，现分述如下。

一、水库泥沙的拦截与合理利用

在水库上游加强水土保持工作，减少河流含沙量，是防治水库淤积的根本措施。对于流域面积不大的中小型水库，水土保持工程规模不大，且能与坡面和沟道治理工程结合起来，容易实施，也容易收益。除开展水土保持工作外，还可根据河流地形的特点，因地制宜地采取一些工程拦沙措施，以达到最大可能地减少入库泥沙。除此之外，还要给泥沙找出路，合理加以利用，变害为利。这里只简要介绍一些工程拦沙措施和"引洪淤灌""淤滩造地"等用沙措施。

（一）工程拦沙措施

1. 串（并）联水库

根据地形条件，修建串、并联水库，其中一座或多座水库主要用于滞洪拦沙，另一座水库主要用于蓄水，两库或多座水库联合调水调沙运用。

串联水库是在蓄水水库上游支流或干流上修建以拦沙为主的滞洪水库[图9-15（a）]，以减少进入蓄水水库的沙量，上游滞洪水库除了拦沙外，还可以通过下泄的水流冲刷蓄水水库淤积的泥沙。特别是当支流来沙所占比例大，而来水所占比例相对较小时，修建支流滞洪水库效果将更为显著。

并联水库是在流域面积小，植被较好，泥沙较少的支流上修建蓄水水库，而在相邻的另一条泥沙较多的河流上修建滞洪水库，并用输水隧洞把两库连接起来。清水由滞洪水库通过隧洞进入蓄水水库加以调蓄，汛期含沙量大的洪水则经滞洪水库缓洪后引入下游淤灌，如图9-15（b）所示。

2. 旁侧水库

根据河道周围具体地形条件，如在河流一侧的宽阔滩地或弯道处修建旁侧水库，如图9-16所示，对清浑水分而治之。当河水含沙量小时，通过引渠或直接将河水引入水库；当汛期河水含沙量大时，则沿河道或引渠下泄，避开含沙量大的河水入库，这样可大幅度减少水库的淤积。水库进口最好设活动叠梁或橡胶坝，以便汛期能引取河道表层清水。

（二）"引洪淤灌"和"淤滩造地"

在多沙河流上，除了采取以上工程措施拦截泥沙外，还要在水库的上下游，广

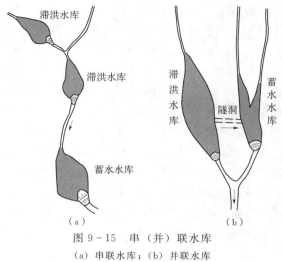

图9-15　串（并）联水库

（a）串联水库；（b）并联水库

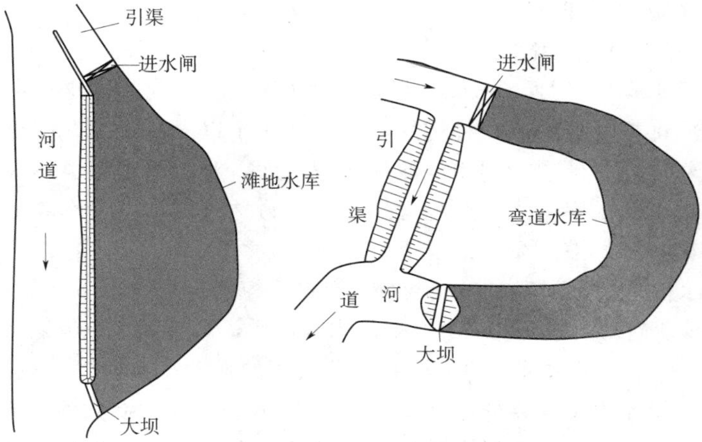

图9-16　旁侧水库

泛开展"引洪淤灌"和"淤滩造地"用沙措施，把拦沙与用沙结合起来，变沙害为沙利。

1. 引洪淤灌

"引洪淤灌"就是直接将浑水引入农田淤灌，在我国已有2000多年的历史。"引洪淤灌"一方面可以就地消化出库泥沙，减轻下游河道泥沙负担；另一方面，洪水挟带的泥沙有粗有细，有利于改良土壤结构和改造盐碱地，同时浑水中含有大量的氮、磷、钾和有机肥料，对提高土地肥力也十分有利。

2. 淤滩造地

在水库的上下游，选择合适地形，引洪放淤，淤滩造地，清水则退回河道。这样，既能扩大耕地面积，又能降低河水含沙量，大大减少入库泥沙，减轻水库淤积。

二、制定合理的水库排沙运用方式

水力排沙包括将随本次洪水进入水库的泥沙尽可能多地排走，并将前期淤积下来的泥沙尽可能多地冲走两方面的内容。在水库的规划设计中，应根据具体情况，制定合理的水

库排沙运用方式，并配置相应的泄流排沙设施，进行水力排沙，以减少水库淤积，延长水库寿命，是非常重要的。水库排沙运用方式有蓄清排浑运用、异重流排沙和浑水水库排沙等多种，下面予以简要介绍。

1. 蓄清排浑运用

"蓄清排浑"运用是指水库在汛期含沙量较高时设置排沙期，在排沙期水库降低水位运用或泄空水库，尽量将泥沙排出库外，以减轻水库淤积；非汛期含沙量较低时，则拦蓄径流，蓄水兴利。这种运用方式的特点是能够对水沙进行综合调节，既能调节径流，又能将非汛期淤积的泥沙调节在排沙期集中排出库外，大大延长了水库使用寿命。"蓄清排浑"运用方式可以灵活多样，但它们明显标志是都具有排沙期。排沙期起止日期及长短根据各水库具体情况而定，可能各不相同。通过排沙，力争使水库在年内或一定时期内冲淤达到基本平衡，以求长期保持一定的有效库容。我国多沙河流水库目前已广泛采用蓄清排浑运用方式。根据排沙期泥沙调节的不同形式，"蓄清排浑"运用方式主要有以下几种基本形式。

（1）空库迎洪运用。水库在汛期某段时间内保持空库迎洪，并利用泄空过程中坝前水位降落所引起的溯源冲刷和沿程冲刷，加大排沙力度，把前期淤在河槽的泥沙排出库外。因此，利用汛期空库迎洪运用方式往往能得到较好的排沙效果。空库持续时间即为排沙期。空库期间，洪水穿库而过，水库对洪水仅起缓滞作用。当然，这种空库迎洪的运用方式不是所有的水库都能采取的，这种运用方式只适用于以灌溉为主的中小型水库，因为汛期多雨季节，农作物经常停灌，利用停灌期泄空水库，对灌溉影响也不太大。我国北方许多以灌溉为主的中小型水库多采用此种运用方式。另外还可结合水库放空，考虑对排出的泥沙加以利用，如引洪淤灌、淤滩造地等。

（2）汛期低水位运用。水库在整个汛期降低水位控制运用，汛后恢复正常蓄水位运用。这种运用方式的排沙期为整个汛期，当汛期洪水入库后，由于库水位较低，库内水流仍具有一定的流速，能够将本次洪水携带的泥沙和前期淤积的泥沙排出库外。汛期运用水位越低，则排沙效果越好，但库水位的降低还受到各种兴利用水要求的制约。对于综合利用水库，汛期低水位的选择，不仅要考虑排沙要求，而且要考虑兴利用水要求，如发电要求保持一定的水头，灌溉引水要求一定的水位等。汛期降低水位运用会损失一部分水头和水量，造成一定的经济效益损失。但这种运用方式适用性较强，大、中、小型水库均可运用。

（3）汛期控制蓄洪运用。水库在汛期仍保持正常蓄水位运用，以提高水库兴利效益，当出现含沙量较高的入库洪水时，才相机降低库水位排沙。对于调节能力低，泄流规模大，汛期来沙主要集中于几场较大洪水的水库，特别对有水沙预报条件的水库，采用这种运用方式是非常有利的。如黄河青铜峡水库 1972—1976 年间采取汛期低水位运行方式：非汛期库水位为 1156m，汛期库水位降低至 1154m 运行。为了利用汛期富余水量多发电，自 1977 年开始转入汛期控制蓄洪运用方式，即库水位常年运行在 1156m，仅在上游来较大的洪水和沙量时相机降低库水位进行排沙，另外在汛末放空水库集中拉沙。

以上为水库"蓄清排浑"运用方式的几种基本形式，当然还有其他一些形式，这些形式可以单独运用，也可以组合运用，原则是利用尽可能少的水量多排沙。

2. 异重流排沙

水库异重流排沙的特点是，开始时出库水流含沙量大，排沙效率较高，但持续一段时间洪峰降落后，出库水流含沙量就会逐渐下降，排沙效率也随之降低。因此，为提高异重流排沙效率，当异重流到达坝前时，应及时开闸，并加大出库泄量，洪峰降落后则应逐渐关闸减少出库泄量。根据一些水库的经验，异重流到达坝前时能否及时打开底孔，对异重流排沙效率影响很大。如果底孔提前打开，出库水流含沙量低，会造成水资源的浪费；如果底孔打开较迟，异重流在坝前就会受阻扩散，在水库下层形成浑水体，这部分浑水体若不能及时排走，泥沙就会落淤在坝前。由于异重流排沙不需要降低库水位，而且排沙效率高、成本低，所以国内外一些有条件的水库在汛期都尽可能地来利用异重流排沙。

3. 浑水水库排沙

当异重流运动到坝前，泄流排沙底孔未能及时打开，或入库洪水流量超过出库洪水流量时，就会在水库清水的下层形成浑水体，这部分浑水体称为浑水水库。由于浑水中的泥沙沉速较小，浑水水库可以维持较长一段时间。若抓住此有利时机，打开泄流排沙底孔可将下层含沙量较高的浑水排出水库，这种排沙方式称为浑水水库排沙。

三、采用水力、工程措施清除库内淤沙

1. 泄空冲沙

对于某些允许泄空的水库，可以在汛期将水库泄空，利用水库泄空时产生的沿程冲刷和溯源冲刷将库内淤沙冲出。在水库泄空过程中，回水末端将逐渐向坝前移动，因而原来淤积的泥沙也将因回水的下移而发生冲刷，特别是在水库泄空的最后阶段突然加大泄量，则冲刷效果将更加显著，这种排沙方式称为泄空排沙。

水库泄空排沙通过两种方式进行：①在回水末端上游的沿程冲刷；②当水库水位下降到低于三角洲顶坡时产生的溯源冲刷。沿程冲刷的特点是：冲刷时间长，冲刷强度弱，主要发生在回水末端附近，对于清除水库尾部的淤积有比较显著的作用。溯源冲刷的特点则是：冲刷过程发展快，强度大，如系锥体淤积，则首先发生在坝前；如系三角洲淤积，则首先发生在三角洲顶点附近，然后向上游发展。

泄空冲刷所产生的沿程冲刷和溯源冲刷，两者是联合作用的。沿程冲刷消除回水末端的淤积，将泥沙带到下段淤积；溯源冲刷则将沿程冲刷带来的泥沙冲走，并逐渐向上游发展，改变上游的水力条件，使冲刷继续发展下去。

泄空排沙的特点是含沙量由小变大。即开始泄空时，出库含沙量较小；随着冲刷的发展，出库含沙量逐渐增大，冲刷发展更加剧烈。可见泄空排沙后期的排沙效果是较好的，如果同时加大下泄流量，排沙效果会更好。

泄空排沙的效果还与淤积泥沙的特性有关。淤积泥沙的黏性小，不易固结，或泥沙尚未充分固结时，及时泄空排沙，则排沙效率高。

利用水库泄空时产生的沿程冲刷和溯源冲刷将库内淤沙冲出。如果泄空的同时，再辅以人工或机械措施，则拉沙效果更好。水库泄空过程中，利用人工或机械将主槽两侧的泥沙推进主槽，或在主槽内进行人工或机械搅动，使泥沙随水流泄走，加大水库的排沙量。这对小型水库来说，也是一种行之有效的办法。

2. 基流冲沙

水库泄空后，继续敞洪运用，让河道基流冲刷库区主槽，冲沙效果也非常显著。

3. 横向冲蚀

水库淤积一般形成高滩深槽，滩地淤积往往占去大部分库容，采用水力排沙的方法难以恢复这一滩地库容；依靠机械清淤，成本昂贵，中小型水库难以负担。而横向冲蚀就是专门恢复滩地库容的技术。

横向冲蚀就是在水库泄空后或低水位运用时，依靠辅助工程设施引河水至库岸一定高程，利用较大的水头落差，冲刷滩地淤沙。横向冲蚀设施主要包括：临时渠首、输水渠和横向引渠等（图9-17）。

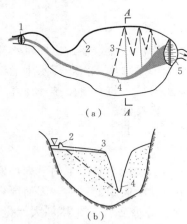

图9-17 横向冲蚀布置示意图
（a）平面布置；（b）A—A剖面
1—临时渠首；2—输水渠；3—横向引渠；
4—主槽；5—挡水坝

横向冲蚀具有以下特点：①能够恢复滩库容；②排沙效率较高；③成本低廉。所以，横向冲蚀尤其适用于恢复滩库容或死库复活。

4. 虹吸清淤

在水库库区与泄流排沙底孔之间架设一条虹吸管道，利用虹吸原理，将库内淤沙通过管道排出水库，如图9-18所示。

虹吸清淤设备主要包括吸头、输泥管道、抽气管、作业船等。

（1）吸头。吸头安装在输泥管的上游端，其作用主要有两个：一是搅泥；二是吸泥。按粉碎淤泥的方式，分为冲吸式吸头与绞吸式吸头。前者是依靠高压水枪喷射，冲击粉碎淤泥；后者是依靠安装在吸口处绞刀切削粉碎淤泥。冲吸式结构简单，适于黏性小的沙土床面。绞吸式结构较复杂，但对板结密实的淤泥层仍然有效。

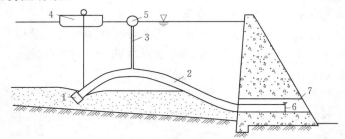

图9-18 虹吸清淤示意图
1—吸头；2—输泥管道；3—抽气管；4—作业船；5—浮筒；6—阀门；7—底孔

（2）输泥管道。输泥管道一般由橡胶管等柔性材料构成，敷设在水中，由浮筒悬吊。输泥管道一般应满足以下3个条件：①在管道放空时，不致在外力作用下被压扁；②保持一定柔性，易于移动位置；③分段连接，易于伸长和缩短。

（3）抽气管。虹吸管道在开始输泥前需要抽气充水，故在管道的驼峰部位设置抽气管，用真空泵排除虹吸管内的空气，形成真空虹吸；停止输泥时，可利用真空泵充气以破坏真空。管道出口处应设阀门，控制排沙流速，并在管道抽气充水时用于封闭管道。

（4）作业船。作业船主要作用是拖曳吸头在水下移动，并根据要求控制吸头工作。

虹吸清淤具有以下特点：①适用范围广，只要水库底部设有泄流底孔，均可采用；②不需要泄空水库，提高了供水保证率，并有利于水产养殖；③排泥费用较低。

虹吸清淤主要用于坝前段的淤积清除，而不适用于远离坝址的库区段淤积清除。

5. 气力泵清淤

气力泵是一种以压缩空气为动力的清淤装置，主要组成部分包括气力泵、空气分配器、空气压缩机。辅助部件包括悬吊系统、移船系统、操作室、输泥管道等。

利用气力泵清淤时，先将泵体下落到泥沙淤积面，开动泵体下部铰刀，在泵体周围产生高浓度泥浆，在库水压力作用下，泥浆被压入泵体，然后将压缩空气送入泵体，使泥浆通过与泵体连接的管道输送到指定地点（图9-19）。

气力泵清淤具有以下优点：①机械磨损小；②排泥浓度高，清淤浓度一般可达50%～80%（体积比）；③造价低、运行费用小；④挖泥时的水深不受限制；⑤体积小、操作灵活。

气力泵可以装到船上工作，也可在清淤现场利用设置在岸上的起吊机械操作运行。

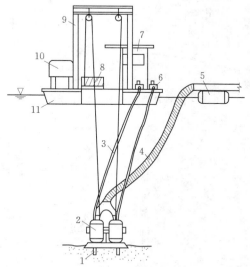

图9-19　气力泵清淤示意图

1—铰刀；2—泵体；3—进气管；4—输泥胶管；
5—浮筒；6—电磁阀；7—电气操作室；8—卷扬机；
9—门架；10—空压机；11—船体

气力泵体积小，泵体直径一般小于5m，所到之处均可进行清淤。由于气力泵体积较小、操作灵活，特别适用于水库底孔、放水闸、电站进水口附近狭窄水域的深水处清淤，防止闸前泥沙淤堵。

6. 挖泥船清淤

挖泥船是集土方挖掘施工各个工艺环节于一身的土方施工机械。挖泥船根据工作原理和输送方式，可分为机械式和水力式两大类。机械式挖泥船又可分为链斗式、抓斗式、铲斗式、轮斗式等。水力式挖泥船主要分为吸扬式、铰吸式。

机械式挖泥船一般适用于水深不太大的水库清淤。水力式挖泥船可用于水深较大的水库清淤，如现有的铰吸式挖泥船最大挖深可达150～200m。利用挖泥船清除库内淤沙，不影响水库正常运用，并机动灵活，可清除库内任何部位泥沙。

7. 排沙廊（管）道排沙

排沙廊（管）道一端与排沙底孔进口相连通，另一端向上游延伸，并设支廊（管）道（图9-20）。主廊（管）道和支廊（管）道侧面或顶部设若干个吸沙孔。整个廊（管）道呈向上翘的弧形或L形，上游端高出预期的泥沙淤积面，作为进水口（图9-21）。当排沙底孔泄水排沙时，在上下游水位差的作用下即可自动将淤积在吸沙孔附近的泥沙吸进廊（管）道，排往下游河道中。从而使坝前的冲刷漏斗沿廊（管）道延伸，扩大了坝前排沙范围。

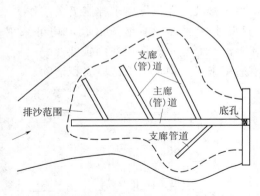

图 9-20　排沙廊（管）道平面布置

库内有压排沙廊（管）道具有如下优点：①排沙效率高：库内有压排沙廊（管）道充分利用了水库的高水头，在廊（管）道中形成高速水流，借助水流在廊（管）道中形成的负压吸力作用，扰动并吸引廊（管）道外的泥沙，使泥沙在重力和吸力作用下不断进入吸沙孔，排到下游；②扩大了坝前排沙范围；③相对机械清淤方式更为经济，运行成本低；④结构简单，控制便利，依靠底孔出口的闸阀等装置即可控制排沙流速，使廊（管）道安全运行。

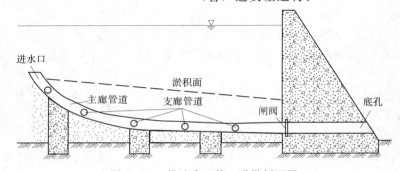

图 9-21　排沙廊（管）道纵剖面图

第七节　水库下游河道冲淤变化

天然河流上修建水库之后，改变了水库下游河道的水沙过程，破坏了原河流的相对平衡状态，下游河床将进行再造床过程。再造床过程将随着距坝距离和时间的推移而逐渐减弱，至一定距离和时间以后又重新恢复平衡。我们也可以利用水库修建以后，下游河床将进行再造床过程这一规律，通过水库合理调水调沙，形成有利于下游河势改善的出库水沙搭配，使下游河道向好的河势方向演变发展。

一、水库不同运用方式对下游河道冲淤的影响

因各水库具体条件的差异，所采用的运用方式也各不相同。水库的运用方式不同，就会产生不同的出库水沙过程，所以对下游河道冲淤影响也有所不同。一般情况下，修建在少沙河流上的水库多采用蓄水运用方式；多沙河流上的水库多采用蓄清排浑运用方式或异重流排沙；对于担负下游防洪任务的水库多采用滞洪运用方式。此外，水库的运用方式从建成初期到后期运用阶段，并不是一成不变的，可能会在不同的阶段采用不同的运用方式。

如黄河三门峡水库 1960 年 9 月—1962 年 3 月采用蓄水拦沙运用方式，大量泥沙淤积在库内，水库下泄清水，下游河道发生冲刷。在此期间，水库在汛期曾排泄异重流，因异重流排泄的泥沙颗粒较细，属于下游河道的冲泻质，所以一般不参与造床活动。1962 年 3 月—1964 年 10 月改为滞洪排沙运用后，因拦沙库容尚未淤满，再加上没有足够的泄流设施，出库泥沙仍很少且较细，下游河道继续处于冲刷状态。所以，在分析讨论三门峡水库下游河道冲淤变化时，常把蓄水拦沙期和滞洪排沙期统一作为下泄清水期来考虑。1973 年 11 月开始采用蓄清排浑运用方式，下游河道的冲刷或淤积随出库水沙条件而异（潘贤娣等，2006）。再比如，汉江丹江口水库于 1959 年 12 月截流至今，经历了不同的运用阶段：1960—1967 年为水库滞洪运用阶段；1968 年至今为蓄水运用阶段。

对于采用蓄水运用方式的水库，由于水库的拦沙作用，出库沙量锐减，水库下泄的基本上是清水。所以，下游河道以冲刷为主，通过冲刷重新建立新的平衡。这样的一个冲刷下切过程也是河床全面调整的一个过程，包括床沙粗化、断面形态和纵比降的调整，甚至河型转化都有可能。这种调整逐渐从大坝向下游发展，并影响到较长的一段河段。

滞洪运用的水库一般不蓄水，而是以削减下游洪峰、解除下游防洪威胁为其主要目的。这类水库一般都具有规模较大的泄流设施。在上游洪峰到来时，水库壅水滞洪，部分泥沙在库内落淤；洪峰过后，水库迅速腾空，随着坝前水位的降低，库区发生冲刷，前期落淤的泥沙被排出库外。水库滞洪排沙运用改变下泄流量与沙量过程线的对应关系。涨水期间下泄洪峰流量削平，含沙量显著降低，泄出的多为清水，而在降水阶段流量较小时，却通过溯源冲刷作用挟带大量泥沙出库，所增加的泥沙首先淤在下游河道主槽里，而且集中淤积在上段。滞洪阶段下泄的水流虽比较清，加大了主槽的冲刷，但这种冲刷在很多情况下表现为是把前期集中淤在上段的泥沙向下搬运。洪峰削平以后，水流漫滩的机遇减小，漫滩以后，又因水清不易落淤，甚至还会造成滩面的冲刷。

蓄清排浑水库的运用方式是在非汛期含沙量较小时抬高库水位蓄水运用；汛期含沙量较大时降低水位排沙。水库非汛期下泄清水，下游河道冲刷，但由于下泄流量较小，冲刷距离往往较短；汛期集中排泄洪水所带来的及前期蓄水阶段淤积在库内的泥沙，排出的泥沙淤积在下游河道主槽中。但蓄清排浑运用的水库，一般都备有规模较大的泄流排沙设施，通过加大下泄流量，可在一定程度上减轻下游河道的淤积。蓄清排浑水库与滞洪水库有一定差别，主要表现为蓄清排浑水库在非汛期处于蓄水状态，在此期间拦蓄在库内的泥沙将在汛期排出库外，而滞洪水库则除拦洪阶段以外，均处于自然状态。

对于以异重流形式排出的较细颗粒泥沙，除有少量淤积在边滩区、回流区和水流漫滩时淤积在滩面上外，对河床基本上不起淤积造床作用。

下游河道的冲淤与水库的冲淤有密切的关系，水库淤积时，下游河道冲刷；水库冲刷时，下游河道淤积。总体来说，修建水库后，下游河道有冲有淤，一般是上段冲，下段淤，但以冲为主。蓄水运用的水库，由于出库流量锐减，下泄的基本上是清水，下游河道处于冲刷状态，河床下切明显。而对于滞洪运用的水库和蓄清排浑运用的水库，在运行初期，因拦沙库容尚未淤满，拦截了上游的大部分来沙，下泄的水流处于非饱和输沙状态，下游河道也以冲刷为主。而后随着拦沙库容淤满，出库含沙量增加，下游河道开始回淤。但可以通过选择合适的出库流量，减少下游河道淤积或淤滩刷槽。所以，下面着重对冲刷所带来的一系列问题加以论述。

1. 坝下冲刷距离

坝下游河道的冲刷自上而下发展，往往达到很长距离，这个冲刷距离是指平均情况而言。冲刷距离受出库流量、含沙量大小，河床边界（包括床沙组成、比降等），冲刷历时，有无局部侵蚀基准面等因素的影响。随着出库流量的增大和历时的加长，以及河床泥沙补给的减少，冲刷距离不断地向下游延伸。下游河道局部侵蚀基准面可以有各种不同的形式。例如水库下游有支流汇入，带来的泥沙以冲积扇形式淤积在支流河口，形成局部侵蚀基准面；又例如水库下游河段有裸露的基岩以及卵砾石河床，对河段的冲刷起到控制作用。如果遇到局部侵蚀基准面，水库下游河床冲刷下切就要受到限制。

汉江丹江口水库于 1960 年滞洪运用，1968 年开始蓄水运用，在滞洪运用阶段冲刷已达碾盘山，全长 223km。蓄水运用后至 1972 年，冲刷已发展到距坝 465km 的仙桃。水库运用 13 年后，大坝至光化 26km 的河段已完全稳定，不再有泥沙补给。光化至太平店长 40km 的河段，也只在大洪水时河床才会冲刷。在太平店至襄阳 43km 的河段内，基本上只有推移质运动。1980 年 10 月实地查勘时，冲刷已遍布全长 617km 的下游河道（王荣新等，1999）。

黄河三门峡水库下泄清水期间，冲刷距离在很短的时间内就发展到距坝 900 多 km 的利津附近，利津以下由于河口处于神仙沟流路的后期，产生自河口向上发展的溯源淤积，限制了自上向下发展的沿程冲刷。在水库下泄清水的前 4 年，冲刷主要集中在距坝 449km 的高村以上河段，其冲刷量占下游河道冲刷量的 73%。

2. 床沙的粗化

在河床的冲刷过程中，由于水流的分选作用，较细的颗粒先被冲走，较粗的颗粒则留在床面上，因此床沙组成变粗，这就是床沙粗化现象。在一定的水力条件下，床沙粗化是逐步形成的。当粗化发展到一定程度时，在床面上就会形成一层起动流速大于当地水流平均流速的粗颗粒泥沙抗冲保护层，此时河床冲刷将完全停止。图 9-22 为渭河陕西宝鸡峡水库加坝加闸改造工程后，下游河段床沙粗化形成的保护层。抗冲保护层的形成，不仅在砂卵石组成的河床上出现，在粗、细沙组成的河床上也有出现。所不同的是前者由于粗细颗粒的起动流速相差较大，所形成的抗冲保护层比较稳固，而后者则由于粗细颗粒的起动流速相差较小，抗冲保护层一般不够稳定。河床冲刷过程中的分选作用是形成粗化层的主要原因。除此之外，在床沙表层逐渐粗化的过程中，由河床冲起的泥沙越来越粗，这种粗颗粒进入下游河段后，不一定能被当地水流所带动。这样，在距坝较远的河段，由上游带来的粗颗粒与床沙中细颗粒泥沙的交换，也会导致河床粗化。床沙的粗化，不仅使水流阻力增大，而且使细颗粒的补给量减小，使水流的挟沙能力减小。床沙粗化现象大体上可分为 4 种类型。

图 9-22 陕西宝鸡峡水库下游河段床沙粗化形成的保护层

第 1 种类型为卵石河床粗化。原始河

床为卵石，冲刷时，较小的卵石被陆续带走而剩下较粗颗粒的卵石。

第 2 种类型为沙质河床下伏卵石或碎石层，当水库下泄清水将表层床沙冲走以后，卵石层暴露导致河床急剧粗化，冲刷下切受到抑制。对于这种情况，冲刷前后的河床组成完全无类同之处。

第 3 种类型为卵石夹沙河床，在卵石中夹杂有粗沙。因卵石难以被水流冲动，随着河床的下切而聚集在河床表面，形成一层抗冲保护层，限制河床冲刷下切。

第 4 种类型为沙质河床，上下层比较一致，床沙颗粒组成又比较细，经过水库调节的水流，具有足够的流速可以带动全部泥沙。但是，由于水流挟带较细颗粒的能力一般大于挟带较粗颗粒的能力。这样，在冲刷过程中，细颗粒泥沙被带走的更多一些，日久之后河床仍会出现粗化。

如丹江口水库下游河道在冲刷过程中，全河长均有不同程度的粗化。自坝址至白马洞河段长 82km，建库前为沙质河床下伏卵石层河床，建库后经冲刷变为卵石河床。白马洞至宜城县红山头河段长 76km，建库前为卵石夹沙以沙质为主河床，冲刷后明显粗化，主要表现为沙质粗化和砾石、小卵石覆盖粗化。红山头至仙桃河段长 307km，建库前为沙质河床，冲刷后由于极细沙大量流失而粗化。仙桃至河口河段长 152km，建库前为细沙河床，受长江水位影响，建库后该段汛期因长江水位顶托而淤积，枯水期因长江水位下降而冲刷，从而导致汛期床沙变细，枯水期床沙变粗。

三门峡水库下游河道冲刷过程中，全河段均有不同程度的粗化。小浪底至白坡河段的卵石夹沙河床，水库下泄清水后，夹在卵石中间的细沙很快被冲走，床面剩下大小不同的卵石，形成抗冲保护层。白坡以下河段河床表层为沙质河床，底层为卵石层，越往下游卵石层高程越低。清水冲刷时，表层的细沙被冲走，卵石层出露。经过 4 年的冲刷，1964 年 10 月花园镇以上 30km 的细沙覆盖层在深槽部分全被冲走，露出卵石层，冲刷停止。花园口以上沙质河床河段的床面粗化主要是由于水流的分选作用，床面的细泥沙被冲走，留下较粗的泥沙，由于冲刷强度大，粗化发展得很快。铁谢至官庄峪河段，经过一年的冲刷，河床就已粗化。而花园口以下沙质河床河段在冲刷过程中，一方面由于水流的分选作用，细颗粒比粗颗粒冲走得多，同时还由于下游河道比降上陡下缓，沿程比降逐渐减小，水流从上河段带来的一部分较粗颗粒的泥沙落淤下来，通过悬沙与床沙的交换而发生粗化。

3. 断面形态和纵比降的调整

断面形态调整包括纵向下切和横向展宽两个方面。由于水库的调节作用使下泄流量趋于均匀化，造床流量减小。这样，一部分建库前能上水的河漫滩将不再上水。如果滩岸具有一定的抗冲性，不致在清水冲刷中迅速坍塌后退，水流以纵向侵蚀为主。水流的纵向侵蚀作用将使断面趋向于窄深，宽深比减小。但若主流发生横向摆动，将造成滩岸的坍塌，主槽展宽。这样，水库下泄清水以后将会有两种不同的因素在起作用。一方面在纵向，水流的纵向侵蚀能力使河槽下切，河床粗化、比降调平，则起着阻止或减小下切的作用；另一方面在横向，主流的摆动和河弯的发展及清水冲刷都会引起河槽的展宽，而河岸的抗冲能力则起着抑制作用。在这里，始终是水流的作用力与河底和河岸的反作用力的对比决定着河床形态的最终发展结果。

在水库下泄清水冲刷时，这两种因素都起作用，影响这两种因素作用的主要有以下几方面。

（1）河底和滩岸的抗冲性能的差异。如两岸的抗冲性能大，主流摆动受到限制，则河床将以下切为主。

（2）水库运用方式。如出库流量控制在平滩流量以下，则河床就容易下切；反之，如经常漫滩，则使河床展宽的因素将会增长。

（3）河段位置。由于水库下游冲刷是自上而下发展的，在冲刷强烈的河段，下切因素起的作用较大；微冲河段的展宽作用有所加强；到下游冲刷没有达到的河段，主要是展宽因素起作用。因此水库下游河道自上而下，可能由窄深逐渐向宽浅发展。

在断面形态调整的同时，纵比降也会相应地调整。在一般情况下，只要河床为可冲刷的沙质组成，则随冲刷的发展，纵比降将随之减缓，使挟沙能力降低，冲刷减弱，趋于平衡。但在河床形成抗冲的保护层以后，河床冲刷幅度较小，加上冲刷距离很长，比降调平不甚明显。有时，河床粗化、加大阻力的影响起到了调平比降、减低挟沙能力的影响。有的河段，在建库以后，比降不但未调平，反有增陡的现象。这是因为河床表层以下有一层较陡的卵石层，当卵石层露头后，促使比降变陡。

4. 河势变化和河型转化

水库蓄水运用后，改变了下游河道的水沙条件，引起河床组成、河道断面形态、纵比降重新调整，导致河势发生变化。

河势变化能否导致河型转化发生？河型转化主要是受内因和外因共同制约的结果。内因就是河道水流熵产生或能耗率有趋于最小值倾向。外因是约束水流的各种外界条件，这些外界条件除了来水来沙条件外，还包括组成河岸和河底边界物质的相对可动性。而对河型转化影响最大的外界条件是组成河岸和河底边界物质的相对可动性，其次是来水条件，来沙条件对河型影响相对较小。水库的修建只是改变了下游河道来水来沙条件，除非人为干涉，并没有改变组成河岸和河底边界物质的相对可动性。所以，在未修建整治工程而人为改变河岸和河底边界物质的相对可动性情况下，下游河型转化能否发生，值得怀疑。

因河型的转化需要长时间的作用才能完成，迄今因修建水库引起下游河型转化的实例还未见诸报道。一般地说，修建水库以后来水来沙条件的变化是有利于下游河道朝着较为稳定的方向转化的。流量过程的调平和比降的减缓，将使河道的输沙强度减弱；下泄沙量的减少将避免河道堆积抬高甚至转为侵蚀下切；滩槽高差的加大和床沙的粗化，将增加河床的抗冲能力，这些都是有利于削弱河床演变强度的。基于这种分析，可以通过对水库进行合理调度，调节出库水沙过程，同时通过沿河修建各类整治建筑物人为改变河岸和河底边界物质的相对可动性，来促使水库下游河道向比较稳定的河型方向转化。

丹江口水库下游河道演变趋势表明了冲刷对河势的影响。坝址以下河道，在建库前系堆积性河道，河槽宽浅，流路散乱，沙洲密布，支汊纵横。建库后，河床演变的特征是水流归槽，支汊堵塞，逐渐形成新的弯道，总的趋势是由散乱逐步归顺。

5. 对下游堤防、桥梁墩台和航道等的影响

河床冲刷下切，使下游河道冲深，趋于稳定，这点是对防洪是有利的。但在下泄清水的初期，河床调整变化十分剧烈，堤岸防护工程、河道整治及引水工程的布局与变化较大的水沙条件不相适应，因此也会带来一些新的问题。

　　如河床冲刷下切，引起护岸工程、桥梁墩台基础埋深不够而可能导致破坏，并使沿岸原有取水口引水困难。所以，位于水库下游的护岸工程、桥墩基础埋深除了考虑一般河床演变冲刷变形外，还应考虑河床冲刷下切引起的冲刷深度并加以防护。河床冲刷下切后，下游河道冲深，航道水深增加，是有利于航运的。

　　水库的调节作用使下泄流量过程趋于均匀化，减少了堤岸漫决的机会，但在长期的中水流量作用下，水流集中顶冲淘刷一处的机会增多，滩地坍塌以后，使主流靠近堤岸，增加了主流冲刷堤脚的威胁。

二、水库调水调沙运用对下游河道冲淤的影响

　　前面介绍了修建水库以后，下游河道可能发生的冲淤变化，以及由于冲刷所带来的一系列问题。在掌握了这些规律以后，我们可以通过水库调水调沙，使出库水沙关系协调搭配，促使下游河道朝好的河势方向发展。下面以黄河下游调水调沙为例，论述水库调水调沙运用对下游河道冲淤变化的影响。

　　黄河的主要症结在于"水少沙多，水沙不平衡"。对于黄河下游来说，调水调沙的目的是：在充分考虑黄河下游河道输沙能力的前提下，利用水库的调节库容，多库联调，对水沙进行有效的控制和调节，适时蓄存或泄放，调整出库水沙过程，使下游不适应的水沙过程尽可能协调，以便于输送泥沙，从而减轻下游河道淤积，甚至达到冲刷效果，实现下游河床不抬高的目标。

　　黄河调水调沙针对不同的水沙情势及调控目标，确立了3种调水调沙基本模式（李国英等，2011），即：①以小浪底水库单库调度为主；②基于大尺度空间水沙对接调度；③基于干流水库群联合调度。参与调度的水库及下游河道平面位置示意如图9-23所示。

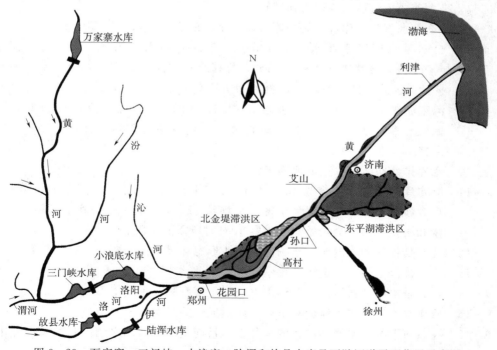

图9-23　万家寨、三门峡、小浪底、陆浑和故县水库及下游河道平面位置示意图

黄河调水调沙经过多年实践，取得了预期效果，对于下游河道来说，主要表现在：

（1）黄河下游主槽实现全线冲刷。黄河调水调沙自 2002 年开始以来，由于下游调控流量确定合理，黄河下游不仅没有出现"上冲下淤"的不利现象，反而实现了小浪底水库以下主河槽的全线持续冲刷，下游河道主河槽平均下降 1.5m。彻底消除了人们普遍担心的"冲河南、淤山东"河段的疑虑。

（2）下游河槽形态得到调整，行洪能力和输沙能力普遍提高。经过连续多年的调水调沙，下游主河槽得以刷深和拓宽，主河槽的平滩流量由调水调沙前的 1800m³/s 恢复到 2010 年的 4000m³/s，有效增大了主河槽的过流能力，改善了下游河道输沙条件，促使下游河道朝好的河势方向发展。

（3）改善了河口生态，增加了湿地面积。由于 20 世纪黄河的多次断流，使黄河河口湿地日益萎缩。通过调水调沙，不但保障了黄河不断流，而且增加了河口湿地面积，改善了河口地区生态环境，使生物多样性日渐丰富。

习　　题

9-1　修建水库后对上游河道会造成哪些影响？

9-2　水库纵向基本淤积形态有几种？它们的淤积特点是什么？

9-3　什么是水库泥沙淤积上延？论述水库泥沙淤积上延的危害性。

9-4　影响水库淤积上延的因素都有哪些？

9-5　什么是水库异重流？异重流的主要特点是什么？异重流的持续条件有哪些？

9-6　利用水库异重流排沙有哪些优势？

9-7　高含沙异重流运动规律有何特点？

9-8　什么是水库终极库容？终极库容淤积平衡的主要标志是什么？

9-9　已知某水库正常蓄水位为 1955m，汛期限制水位为 1930m，造床流量为 600m³/s，悬移质 $d_{50}=0.02$mm，悬移质平均含沙量 $S=2.46$kg/m³，张瑞瑾挟沙力公式中的系数和指数分别为 $K=0.10$、$m=0.54$，水库淤积平衡后的河床糙率 $n=0.007$，河相系数 $\zeta=3.2$，水的运动黏滞系数 $\nu=0.0101$cm²/s。如果不考虑滩库容，设边坡近似直立，估算该水库达到冲淤平衡后的终极库容。

9-10　水库排沙期运行水位如何确定？

9-11　某水库初始兴利库容为 1000 万 m³，年平均入库水量 2000 万 m³，年平均入库含沙量 10kg/m³，淤沙干密度平均约 1200kg/m³。试估算水库年平均淤积量和淤积到库容为初始兴利库容 10% 时所需的年限。

9-12　什么是坝前冲刷漏斗？影响冲刷漏斗形态和尺寸的主要因素有哪些？

9-13　水库排沙运用方式主要有哪些？

9-14　什么是水库"蓄清排浑"运用方式？主要有哪几种基本形式？

9-15　修建水库后清水下泄会对下游河床造成哪些影响？

9-16　在黄河下游调水调沙的目的是什么？目前黄河下游调水调沙基本模式有几种？

第十章　河流模拟理论基础

河流在自然情况下以及在修建工程后所发生的演变过程，会对人类的日常活动产生巨大的影响，因此有必要对这一演变过程做出研究预测，以此作为制订整治工程规划并进一步控制演变过程的依据。河流模拟是对河流演变过程做出预测的重要手段。河流模拟包括数学模型和物理模型（谢鉴衡，1990），两者各有特色。数学模型计算，周期短、费用省，而且不存在比尺效应。但由于河道水流泥沙运动规律非常复杂，在目前还不能完全依靠数学模型计算，得到满意的预测结果，而不的不依赖物理模型试验。与数学模型相比，物理模型的优点是轻而易举地避开了一切数学处理上的困难，即使是复杂的三维问题，在这里也不难解决。而缺点是周期长、费用高而且存在比尺效应。正因为如此，有时将物理模型和数学模型结合在一起，利用物理模型模拟近区（或细节）问题，而利用数学模型模拟远区问题，这样可以使两者取长补短、相辅相成。本章主要介绍河流数学模型和物理模型等内容。

第一节　河流数学模型

一、河流数学模型类型

河流数学模型可分为以下几种。

（1）水流模型和泥沙模型。水流模型仅考虑水流运动不涉及泥沙运动，因此只需求解水流连续方程和运动方程，计算结果为河道水面线和流速分布。而泥沙模型不仅考虑水流运动而且要考虑泥沙运动，所以，除了求解水流连续方程和运动方程外，还要求解泥沙连续方程和河床变形方程，计算结果除了给出河道水面线和流速分布外，还可以给出河床变形、含沙量分布等。

（2）悬移质模型、推移质模型和全沙模型。泥沙模型按照所模拟的泥沙运动状态，可分为仅模拟悬移质运动的悬移质模型，仅模拟推移质运动的推移质模型及同时模拟悬移质与推移质运动的全沙模型。

（3）饱和输沙模型和非饱和输沙模型。泥沙模型按照水流中的泥沙输移量是否饱和，又可分为饱和输沙模型和非饱和输沙模型（又称不平衡输沙模型）。悬移质运动一般多采用非饱和输沙模型计算，推移质运动一般多采用饱和输沙模型计算。这是因为水流中的悬移质泥沙经常处于非饱和运动状态，而推移质泥沙达到饱和输沙运动状态速度较快，可采用饱和输沙模型计算。

（4）一维模型、二维模型和三维模型。河道水沙运动具有三维性质，但在模拟计算中，为了便于求解，往往进行一些简化。按对空间坐标简化程度，可分为一维模型、二维模型和三维模型。一维模型多用于长时段、长河段粗略计算，二维模型多用于短时段、短河段较精细计算，三维模型多用于局部河段的精细计算。对同一计算区域，可采用不同维数的模型计算，以发挥各自模型的优势。如开阔水域，库区、口外海域采用平面二维模型计算，河道采用一维模型计算，形成一维、二维相嵌模型。这样既具有一维模型的快速简便，又能获得平面大范围区域的细部信息，但这样做需要注意做好不同维数模型交界面处理。

（5）恒定流模型和非恒定流模型。按河道水沙运动是否随时间变化，又分为恒定流模型和非恒定流模型。为了计算上的简便，在不少情况下，常把水沙运动随时间连续变化的非恒定流简化为分时段的梯级恒定流来处理。

（6）耦合模型和非耦合模型。按照模型所采用的计算方法的组合，也可分为两大类：一种是将水流和泥沙方程直接联立求解，称耦合模型，适用于河床变形比较急剧的情况。另一种是先求解水流方程，得到有关水力要素后，再求解泥沙方程得到河床冲淤变形，称非耦合模型。一般河流泥沙模型多采用非耦合模型计算。

下面主要介绍目前应用较广泛的一维和二维非恒定流不平衡输沙模型。

二、一维非恒定流不平衡输沙模型

一维非恒定流不平衡输沙模型模拟的是变量在断面上的平均值，基本上能够满足实际工程的需要，它是至今使用最广泛的一种模型。一维数学模型在理论和实践上都比较成熟，模型计算省时，可快速方便地进行长河段、长时间的洪水和河床演变预测，因而在国内外使用较为普遍。但是，一维数学模型无法给出各物理量在断面上的分布，因而在模拟河床细部变形、河口和港湾等水域的流动和冲淤问题时，必须用平面二维甚至三维数学模型才能解决问题。

（一）基本方程

一维非恒定流不平衡输沙模型由下列基本方程组成。

水流连续方程

$$B\frac{\partial z}{\partial t} + \frac{\partial Q}{\partial x} = 0 \tag{10-1}$$

水流运动方程

$$\frac{\partial Q}{\partial t} + \left(gA - B\frac{Q^2}{A^2}\right)\frac{\partial z}{\partial x} + 2\frac{Q}{A}\frac{\partial Q}{\partial x} = \frac{Q^2}{A^2}\left.\frac{\partial A}{\partial x}\right|_z - \frac{gn^2Q|Q|}{AR^{4/3}} \tag{10-2}$$

泥沙连续方程

$$\frac{\partial(QS)}{\partial x} + \frac{\partial(AS)}{\partial t} = -\alpha\omega B(S - S_*) \tag{10-3}$$

河床变形方程

$$\frac{\partial G}{\partial x} + \rho'_s B\frac{\partial z_b}{\partial t} = 0 \tag{10-4}$$

对于悬移质运动引起的河床变形，式（10-4）还可改写成

$$\rho'_s\frac{\partial z_b}{\partial t} = \alpha\omega(S - S_*) \tag{10-5}$$

对于推移质运动引起的河床变形，式（10-4）简化为

$$\rho'_s\frac{\partial z_b}{\partial t} = \frac{\partial q_b}{\partial x} \tag{10-6}$$

水流挟沙力公式

$$S_* = S_*(U, h, \omega, \cdots) \tag{10-7}$$

推移质输沙率公式

$$q_b = q_b(U, h, d, \cdots) \tag{10-8}$$

式中：B 为水面宽度，m；z 为水位，$z = z_b + h$，m；z_b 为河底高程，m；h 为水深，m；Q 为流量，其中 $|Q|$ 是为了考虑流向可正可负，m^3/s；t 为时间，s；x 为距离，m；A 为过水断面面积，m^2；g 为重力加速度，m/s^2；n 为河段糙率，$s/m^{1/3}$；R 为水力半径，m；$\left. \dfrac{\partial A}{\partial x} \right|_z$ 为固定 z 对距离 x 求偏导数；α 为恢复饱和系数；ω 为泥沙沉速，m/s；S 为悬移质含沙量，kg/m^3；S_* 为水流挟沙力，kg/m^3；G 为包括悬移质和推移质的断面输沙率，kg/s；ρ_s' 为淤积物干密度，kg/m^3；q_b 为推移质单宽输沙率，$kg/(s \cdot m)$。

（二）边界条件和初始条件

边界条件包括进口边界条件和出口边界条件。进口边界条件为上游进口断面给定的来水来沙过程。出口边界条件为下游出口断面给定水位变化过程或水位流量关系曲线。有时为了简化计算，常将天然连续水、沙过程概化为梯级恒定水沙过程。

初始条件为给定初始时刻计算河段的地形、糙率及床沙级配，水力及泥沙要素等。

需要指出，对不同的模型及采用不同的求解方法，对边界条件和初始条件的要求可能有所不同。

（三）基本方程的离散与求解

基本方程的离散常用两种方法：一种是有限差分法，另一种是有限元法。这两种方法在精度上没有多大差别，但差分法的概念明显，算法简便，编程容易。

1. 水流运动方程组离散与求解

Preissmann 四点偏心隐式差分格式是目前国内外离散一维水流运动方程组普遍应用的一种差分格式，该差分格式如图10-1所示。该差分格式的特点是围绕矩形网格 P 点取偏导数并进行差商逼近。网格的距离步长 Δx 可以是不等距的，而时间步长 Δt 一般是等间距的。这种格式的主要优点是，通过适当选择时空加权因子能使格式有较高的精度，并具有较好地稳定性，而且格式仅涉及 4 个同格节点，内外边界条件的处理也非常方便。

设 P 点位于距离步长 Δx 的中间，距离已知时间层为 $\theta \Delta t$，距离未知时间层为 $(1-\theta) \Delta t$。设每一矩形网格内函数 f 呈线性变化，则 L、R、U、D 4 个点的函数值可用网格节点值表示为

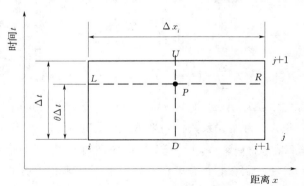

图 10-1　Preissmann 差分格式示意图

$$f(L) = \theta f_i^{j+1} + (1-\theta) f_i^j; \quad f(R) = \theta f_{i+1}^{j+1} + (1-\theta) f_{i+1}^j$$

$$f(U) = \frac{1}{2}(f_i^{j+1} + f_{i+1}^{j+1}); \quad f(D) = \frac{1}{2}(f_i^j + f_{i+1}^j)$$

由此得到 P 点偏导数的差商近似式为

$$\left(\frac{\partial f}{\partial t}\right)_P \approx \frac{f(U) - f(D)}{\Delta t} = \frac{(f_{i+1}^{j+1} - f_{i+1}^j) + (f_i^{j+1} - f_i^j)}{2\Delta t} \qquad (10-9)$$

$$\left(\frac{\partial f}{\partial x}\right)_P \approx \frac{f(R) - f(L)}{\Delta x} = \frac{\theta(f_{i+1}^{j+1} - f_i^{j+1}) + (1-\theta)(f_{i+1}^j - f_i^j)}{\Delta x} \qquad (10-10)$$

偏微分方程中的系数项和非导数项也可用 f 表示，即

$$f(P) = f_{i+1/2}^{j+\theta} = \frac{\theta(f_i^{j+1} + f_{i+1}^{j+1}) + (1-\theta)(f_i^j + f_{i+1}^j)}{2} \qquad (10-11)$$

式中：上标 j 为时间坐标序号；下标 i 为断面坐标序号；θ 为时间加权因子，$0 < \theta < 1$。

这种差分格式的稳定性较好，当 $0.5 \leqslant \theta \leqslant 1$ 时，格式无条件稳定；当 $0 < \theta < 0.5$ 时，格式有条件稳定。实际计算表明，时间步长取值较小时，计算结果是稳定的；时间步长取值较大时，计算结果不是很稳定，有时甚至无法计算。此外，θ 越大，则精度越差。当 $\theta > 0.5$ 时，格式具有一阶精度；当 $\theta = 0.5$ 时，格式具有二阶精度。如果 $\theta = 0.5$ 和 $\Delta t / \Delta x = 1$，差分方程能给出相当精确的数值解。

将 Preissmann 四点隐式差分格式（10-9）～式（10-11）分别代入水流连续方程式（10-1）和运动方程式（10-2）中整理后，可得连续方程和运动方程的差分方程

$$\left.\begin{array}{l} a_{1i}z_i^{j+1} - c_{1i}Q_i^{j+1} + a_{1i}z_{i+1}^{j+1} + c_{1i}Q_{i+1}^{j+1} = e_{1i} \\ a_{2i}z_i^{j+1} + c_{2i}Q_i^{j+1} - a_{2i}z_{i+1}^{j+1} + d_{2i}Q_{i+1}^{j+1} = e_{2i} \end{array}\right\} \qquad (10-12)$$

$$(i = 1, 2, \cdots, N-1; \quad j = 1, 2, \cdots, M-1)$$

其中 $\quad a_{1i} = 1, \quad c_{1i} = 2\theta \dfrac{\Delta t}{\Delta x_i B_{i+1/2}^{j+\theta}}, \quad e_{1i} = z_i^j + z_{i+1}^j - \dfrac{1-\theta}{\theta}c_{1i}(Q_{i+1}^j - Q_i^j)$

$$a_{2i} = 2\theta \frac{\Delta t}{\Delta x_i}\left[B_{i+1/2}^{j+\theta}\left(\frac{Q_{i+1/2}^{j+\theta}}{A_{i+1/2}^{j+\theta}}\right)^2 - gA_{i+1/2}^{j+\theta}\right]$$

$$c_{2i} = 1 - 4\theta \frac{\Delta t}{\Delta x_i}\frac{Q_{i+1/2}^{j+\theta}}{A_{i+1/2}^{j+\theta}}, \qquad d_{2i} = 1 + 4\theta \frac{\Delta t}{\Delta x_i}\frac{Q_{i+1/2}^{j+\theta}}{A_{i+1/2}^{j+\theta}}$$

$$e_{2i} = \frac{1-\theta}{\theta}a_{2i}(z_{i+1}^j - z_i^j) + \left[1 + 4(1-\theta)\frac{\Delta t}{\Delta x_i}\frac{Q_{i+1/2}^{j+\theta}}{A_{i+1/2}^{j+\theta}}\right]Q_i^j + \left[1 - 4(1-\theta)\frac{\Delta t}{\Delta x_i}\frac{Q_{i+1/2}^{j+\theta}}{A_{i+1/2}^{j+\theta}}\right]Q_{i+1}^j$$

$$+ 2\frac{\Delta t}{\Delta x_i}\left(\frac{Q_{i+1/2}^{j+\theta}}{A_{i+1/2}^{j+\theta}}\right)^2 [A_{i+1}(z_{i+1/2}^{j+\theta}) - A_i(z_{i+1/2}^{j+\theta})] - 2gn^2\Delta t \frac{Q_{i+1/2}^{j+\theta}|Q_{i+1/2}^{j+\theta}|}{A_{i+1/2}^{j+\theta}(A_{i+1/2}^{j+\theta}/B_{i+1/2}^{j+\theta})^{4/3}}$$

式中：$A_{i+1}(z_{i+1/2}^{j+\theta})$、$A_i(z_{i+1/2}^{j+\theta})$ 分别表示相应于水位 $z_{i+1/2}^{j+\theta}$，序号为 $i+1$ 及 i 的断面面积；θ 为加权系数，一般取 $\theta = 0.7 \sim 0.75$。

式（10-12）是一个非线性方程组（即系数项中包括未知数），含有 z_i^{j+1}、Q_i^{j+1}、z_{i+1}^{j+1}、Q_{i+1}^{j+1} 4 个未知数。对一个网格来说，方程组是不封闭的，但整个河段有 N 个计算断面，共 $2N$ 个未知数，$N-1$ 个网格可建立 $2(N-1)$ 个差分方程，再加上、下游边界条件 2 个方程，就有 $2N$ 个方程，构成一组封闭的非线性方程组。

求解时从初始时刻水位 z_i^0 和流量 Q_i^0 开始，计算未知量 z_i^{j+1}、Q_i^{j+1}。由式（10-12）不能

直接解出 z_i^{j+1}、Q_i^{j+1}。所以求解时，先取 $f_{i+1/2}^{j+\theta} \approx \dfrac{1}{2}(f_i^j + f_{i+1}^j)$ 进行试算，解出 z_i^{j+1}、Q_i^{j+1} 作为试算初值，然后再利用四点偏心格式 $f_{i+1/2}^{j+\theta} = \dfrac{\theta\left[f_i^{j+1} + f_{i+1}^{j+1}\right] + (1-\theta)\left[f_i^j + f_{i+1}^j\right]}{2}$ 进行迭代求解 z_i^{j+1}、Q_i^{j+1}。

式（10-12）方程组系数矩阵为一集中在对角线附近的带状矩阵，可用迭代法进行计算。常用的迭代法有高斯-赛德尔法（Gauss-Seidel）和超松弛法（SOR），可任选一种求解。但迭代法计算工作量较大，一般多采用追赶法求解。下面介绍追赶法求解方程组（10-12）的步骤。

假设以下线性关系式在 i 节点成立（为了书写方便以下均省略了上标 $j+1$）：

$$Q_i = P_i + R_i z_i \tag{10-13}$$

那么，若能证明在 $i+1$ 节点也存在类似线性关系

$$Q_{i+1} = P_{i+1} + R_{i+1} z_{i+1} \tag{10-14}$$

就可以利用式（10-14）作为流量递推公式求解流量。

为了证明上述关系式成立，将式（10-13）代入式（10-12）中，得

$$\left.\begin{array}{l} a_{1i}z_i - c_{1i}(P_i + R_i z_i) + a_{1i}z_{i+1} + c_{1i}Q_{i+1} = e_{1i} \\ a_{2i}z_i + c_{2i}(P_i + R_i z_i) - a_{2i}z_{i+1} + d_{2i}Q_{i+1} = e_{2i} \end{array}\right\} \tag{10-15}$$

消去式（10-15）两个方程中的 z_i，就得到式（10-14）线性关系

$$Q_{i+1} = P_{i+1} + R_{i+1} z_{i+1}$$

以上证明了式（10-14）流量递推公式成立。从式（10-15）中消掉 Q_{i+1}，得到水位递推公式

$$z_i = L_{i+1} + M_{i+1} z_{i+1} \tag{10-16}$$

其中，系数 P_{i+1}、R_{i+1}、L_{i+1}、M_{i+1}（$i=1,2,\cdots,N-1$）是唯一确定的，表达式如下：

$$P_{i+1} = \frac{(e_{2i} - c_{2i}P_i)(a_{1i} - c_{1i}R_i) - (e_{1i} + c_{1i}P_i)(a_{2i} + c_{2i}R_i)}{d_{2i}(a_{1i} - c_{1i}R_i) - c_{1i}(a_{2i} + c_{2i}R_i)} \tag{10-17}$$

$$R_{i+1} = \frac{a_{2i}(a_{1i} - c_{1i}R_i) + a_{1i}(a_{2i} + c_{2i}R_i)}{d_{2i}(a_{1i} - c_{1i}R_i) - c_{1i}(a_{2i} + c_{2i}R_i)} \tag{10-18}$$

$$L_{i+1} = \frac{c_{1i}(e_{2i} - c_{2i}P_i) - d_{2i}(e_{1i} + c_{1i}P_i)}{c_{1i}(a_{2i} + c_{2i}R_i) - d_{2i}(a_{1i} - c_{1i}R_i)} \tag{10-19}$$

$$M_{i+1} = \frac{d_{2i}a_{1i} + c_{1i}a_{2i}}{c_{1i}(a_{2i} + c_{2i}R_i) - d_{2i}(a_{1i} - c_{1i}R_i)} \tag{10-20}$$

只要已知上、下游边界条件，即可利用式（10-14）和式（10-16）两个递推公式，求得方程式（10-12）的解。

当上游边界条件为已知流量过程线时，有 $Q_1 = P_1 + R_1 z_1$，其中 $R_1 = 0$，P_1 是已知流量过程。由式（10-17）和式（10-18）可知，节点 $i+1$ 上的 R_{i+1} 值只依赖于节点 i 上的 R_i 值，而节点 $i+1$ 上的 P_{i+1} 值依赖于节点 i 上的 R_i 值和 P_i 值。如果上游边界节点 $i=1$ 上的 R_1 和 P_1 值已知，就可计算出 R_2 和 P_2 值。利用递推公式（10-17）和式（10-18）依次可以计算得到所有的 R_i 和 P_i（$i=1,2,\cdots,N$）。此外，由式（10-19）和式

(10-20)可知，L_{i+1}、M_{i+1}取决于R_i和P_i。这样，一旦R_i和P_i计算出来，就可由式（10-19）和式（10-20）计算节点$i+1$上的L_{i+1}和M_{i+1}值。

整个计算过程分两步，第一步是依次计算P_1、R_1、L_2、M_2、…、P_N、R_N、L_N、M_N。计算时，首先利用上游边界条件确定R_1和P_1。然后由式（10-17）和式（10-18）计算P_2、R_2，再由式（10-19）和式（10-20）计算L_2和M_2并存储起来，依次计算，直至P_N、R_N、L_N、M_N，这一步称为追的过程。第二步是依次计算Q_N、z_{N-1}、…、Q_2、z_1。计算时，首先利用下游边界条件，一般为水位流量关系，确定z_N。将z_N代入式(10-14)和式（10-16）中，分别确定Q_N、z_{N-1}。再利用式（10-14）和式（10-16）计算出Q_{N-1}、z_{N-2}。如此递推下去，直至Q_2、z_1，这一步称为赶的过程。

在上述求解过程中，除了需要给出上、下游边界条件外，还需要给出各个断面的初始时刻的水位。初始时刻的水位一般可以利用恒定非均匀流水面线的计算方法确定。

2. 泥沙连续方程的离散与求解

使用显式迎风差分格式离散泥沙连续方程最为常见。该格式最突出的优点是考虑了物质输移特性，具有顺流迎风的特点。但是由于这个格式的精度是一阶的，在许多情况下，

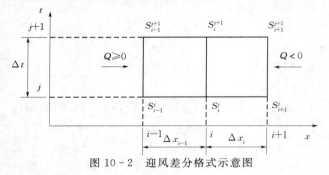

图10-2 迎风差分格式示意图

尤其是在含沙量变化较大的情况下，计算精度较差。显式迎风差分格式可根据流速方向与计算方向是否一致分别采用前差分或后差分。

图10-2为迎风差分格式示意。规定：当流速方向与计算方向相一致时，$Q \geqslant 0$；而当流速方向与计算方向相逆时，$Q < 0$。泥沙连续方程（10-3）中各项的差分格式为

$$\frac{\partial(AS)}{\partial t} = \frac{A_i^{j+1}S_i^{j+1} - A_i^j S_i^j}{\Delta t} \tag{10-21}$$

当$Q \geqslant 0$时

$$\frac{\partial(QS)}{\partial x} = \frac{Q_i^{j+1}S_i^{j+1} - Q_{i-1}^{j+1}S_{i-1}^{j+1}}{\Delta x_{i-1}} \tag{10-22}$$

当$Q < 0$时

$$\frac{\partial(QS)}{\partial x} = \frac{Q_{i+1}^{j+1}S_{i+1}^{j+1} - Q_i^{j+1}S_i^{j+1}}{\Delta x_i} \tag{10-23}$$

式（10-3）右端的项简单地取节点i的值，不考虑流向与计算方向，离散得

$$\alpha\omega B(S - S_*) = \alpha_i^{j+1}B_i^{j+1}\omega_i^{j+1}(S_i^{j+1} - S_{*i}^{j+1}) \tag{10-24}$$

将式（10-21）～式（10-24）代入式（10-3）中整理，得含沙量计算式如下。

当$Q \geqslant 0$时，有

$$S_i^{j+1} = \frac{\Delta t\alpha_i^{j+1}B_i^{j+1}\omega_i^{j+1}S_{*i}^{j+1} + A_i^j S_i^j + \dfrac{\Delta t}{\Delta x_{i-1}}Q_{i-1}^{j+1}S_{i-1}^{j+1}}{A_i^{j+1} + \Delta t\alpha_i^{j+1}B_i^{j+1}\omega_i^{j+1} + \dfrac{\Delta t}{\Delta x_{i-1}}Q_i^{j+1}} \tag{10-25}$$

当 $Q<0$ 时，有

$$S_i^{j+1} = \frac{\Delta t \alpha_i^{j+1} B_i^{j+1} \omega_i^{j+1} S_{*i}^{j+1} + A_i^j S_i^j - \dfrac{\Delta t}{\Delta x_i} Q_{i+1}^{j+1} S_{i+1}^{j+1}}{A_i^{j+1} + \Delta t \alpha_i^{j+1} B_i^{j+1} \omega_i^{j+1} - \dfrac{\Delta t}{\Delta x_i} Q_i^{j+1}} \tag{10-26}$$

由式（10-25）和式（10-26）可知，下一时刻本断面的含沙量由 3 部分组成：下一时刻本断面的挟沙力 S_{*i}^{j+1}；本时刻本断面的含沙量 S_i^j；下一时刻上一断面含沙量 S_{i-1}^{j+1} 或下一断面的含沙量 S_{i+1}^{j+1}。

给出上游边界条件断面含沙量过程线和初始断面的含沙量 S_i^0 后，对于每一个时段，由水流方程解出水力要素后，各断面含沙量 S_i^{j+1}（$i=1，2，\cdots，N-1$；$j=1，2，\cdots$，$M-1$）即可由式（10-25）或式（10-26）求出。

以上使用的显式迎风差分格式的精度较差，特别是在含沙量变化较大的情况下，计算结果有时可能出现不合理的数值，甚至是负值。为此，李义天等（1998）吸收有限分析法的思想，对泥沙连续方程式（10-3）离散，相临时层之间用差分法求解，在同一时间层上求泥沙连续方程式（10-3）的分析解。这种方法的实质与恒定流状态下求解悬移质泥沙连续方程的思路是一致的，将式（10-3）中的时间导数项用隐式差分格式离散得

$$\frac{1}{v^{j+1}} \frac{S^{j+1} - S^j}{\Delta t} + \left(\frac{\partial S}{\partial x}\right)^{j+1} + \left(\frac{\alpha \omega}{q}\right)^{j+1} (S^{j+1} - S_*^{j+1}) = 0 \tag{10-27}$$

式中：v 为断面平均流速；q 为单宽流量；S_* 及 S 分别为断面平均挟沙力及含沙量。

式（10-27）仅随自变量 x 而变化，因此可改写成常微分方程

$$\left(\frac{\mathrm{d}S}{\mathrm{d}x}\right)^{j+1} + \left[\left(\frac{\alpha \omega}{q}\right)^{j+1} + \frac{1}{v^{j+1} \Delta t}\right] S^{j+1} = \left(\frac{\alpha \omega}{q}\right)^{j+1} S_*^{j+1} + \frac{1}{v^{j+1} \Delta t} S^j \tag{10-28}$$

式中：v、q、S_*^{j+1}、S^j、α 及 ω 均为随 x 变化的已知函数。

式（10-28）的通解为

$$S^{j+1} = \mathrm{e}^{-\int \left[\left(\frac{\alpha \omega}{q}\right)^{j+1} + \frac{1}{v^{j+1} \Delta t}\right] \mathrm{d}x} \left\{\int \left[\left(\frac{\alpha \omega}{q}\right)^{j+1} S_*^{j+1} + \frac{1}{v^{j+1} \Delta t} S^j\right] \mathrm{e}^{\int \left[\left(\frac{\alpha \omega}{q}\right)^{j+1} + \frac{1}{v^{j+1} \Delta t}\right] \mathrm{d}x} \mathrm{d}x + C\right\} \tag{10-29}$$

由式（10-29）可知，要进一步积分，必须确定 v、q、S_*^{j+1} 及 S^j 的变化规律。按照第四章中第三节介绍的恒定流不平衡输沙含沙量沿程变化解析值计算方法，可以用这些量在短河段内的平均值近似代替这些量；也可以假定这些量在短河段内呈线性变化。这里采用前一种近似方法，即认为上述变量在短河段内为常数，并用其平均值代替。考虑到在进口断面 $S^{j+1}=S_i^{j+1}$，据此可确定积分常数 C，由式（10-29）得

$$S_{i+1}^{j+1} = S_i^{j+1} \mathrm{e}^{-\left[\left(\frac{\alpha \omega}{q}\right)^{j+1} + \frac{1}{v^{j+1} \Delta t}\right] \Delta x_i} + \frac{\alpha \omega \overline{v}^{j+1} \overline{S}_*^{j+1} \Delta t + \overline{q}^{j+1} \overline{S}^j}{\alpha \omega \overline{v}^{j+1} \Delta t + \overline{q}^{j+1}} \left\{1 - \mathrm{e}^{-\left[\left(\frac{\alpha \omega}{q}\right)^{j+1} + \frac{1}{v^{j+1} \Delta t}\right] \Delta x_i}\right\} \tag{10-30}$$

式中：$\overline{v}$、$\overline{q}$、$\overline{S}_*$ 及 $\overline{S}$ 分别为 Δx_i 河段内的平均流速、单宽流量、挟沙力及含沙量。

式（10-30）可进一步改写为

$$S_{i+1}^{j+1} = \frac{1}{1 + \dfrac{\overline{q}^{j+1}}{\alpha\omega\overline{v}^{j+1}\Delta t}}\overline{S}_*^{j+1} + \left(S_i^{j+1} - \frac{1}{1 + \dfrac{\overline{q}^{j+1}}{\alpha\omega\overline{v}^{j+1}\Delta t}}\overline{S}_*^{j+1}\right) e^{-\left[\left(\frac{\alpha\omega}{q}\right)^{j+1} + \frac{1}{\overline{v}^{j+1}\Delta t}\right]\Delta x_i}$$

$$+ \frac{\overline{q}^{j+1}}{\alpha\omega\overline{v}^{j+1}\Delta t + \overline{q}^{j+1}}\overline{S}^j\left\{1 - e^{-\left[\left(\frac{\alpha\omega}{q}\right)^{j+1} + \frac{1}{\overline{v}^{j+1}\Delta t}\right]\Delta x_i}\right\} \quad (10-31)$$

式 (10-31) 就是泥沙连续方程式 (10-3) 的差分方程。从式中可以看出，出口断面的含沙量由 3 项组成：第 1 项是河段平均挟沙力；第 2 项是进口断面含沙量与河段平均挟沙力的差异；第 3 项是前期含沙量的影响，这一项在恒定流状态下是没有的。

3. 河床变形方程的离散与求解

悬移质河床变形式 (10-5) 可直接写成差分形式

$$\Delta\overline{z}_{b,i} = \frac{\Delta t}{\rho_s'}\alpha_i^{j+1}\omega_i^{j+1}(S_i^{j+1} - S_{*i}^{j+1}) \quad (10-32)$$

推移质河床变形式 (10-6) 的差分形式为

$$\Delta\overline{z}_{b,i} = \frac{\Delta t}{\rho_s'}\frac{(q_{b,i+1}^{j+1} - q_{b,i}^{j+1})}{\Delta x_i} \quad (10-33)$$

式中：$\Delta\overline{z}_{b,i}$ 为 $j+1$ 时刻 Δx_i 河段泥沙平均冲淤厚度，正值为淤，负值为负；S_{*i}^{j+1} 为 $j+1$ 时刻第 i 断面挟沙力；S_i^{j+1} 为 $j+1$ 时刻第 i 断面含沙量；Δt 为时间步长；ω_i^{j+1} 为 $j+1$ 时刻第 i 断面泥沙沉速；α_i^{j+1} 为 $j+1$ 时刻第 i 断面恢复饱和系数；$q_{b,i}^{j+1}$、$q_{b,i+1}^{j+1}$ 分别为 $j+1$ 时刻第 i 断面和 $i+1$ 断面推移质单宽输沙率。

(四) 非均匀沙含沙量及级配沿程变化计算

以上讨论的只是均匀沙沿程冲淤变化计算。对于非均匀泥沙，应将其分为若干个粒径组，并假定各粒径组泥沙互不影响。对每一粒径组，运用泥沙连续方程或推移质输沙率公式分级计算。非均匀推移质输沙率分级计算方法见第四章有关非均匀推移质输沙率相关内容。这里只讨论悬移质泥沙分组计算方法。

这里运用泥沙连续差分方程式 (10-25) 或式 (10-26)，对悬移质泥沙每一粒径组求第 i 断面 $j+1$ 时层的分组含沙量 $S_{i,k}^{j+1}$ 的沿程变化，即：

当 $Q \geqslant 0$ 时，有

$$S_{i,k}^{j+1} = \frac{\Delta t\alpha_i^{j+1}B_i^{j+1}\omega_{i,k}^{j+1}S_{*i,k}^{j+1} + A_i^j S_{i,k}^j + \dfrac{\Delta t}{\Delta x_{i-1}}Q_{i-1}^{j+1}S_{i-1,k}^{j+1}}{A_i^{j+1} + \Delta t\alpha_i^{j+1}B_i^{j+1}\omega_{i,k}^{j+1} + \dfrac{\Delta t}{\Delta x_{i-1}}Q_i^{j+1}} \quad (10-34)$$

当 $Q < 0$ 时，有

$$S_{i,k}^{j+1} = \frac{\Delta t\alpha_i^{j+1}B_i^{j+1}\omega_{i,k}^{j+1}S_{*i,k}^{j+1} + A_i^j S_{i,k}^j - \dfrac{\Delta t}{\Delta x_i}Q_{i+1}^{j+1}S_{i+1,k}^{j+1}}{A_i^{j+1} + \Delta t\alpha_i^{j+1}B_i^{j+1}\omega_{i,k}^{j+1} - \dfrac{\Delta t}{\Delta x_i}Q_i^{j+1}} \quad (10-35)$$

第 i 断面 $j+1$ 时层的总含沙量 S_i^{j+1} 则是各分组含沙量 $S_{i,k}^{j+1}$ 之和，即

$$S_i^{j+1} = \sum_{k=1}^{n} S_{i,k}^{j+1} \tag{10-36}$$

以 $Q \geqslant 0$ 为例，将式（10-34）代入式（10-36）中，有

$$S_i^{j+1} = \sum_{k=1}^{n} \frac{\Delta t \alpha_i^{j+1} B_i^{j+1} \omega_{i,k}^{j+1} S_{*i,k}^{j+1} + A_i^j S_{i,k}^j + \dfrac{\Delta t}{\Delta x_{i-1}} Q_{i-1}^{j+1} S_{i-1,k}^{j+1}}{A_i^{j+1} + \Delta t \alpha_i^{j+1} B_i^{j+1} \omega_{i,k}^{j+1} + \dfrac{\Delta t}{\Delta x_{i-1}} Q_i^{j+1}} \tag{10-37}$$

设 $S_{*k} = p_{*k} S_*$，$S_k = p_k S$，且 $p_k = p_{k*}$，（其中，S_{*k} 为分组挟沙力；S_*、S 分别为非均匀沙挟沙力和含沙量；p_k 为非均匀沙级配），代入式（10-37）中，得

$$
\begin{aligned}
S_i^{j+1} = {} & S_{*i}^{j+1} \sum_{k=1}^{n} \frac{\Delta t \alpha_i^{j+1} B_i^{j+1} \omega_{i,k}^{j+1} p_{i,k}^{j+1}}{A_i^{j+1} + \Delta t \alpha_i^{j+1} B_i^{j+1} \omega_{i,k}^{j+1} + \dfrac{\Delta t}{\Delta x_{i-1}} Q_i^{j+1}} \\
& + S_i^j \sum_{k=1}^{n} \frac{A_i^j p_{i,k}^j}{A_i^{j+1} + \Delta t \alpha_i^{j+1} B_i^{j+1} \omega_{i,k}^{j+1} + \dfrac{\Delta t}{\Delta x_{i-1}} Q_i^{j+1}} \\
& + S_{i-1}^{j+1} \sum_{k=1}^{n} \frac{\dfrac{\Delta t}{\Delta x_{i-1}} Q_{i-1}^{j+1} p_{i-1,k}^{j+1}}{A_i^{j+1} + \Delta t \alpha_i^{j+1} B_i^{j+1} \omega_{i,k}^{j+1} + \dfrac{\Delta t}{\Delta x_{i-1}} Q_i^{j+1}}
\end{aligned} \tag{10-38}
$$

当 $Q < 0$ 时，同样有

$$
\begin{aligned}
S_i^{j+1} = {} & S_{*i}^{j+1} \sum_{k=1}^{n} \frac{\Delta t \alpha_i^{j+1} B_i^{j+1} \omega_{i,k}^{j+1} p_{i,k}^{j+1}}{A_i^{j+1} + \Delta t \alpha_i^{j+1} B_i^{j+1} \omega_{i,k}^{j+1} - \dfrac{\Delta t}{\Delta x_i} Q_i^{j+1}} \\
& + S_i^j \sum_{k=1}^{n} \frac{A_i^j p_{i,k}^j}{A_i^{j+1} + \Delta t \alpha_i^{j+1} B_i^{j+1} \omega_{i,k}^{j+1} - \dfrac{\Delta t}{\Delta x_i} Q_i^{j+1}} \\
& - S_{i+1}^{j+1} \sum_{k=1}^{n} \frac{\dfrac{\Delta t}{\Delta x_i} Q_{i+1}^{j+1} p_{i+1,k}^{j+1}}{A_i^{j+1} + \Delta t \alpha_i^{j+1} B_i^{j+1} \omega_{i,k}^{j+1} - \dfrac{\Delta t}{\Delta x_i} Q_i^{j+1}}
\end{aligned} \tag{10-39}
$$

　　以上在求非均匀沙含沙量沿程变化时，涉及非均匀沙挟沙力 S_* 及级配 p_k，即分组挟沙力 S_{*k} 的计算问题。关于分组挟沙力的计算方法，可归纳为 3 类：一类是仅考虑悬移质含沙量级配的影响，其方法是假定水流挟沙力级配等于含沙量级配，这一方法首先由韩其为提出；另一类是仅考虑床沙级配的影响，其方法是先求出每一粒径组均匀沙的可能挟沙力，再用每一组粒径泥沙在床沙中的百分数乘以相应的可能挟沙力，即为该粒径组的可能挟沙力，这一类以美国陆军工程兵团研制的 HEC-6 模型为代表；还有一类是同时考虑水流条件及床沙级配的影响，其方法是首先建立平衡状态下的床沙质与床沙级配之间的函数关系以推求挟沙力级配，然后据此计算分组挟沙力，李义天模型属于这一类。目前，国内泥沙数学模型多采用韩其为方法，而国外多采用 HEC-6 模型方法。

　　下面分别介绍这 3 种方法。

1. 韩其为方法

韩其为等（1974、1980）在推求含沙量沿程变化及级配计算公式时，所作的一个重要假定是取任何断面的水流挟沙力级配与该断面的实际含沙量级配相等，即

$$p_k = p_{k*} \tag{10-40}$$

根据悬移质泥沙各粒径组质量百分比的定义，应有

$$\left.\begin{array}{r}S_k = p_k S \\ S_{k*} = p_{k*} S_*\end{array}\right\} \tag{10-41}$$

式中：S_{k*}、S_k 分别为分组挟沙力和分组含沙量，kg/m^3；p_k、p_{k*} 分别为各粒径组泥沙和水流挟沙力质量百分比，且 $p_k = p_{k*}$；S_*、S 分别为非均匀沙挟沙力和含沙量，kg/m^3。

由式（10-41）可知，若知道了非均匀沙挟沙力 S_* 和悬移质级配 p_k，就可确定分组挟沙力 S_{*k}。

韩其为认为，张瑞瑾挟沙力公式（4-87）既可用于均匀沙，也可用于非均匀沙，关键在于选择非均匀沙的代表沉速 ω。设想将单位体积挟沙水流中的泥沙按粒径分成几组，并将此单位水体分成与粒径组组数相当的几部分，每一部分水体刚好能挟带一个粒径组的泥沙。这样，就第 k 个粒径组，存在下列关系：

$$p_k S_* = K_k S_{(\omega k)*} \tag{10-42}$$

式中：K_k 为输送第 k 个粒径组泥沙的水量百分比；$S_{(\omega k)*}$ 为沉速为 ω_k 的粒径组水流挟沙力。

对式（10-42）K_k 求积，并注意到 $\sum_{k=1}^{n} K_k = 1$，代入张瑞瑾挟沙力公式可得

$$S_* = K \left(\frac{v^3}{gh}\right)^m \frac{1}{\sum_{k=1}^{n} p_k \omega_k^m}$$

取

$$\omega = \left(\sum_{k=1}^{n} p_k \omega_k^m\right)^{1/m} \tag{10-43}$$

得到计算非均匀沙挟沙力公式

$$S_* = K \left(\frac{v^3}{gR\omega}\right)^m \tag{10-44}$$

式中：p_k 为第 k 个粒径组的级配；ω_k 为第 k 个粒径组的泥沙颗粒平均沉速。

可见，非均匀沙的挟沙力公式与均匀沙的挟沙力公式相同，只是沉速表达的含义不同。

悬移质级配的计算分为 3 种情况，即：明显淤积、明显冲刷和微冲微淤。明显淤积就是指各组粒径泥沙都发生一定程度的淤积，这种淤积在床面淤积速度较快时出现，从累积效果看床面泥沙不会被冲起。明显冲刷是各组粒径泥沙都发生一定程度的冲刷，从累积效果看悬移质不会被淤积。而微冲微淤与明显淤积和明显冲刷的情况不同，是指各组粒径泥沙的冲淤性质可能不一样，有的粒径泥沙发生冲刷且又发生淤积，应分开考虑不能一概而论，计算较复杂，此处可简单的看作为冲淤平衡的情况。

进行冲淤判断时，需先计算出口断面的含沙量 S，严格地说需通过试算才能确定，但为了避免试算，作为近似不考虑粒径级配的变化，令出口断面的级配等于进口断面的级配，利用式（10-44）计算出挟沙力 S_*，代入式（10-38）或式（10-39）中再计算出 S。然后判断该断面的冲淤情况，如果 $S < 0.995 S_0$，为淤积过程；$S > 1.055 S_0$，为冲刷过程；$0.995 S_0 \leqslant S \leqslant 1.055 S_0$，为冲淤平衡过程。其中，$S_0$ 为进口断面的含沙量。

（1）淤积过程含沙量及级配的计算。计算步骤如下。

1）假定出口断面含沙量 S，由式（10-47）求出淤积百分比 λ 值，再根据进口断面的级配 p_{0k}，由式（10-45）反复试算确定中值沉速 ω_{zh} 值，然后通过式（10-46）和式（10-43）求出各粒径组对应的出口断面级配 p_k 和沉速 ω，进而由式（10-44）、式（10-38）或式（10-39）依次求出挟沙力 S_* 和出口断面含沙量 S。如果求出的出口断面含沙量与假定值在允许误差范围内，此时计算出的 S 就是所求的含沙量，根据所求的 S，便可由式（10-46）计算出口断面悬移质级配 p_k。否则重新试算。

$$\frac{\sum_{k=1}^{n} p_{0k} (1-\lambda) \left(\frac{\omega_k}{\omega_{zh}}\right)^{\beta}}{1-\lambda} = 1 \tag{10-45}$$

$$p_k = p_{0k} \frac{(1-\lambda) \left(\frac{\omega_k}{\omega_{zh}}\right)^{\beta}}{1-\lambda} \tag{10-46}$$

$$\lambda = \frac{S_0 - S}{S_0} \tag{10-47}$$

式中：k 为粒径分组数；ω_k 为第 k 组粒径的平均沉速；ω_{zh} 为中值沉速；λ 为淤积百分数；β 为小于1的修正系数，沉沙条渠、河道型水库和天然河道取 $\beta = 0.75$，湖泊型水库和冒状放淤区取 $\beta = 0.5$；S_0、S 分别为进、出口断面含沙量。

2）按式（10-48）计算淤积过程中的床沙级配。

$$R_k = \frac{p_{0k}}{\lambda} \left[1 - (1-\lambda) \left(\frac{\omega_k}{\omega_{zh}}\right)^{\beta}\right] \tag{10-48}$$

（2）冲刷过程含沙量及级配的计算。假定由进口断面进入的悬移质级配在计算时段和河段内是不变的，则冲刷过程中出口断面的悬移质级配应由进口的悬移质级配与补给的悬移质级配相加而得。计算步骤如下。

1）假定出口断面含沙量 S，按式（10-49）计算冲刷百分比 λ^* 和冲刷厚度 Δh。λ^* 理解为实际冲刷厚度 Δh 与参与冲刷的扰动厚度 $\Delta H = \Delta h + \Delta h_0$ 之比。

$$\lambda^* = \frac{\Delta h}{\Delta h + \Delta h_0} = \frac{Q(S - S_0)\Delta t}{Q(S - S_0)\Delta t + \rho_s' B_k \Delta h_0 \Delta x} \tag{10-49}$$

式中：Δh_0 为冲刷虚拟厚度，取 $\Delta h_0 = 1 m$；ρ_s' 为淤积物的干密度；B_k 为不考虑滩地的主槽稳定河宽，假定滩地不参与冲刷。

2）计算床沙平均级配。床沙级配系分层储存，各层厚度设为 $1 t/m^2$，其级配各不相同，如冲刷厚度为 Δh，则原床沙级配应取为参与冲刷的扰动厚度内平均级配。设此厚度可分为 n 层，则各层累计平均床沙级配 R_{kn}' 应为

$$R'_{kn} = \frac{\sum\limits_{m} R'_{km} \Delta h_m}{\sum\limits_{m} \Delta h_m} \tag{10-50}$$

式中：R'_{km} 为第 m 层中第 k 粒径组床沙所占质量百分比。

3）由式（10-51）通过试算，即可求得 ω_{zh}。

$$\sum_{k=1}^{n} R_{0k} \frac{1 - (1-\lambda^*)^{\left(\frac{\omega_{zh}}{\omega_k}\right)^{\beta}}}{\lambda^*} = 1 \tag{10-51}$$

4）将式（10-51）求得的 ω_{zh} 代入式（10-52），计算从河床上补给的悬移质级配 p_k^*。

$$p_k^* = R_{0k} \frac{1 - (1-\lambda^*)^{\left(\frac{\omega_{zh}}{\omega_k}\right)^{\beta}}}{\lambda^*} \tag{10-52}$$

5）由式（10-53）计算从河床上补给的悬移质含沙量 S^*。

$$S^* = \frac{1000\Delta h B_k \Delta x}{Q \Delta t} \tag{10-53}$$

6）由式（10-54）计算淤积百分比 λ。

$$\lambda = \frac{S_0 - S}{S_0} = -\frac{S^*}{S_0} \tag{10-54}$$

7）按式（10-55）计算出口断面悬移质级配 p_k。

$$p_k = \frac{p_{0k} - \lambda p_k^*}{1 - \lambda} \tag{10-55}$$

8）利用式（10-44）计算非均匀沙挟沙力 S_*。

9）利用式（10-38）或式（10-39）计算出口断面含沙量 S，若与计算开始的假定值相符，由式（10-55）计算悬移质级配 p_k。否则重新从 1）开始试算。

10）按式（10-56）计算冲刷过程中的床沙级配。

$$R_k = R_{0k} \frac{(1-\lambda^*)^{\left(\frac{\omega_{zh}}{\omega_k}\right)^{\beta}}}{1 - \lambda^*} \tag{10-56}$$

式中：R_{0k} 为初始床沙级配。

2. HEC-6 模型方法

美国陆军工程兵团的 HEC-6 模型作法是，先求每一粒径组泥沙的可能挟沙力 S_{pk}，再按床沙级配曲线求这一粒径组在床沙中的含量百分比 p_{bk}，两者的乘积即为这一粒径的分组挟沙力 S_{*k}，即

$$S_{*k} = S_{pk} p_{bk} \tag{10-57}$$

可能挟沙力可采用张瑞瑾挟沙力公式计算，则有

$$S_{*k} = p_{bk} S_{pk} = p_{bk} K \left(\frac{v^3}{gR\omega_k}\right)^m \tag{10-58}$$

将式（10-44）代入式（10-58）中，并考虑式（10-41），可得

$$p_{*k} = p_{bk} \left(\frac{\omega}{\omega_k}\right)^m \tag{10-59}$$

其中，不均匀沙的平均沉速 ω 仍用式（10-43）计算。由式（10-59）可以看到，水流挟

沙力级配 p_{*k} 与床沙级配及该粒径级沉速 ω_k 与平均沉速 ω 的比值有关，而与水力因素无任何关系，这有点不够合理。但计算过程简单，不需要试算。

3. 李义天方法

李义天（1987）同时考虑水流条件及床沙级配的影响，其方法是首先建立输沙平衡状态下的床沙质级配与床沙之间的关系，然后选用莱恩（Lane E. W. ）及卡林斯基（Kalinske A. A. ）的含沙量沿垂线分布公式建立垂线平均含沙量与河底含沙量之间的关系，最后求得第 k 粒径组的垂线平均含沙量与总垂线平均含沙量的比值，亦即垂线平均水流挟沙力级配。其表达式为

$$p_{*k} = p_{bk} \frac{\dfrac{1-A_k}{\omega_k}(1-\mathrm{e}^{-\frac{6\omega_k}{\kappa v_*}})}{\sum\limits_{k=1}^{n} p_{bk} \dfrac{1-A_k}{\omega_k}(1-\mathrm{e}^{-\frac{6\omega_k}{\kappa v_*}})} \qquad (10-60)$$

其中

$$A_k = \frac{\omega_k}{\dfrac{\sigma_v}{\sqrt{2\pi}}\mathrm{e}^{-\frac{\omega_k^2}{2\sigma_v^2}} + \omega_k \int_{-\infty}^{\omega_k} \dfrac{1}{\sqrt{2\pi}\sigma_v}\mathrm{e}^{-\frac{v'^2}{2\sigma_v^2}}\mathrm{d}v'}$$

$$\sigma_v = v_*$$

式中：p_{bk} 为第 k 粒径组泥沙在床沙中所占的百分比；v' 为水流的垂向紊动速度，m/s；v_* 为摩阻流速，m/s；σ_v 为水流的垂向紊动强度，m/s；κ 为卡曼常数。

式（10-60）虽然形式上比较复杂，但不需要试算，使用计算机计算更为方便。该式表明，水流挟沙力级配除与床沙级配有关外，还与断面水力因素有关，这一点较 HEC-6 模型的方法更合理。

利用式（10-60），在已知床沙级配的条件下，可计算悬移质级配，进而可求出分组挟沙力。床沙级配计算也分为 3 种情况：淤积、冲刷和冲淤交替。

（1）淤积状态下床沙级配计算。在淤积过程中，床沙级配即为淤积物级配。假定 $\Delta h'_k$ 和 $\Delta h'$ 分别为 Δt 时段内第 k 粒径组泥沙在河段内的淤积厚度和相应的总淤积厚度，则淤积状态下床沙中第 k 粒径组泥沙所占百分比可由式（10-61）计算。

$$p'_{bk} = \frac{\Delta h'_k}{\Delta h'} \qquad (10-61)$$

（2）冲刷状态下床沙级配计算。冲刷是在一定厚度的床沙范围内发生。设 ΔH 和 ΔH_k 分别表示冲刷开始时参与冲刷的床沙扰动总厚度及相应的第 k 粒径组泥沙扰动厚度，Δh 和 Δh_k 分别表示冲刷总厚度及相应的第 k 粒径组泥沙的冲刷厚度，则冲刷后的床沙中第 k 组泥沙所占百分比为

$$p''_{bk} = \frac{\Delta H_k - \Delta h_k}{\Delta H - \Delta h} \qquad (10-62)$$

目前还没有较成熟的方法确定 ΔH，韩其为取 $\Delta H = \Delta h + 1\mathrm{m}$，即比实际冲刷厚度 Δh 多取 1m，李义天取 $\Delta H = 3\mathrm{m}$。在计算中若取 ΔH 较小，则 Δh_k 可能大于 ΔH_k，p''_{bk} 出现负值，显然不合理，应通过增加参与冲刷的总厚度及缩短时段长度来解决。

（3）冲淤交替状态下床沙级配计算。由于各粒径组泥沙的挟沙力不同，上游来沙量不同，因而在计算过程中，某些粒径组的泥沙可能处于淤积状态，而另外一些粒径组的泥沙

则可能处于冲刷状态。设淤积厚度为 Δz_1，冲刷厚度为 Δz_2，假定在冲淤过程结束后 Δz_1 和 Δz_2 范围内的泥沙混合均匀，则第 k 组泥沙在床面上所占的百分比为

$$p_{bk} = \frac{p'_{bk} \Delta z_1 + p''_{bk} \Delta z_2}{\Delta z_1 + \Delta z_2} \tag{10-63}$$

（五）几个问题的处理

1. 不规则过水断面面积计算

在水流和泥沙数值模拟中，涉及河道过水面积计算。天然河道过水横断面很不规则，但可概化成不规则的多边形，如图 10-3 所示。一维数学模型在计算河道过水面积时，一

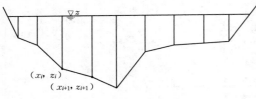

(x_i, z_i)
(x_{i+1}, z_{i+1})

图 10-3　横断面面积计算示意图

般将不规则的多边形划分成若干个子断面，每个子断面为梯形或三角形，逐个计算各子断面面积并求和得过水断面面积。

设河底两个节点的起点距和高程分别为 (x_i, z_i) 和 (x_{i+1}, z_{i+1})，水面高程为 z。根据水面高程 z 与两个节点 z_i、z_{i+1} 的关系，按下面方法计算子断面面积。

（1）若两个节点均在水上，则两节点与水面不构成任何过水面积，即 $A_i = 0$。

（2）若两个节点，一个在水上，一个在水下，则两节点间与水面构成的子断面为三角形，其面积可用以下公式计算：

当 $z_i > z > z_{i+1}$ 时，有

$$A_i = (x_{i+1} - x_i)\left(\frac{z - z_{i+1}}{2}\right)\left(\frac{z - z_{i+1}}{z_i - z_{i+1}}\right) \tag{10-64}$$

当 $z_i < z < z_{i+1}$ 时，有

$$A_i = (x_{i+1} - x_i)\left(\frac{z - z_i}{2}\right)\left(\frac{z - z_i}{z_{i+1} - z_i}\right) \tag{10-65}$$

（3）若两个节点均在水下，则两节点与水面构成的子断面为梯形，可由式（10-66）计算子断面面积。

$$A_i = (x_{i+1} - x_i)\left(\frac{2z - z_{i+1} - z_i}{2}\right) \tag{10-66}$$

整个过水断面面积则为

$$A = \sum_{i=1}^{m} A_i \tag{10-67}$$

2. 冲淤面积分配模式

一维泥沙数学模型只能计算出河道各断面冲淤面积和河段冲淤量，而不能给出冲淤量沿河宽方向的分配。需要将计算出的断面冲淤面积按一定模式分配到断面节点间构成的子断面上，并据此修改节点高程，以便在下一个计算时段根据变化了的地形计算水力泥沙要素。冲淤量沿河宽方向的分配受河型、河势、水位和局部地形等因素的综合影响，与含沙量和水流挟沙力沿横向分布有着直接关系。相同的淤积或冲刷面积，分配在断面不同部位，对于下一时段的计算结果有较大影响，并直接影响到最终计算精度。所以，冲淤面积分配模式是一维泥沙模型不可回避的关键问题之一。下面介绍一些常用的比较合理的分配

模式。

（1）按河宽（或沿湿周）平均分配。宽浅河道，滩槽分明。根据"滩地只淤不冲，主槽有冲有淤"和"淤积一大片，冲刷一条带"的冲淤规律，设淤积面积在整个河宽范围内沿湿周等厚分布，冲刷面积则在稳定河宽范围内沿湿周等厚分布（图 10-4），当实际河宽小于稳定河宽时，取实际河宽。则冲淤面积分配厚度由式（10-68）或式（10-69）确定。

$$\Delta z_b = \frac{\Delta A}{\chi_B} \tag{10-68}$$

$$\Delta z_b = \frac{\Delta A}{\chi_b} \tag{10-69}$$

式中：Δz_b 冲淤面积分配厚度；ΔA 为全断面冲刷或淤积面积；χ_B 为整个河宽的湿周；χ_b 为稳定河宽的湿周，稳定河宽可根据河相关系式计算。

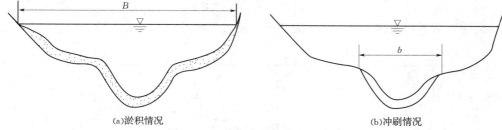

（a）淤积情况　　　　　　　　　（b）冲刷情况

图 10-4　按河宽平均分配示意图

（2）按全断面水平淤高分配。窄深河道和蓄水运用的水库库区，淤积往往沿整个横断面水平抬高。这种情况下，将计算的淤积面积平行地铺设在断面高程最低的部位，逐渐找平整个横断面（图 10-5）。冲刷面积则在稳定河宽范围内沿湿周等厚分布，如图 10-4（b）所示。

（3）按含沙量饱和程度分配。对于悬移质泥沙，可按含沙量饱和程度分配。含沙量饱和程度可用 $(S-S_*)$ 表示。$(S-S_*)$ 值越大，输沙就越不平衡，河床变形就越大，反之亦然。由此得到冲淤面积分配厚度

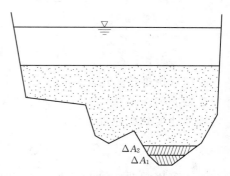

图 10-5　按全断面水平淤高分配示意图

$$\Delta z_{bi} = \frac{S_i - S_{*i}}{\sum (S_i - S_{*i}) \Delta B_i} \Delta A \tag{10-70}$$

式中：Δz_{bi} 为子断面冲淤面积分配厚度；S_i 为子断面含沙量；S_{*i} 为子断面水流挟沙力；ΔB_i 为子断面宽度。

由式（10-70）可知，这种分配模式与各子断面含沙量和水流挟沙力有关。对于悬移质泥沙，含沙量分布沿河宽方向变化不大，可以认为各子断面的含沙量与整个横断面的含沙量相同。水流挟沙力与流速有关。由于各子断面水深不同，所以垂线

平均流速相差较大。而一维模型只能给出断面平均流速，下面介绍一种求各子断面平均流速的近似方法。

从图 $10-6$ 中取出子断面 $ABCD$，设 B、D 两节点的起点距和高程分别为 $(x_i，z_i)$ 和 $(x_{i+1}，z_{i+1})$，AC 两点的水位为 z。则有，$\Delta B_i = x_{i+1} - x_i$；$h_i = z - 0.5 (z_i + z_{i+1})$；$\Delta A_i = \Delta B_i h_i$。显然，过水断面的总流量 Q 应等于各个子断面的流量 q_i 之和，即

$$Q = \sum q_i = \sum (\Delta B_i h_i v_i)$$

将曼宁公式 $v = \dfrac{1}{n} h^{2/3} J^{1/2}$ 代入上式，并设糙率 n、能坡 J 沿河宽不变，得到

$$\frac{1}{n} J^{1/2} = \frac{Q}{\sum (\Delta B_i h_i^{5/3})}$$

对于每一个子断面利用曼宁公式，可求出垂线平均流速

$$v_i = \frac{1}{n} h_i^{2/3} J^{1/2} = \frac{Q h_i^{2/3}}{\sum (\Delta B_i h_i^{5/3})} \tag{10-71}$$

将各子断面的流速代入水流挟沙力公式，便可得到各子断面的挟沙力。

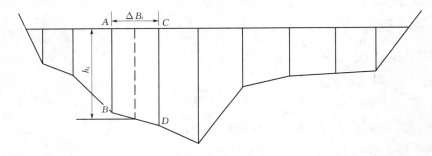

图 $10-6$　横断面面积计算示意图

（4）按推移质运动速度分配。由河床变形方程知，河床变形与推移质输沙率成正比，而推移质输沙率又与泥沙运动速度 $(v - v_c)$ 成正比。因此，对于推移质泥沙，可按推移质运动速度分配冲淤面积，即

$$\Delta z_{bi} = \frac{v_i - v_{ci}}{\sum (v_i - v_{ci}) \Delta B_i} \Delta A \tag{10-72}$$

也可用起动拖拽力来表示式 $(10-72)$：

$$\Delta z_{bi} = \frac{\tau_i - \tau_{ci}}{\sum (\tau_i - \tau_{ci}) \Delta B_i} \Delta A \tag{10-73}$$

式中：v_i 为各子断面流速；v_{ci} 为各子断面起动流速；τ_i 为各子断面拖拽力，$\tau_i = \gamma h_i J_i$；τ_{ci} 为各子断面起动拖拽力，$\tau_{ci} = \rho f v_{ci}^2 / 8$，$f$ 为水流阻力系数。

（5）按最小能耗率原理分配。最小能耗率原理认为，河流的调整总是朝着能耗率最小值状态方向发展。河流在趋向于能耗率最小值状态调整过程中，调整的幅度是逐渐减小的。也就是说，越趋近于能耗率最小值状态，河床变形的幅度就越小。由此可以这样认为，子断面的水流能耗率越大，分配的冲淤厚度就越大，反之亦然，即

$$\Delta z_{bi} = \frac{\gamma q_i J_i}{\gamma Q J} \Delta A \tag{10-74}$$

设能坡沿河宽不变，即 $J = J_i$，则式（10-74）简化为

$$\Delta z_{bi} = \frac{q_i}{Q} \Delta A \qquad (10-75)$$

式中：$\gamma Q J$ 为整个断面的水流能耗率；γ 为水容重；Q 为流量；J 为能坡；$\gamma q_i J_i$ 为子断面的水流能耗率。

上述分配方法中，方法（1）～（3）适用于悬移质泥沙，其中方法（1）也可用于推移质泥沙，但冲淤面积分配都限制在稳定河宽内；方法（4）适用于推移质泥沙；方法（5）既适用于悬移质泥沙，又适用于推移质泥沙。实际应用中，可根据河道具体情况选择使用。

三、平面二维非恒定流不平衡输沙模型

在河道水流中，水平尺度一般大于垂向尺度，流速等水流参数沿垂直方向的变化较之沿水平方向的变化要小得多，此时可以略去这些变量沿垂线的变化，并假定沿水深方向的动水压强分布符合静水压强分布。将三维水沙运动的基本方程沿水深方向平均，即可得到沿水深方向平均的平面二维水沙运动的基本方程。

（一）基本方程

水流连续方程

$$\frac{\partial z}{\partial t} + \frac{\partial (hu)}{\partial x} + \frac{\partial (hv)}{\partial y} = 0 \qquad (10-76)$$

x 方向（纵向）水流运动方程

$$\frac{\partial u}{\partial t} + u\frac{\partial u}{\partial x} + v\frac{\partial u}{\partial y} + g\frac{\partial z}{\partial x} + gn^2\frac{u\sqrt{u^2+v^2}}{h^{4/3}} - \nu_t\left(\frac{\partial^2 u}{\partial x^2} + \frac{\partial^2 u}{\partial y^2}\right) = 0 \qquad (10-77)$$

y 方向（横向）水流运动方程

$$\frac{\partial v}{\partial t} + u\frac{\partial v}{\partial x} + v\frac{\partial v}{\partial y} + g\frac{\partial z}{\partial y} + gn^2\frac{v\sqrt{u^2+v^2}}{h^{4/3}} - \nu_t\left(\frac{\partial^2 v}{\partial x^2} + \frac{\partial^2 v}{\partial y^2}\right) = 0 \qquad (10-78)$$

悬移质泥沙扩散方程（泥沙连续方程）

$$\frac{\partial (hS)}{\partial t} + \frac{\partial (uhS)}{\partial x} + \frac{\partial (vhS)}{\partial y} - \frac{\partial}{\partial x}\left[E_s\frac{\partial (hS)}{\partial x}\right] - \frac{\partial}{\partial y}\left[E_s\frac{\partial (hS)}{\partial y}\right] + \alpha\omega(S - S_*) = 0$$

$$(10-79)$$

河床变形方程按悬移质和推移质冲淤变形分开写成如下形式。

悬移质河床变形方程

$$\frac{\partial (uhS)}{\partial x} + \frac{\partial (vhS)}{\partial y} + \rho_s'\frac{\partial z_b'}{\partial t} = 0 \qquad (10-80)$$

推移质河床变形方程

$$\frac{\partial q_{bx}}{\partial x} + \frac{\partial q_{by}}{\partial y} + \rho_s'\frac{\partial z_b''}{\partial t} = 0 \qquad (10-81)$$

其中

$$q_{bx} = \boldsymbol{q}_b\frac{u}{\sqrt{u^2+v^2}}$$

$$q_{by} = \boldsymbol{q}_b\frac{v}{\sqrt{u^2+v^2}}$$

总河床变形

$$z_b = z_b' + z_b''$$ (10-82)

水流挟沙力公式

$$S_* = S_*(\bar{U}, h, \omega, \cdots), \quad \bar{U} = \sqrt{u^2 + v^2}$$ (10-83)

推移质输沙率公式

$$q_b = \boldsymbol{q}_b(\bar{U}, h, d, \cdots), \quad \bar{U} = \sqrt{u^2 + v^2}$$ (10-84)

式中：u、v 分别为 x 方向（纵向）和 y 方向（横向）的垂线平均流速，m/s；n 为垂线糙率，s/m$^{1/3}$；ν_t 为紊动黏滞系数，m^2/s；E_s 为悬移质紊动扩散系数，m^2/s；S 为悬移质含沙量，kg/m^3；q_{bx} 为 x 方向推移质单宽输沙率，kg/（s·m）；q_{by} 为 y 方向推移质单宽输沙率，kg/（s·m）；$\bar{U}$ 为垂线平均流速，m/s；$\boldsymbol{q}_b$ 为推移质单宽输沙率，kg/（s·m），在这里为矢量；其他符号代表意义同前。

（二）初始条件和边界条件

1. 初始条件

初始条件为计算开始时刻的已知值，即当 $t=0$ 时，给定 z_i^0、u_i^0、v_i^0、S_i^0、p_i^0、R_i^0、q_b^0 的时段初值，（$i=1, 2, 3, \cdots, m$）。其中，p_i^0，R_i^0 分别为悬移质级配和床沙级配的时段初值。

2. 边界条件

（1）上游进口边界（开边界）Γ_1 为

$$\left.\begin{array}{l} u = u(x, y, t), (x, y) \in \Gamma_1 \\ v = v(x, y, t), (x, y) \in \Gamma_1 \\ S = S(x, y, t), (x, y) \in \Gamma_1 \\ q_b = q_b(x, y, t), (x, y) \in \Gamma_1 \end{array}\right\}$$ (10-85)

（2）下游出口边界（开边界）Γ_2 为

$$z = z(x, y, t), (x, y) \in \Gamma_2$$ (10-86)

（3）不滑动边界（闭边界）Γ_3 为

$$\left.\begin{array}{l} u = 0 \\ v = 0 \end{array}\right\}$$ (10-87)

（4）滑动边界（闭边界）Γ_4 为

$$\boldsymbol{u} \cdot \boldsymbol{N} = 0$$ (10-88)

式中：$\boldsymbol{u}$ 为 Γ_4 上的流速矢量；$\boldsymbol{N}$ 为 Γ_4 的法向单位矢量。

此外，无论滑动边界还是不滑动边界，都应该满足 $\dfrac{\partial S}{\partial \boldsymbol{N}} = 0$，即满足泥沙不穿透条件。

（三）基本方程的离散与求解

1. 水流运动方程组的离散与求解

首先按分步法，采用空间概念上和物理概念上的分步，将平面二维水流连续方程式（10-76）和运动方程式（10-77）、式（10-78）分解为两个相互作用的一维问题。

沿 x 方向（纵向）方程为

$$\left.\begin{array}{l} \dfrac{1}{2}\dfrac{\partial z}{\partial t}+\dfrac{\partial (hu)}{\partial x}=0 \\[3mm] \dfrac{1}{2}\dfrac{\partial u}{\partial t}+u\dfrac{\partial u}{\partial x}+g\dfrac{\partial z}{\partial x}+gn^2\dfrac{u\sqrt{u^2+v^2}}{h^{4/3}}-\nu_t\dfrac{\partial^2 u}{\partial x^2}=0 \\[3mm] \dfrac{1}{2}\dfrac{\partial v}{\partial t}+u\dfrac{\partial v}{\partial x}-\nu_t\dfrac{\partial^2 v}{\partial x^2}=0 \end{array}\right\} \quad (10-89)$$

沿 y 方向（横向）方程为

$$\left.\begin{array}{l} \dfrac{1}{2}\dfrac{\partial z}{\partial t}+\dfrac{\partial (hv)}{\partial y}=0 \\[3mm] \dfrac{1}{2}\dfrac{\partial v}{\partial t}+v\dfrac{\partial v}{\partial y}+g\dfrac{\partial z}{\partial y}+gn^2\dfrac{v\sqrt{u^2+v^2}}{h^{4/3}}-\nu_t\dfrac{\partial^2 v}{\partial y^2}=0 \\[3mm] \dfrac{1}{2}\dfrac{\partial u}{\partial t}+v\dfrac{\partial u}{\partial y}-\nu_t\dfrac{\partial^2 u}{\partial y^2}=0 \end{array}\right\} \quad (10-90)$$

然后采用目前应用较多的 ADI 法，即交替方向隐式差分格式将上述方程离散。该方法是，把每一个时间步长 Δt 分成前后两个半步，每一半步仅对一个空间方向按一维问题采用隐式差分格式求解，另一个空间方向看成是已知值。这样交替进行，在每一半步中都只求解三对角矩阵，可以用追赶法求解。

节点布置采用交错网格，具体布置如图 10-7 所示。

式 （10-89）、式 （10-90）离散与求解过程如下。

方程中的对流项采用迎风差分格式离散。

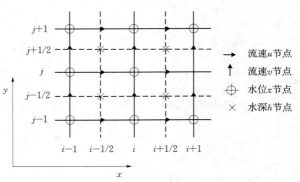

图 10-7　交错网格布置示意图

（1）前半时间步长上 x 方向方程的求解。在 $n\Delta t \rightarrow (n+1/2)\Delta t$ 时间段内，沿 x 方向离散式 （10-89）中的前两式，隐式求解 $z_{i,j}^{n+1/2}$ 和 $u_{i+1/2,j}^{n+1/2}$。具体过程如下

$$\frac{z_{i,j}^{n+1/2}-z_{i,j}^{n}}{(1/2)\Delta t}+\frac{\bar{h}_{i+1/2,j}^{n}u_{i+1/2,j}^{n+1/2}-\bar{h}_{i-1/2,j}^{n}u_{i-1/2,j}^{n+1/2}}{\Delta x}=0 \quad (10-91)$$

$$\frac{u_{i+1/2,j}^{n+1/2}-u_{i+1/2,j}^{n}}{(1/2)\Delta t}+u_{i+1/2,j}^{n+1/2}\left(\frac{\partial u}{\partial x}\right)_{i+1/2,j}^{n}+g\frac{z_{i+1,j}^{n+1/2}-z_{i,j}^{n+1/2}}{\Delta x}$$

$$+g\,(n_{i+1/2,j}^{n})^2\frac{u_{i+1/2,j}^{n+1/2}\sqrt{(u_{i+1/2,j}^{n})^2+(\bar{v}_{i+1/2,j}^{n})^2}}{(\bar{h}_{i+1/2,j}^{n})^2}-\nu_t\frac{u_{i+3/2,j}^{n}-2u_{i+1/2,j}^{n}+u_{i-1/2,j}^{n}}{\Delta x^2}=0$$

$$(10-92)$$

整理式 （10-91）和式 （10-92）得

$$A_{i-1/2,j}u_{i-1/2,j}^{n+1/2} + B_{i,j}z_{i,j}^{n+1/2} + C_{i+1/2,j}u_{i+1/2,j}^{n+1/2} = D_{i,j} \qquad (10-93)$$

$$A_{i,j}z_{i,j}^{n+1/2} + B_{i+1/2,j}u_{i+1/2,j}^{n+1/2} + C_{i+1,j}z_{i,j}^{n+1/2} = D_{i+1/2,j} \qquad (10-94)$$

式（10-93）中

$$A_{i-1/2,j} = -\frac{\Delta t \, \bar{h}_{i-1/2,j}^{n}}{2\Delta x}, \quad B_{i,j} = 1$$

$$C_{i+1/2,j} = \frac{\Delta t \, \bar{h}_{i+1/2,j}^{n}}{2\Delta x}, \quad D_{i,j} = z_{i,j}^{n}$$

式（10-94）中

$$A_{i,j} = -\frac{g\,\Delta t}{2\Delta x}$$

$$B_{i+1/2,j} = 1 + \frac{\Delta t}{2}\left(\frac{\partial u}{\partial x}\right)_{i+1/2,j}^{n} + g\,(n_{i+1/2,j}^{n})^{2}\,\frac{\Delta t\sqrt{(u_{i+1/2,j}^{n})^{2} + (\bar{v}_{i+1/2,j}^{n})^{2}}}{2\,(\bar{h}_{i+1/2,j}^{n})^{2}}$$

$$C_{i+1,j} = -A_{i,j}$$

$$D_{i+1/2,j} = u_{i+1/2,j}^{n} + \frac{\nu_t\,\Delta t\,(u_{i+3/2,j}^{n} - 2u_{i+1/2,j}^{n} + u_{i-1/2,j}^{n})}{2\Delta x^{2}}$$

其中

$$\bar{h}_{i-1/2,j}^{n} = \frac{z_{i,j}^{n} + z_{i-1,j}^{n} - z_{bi-1/2,j+1/2}^{n} - z_{bi-1/2,j-1/2}^{n}}{2}$$

$$\bar{h}_{i+1/2,j}^{n} = \frac{z_{i+1,j}^{n} + z_{i,j}^{n} - z_{bi+1/2,j+1/2}^{n} - z_{bi+1/2,j-1/2}^{n}}{2}$$

$$\bar{v}_{i+1/2,j}^{n} = \frac{v_{i+1,j-1/2}^{n} + v_{i+1,j+1/2}^{n} + v_{i,j-1/2}^{n} + v_{i,j+1/2}^{n}}{4}$$

对方程中的对流项 $\left(\dfrac{\partial u}{\partial x}\right)_{i+1/2,j}^{n}$ 采用如下迎风格式离散。

当 $u_{i+1/2,j}^{n} \geqslant 0$ 时，$\left(\dfrac{\partial u}{\partial x}\right)_{i+1/2,j}^{n} = \dfrac{u_{i+1/2,j}^{n} - u_{i-1/2,j}^{n}}{\Delta x}$

当 $u_{i+1/2,j}^{n} < 0$ 时，$\left(\dfrac{\partial u}{\partial x}\right)_{i+1/2,j}^{n} = \dfrac{u_{i+3/2,j}^{n} - u_{i+1/2,j}^{n}}{\Delta x}$

用追赶法求解式（10-93）和式（10-94）。利用求解上述一维非恒定非均匀流方程组的同样思路，将下列关系式

$$u_{i-1/2,j}^{n+1/2} = P_{i-1/2,j}z_{i,j}^{n+1/2} + R_{i-1/2,j} \qquad (10-95)$$

代入式（10-93）中，得

$$A_{i-1/2,j}(P_{i-1/2,j}z_{i,j}^{n+1/2} + R_{i-1/2,j}) + B_{i,j}z_{i,j}^{n+1/2} + C_{i+1/2,j}u_{i+1/2,j}^{n+1/2} = D_{i,j} \qquad (10-96)$$

式（10-96）与式（10-94）联立，消去 z_i，整理后得到 x 方向流速递推公式如下

$$u_{i+1/2,j}^{n+1/2} = P_{i+1/2,j}z_{i+1,j}^{n+1/2} + R_{i+1/2,j} \qquad (10-97)$$

式（10-96）与式（10-94）联立，消掉 $u_{i+1/2,j}^{n+1/2}$，得到 x 方向水位递推公式如下

$$z_{i,j}^{n+1/2} = P_{i,j}^{*}z_{i+1,j}^{n+1/2} + R_{i,j}^{*} \qquad (10-98)$$

其中，系数 $P_{i+1/2,j}$、$R_{i+1/2,j}$、$P_{i,j}^{*}$、$R_{i,j}^{*}$ 是唯一确定的，表达式如下

$$P_{i+1/2,j} = \frac{C_{i+1,j}(A_{i-1/2,j}P_{i-1/2,j} + B_{i,j})}{A_{i,j}C_{i+1/2,j} - B_{i+1/2,j}(A_{i-1/2,j}P_{i-1/2,j} + B_{i,j})} \qquad (10-99)$$

$$R_{i+1/2,j} = \frac{A_{i,j}(D_{i,j} - A_{i-1/2,j}R_{i-1/2,j}) - D_{i+1/2,j}(A_{i-1/2,j}P_{i-1/2,j} + B_{i,j})}{A_{i,j}C_{i+1/2,j} - B_{i+1/2,j}(A_{i-1/2,j}P_{i-1/2,j} + B_{i,j})} \quad (10-100)$$

$$P_{i,j}^* = \frac{C_{i+1/2,j}C_{i+1,j}}{B_{i+1/2,j}(A_{i-1/2,j}P_{i-1/2,j} + B_{i,j}) - A_{i,j}C_{i+1/2,j}} \quad (10-101)$$

$$R_{i,j}^* = \frac{B_{i+1/2,j}(D_{i,j} - A_{i-1/2,j}R_{i-1/2,j}) - C_{i+1/2,j}D_{i+1/2,j}}{B_{i+1/2,j}(A_{i-1/2,j}P_{i-1/2,j} + B_{i,j}) - A_{i,j}C_{i+1/2,j}} \quad (10-102)$$

求解过程：首先，利用上游边界条件，一般是已知流量过程，以及式（10-99）～式（10-102），在追的过程中求出所有节点上的 $P_{i+1/2,j}$、$R_{i+1/2,j}$、$P_{i,j}^*$、$R_{i,j}^*$ 值；然后再利用下游边界条件，一般是水位流量关系，以及式（10-97）、式（10-98），在赶的过程中求出 $u_{i+1/2,j}^{n+1/2}$ 和 $z_{i,j}^{n+1/2}$。

在 $n\Delta t \to (n+1/2)\Delta t$ 时间段内，沿 x 方向离散式（10-89）中的第三式，显式求解 $v_{i,j+1/2}^{n+1/2}$。具体过程如下：

$$\frac{v_{i,j+1/2}^{n+1/2} - v_{i,j+1/2}^n}{(1/2)\Delta t} + \bar{u}_{i,j+1/2}^{n+1/2}\left(\frac{\partial v}{\partial x}\right)_{i,j+1/2}^n - \nu_t \frac{v_{i+1,j+1/2}^n - 2v_{i,j+1/2}^n + v_{i-1,j+1/2}^n}{\Delta x^2} = 0$$

$$(10-103)$$

整理后得

$$v_{i,j+1/2}^{n+1/2} = v_{i,j+1/2}^n + \frac{\nu_t \Delta t}{2\Delta x^2}(v_{i+1,j+1/2}^n - 2v_{i,j+1/2}^n + v_{i-1,j+1/2}^n) - \frac{\Delta t}{2}\bar{u}_{i,j+1/2}^{n+1/2}\left(\frac{\partial v}{\partial x}\right)_{i,j+1/2}^n$$

$$(10-104)$$

其中
$$\bar{u}_{i,j+1/2}^{n+1/2} = \frac{u_{i-1/2,j}^{n+1/2} + u_{i-1/2,j+1}^{n+1/2} + u_{i+1/2,j}^{n+1/2} + u_{i+1/2,j+1}^{n+1/2}}{4}$$

对方程中的对流项 $\left(\dfrac{\partial v}{\partial x}\right)_{i,j+1/2}^n$ 采用如下迎风格式离散：

当 $\bar{u}_{i,j+1/2}^n \geqslant 0$ 时，$\left(\dfrac{\partial v}{\partial x}\right)_{i,j+1/2}^n = \dfrac{v_{i,j+1/2}^n - v_{i-1,j+1/2}^n}{\Delta x}$

当 $\bar{u}_{i,j+1/2}^n < 0$ 时，$\left(\dfrac{\partial v}{\partial x}\right)_{i,j+1/2}^n = \dfrac{v_{i+1,j+1/2}^n - v_{i,j+1/2}^n}{\Delta x}$

其中
$$\bar{u}_{i,j+1/2}^n = \frac{u_{i+1/2,j}^n + u_{i+1/2,j+1}^n + u_{i-1/2,j}^n + u_{i-1/2,j+1}^n}{4}$$

由上所述便在 x 方向完成了前半步时间步长的计算，先算出 $z_{i,j}^{n+1/2}$，$u_{i+1/2,j}^{n+1/2}$，再计算出 $v_{i,j+1/2}^{n+1/2}$。

（2）后半时间步长上 y 方向求解。在 $(n+1/2)\Delta t \to (n+1)\Delta t$ 时间段内，沿 y 方向离散式（10-90）中的前两式，隐式求解 $z_{i,j}^{n+1}$ 和 $v_{i,j+1/2}^{n+1}$。具体过程如下：

$$\frac{z_{i,j}^{n+1} - z_{i,j}^{n+1/2}}{(1/2)\Delta t} + \frac{\bar{h}_{i,j+1/2}^{n+1/2}v_{i,j+1/2}^{n+1} - \bar{h}_{i,j-1/2}^{n+1/2}v_{i,j-1/2}^{n+1}}{\Delta y} = 0 \quad (10-105)$$

$$\frac{v_{i,j+1/2}^{n+1} - v_{i,j+1/2}^{n+1/2}}{(1/2)\Delta t} + v_{i,j+1/2}^{n+1}\left(\frac{\partial v}{\partial y}\right)_{i,j+1/2}^{n+1/2} + g\frac{z_{i,j+1}^{n+1} - z_{i,j}^{n+1}}{\Delta y}$$

$$+ g(n_{i,j+1/2}^{n+1/2})^2 v_{i,j+1/2}^{n+1}\frac{\sqrt{(\bar{u}_{i,j+1/2}^{n+1/2})^2 + (v_{i,j+1/2}^{n+1/2})^2}}{(\bar{h}_{i,j+1/2}^{n+1/2})^{3/4}} - \nu_t\frac{v_{i,j+3/2}^{n+1/2} - 2v_{i,j+1/2}^{n+1/2} + v_{i,j-1/2}^{n+1/2}}{\Delta y^2} = 0$$

$$(10-106)$$

整理式（10-105）与式（10-106），写成如下形式：

$$A_{i,j-1/2}v_{i,j-1/2}^{n+1} + B_{i,j}z_{i,j}^{n+1} + C_{i,j+1/2}v_{i,j+1/2}^{n+1} = D_{i,j} \tag{10-107}$$

$$A_{i,j}z_{i,j}^{n+1} + B_{i,j+1/2}v_{i,j+1/2}^{n+1} + C_{i,j+1}z_{i,j+1}^{n+1} = D_{i,j+1/2} \tag{10-108}$$

式（10-107）中

$$A_{i,j-1/2} = -\frac{\Delta t\,\bar{h}_{i,j-1/2}^{n+1/2}}{2\Delta y}; B_{i,j} = 1$$

$$C_{i,j+1/2} = \frac{\Delta t\,\bar{h}_{i,j+1/2}^{n+1/2}}{2\Delta y}; D_{i,j} = z_{i,j}^{n+1/2}$$

式（10-108）中

$$A_{i,j} = -\frac{g\Delta t}{2\Delta y}$$

$$B_{i,j+1/2} = 1 + \frac{\Delta t}{2}\left(\frac{\partial v}{\partial y}\right)_{i,j+1/2}^{n+1/2} + \frac{g\Delta t}{2}(n_{i,j+1/2}^{n+1/2})^2 \frac{\sqrt{(\bar{u}_{i,j+1/2}^{n+1/2})^2 + (v_{i,j+1/2}^{n+1/2})^2}}{(\bar{h}_{i,j+1/2}^{n+1/2})^{3/4}}$$

$$C_{i,j+1} = -A_{i,j}$$

$$D_{i,j+1/2} = v_{i,j+1/2}^{n+1/2} + \frac{\nu_t \Delta t}{2\Delta y^2}(v_{i,j+3/2}^{n+1/2} - 2v_{i,j+1/2}^{n+1/2} + v_{i,j-1/2}^{n+1/2})$$

式（10-105）与式（10-106）中

$$\bar{h}_{i,j-1/2}^{n+1/2} = \frac{z_{i,j-1}^{n+1/2} + z_{i,j}^{n+1/2} - z_{bi-1/2,j-1/2}^{n+1/2} - z_{bi+1/2,j-1/2}^{n+1/2}}{2}$$

$$\bar{h}_{i,j+1/2}^{n+1/2} = \frac{z_{i,j}^{n+1/2} + z_{i,j+1}^{n+1/2} - z_{bi-1/2,j+1/2}^{n+1/2} - z_{bi+1/2,j+1/2}^{n+1/2}}{2}$$

$$\bar{u}_{i,j+1/2}^{n+1/2} = \frac{u_{i+1/2,j}^{n+1/2} + u_{i+1/2,j+1}^{n+1/2} + u_{i-1/2,j}^{n+1/2} + u_{i-1/2,j+1}^{n+1/2}}{4}$$

对方程中的对流项 $\left(\dfrac{\partial v}{\partial y}\right)_{i,j+1/2}^{n+1/2}$ 采用如下迎风格式离散：

当 $v_{i,j+1/2}^{n+1/2} \geqslant 0$ 时，$\left(\dfrac{\partial v}{\partial y}\right)_{i,j+1/2}^{n+1/2} = \dfrac{v_{i,j+1/2}^{n+1/2} - v_{i,j-1/2}^{n+1/2}}{\Delta y}$

当 $v_{i,j+1/2}^{n+1/2} < 0$ 时，$\left(\dfrac{\partial v}{\partial y}\right)_{i,j+1/2}^{n+1/2} = \dfrac{v_{i,j+1/2}^{n+1/2} - v_{i,j+1/2}^{n+1/2}}{\Delta y}$

用追赶法求解方程式（10-107）与式（10-108），利用在 x 方向求解时的同样思路，有如下 y 方向流速和水位递推公式：

$$v_{i,j+1/2}^{n+1} = K_{i,j+1/2}z_{i,j+1}^{n+1} + L_{i,j+1/2} \tag{10-109}$$

$$z_{i,j}^{n+1} = K_{i,j}^* z_{i,j+1}^{n+1} + L_{i,j}^* \tag{10-110}$$

其中

$$K_{i,j+1/2} = \frac{C_{i,j+1}(A_{i,j-1/2}K_{i,j-1/2} + B_{i,j})}{A_{i,j}C_{i,j+1/2} - B_{i,j+1/2}(A_{i,j-1/2}K_{i,j-1/2} + B_{i,j})} \tag{10-111}$$

$$L_{i,j+1/2} = \frac{A_{i,j}(D_{i,j} - A_{i,j-1/2}L_{i,j-1/2}) - D_{i,j+1/2}(A_{i,j-1/2}K_{i,j-1/2} + B_{i,j})}{A_{i,j}C_{i,j+1/2} - B_{i,j+1/2}(A_{i,j-1/2}K_{i,j-1/2} + B_{i,j})}$$

$$\tag{10-112}$$

$$K_{i,j}^* = \frac{C_{i,j+1/2} C_{i,j+1}}{B_{i,j+1/2}(A_{i,j-1/2} K_{i,j-1/2} + B_{i,j}) - A_{i,j} C_{i,j+1/2}} \tag{10-113}$$

$$L_{i,j}^* = \frac{B_{i,j+1/2}(D_{i,j} - A_{i,j-1/2} L_{i,j-1/2}) - C_{i,j+1/2} D_{i,j+1/2}}{B_{i,j+1/2}(A_{i,j-1/2} K_{i,j-1/2} + B_{i,j}) - A_{i,j} C_{i,j+1/2}} \tag{10-114}$$

已知上下游边界条件，利用递推公式（10-109）和式（10-110），可求得 y 方向各节点流速和水位。

在 $(n+1/2)\Delta t \to (n+1)\Delta t$ 时间段内，沿 y 方向离散式（10-90）中第三式，显式求解 $u_{i+1/2,j}^{n+1}$。具体过程如下：

$$\frac{u_{i+1/2,j}^{n+1} - u_{i+1/2,j}^{n+1/2}}{(1/2)\Delta t} + \bar{v}_{i+1/2,j}^{n+1}\left(\frac{\partial u}{\partial y}\right)_{i+1/2,j}^{n+1/2} - \nu_t \frac{u_{i+1/2,j+1}^{n+1/2} - 2u_{i+1/2,j}^{n+1/2} + u_{i+1/2,j-1}^{n+1/2}}{\Delta y^2} = 0$$

$$\tag{10-115}$$

整理得

$$u_{i+1/2,j}^{n+1} = u_{i+1/2,j}^{n+1/2} + \nu_t \frac{\Delta t(u_{i+1/2,j+1}^{n+1/2} - 2u_{i+1/2,j}^{n+1/2} + u_{i+1/2,j-1}^{n+1/2})}{2\Delta y^2} - \frac{\Delta t}{2}\bar{v}_{i+1/2,j}^{n+1}\left(\frac{\partial u}{\partial y}\right)_{i+1/2,j}^{n+1/2}$$

$$\tag{10-116}$$

其中
$$\bar{v}_{i+1/2,j}^{n+1} = \frac{v_{i+1,j+1/2}^{n+1} + v_{i+1,j-1/2}^{n+1} + v_{i,j+1/2}^{n+1} + v_{i,j-1/2}^{n+1}}{4}$$

2. 泥沙连续方程的离散与求解

泥沙连续方程离散仍采用 ADI 法。将泥沙变量布置在水位节点上，对泥沙连续方程式（10-79）进行离散。具体过程如下。

（1）在前半个时段 $n\Delta t \to (n+1/2)\Delta t$ 内，用迎风差分格式离散泥沙连续方程，隐式求解 $S_{i,j}^{n+1/2}$。

当 $\bar{u}_{i,j}^{n+1/2} \geqslant 0$ 时，有

$$\frac{\bar{h}_{i,j}^{n+1/2} S_{i,j}^{n+1/2} - \bar{h}_{i,j}^n S_{i,j}^n}{(1/2)\Delta t} + \frac{\bar{u}_{i,j}^{n+1/2}\bar{h}_{i,j}^{n+1/2} S_{i,j}^{n+1/2} - \bar{u}_{i-1,j}^{n+1/2}\bar{h}_{i-1,j}^{n+1/2} S_{i-1,j}^{n+1/2}}{\Delta x} + \frac{\bar{v}_{i,j}^n \bar{h}_{i,j}^n S_{i,j}^n - \bar{v}_{i,j-1}^n \bar{h}_{i,j-1}^n S_{i,j-1}^n}{\Delta y}$$

$$- E_s \frac{\bar{h}_{i+1,j}^{n+1/2} S_{i+1,j}^{n+1/2} - 2\bar{h}_{i,j}^{n+1/2} S_{i,j}^{n+1/2} + \bar{h}_{i-1,j}^{n+1/2} S_{i-1,j}^{n+1/2}}{\Delta x^2} - E_s \frac{\bar{h}_{i,j+1}^n S_{i,j+1}^n - 2\bar{h}_{i,j}^n S_{i,j}^n + \bar{h}_{i,j-1}^n S_{i,j-1}^n}{\Delta y^2}$$

$$+ \alpha_{i,j}^{n+1/2} \omega_{i,j}^{n+1/2}(S_{i,j}^{n+1/2} - S_{*i,j}^{n+1/2}) = 0 \tag{10-117}$$

由式（10-117）可得前半个时段的含沙量迭代算式，即

$$S_{i,j}^{n+1/2} = \left[\bar{h}_{i,j}^n S_{i,j}^n + \frac{\Delta t}{2\Delta x}\bar{u}_{i-1,j}^{n+1/2}\bar{h}_{i-1,j}^{n+1/2} S_{i-1,j}^{n+1/2} - \frac{\Delta t}{2\Delta y}(\bar{v}_{i,j}^n \bar{h}_{i,j}^n S_{i,j}^n - \bar{v}_{i,j-1}^n \bar{h}_{i,j-1}^n S_{i,j-1}^n)\right.$$

$$+ \frac{\Delta t E_s}{2\Delta x^2}(\bar{h}_{i+1,j}^{n+1/2} S_{i+1,j}^{n+1/2} + \bar{h}_{i-1,j}^{n+1/2} S_{i-1,j}^{n+1/2}) + \frac{\Delta t E_s}{2\Delta y^2}(\bar{h}_{i,j+1}^n S_{i,j+1}^n - 2\bar{h}_{i,j}^n S_{i,j}^n + \bar{h}_{i,j-1}^n S_{i,j-1}^n)$$

$$\left. + \frac{\Delta t}{2}\alpha_{i,j}^{n+1/2}\omega_{i,j}^{n+1/2} S_{*i,j}^{n+1/2}\right] / \left[\bar{h}_{i,j}^{n+1/2} + \frac{\Delta t}{2\Delta x}\bar{u}_{i,j}^{n+1/2}\bar{h}_{i,j}^{n+1/2} + \frac{\Delta t E_s}{\Delta x^2}\bar{h}_{i,j}^{n+1/2} + \frac{\Delta t}{2}\alpha_{i,j}^{n+1/2}\omega_{i,j}^{n+1/2}\right]$$

$$\tag{10-118}$$

当 $\bar{u}_{i,j}^{n+1/2} < 0$ 时，有

$$\frac{\bar{h}_{i,j}^{n+1/2}S_{i,j}^{n+1/2} - h_{i,j}^{n}S_{i,j}^{n}}{(1/2)\Delta t} + \frac{\bar{u}_{i+1,j}^{n+1/2}\bar{h}_{i+1,j}^{n+1/2}S_{i+1,j}^{n+1/2} - \bar{u}_{i,j}^{n+1/2}\bar{h}_{i,j}^{n+1/2}S_{i,j}^{n+1/2}}{\Delta x} + \frac{\bar{v}_{i,j}^{n}\bar{h}_{i,j}^{n}S_{i,j}^{n} - \bar{v}_{i,j-1}^{n}\bar{h}_{i,j-1}^{n}S_{i,j-1}^{n}}{\Delta y}$$

$$- E_s \frac{\bar{h}_{i+1,j}^{n+1/2}S_{i+1,j}^{n+1/2} - 2\bar{h}_{i,j}^{n+1/2}S_{i,j}^{n+1/2} + \bar{h}_{i-1,j}^{n+1/2}S_{i-1,j}^{n+1/2}}{\Delta x^2} - E_s \frac{\bar{h}_{i,j+1}^{n}S_{i,j+1}^{n} - 2\bar{h}_{i,j}^{n}S_{i,j}^{n} + \bar{h}_{i,j-1}^{n}S_{i,j-1}^{n}}{\Delta y^2}$$

$$+ \alpha_{i,j}^{n+1/2}\omega_{i,j}^{n+1/2}(S_{i,j}^{n+1/2} - S_{*i,j}^{n+1/2}) = 0 \tag{10-119}$$

由式（10-119）得

$$S_{i,j}^{n+1/2} = \left[h_{i,j}^{n}S_{i,j}^{n} - \frac{\Delta t}{2\Delta x}\bar{u}_{i+1,j}^{n+1/2}\bar{h}_{i+1,j}^{n+1/2}S_{i+1,j}^{n+1/2} - \frac{\Delta t}{2\Delta y}(\bar{v}_{i,j}^{n}\bar{h}_{i,j}^{n}S_{i,j}^{n} - \bar{v}_{i,j-1}^{n}\bar{h}_{i,j-1}^{n}S_{i,j-1}^{n}) \right.$$

$$+ \frac{\Delta t E_s}{2\Delta x^2}(\bar{h}_{i+1,j}^{n+1/2}S_{i+1,j}^{n+1/2} + \bar{h}_{i-1,j}^{n+1/2}S_{i-1,j}^{n+1/2}) + \frac{\Delta t E_s}{2\Delta y^2}(\bar{h}_{i,j+1}^{n}S_{i,j+1}^{n} - 2\bar{h}_{i,j}^{n}S_{i,j}^{n} + \bar{h}_{i,j-1}^{n}S_{i,j-1}^{n})$$

$$\left. + \frac{\Delta t}{2}\alpha_{i,j}^{n+1/2}\omega_{i,j}^{n+1/2}S_{*i,j}^{n+1/2} \right] \bigg/ \left[\bar{h}_{i,j}^{n+1/2} - \frac{\Delta t}{2\Delta x}\bar{u}_{i,j}^{n+1/2}\bar{h}_{i,j}^{n+1/2} + \frac{\Delta t E_s}{\Delta x^2}\bar{h}_{i,j}^{n+1/2} + \frac{\Delta t}{2}\alpha_{i,j}^{n+1/2}\omega_{i,j}^{n+1/2} \right]$$

$$\tag{10-120}$$

（2）在后半个时段 $(n+1/2)\Delta t \rightarrow (n+1)\Delta t$ 内，用迎风差分格式离散泥沙连续方程，隐式求解 $S_{i,j}^{n+1}$。

当 $\bar{v}_{i,j}^{n+1} \geqslant 0$ 时，有

$$\frac{h_{i,j}^{n+1}S_{i,j}^{n+1} - h_{i,j}^{n+1/2}S_{i,j}^{n+1/2}}{(1/2)\Delta t} + \frac{\bar{u}_{i,j}^{n+1/2}\bar{h}_{i,j}^{n+1/2}S_{i,j}^{n+1/2} - \bar{u}_{i-1,j}^{n+1/2}\bar{h}_{i-1,j}^{n+1/2}S_{i-1,j}^{n+1/2}}{\Delta x} + \frac{\bar{v}_{i,j}^{n+1}\bar{h}_{i,j}^{n+1}S_{i,j}^{n+1} - \bar{v}_{i,j-1}^{n+1}\bar{h}_{i,j-1}^{n+1}S_{i,j-1}^{n+1}}{\Delta y}$$

$$- E_s \frac{\bar{h}_{i+1,j}^{n+1/2}S_{i+1,j}^{n+1/2} - 2\bar{h}_{i,j}^{n+1/2}S_{i,j}^{n+1/2} + \bar{h}_{i-1,j}^{n+1/2}S_{i-1,j}^{n+1/2}}{\Delta x^2} - E_s \frac{\bar{h}_{i,j+1}^{n+1}S_{i,j+1}^{n+1} - 2\bar{h}_{i,j}^{n+1}S_{i,j}^{n+1} + \bar{h}_{i,j-1}^{n+1}S_{i,j-1}^{n+1}}{\Delta y^2}$$

$$+ \alpha_{i,j}^{n+1}\omega_{i,j}^{n+1}(S_{i,j}^{n+1} - S_{*i,j}^{n+1}) = 0 \tag{10-121}$$

由式（10-121）可得后半个时段的含沙量迭代算式，即

$$S_{i,j}^{n+1} = \left[h_{i,j}^{n+1/2}S_{i,j}^{n+1/2} - \frac{\Delta t}{2\Delta x}(\bar{u}_{i,j}^{n+1/2}\bar{h}_{i,j}^{n+1/2}S_{i,j}^{n+1/2} - \bar{u}_{i-1,j}^{n+1/2}\bar{h}_{i-1,j}^{n+1/2}S_{i-1,j}^{n+1/2}) + \frac{\Delta t}{2\Delta y}\bar{v}_{i,j-1}^{n+1}\bar{h}_{i,j-1}^{n+1}S_{i,j-1}^{n+1} \right.$$

$$+ \frac{\Delta t E_s}{2\Delta x^2}(\bar{h}_{i+1,j}^{n+1/2}S_{i+1,j}^{n+1/2} - 2\bar{h}_{i,j}^{n+1/2}S_{i,j}^{n+1/2} + \bar{h}_{i-1,j}^{n+1/2}S_{i-1,j}^{n+1/2}) + \frac{\Delta t E_s}{2\Delta y^2}(\bar{h}_{i,j+1}^{n+1}S_{i,j+1}^{n+1} + \bar{h}_{i,j-1}^{n+1}S_{i,j-1}^{n+1})$$

$$\left. + \frac{\Delta t}{2}\alpha_{i,j}^{n+1}\omega_{i,j}^{n+1}S_{*i,j}^{n+1} \right] \bigg/ \left[h_{i,j}^{n+1} + \frac{\Delta t}{2\Delta y}\bar{v}_{i,j}^{n+1}\bar{h}_{i,j}^{n+1} + \frac{\Delta t E_s}{\Delta y^2}\bar{h}_{i,j}^{n+1} + \frac{\Delta t}{2}\alpha_{i,j}^{n+1}\omega_{i,j}^{n+1} \right] \tag{10-122}$$

当 $\bar{v}_{i,j}^{n+1} < 0$ 时，有

$$\frac{\bar{h}_{i,j}^{n+1}S_{i,j}^{n+1} - \bar{h}_{i,j}^{n+1/2}S_{i,j}^{n+1/2}}{(1/2)\Delta t} + \frac{\bar{u}_{i,j}^{n+1/2}\bar{h}_{i,j}^{n+1/2}S_{i,j}^{n+1/2} - \bar{u}_{i-1,j}^{n+1/2}\bar{h}_{i-1,j}^{n+1/2}S_{i-1,j}^{n+1/2}}{\Delta x} + \frac{\bar{v}_{i,j+1}^{n+1}\bar{h}_{i,j+1}^{n+1}S_{i,j+1}^{n+1} - \bar{v}_{i,j}^{n+1}\bar{h}_{i,j}^{n+1}S_{i,j}^{n+1}}{\Delta y}$$

$$- E_s \frac{\bar{h}_{i+1,j}^{n+1/2}S_{i+1,j}^{n+1/2} - 2\bar{h}_{i,j}^{n+1/2}S_{i,j}^{n+1/2} + \bar{h}_{i-1,j}^{n+1/2}S_{i-1,j}^{n+1/2}}{\Delta x^2} - E_s \frac{\bar{h}_{i,j+1}^{n+1}S_{i,j+1}^{n+1} - 2\bar{h}_{i,j}^{n+1}S_{i,j}^{n+1} + \bar{h}_{i,j-1}^{n+1}S_{i,j-1}^{n+1}}{\Delta y^2}$$

$$+ \alpha_{i,j}^{n+1}\omega_{i,j}^{n+1}(S_{i,j}^{n+1} - S_{*i,j}^{n+1}) = 0 \tag{10-123}$$

由式（10-123）得

$$S_{i,j}^{n+1} = \left[\bar{h}_{i,j}^{n+1/2} S_{i,j}^{n+1/2} - \frac{\Delta t}{2\Delta x}(\bar{u}_{i,j}^{n+1/2} \bar{h}_{i,j}^{n+1/2} S_{i,j}^{n+1/2} - \bar{u}_{i-1,j}^{n+1/2} \bar{h}_{i-1,j}^{n+1/2} S_{i-1,j}^{n+1/2}) - \frac{\Delta t}{2\Delta y} \bar{v}_{i,j+1}^{n+1} \bar{h}_{i,j+1}^{n+1} S_{i,j+1}^{n+1} \right.$$

$$+ \frac{\Delta t E_s}{2\Delta x^2}(\bar{h}_{i+1,j}^{n+1/2} S_{i+1,j}^{n+1/2} - 2\bar{h}_{i,j}^{n+1/2} S_{i,j}^{n+1/2} + \bar{h}_{i-1,j}^{n+1/2} S_{i-1,j}^{n+1/2}) + \frac{\Delta t E_s}{2\Delta y^2}(\bar{h}_{i,j+1}^{n+1} S_{i,j+1}^{n+1} + \bar{h}_{i,j-1}^{n+1} S_{i,j-1}^{n+1})$$

$$+ \left. \frac{\Delta t}{2}\alpha_{i,j}^{n+1}\omega_{i,j}^{n+1} S_{*i,j}^{n+1} \right] \bigg/ \left[\bar{h}_{i,j}^{n+1} - \frac{\Delta t}{2\Delta y}\bar{v}_{i,j}^{n+1}\bar{h}_{i,j}^{n+1} + \frac{\Delta t E_s}{\Delta y^2}\bar{h}_{i,j}^{n+1} + \frac{\Delta t}{2}\alpha_{i,j}^{n+1}\omega_{i,j}^{n+1} \right] \quad (10-124)$$

其中
$$\bar{h}_{i-1,j}^{n} = \frac{h_{i-3/2,j+1/2}^{n} + h_{i-3/2,j-1/2}^{n} + h_{i-1/2,j+1/2}^{n} + h_{i-1/2,j-1/2}^{n}}{4}$$

$$\bar{h}_{i,j}^{n} = \frac{h_{i+1/2,j+1/2}^{n} + h_{i+1/2,j-1/2}^{n} + h_{i-1/2,j+1/2}^{n} + h_{i-1/2,j-1/2}^{n}}{4}$$

$$\bar{h}_{i+1,j}^{n} = \frac{h_{i+1/2,j+1/2}^{n} + h_{i+1/2,j-1/2}^{n} + h_{i+3/2,j+1/2}^{n} + h_{i+3/2,j-1/2}^{n}}{4}$$

$$\bar{h}_{i,j-1}^{n} = \frac{h_{i+1/2,j-1/2}^{n} + h_{i+1/2,j-3/2}^{n} + h_{i-1/2,j-1/2}^{n} + h_{i-1/2,j-3/2}^{n}}{4}$$

$$\bar{h}_{i,j}^{n} = \frac{h_{i+1/2,j+1/2}^{n} + h_{i+1/2,j-1/2}^{n} + h_{i-1/2,j+1/2}^{n} + h_{i-1/2,j-1/2}^{n}}{4}$$

$$\bar{h}_{i,j+1}^{n} = \frac{h_{i+1/2,j+1/2}^{n} + h_{i+1/2,j+3/2}^{n} + h_{i-1/2,j+1/2}^{n} + h_{i-1/2,j+3/2}^{n}}{4}$$

$$\bar{u}_{i-1,j}^{n} = \frac{u_{i-1/2,j}^{n} + u_{i-3/2,j}^{n}}{2}$$

$$\bar{u}_{i,j}^{n} = \frac{u_{i-1/2,j}^{n} + u_{i+1/2,j}^{n}}{2}$$

$$\bar{u}_{i+1,j}^{n} = \frac{u_{i+3/2,j}^{n} + u_{i+1/2,j}^{n}}{2}$$

$$\bar{v}_{i,j-1}^{n} = \frac{v_{i,j-3/2}^{n} + v_{i,j-1/2}^{n}}{2}$$

$$\bar{v}_{i,j}^{n} = \frac{v_{i,j+1/2}^{n} + v_{i,j-1/2}^{n}}{2}$$

$$\bar{v}_{i,j+1}^{n+1} = \frac{v_{i,j+1/2}^{n+1} + v_{i,j+3/2}^{n+1}}{2}$$

非均匀沙含沙量及级配沿程变化计算可参见上述一维泥沙方程。

3. 河床变形方程的离散与求解

将河床高程变量布置在水位节点上，直接用中心差分离散方程，显式求解河床变形方程。具体过程如下。

离散悬移质河床变形方程式（10-80），有

$$\frac{\bar{u}_{i+1,j}^{n+1}\bar{h}_{i+1,j}^{n+1}S_{i+1,j}^{n+1} - \bar{u}_{i-1,j}^{n+1}\bar{h}_{i-1,j}^{n+1}S_{i-1,j}^{n+1}}{2\Delta x} + \frac{\bar{v}_{i,j+1}^{n+1}\bar{h}_{i,j+1}^{n+1}S_{i,j+1}^{n+1} - \bar{v}_{i,j-1}^{n+1}\bar{h}_{i,j-1}^{n+1}S_{i,j-1}^{n+1}}{2\Delta y} + \rho_s'\frac{\Delta z_b'}{\Delta t} = 0$$

$$(10-125)$$

由式（10-125）得

$$\Delta z'^{n+1}_{bi,j} = -\frac{\Delta t}{2\rho'_s \Delta x}(\bar{u}^{n+1}_{i+1,j}\bar{h}^{n+1}_{i+1,j}S^{n+1}_{i+1,j} - \bar{u}^{n+1}_{i-1,j}\bar{h}^{n+1}_{i-1,j}S^{n+1}_{i-1,j})$$

$$-\frac{\Delta t}{2\rho'_s \Delta y}(\bar{v}^{n+1}_{i,j+1}\bar{h}^{n+1}_{i,j+1}S^{n+1}_{i,j+1} - \bar{v}^{n+1}_{i,j-1}\bar{h}^{n+1}_{i,j-1}S^{n+1}_{i,j-1}) \qquad (10-126)$$

离散推移质河床变形方程式（10-81），有

$$\frac{q^{n+1}_{bxi+1,j} - q^{n+1}_{bxi-1,j}}{2\Delta x} + \frac{q^{n+1}_{byi,j+1} - q^{n+1}_{byi,j-1}}{2\Delta y} + \rho'_s \frac{\Delta z''^{n+1}_{bi,j}}{\Delta t} = 0 \qquad (10-127)$$

由式（10-127）得

$$\Delta z''^{n+1}_{bi,j} = -\frac{\Delta t}{2\rho'_s \Delta x}(q^{n+1}_{bxi+1,j} - q^{n+1}_{bxi-1,j}) - \frac{\Delta t}{2\rho'_s \Delta y}(q^{n+1}_{byi,j+1} - q^{n+1}_{byi,j-1}) \qquad (10-128)$$

其中

$$q^{n+1}_{bxi+1,j} = q^{n+1}_{bi+1,j}\frac{\bar{u}^{n+1}_{i+1,j}}{\sqrt{(\bar{u}^{n+1}_{i+1,j})^2 + (\bar{v}^{n+1}_{i+1,j})^2}}$$

$$q^{n+1}_{bxi-1,j} = q^{n+1}_{bi-1,j}\frac{\bar{u}^{n+1}_{i-1,j}}{\sqrt{(\bar{u}^{n+1}_{i-1,j})^2 + (\bar{v}^{n+1}_{i-1,j})^2}}$$

$$q^{n+1}_{byi,j+1} = q^{n+1}_{bi,j+1}\frac{\bar{v}^{n+1}_{i,j+1}}{\sqrt{(\bar{u}^{n+1}_{i,j+1})^2 + (\bar{v}^{n+1}_{i,j+1})^2}}$$

$$q^{n+1}_{byi,j-1} = q^{n+1}_{bi,j-1}\frac{\bar{v}^{n+1}_{i,j-1}}{\sqrt{(\bar{u}^{n+1}_{i,j-1})^2 + (\bar{v}^{n+1}_{i,j-1})^2}}$$

总河床变形

$$\Delta z^{n+1}_{bi,j} = \Delta z'^{n+1}_{bi,j} + \Delta z''^{n+1}_{bi,j} \qquad (10-129)$$

（四）几个问题的处理

1. 动边界处理

由于河道两岸的水面线位置随着水位升降而变动，水域的边界将发生改变，形成所谓的动边界问题。对动边界有两种处理方法：一种是追踪动边界的准确位置，然后把计算区域分成有水区域和无水区域，只对有水区域网格进行计算。这种方法虽然理论上严谨，但编程时非常繁琐，并不常用。另一种是不追踪动边界，而是对整个计算区域网格进行计算，无论这些计算区域网格是否有水，但需要对于无水区域的计算网格进行一些特殊处理。这样做，可减少编程时的烦琐。据不完全统计，目前这些特殊处理方法有以下几种。

（1）窄缝法。窄缝法的基本概念是设想在岸滩的每个网格上存在一条很窄的缝隙，其深度和岸滩前的水深一致，或达到岸滩前的最低水面以下。根据水量平衡原理将窄缝内的水量平铺到岸滩上，成为化引水深，这相当于把岸滩前的水域延伸至岸滩内，从而可以把计算网格点布置在岸滩上。由于设置了窄缝，连续方程和动量方程都有所变化，计算比较复杂。窄缝法是一种隐式处理动边界的方法。何少苓等（1986）将这种方法从一维推广到二维，结合运用破开算子法，分别沿 x 和 y 两个方向在岸滩上虚设"窄缝"，从而建立水域边界变动而计算边界不动的数值模型。但是在何少苓方法中，"窄缝"的设置必须与其采用的差分方法相联系。同时，对于水深大于 0 的点也用所谓"化引水深"代替实际水

深，而"化引水深"与实际水深相差较大，这在河道计算中会引起较大误差。窄缝法适用于岸边滩的处理，对水域内的浅滩处理则不适用。

（2）冻结法。根据网格单元中心处水深，判断该网格单元是否露出水面。若不露出，糙率 n 取正常值；反之，n 取一个接近无穷大的数（如 10^{30}），使单元四周的流速都为趋于零的微小量，使该单元水位在计算时被冻结不变。这种方法的优点是，只需简单地改变节点的糙率，就可把出露的网格单元一起参加运算，而无须在每一时间步长结束时改变计算区域的形状。冻结法适用于宽浅、底坡较坦的露滩问题，对潮滩相间的河口近岸水域，会因水量的过分"冻结"而失真。

（3）切削法。切削法与冻结法一样判断单元是否露出水面，但并不冻结水位，而是引入一个富裕水深来保证计算过程的完整和稳定，相当于将原始地形切削降低，而一旦判断实际水深大于富裕水深时，即恢复原始地形。这种方法只适用于滩地面积占整个计算水域较小的情况，而对水位较浅、底坡较缓的地形，这样处理则易失真。

（4）干湿判断法。干湿法的基本思想是先设定一个临界水深，然后根据某时刻计算节点及相邻节点处的水深判断是否小于临界水深，如果小于临界水深，节点作为固壁处理，令其流速等于 0。

（5）线边界法。线边界法就是用矩形网格的 4 条边线和它的 2 条对角线作为可能的线边界，以水位来判别这些网格线是否为线边界，一旦判断该网格的某条线水深小于零，该边线或对角线就是线边界。利用这些线边界就可以对浅滩上动边界进行跟踪。运用线边界法进行水流计算时，为了使水量保持平衡，需要在连续方程中引入淹没系数，淹没系数代表在一个网格单元内水体淹没部分所占的面积比。线边界法适用于计算域中的水工建筑物尺度远小于空间步长而无法用网格单元表示时。

2. 平面二维糙率沿河宽分布

一维糙率人们已经积累了许多实测资料，相对来说，比较成熟。而对平面二维糙率问题，研究的相对较少，其困难之处在于平面二维水力要素，如比降沿河宽分布资料很难取得。但随着二维数学模型的发展，人们对糙率系数提出了更高的要求。不仅要求知道沿河道纵向的糙率，而且需要知道糙率沿河宽的变化情况。作为一种粗略的处理方式，目前处理平面二维糙率问题上多从实测资料出发，按一维方法分别计算各垂线的糙率，通常有以下几种做法。

（1）引用一维阻力的研究成果，将一维阻力中断面平均的水力泥沙要素用垂线平均值代替，或分区给出糙率值，再通过验证计算逐步修正。

（2）Walk J. B. （1990）根据一维理论计算垂线阻力系数，并利用曼宁公式，得到

$$f = 8gn_0^2/h^{1/3} \tag{10-130}$$

式中：f 为垂线阻力系数；n_0 为断面平均糙率，$s/m^{1/3}$；h 为垂线水深，m。

（3）De Vriend H. J. （1983）采用如下经验公式计算垂线谢才系数。

$$C = C_0 + \frac{\sqrt{g}}{\kappa}\ln\left(\frac{h}{h_0}\right) \tag{10-131}$$

式中：C 为垂线谢才系数，$m^{1/2}/s$；C_0 为一维水流谢才系数，$m^{1/2}/s$；h_0 为断面平均水深，m；κ 为卡曼常数；h 为垂线水深，m。

（4）李义天等（1986）通过整理实测资料，认为横断面上糙率沿河宽变化的一般规律为，近岸流区的糙率大于中央流区，凹岸糙率大于凸岸糙率，并提出了如下计算公式：

$$n = \frac{n_0}{f(\eta)} \left(\frac{J}{J_0} \right)^{1/2} \tag{10-132}$$

式中：n 为垂线糙率，$\text{s/m}^{1/3}$；n_0 为断面平均糙率，$\text{s/m}^{1/3}$；J_0 为断面平均比降；J 为垂线比降；$\eta = y/B$；y 为横向坐标，m；B 为河宽，m；$f(\eta)$ 为经验关系式，通过点绘 $f(\eta) - \eta$ 关系曲线确定。

（5）杨国录（1993）使用二维均匀流对数流速分布公式和谢才公式推导出谢才系数沿河宽分布的理论计算式

$$\frac{C}{C_0} = \frac{\lg\left(12.27 \dfrac{h}{K_s} \right)}{\lg\left(12.27 \dfrac{h_0}{K_{s0}} \right)} \tag{10-133}$$

式中：C 为垂线谢才系数，$\text{m}^{1/2}/\text{s}$；C_0 为一维水流谢才系数，$\text{m}^{1/2}/\text{s}$；h_0 为断面平均水深，m；K_{s0} 为断面平均粗糙度，m；h 为垂线水深，m；K_s 为垂线粗糙度，m。断面平均粗糙度和垂线粗糙度可根据断面平均床沙粒径和垂线床沙粒径分别确定。

3. 紊动黏滞系数

不少二维模型将紊动黏滞系数 ν_t 略去，而将它对水流阻力的影响一并包含在谢才系数中加以考虑，这种做法对岸线比较规则的河段而言，是可以的，但对岸线不规则，有可能出现回流的河段而言，就不可以了。这是因为忽略掉紊动黏滞系数后，就无法计算岸边回流等副流。

目前，确定紊动黏滞系数 ν_t 的方法有两种。一种是采用紊流模型，常用的紊流模型有：零方程模型（即假定 ν_t 为常数或用普朗特混合长度模型求 ν_t）、单方程模型、双方程模型（$k - \varepsilon$ 模型，其中 k 为紊动能、ε 为紊动能耗散率）、雷诺应力微分方程模型和雷诺应力代数方程模型等。零方程模型、单方程模型和双方程模型是将雷诺应力的确定转化成紊动黏性系数的确定，然后进行求解。雷诺应力微分方程模型是通过求解雷诺应力满足的所有偏微分方程，并结合 k 和 ε 方程一起求解，从而使模型方程数大大增加。雷诺应力代数方程模型是在雷诺应力微分方程模型的基础上，用雷诺应力的代数关系取代其偏微分方程，以避免求解繁杂的偏微分方程。目前 $k - \varepsilon$ 模型应用较为广泛，也是解决紊流问题的有效工具。另一种是根据实测资料建立经验公式，如 Elder J. W.（1959）提出用下式计算紊动黏滞系数：

$$\nu_t = \beta h v_* \tag{10-134}$$

式中：v_* 为垂线摩阻流速，m/s；h 为水深，m；β 为综合系数，与本河段河道形态及水流条件等因素有关，其变化范围为 $0.25 \sim 1.0$。一般建议在顺直明渠中采用 $\beta = 0.15$，在非顺直河道中 β 可达 0.6，有人在漫滩水流中取 β 为 7.5。

4. 弯道横向环流的影响

水流通过弯道时形成的横向环流会引起横向输沙。所以，对弯道水流应考虑横向环流的影响。一般是对水流连续方程和运动方程中的横向流速进行修正，然后将其代入泥沙连续方程和河床变形方程。如何对横向流速进行修正，目前虽有一些研究成果，但还很不够。

四、数学模型验证

河流数学模型中引用的公式许多都是经验公式，计算结果是否符合实际情况，取决于公式中的经验参数取值是否合理。所以，验证工作是数学模型计算中必不可少的重要一环。验证内容主要包括水位验证、流速验证、含沙量沿垂线分布、河床冲淤变形及冲淤量验证等。

五、数学模型的可视化实现

数学模型的计算输出成果是庞大的离散数据，传统的处理方法主要是以数据报表或图表的形式将这些离散数据展现出来，不仅费时费力，而且还难以直观地把握计算成果的合理性和准确性。数学模型的可视化是将计算技术和可视化技术有机地结合起来，将这些庞大的离散数据转换为以图形或图像形式表示的静态或动态画面，生动逼真地在屏幕上显示出来。使得计算成果既能够被直观地认识，同时，又有利于及时发现计算中存在的问题，便于及时修正和改进。

可视化技术涉及计算机图形学、图像处理、计算机辅助设计、计算机视觉及人机交互技术等多个领域。可视化实现有以下 3 种方式。

（1）事后式。它是在用计算程序计算出最终成果后，通过相应的软件以图形或图像形式显示这些成果，这是目前普遍采用的一种方式。

（2）跟踪式。它是在计算程序中加入了图形或图像显示功能，从而在计算过程中以图形或图像形式实时显示中间计算成果，以便计算者能及时地了解计算情况。

（3）驾驭式。它不仅能够在程序运行过程中以图形或图像形式实时显示中间计算成果，而且具有在不终止计算的情况下对计算过程实时进行控制，如在计算过程中增加或组合网格，修改计算参数等，这是可视化技术发展应用的重要趋势。

数学模型可视化可通过许多语言来实现。如 C 语言、Pascal 语言、Lisp 语言、Matlab 语言、Modelica 语言、Fortran 语言等。

可视化操作平台一般由以下 3 个模块组成。

（1）前处理模块。提供菜单窗口输入数值计算所需原始资料（如地形图和水文资料等）和网格的自动生成。

（2）数值计算模块。根据问题的类型调用不同的计算程序进行数值计算，同时实时监测数值计算过程。

（3）后处理模块。一般包括静态和动态画面的演示。静态画面包括各种平面图、曲线图、多种信息复合图等；动态画面包括标量场、矢量场、迹线场等。

随着新一代地理信息系统（GIS）的开发应用，基于 GIS 的三维可视化场景模拟技术应用也日益增多。新一代的地理信息系统（GIS）不仅具备极强的管理与分析空间信息的功能，还具有较强的图形图像可视化功能，是良好的空间信息应用开发平台。GIS 可视化技术不仅可以展示图形并且输出地图，还提供人机交互的数据可视化功能，支持用户基于 GIS 进行分析与决策，极大地提高了用户的管理效率。

随着计算机软硬件、计算机图形学和图形图像处理技术的不断发展，可视化已逐渐成为数学模型中不可或缺的重要一环。

第二节　河流物理模型

一、模拟相似理论

物理模型又称实体模型。模型试验是指根据相似理论，将原型按比例缩小成模型进行试验，然后根据模型试验结果，换算成原型的特性参数。相似理论包括相似条件和相似准则两个方面。相似条件是研究模型与原型如何相似；而相似准则是研究模型与原型之间几何尺寸及特性参数间相互关系如何转换。设计模型时只要遵循相似准则，相似条件才能满足，模型与原型才能达到相似。

（一）相似条件

模型与原型相似，必须具备 3 个条件，即几何相似、运动相似和动力相似。

1. 几何相似

几何相似是指原型与模型过流部件相应的线性尺寸成比例，相应的角度相等。几何相似概念，我们在初等几何中就学过。如有两个三角形，如果它们的对应角相等，对应边成比例，则它们是相似三角形。相似三角形可以推广到其他物理相似概念中。下列公式中加下角标"M"者，均表示模型参数。带下角标"P"的量表示是原型参数。

（1）三角形的对应角度相等。

$$\varphi_{1P} = \varphi_{1M}, \ \varphi_{2P} = \varphi_{2M}, \ \varphi_{3P} = \varphi_{3M} \tag{10-135}$$

（2）相应线性尺寸成比例。

$$\frac{l_{1P}}{l_{1M}} = \frac{l_{2P}}{l_{2M}} = \frac{l_{3P}}{l_{3M}} = \alpha_l \tag{10-136}$$

式中：α_l 为几何尺寸的相似常数，亦称为比例常数或比尺。

2. 运动相似

运动相似是指原型与模型相应点的速度相似。因速度是矢量，有方向和大小。所以速度相似包括方向相同，且大小成常数比例，即

$$\frac{\boldsymbol{v}_{xP}}{\boldsymbol{v}_{xM}} = \frac{\boldsymbol{v}_{yP}}{\boldsymbol{v}_{yM}} = \frac{\boldsymbol{v}_{zP}}{\boldsymbol{v}_{zM}} = \alpha_v \tag{10-137}$$

式中：α_v 为速度的比例常数。

3. 动力相似

动力相似是指作用在原型与模型相应点的作用力，如：压力、惯性力、重力、黏滞力等方向相同，且大小成比例，即

$$\frac{\boldsymbol{P}_P}{\boldsymbol{P}_M} = \frac{\boldsymbol{F}_P}{\boldsymbol{F}_M} = \frac{\boldsymbol{G}_P}{\boldsymbol{G}_M} = \frac{\boldsymbol{T}_P}{\boldsymbol{T}_M} = \cdots = \alpha_F \tag{10-138}$$

式中：$\boldsymbol{P}$ 为压力；$\boldsymbol{F}$ 为惯性力；$\boldsymbol{G}$ 为重力；$\boldsymbol{T}$ 为黏滞力；α_F 为作用力的比例常数。

如果模型与原型相似，必须具备几何相似、运动相似和动力相似 3 个条件。这 3 个相似条件并不是互不相干的，而是相互联系和约束的。在进行模型试验时，要完全满足上述 3 个条件是很困难的，有时是不可能的。因此必须根据不同的情况分清主次矛盾，抓住主要矛盾，忽略次要矛盾，从而得出近似的相似关系。当由模型参数推算原型参数时，还要

进行适当的修正。

(二) 河流模型相似准则

河流模型相似准则通常包括水流运动相似准则、推移质运动相似准则和悬移质运动相似准则。

1. 水流运动相似准则

如果两个现象相似，它们的物理属性应一致，并为同一物理方程所描述，边界条件和初始条件也相似。河道水流具有较大的雷诺数，一般都是紊流。描述紊流平均运动的连续方程和运动方程分别为

$$\frac{\partial v_x}{\partial x} + \frac{\partial v_y}{\partial y} + \frac{\partial v_z}{\partial z} = 0 \qquad (10-139)$$

$$\frac{\partial v_x}{\partial t} + v_x \frac{\partial v_x}{\partial x} + v_y \frac{\partial v_x}{\partial y} + v_z \frac{\partial v_x}{\partial z} = F_x - \frac{1}{\rho} \frac{\partial p}{\partial x} + \nu \nabla^2 v_x$$
$$- \left(\frac{\partial \overline{v'^2_x}}{\partial x} + \frac{\partial \overline{v'_x v'_y}}{\partial y} + \frac{\partial \overline{v'_x v'_z}}{\partial z} \right) \qquad (10-140)$$

$$\frac{\partial v_y}{\partial t} + v_x \frac{\partial v_y}{\partial x} + v_y \frac{\partial v_y}{\partial y} + v_z \frac{\partial v_y}{\partial z} = F_y - \frac{1}{\rho} \frac{\partial p}{\partial y} + \nu \nabla^2 v_y$$
$$- \left(\frac{\partial \overline{v'^2_y}}{\partial y} + \frac{\partial \overline{v'_y v'_z}}{\partial z} + \frac{\partial \overline{v'_y v'_x}}{\partial x} \right) \qquad (10-141)$$

$$\frac{\partial v_z}{\partial t} + v_x \frac{\partial v_z}{\partial x} + v_y \frac{\partial v_z}{\partial y} + v_z \frac{\partial v_z}{\partial z} = F_z - \frac{1}{\rho} \frac{\partial p}{\partial z} + \nu \nabla^2 v_z$$
$$- \left(\frac{\partial \overline{v'^2_z}}{\partial z} + \frac{\partial \overline{v'_z v'_x}}{\partial x} + \frac{\partial \overline{v'_x v'_y}}{\partial y} \right) \qquad (10-142)$$

式中：v_x、v_y、v_z 分别为沿 x、y、z 轴的时均流速；v'_x、v'_y、v'_z 分别为沿 x、y、z 轴的脉动流速；F_x、F_y、F_z 分别为沿 x、y、z 轴的单位质量力，当只考虑重力，且坐标系 z 轴取垂直方向时，$F_x=0$，$F_y=0$，$F_z=g$，g 为重力加速度；p 为时均压强；ν 为运动黏滞系数；t 为时间。

原型河流及与其相似的模型河流中的紊流运动都应服从于上述连续方程和运动方程。设以 X_P 表示原型的任一物理量，以 X_M 表示与其相似的模型的同类物理量，则有

$$\frac{X_P}{X_M} = \alpha_X \qquad (10-143)$$

式中：α_X 为物理量 X 的相似常数或比例常数。

将比例常数 $t_P = \alpha_t t_M$，$x_P = \alpha_l x_M$，$y_P = \alpha_l y_M$，$z_P = \alpha_l z_M$，$v_{xP} = \alpha_v v_{xM}$，$v_{yP} = \alpha_v v_{yM}$，$v_{zP} = \alpha_v v_{zM}$，$g_P = \alpha_g g_M$，$p_P = \alpha_p p_M$，$\rho_P = \alpha_\rho \rho_M$，$\nu_P = \alpha_\nu \nu_M$，$v'_{xP} = \alpha_{v'} v'_{xM}$，$v'_{yP} = \alpha_{v'} v'_{yM}$，$v'_{zP} = \alpha_{v'} v'_{zM}$ 代入紊流平均运动的连续方程和运动方程中，进行相似变换，得到如下 5 个相似指标

$$\frac{\alpha_t \alpha_v}{\alpha_l} = 1, \quad \frac{\alpha^2_v}{\alpha_g \alpha_l} = 1, \quad \frac{\alpha_v \alpha_l}{\alpha_\nu} = 1, \quad \frac{\alpha_p}{\alpha_\rho \alpha^2_v} = 1, \quad \frac{\alpha^2_{v'}}{\alpha^2_v} = 1 \qquad (10-144)$$

将相应的比例常数代入式（10-144）中相似指标表达式中，得到以下 5 个相似准则：

$$St = \frac{tv}{l} = 不变量 \tag{10-145}$$

$$Fr = \frac{v^2}{gl} = 不变量 \tag{10-146}$$

$$Re = \frac{vl}{\nu} = 不变量 \tag{10-147}$$

$$Eu = \frac{p}{\rho v^2} = 不变量 \tag{10-148}$$

$$Ka = \frac{v^2}{v'^2} = 不变量 \tag{10-149}$$

式（10-145）为运动时间相似准则，表示当地惯性力与位移惯性力的比值，也称为线时数，用 St 表示。式（10-146）为重力相似准则，表示重力和位移惯性力的比值，也称为佛劳德数，用 Fr 表示。式（10-147）为黏滞力相似准则，表示黏滞力与位移惯性力的比值，也称为雷诺数，用 Re 表示。式（10-148）为压力相似准则，表示动水压强与位移惯性力的比值，也称为欧拉数，用 Eu 表示。式（10-149）为紊动相似准则，表示紊动附加应力与位移惯性力的比值，也称为紊流数，用 Ka 表示。

上述 5 个相似准则，是紊流运动相似的两个河流系统，必须同时遵循的准则。事实上，上述 5 个准则并不都是独立准则，有的是诱导准则。重力相似准则、黏滞力相似准则和紊动相似准则是独立准则，必须满足。运动时间相似准则和压力相似准则为诱导准则，只要独立准则得到满足，诱导准则就会自动满足。

由于原型和模型都处在地球重力场中，它们的重力加速度的值可以看成常数，即 $\alpha_g = 1$。这样，式（10-144）中的重力相似指标就变为

$$\alpha_v = \alpha_l^{1/2} \tag{10-150}$$

若原型和模型采用相同的液体，则有 $\alpha_\nu = 1$。这时，式（10-144）中的黏滞力相似指标就变为

$$\alpha_v = 1/\alpha_l \tag{10-151}$$

比较式（10-150）和式（10-151），可以看出，根据重力相似指标和黏滞力相似指标推导出来的流速比尺 α_v 是完全不同的。所以说，在一个模型上要同时满足重力相似和黏滞力相似是不可能的。值得庆幸的是，天然河道水流大部分处在紊流粗糙区，在紊流粗糙区由运动黏滞系数 ν 引起的黏滞力可不考虑。

紊动相似准则实质上是阻力相似准则。在使用紊动相似准则时，水流中的脉动流速值不易确定，所以，应用时均流速来表示脉动流速。根据紊流半经验理论，脉动流速与时均流速之间存在下列关系：

$$\tau_{ij} = -\rho \overline{v'_i v'_j} = \nu_t \left(\frac{\partial v_i}{\partial x_j} - \frac{\partial v_j}{\partial x_i} \right) \tag{10-152}$$

式中：τ_{ij} 为雷诺剪应力；ν_t 为紊动黏滞系数。

根据式（10-152），写出比尺关系式

$$\alpha_\rho \alpha_{v'}^2 = \alpha_{\nu_t} \frac{\alpha_v}{\alpha_l} \tag{10-153}$$

将式（10-53）代入式（10-144）中紊动相似指标$\frac{\alpha_{v_t}^2}{\alpha_v^2}=1$，得

$$\frac{\alpha_{v_t}}{\alpha_\rho \alpha_l \alpha_v}=1 \qquad (10-154)$$

因

$$\tau=\gamma J h\left(1-\frac{z}{h}\right)=\nu_t\frac{\partial v}{\partial z} \qquad (10-155)$$

根据式（10-155），写出比尺关系式

$$\alpha_{v_t}=\frac{\alpha_\rho \alpha_J \alpha_l^2}{\alpha_v} \qquad (10-156)$$

将式（10-156）代入式（10-154）中，得

$$\frac{\alpha_J \alpha_l}{\alpha_v^2}=1 \qquad (10-157)$$

使用谢才公式计算比降

$$J=\frac{v^2}{C^2 R} \qquad (10-158)$$

或写成比尺形式

$$\alpha_J=\frac{\alpha_v^2}{\alpha_C^2 \alpha_l} \qquad (10-159)$$

将式（10-159）代入式（10-157）中，得

$$\alpha_C=1 \qquad (10-160)$$

式（10-160）表明，为了保证水流阻力相似，模型与原型的谢才系数应该相等。如用曼宁公式计算谢才系数，则有

$$\alpha_C=\frac{1}{\alpha_n}\alpha_l^{1/6}=1 \qquad (10-161)$$

由式（10-161）得糙率比尺

$$\alpha_n=\alpha_l^{1/6} \qquad (10-162)$$

综上所述，河道水流运动相似准则其实质可以概括为

重力相似 $\qquad\qquad \alpha_v=\alpha_l^{1/2}$

阻力相似 $\qquad\qquad \alpha_n=\alpha_l^{1/6}$

式中：α_v为流速比尺；α_l为几何比尺；α_n为糙率比尺。

根据重力相似及水流连续方程，分别导出流量比尺α_Q和水流运动时间比尺α_{t_1}如下：

$$\alpha_Q=\alpha_v \alpha_A=\alpha_l^{5/2} \qquad (10-163)$$

$$\alpha_{t_1}=\frac{\alpha_l}{\alpha_v}=\alpha_l^{1/2} \qquad (10-164)$$

上述相似准则为正态模型的相似准则。正态模型是指水平比尺α_l等于垂直比尺α_h的模型。而有些情况下，不得不采用变态模型。变态模型是指水平比尺α_l不等于垂直比尺α_h的模型，它是一种几何形态与原型并不严格相似的近似模型。

变态模型几何变形的程度以变率 $\xi = \alpha_l / \alpha_h$ 表示，通常 $\xi > 1$。采用变态模型的主要原因是：①天然河流一般都很宽浅，试验河段也很长，若水深也按水平比尺缩小，则模型水深可能太小，导致流速和雷诺数过小，表面张力影响增大等一系列问题；②受实验场地、供水流量及模型建成后操作运转工作量的限制，模型的平面尺寸不能做得太大；③天然河道糙率较小，缩制成模型后，糙率太小，无法实现。

对于变态模型，同样可由紊流连续方程和运动方程导出：

重力相似

$$\alpha_v = \alpha_h^{1/2} \tag{10-165}$$

阻力相似

$$\alpha_n = \frac{\alpha_h^{2/3}}{\alpha_l^{1/2}} \tag{10-166}$$

式中：α_l 为水平比尺；α_h 为垂直比尺；α_v 为流速比尺。

对于变态模型，满足式（10-166）阻力相似，也只能使水面线相似，其他如垂线流速分布、回流结构等都是不相似的。这是因为垂线流速分布相似要求原型与模型的谢才系数相等，即 $\alpha_C = 1$，该条件只有在正态模型中才能满足。在变态模型中，由谢才公式导出 $\alpha_C = \sqrt{\alpha_l / \alpha_h} > 1$，得不到满足。由于变态模型的流速分布与原型有偏差，变率 $\xi = \alpha_l / \alpha_h$ 越大，偏差就越显著，故对模型的变率应加以一定的限制。

张瑞瑾等（1983）认为，模型变率取决于河道水流的两个因素：二度性和均匀性。并提出两个表达水流二度性和均匀性的模型变态指标 D_R 及 D_v。

$$D_R = \frac{R_\xi}{R_l} \tag{10-167}$$

式中：R_l 为正态模型中的水力半径；R_ξ 为垂直比尺与正态模型长度比尺相等、变率为 ξ 的模型中的水力半径。当 $D_R = 1$ 时，模型为正态；当 $D_R < 1$ 时，模型为变态；当 $D_R = 0.95 \sim 1.00$ 时，为理想区段；当 $D_R = 0.90 \sim 0.95$ 时，为良好区段；当 $D_R = 0.85 \sim 0.90$ 时，为勉可区段；当 $D_R < 0.75$ 时，模型与原型有多大程度的相似性值得怀疑。

$$D_v = \frac{2\xi h}{L} \frac{|v_2^2 - v_1^2|}{v_2^2 + v_1^2} \tag{10-168}$$

式中：h 为平均水深；v_1、v_2 分别为间距 L 的上下游过水断面的平均流速。D_v 越小，模型与原型水流的相似性越强。建议将 $(4 \sim 6) \times 10^{-3}$ 作为 D_v 的最大可用值。

根据冈恰洛夫（Гончаров B. H.）的研究，模型变率应限制在

$$\xi = \frac{\alpha_l}{\alpha_h} \leqslant \left(\frac{1}{6} \sim \frac{1}{10} \right) \left(\frac{B}{h} \right)_P \tag{10-169}$$

式中：B 为河宽；h 为水深。

实践表明，变率的大小主要与原型河道宽深比和河床糙率有关，宽深比越大和河床糙率越小，变率就可取大一些，否则变率就取小一些。此外，对于山区窄深河道或研究枢纽建筑群布置的模型尽可能不变态或将变率控制在 3 以内。对于其他仅仅是研究水流平均流速及复演流量和水面高程的模型，变率也不宜大于 20。

根据重力相似、阻力相似及水流连续方程，分别导出变态模型的流量比尺、水流运动时间比尺如下：

$$\alpha_Q = \alpha_l \alpha_h^{3/2} \tag{10-170}$$

$$\alpha_{t_1} = \frac{\alpha_l}{\alpha_h^{1/2}} \tag{10-171}$$

另外，为了保证模型和原型水流相似，无论是正态还是变态模型，还必须同时满足两个限制条件：

(1) 紊流限制条件。天然河流是紊流，为确保模型水流也是紊流，要求模型雷诺数 $Re > 1000$。

(2) 表面张力限制条件。为排除表面张力对模型水流的干扰，要求模型主要部分水深 $h > 1.5cm$。

2. 推移质运动相似准则

水流运动相似是泥沙运动相似的基础，推移质运动相似除满足水流运动相似准则和水流相似限制条件外，还应遵循下列相似准则。

(1) 泥沙起动相似。泥沙起动相似要求起动流速比尺等于流速比尺，即

$$\alpha_{v_c} = \alpha_v \tag{10-172}$$

式中：α_{v_c} 为泥沙起动流速比尺。

对于细沙，有人认为要使泥沙起动相似，还应同时满足颗粒雷诺数 $Re_* = v_* D / \nu$ 相等条件，即

$$\alpha_{Re_*} = 1 \tag{10-173}$$

式中：α_{Re_*} 为颗粒雷诺数比尺，$\alpha_{Re_*} = \alpha_{v_*} \alpha_D / \alpha_\nu$，其中 α_{v_*} 为水流摩阻流速比尺；α_D 为推移质粒径比尺；α_ν 为水流运动黏滞系数比尺。

李昌华等（1981）利用甘油液流对不同粒径的泥沙进行试验，认为颗粒雷诺数相等这一条件不必严格遵守。在实践中，许多模型也并没有遵循这一条件，仍能保证泥沙起动相似，也表明这一条件在模型设计中可以放弃。

将起动流速公式写成比尺关系式代入式（10-172）中，可推导出粒径比尺关系式。起动流速公式有多种形式，采用不同的公式，得到的粒径比尺关系式也有所不同。

对于散粒体推移质，多采用下列形式起动流速公式

$$v_c = \varphi \left(\frac{h}{D} \right)^{1/6} \sqrt{\frac{\rho_s - \rho}{\rho} g D} \tag{10-174}$$

或写成比尺形式

$$\alpha_{v_c} = \alpha_\varphi \left(\frac{\alpha_h}{\alpha_D} \right)^{1/6} \alpha_{\frac{\rho_s - \rho}{\rho}}^{1/2} \alpha_D^{1/2} \tag{10-175}$$

式中：φ 为系数；h 为水深；D 为推移质粒径；ρ_s 为泥沙颗粒密度；ρ 为水密度；g 为重力加速度。

将式（10-175）代入式（10-172）中，并考虑到 $\alpha_v = \alpha_h^{1/2}$，得粒径比尺关系式

$$\alpha_D = \frac{\alpha_h}{\alpha_\varphi^3 \alpha_{\frac{\rho_s - \rho}{\rho}}^{3/2}} \tag{10-176}$$

当颗粒雷诺数 Re_* 在阻力平方区时，$\alpha_\varphi = 1$。如果模型沙采用天然沙，则式（10-176）可写成

$$\alpha_D = \alpha_h \tag{10-177}$$

(2) 输沙率相似。输沙率相似要求满足以下比尺关系式：

$$\alpha_{q_b} = \alpha_{q_{b_*}} \tag{10-178}$$

式中：α_{q_b} 为推移质单宽输沙率比尺；$\alpha_{q_{b_*}}$ 为推移质单宽输沙力比尺。

理论上可采用任何结构形式的输沙力公式代入式（10-178）中求得输沙率比尺，但现有的输沙力公式结构形式各异，计算结果也相差较大。因而经常在水槽中，或直接在模型中取一较顺直河段，按饱和输沙来率定模型输沙率，然后将原型输沙率与模型输沙率相比，求得输沙率比尺。

对于粗颗粒推移质，可采用下列形式输沙力公式：

$$q_{b_*} = \varphi \rho_s D_{50} (v - v_c) \left(\frac{v}{v_c}\right)^3 \left(\frac{D_{50}}{h}\right)^{1/4} \tag{10-179}$$

式中：q_{b_*} 为推移质单宽输沙力；φ 为系数；D_{50} 为推移质泥沙中值粒径。

对式（10-179）取比尺形式，并认为原型与模型的系数 φ 相同，再考虑到式（10-178），则有推移质输沙率比尺

$$\alpha_{q_b} = \alpha_{\rho_s} \alpha_D^{5/4} \alpha_h^{1/4} \tag{10-180}$$

窦国仁（1978）采用他自己的推移质输沙力公式（4-25），并认为式（4-25）中的综合系数 K_0 原型与模型相同，即 $\alpha_{K_0} = 1$，无量纲谢才系数 $C_0 = v/\sqrt{ghJ}$，即 $\alpha_{C_0} = (\alpha_l/\alpha_h)^{1/2}$，代入式（4-25）得到输沙率比尺

$$\alpha_{q_b} = \frac{\alpha_{\rho_s}}{\alpha_{\frac{\rho_s - \rho}{\rho}}} \frac{\alpha_h^3}{\alpha_\omega \alpha_l} \tag{10-181}$$

式中：$\alpha_{\frac{\rho_s - \rho}{\rho}}$ 为推移质有效密度比尺；α_{ρ_s} 为泥沙密度比尺；α_ω 为推移质沉降比尺，$\alpha_\omega = \alpha_v \alpha_h / \alpha_l$。

如果模型沙采用天然沙，则上述输沙率比尺可统一写成

$$\alpha_{q_b} = \alpha_h^{3/2} \tag{10-182}$$

(3) 河床冲淤变形时间相似。由河床变形方程式

$$\frac{\partial q_b}{\partial x} + \rho_s' \frac{\partial z_b}{\partial t} = 0 \tag{10-183}$$

推导出以推移质运动为主的河床冲淤变形时间比尺

$$\alpha_{t_2} = \frac{\alpha_{\rho_s'} \alpha_l \alpha_h}{\alpha_{q_b}} \tag{10-184}$$

式中：q_b、α_{q_b} 分别为推移质单宽输沙率和相应比尺；x、α_l 分别为平面距离和相应比尺；ρ_s'、$\alpha_{\rho_s'}$ 分别为推移质干密度和相应比尺；z_b、α_h 分别为河底高程和相应比尺；t、α_{t_2} 分别为以推移质运动为主的河床冲淤变形时间和相应比尺。

对于天然沙 $\alpha_{\rho_s'} = 1$，将式（10-182）代入式（10-184），并考虑到 $\alpha_v = \alpha_h^{1/2}$，则有

$$\alpha_{t_2} = \frac{\alpha_l}{\alpha_v} \tag{10-185}$$

可见，只有当模型沙采用天然沙时，河床变形时间比尺才与水流运动时间比尺一致。

3. 悬移质运动相似准则

悬移质运动相似除满足水流运动相似准则和水流相似限制条件外，还应遵循下列相似

准则。

(1) 泥沙扬动（起动）相似。泥沙扬动（起动）相似应满足以下比尺关系式：

$$\alpha_{v_f} = \alpha_v \qquad (10-186)$$

式中：α_{v_f} 为扬动流速比尺。由于目前关于扬动流速的研究较少，对扬动流速的临界状态判定尚不明确，再加上有些床沙一旦起动即悬浮，因而在大多数情况下，可用起动流速相似代替扬动流速相似。

对于悬移质泥沙起动流速公式，多采用既适用于散粒体也适用于黏性细颗粒泥沙的统一起动流速公式，如张瑞瑾公式（2-71）、沙玉清公式（2-72）。

选用张瑞瑾起动流速公式时，将其改写成如下比尺关系式：

$$\alpha_{v_c} = \alpha_\varphi \left(\frac{\alpha_h}{\alpha_d}\right)^{0.14} \alpha_{\frac{\rho_s-\rho}{\rho}}^{1/2} \alpha_d^{1/2} \qquad (10-187)$$

将式（10-187）代入式（10-186）中，并考虑到 $\alpha_v = \alpha_h^{1/2}$，得粒径比尺关系式如下：

$$\alpha_d = \frac{\alpha_h}{\alpha_\varphi^{25/9} \alpha_{\frac{\rho_s-\rho}{\rho}}^{25/18}} \qquad (10-188)$$

其中
$$\alpha_\varphi = \frac{\left(17.6 + 0.605 \times 10^{-6} \dfrac{10+h}{d^{1.72}} \dfrac{\rho}{\rho_s-\rho}\right)_P^{1/2}}{\left(17.6 + 0.605 \times 10^{-6} \dfrac{10+h}{d^{1.72}} \dfrac{\rho}{\rho_s-\rho}\right)_M^{1/2}}$$

通常，可令 $\alpha_\varphi = 1$。

选用沙玉清起动流速公式时，将其改写成如下比尺关系式：

$$\alpha_{v_c} = \alpha_\varphi \alpha_{\frac{\rho_s-\rho}{\rho}}^{1/2} \alpha_d^{1/2} \alpha_h^{1/5} \qquad (10-189)$$

由式（10-189）导出粒径比尺关系式：

$$\alpha_d = \frac{\alpha_h^{3/5}}{\alpha_\varphi^2 \alpha_{\frac{\rho_s-\rho}{\rho}}} \qquad (10-190)$$

其中
$$\alpha_\varphi = \frac{\left[266\left(\dfrac{\delta}{d}\right)^{1/4} + 6.66 \times 10^9 (0.7-\varepsilon)^4 \left(\dfrac{\delta}{d}\right)^2\right]_P^{1/2}}{\left[266\left(\dfrac{\delta}{d}\right)^{1/4} + 6.66 \times 10^9 (0.7-\varepsilon)^4 \left(\dfrac{\delta}{d}\right)^2\right]_M^{1/2}}$$

窦国仁（1978）在设计长江葛洲坝库区全沙模型时，选用下列起动流速公式：

$$v_c = 0.32\ln\left(11\frac{h}{K_s}\right)\left(gd\frac{\rho_s-\rho}{\rho} + 0.19\frac{gh\delta+\varepsilon_k}{d}\right)^{1/2} \qquad (10-191)$$

式中：δ、ε_k 由交叉石英试验资料确定，$\delta = 2.13 \times 10^{-5}$ cm，$\varepsilon_k = 2.56$ cm^3/s^2；K_s 为边壁粗糙度，对于平整床面，当 $d \leqslant 0.5$mm 时，取 $K_s = 0.5$mm，当 $d > 0.5$mm，取 $K_s = d$。

将式（10-191）改写成如下比尺关系式：

$$\alpha_{v_c} = \alpha_\varphi \alpha_{\frac{\rho_s-\rho}{\rho}}^{1/2} \alpha_d^{1/2} \qquad (10-192)$$

由式（10-192）导出粒径比尺关系式：

$$\alpha_d = \frac{\alpha_h}{\alpha_\varphi^2 \alpha_{\frac{\rho_s-\rho}{\rho}}} \qquad (10-193)$$

其中
$$\alpha_\varphi = \frac{\left[\ln\left(11\frac{h}{K_s}\right)\sqrt{1 + 0.19\frac{gh\delta + \varepsilon_k}{gd^2}\frac{\rho}{\rho_s - \rho}}\right]_P}{\left[\ln\left(11\frac{h}{K_s}\right)\sqrt{1 + 0.19\frac{gh\delta + \varepsilon_k}{gd^2}\frac{\rho}{\rho_s - \rho}}\right]_M}$$

（2）含沙量分布相似。含沙量分布相似是指含沙量沿垂线分布和沿程变化相似。可用三维非恒定不平衡输沙悬移质运动的扩散方程式（10-194）描述。

$$\frac{\partial S}{\partial t} + \frac{\partial(v_x S)}{\partial x} + \frac{\partial(v_y S)}{\partial y} + \frac{\partial(v_z S)}{\partial z}$$
$$= \frac{\partial}{\partial x}\left(E_{sx}\frac{\partial S}{\partial x}\right) + \frac{\partial}{\partial y}\left(E_{sy}\frac{\partial S}{\partial y}\right) + \frac{\partial}{\partial z}\left(E_{sz}\frac{\partial S}{\partial z}\right) + \frac{\partial(\omega S)}{\partial z} \quad (10-194)$$

式中：v_x、v_y、v_z 分别为时均流速沿各坐标轴的投影；E_{sx}、E_{sy}、E_{sz} 分别为悬移质紊动扩散系数沿各坐标轴的投影；S 为时均含沙量；x、y 分别为平面距离；z 为垂直距离；ω 为泥沙的沉速；t 为时间。

将比例常数 $t_P = \alpha_t t_M$，$x_P = \alpha_l x_M$，$y_P = \alpha_l y_M$，$z_P = \alpha_h z_M$，$v_{xP} = \alpha_v v_{xM}$，$v_{yP} = \alpha_v v_{yM}$，$v_{zP} = \alpha_v v_{zM}$，$\omega_P = \alpha_\omega \omega_M$，$S_P = \alpha_S S_M$，$E_{sxP} = \alpha_{E_{sx}} E_{sxM}$，$E_{syP} = \alpha_{E_{sy}} E_{syM}$，$E_{szP} = \alpha_{E_{sz}} E_{szM}$ 代入式（10-194）中，进行相似变换，得

$$\frac{\alpha_h \alpha_v}{\alpha_l \alpha_\omega} = 1, \quad \frac{\alpha_v}{\alpha_\omega} = 1, \quad \frac{\alpha_h}{\alpha_l \alpha_\omega} = 1, \quad \frac{\alpha_{E_{sx}} \alpha_h}{\alpha_l^2 \alpha_\omega} = 1, \quad \frac{\alpha_{E_{sy}} \alpha_h}{\alpha_l^2 \alpha_\omega} = 1, \quad \frac{\alpha_{E_{sz}}}{\alpha_h \alpha_\omega} = 1 \quad (10-195)$$

式（10-195）中第一个比尺关系式和第二个比尺关系式只有在 $\alpha_l = \alpha_h$ 的正态模型中能够同时满足，在 $\alpha_l \neq \alpha_h$ 的变态模型中不可能同时满足，只能满足第 1 个比尺关系式，即

$$\alpha_\omega = \alpha_v \frac{\alpha_h}{\alpha_l} \quad (10-196)$$

式（10-196）为泥沙沉降相似准则。放弃式（10-195）中第 2 个比尺关系式意味着模型与原型含沙量沿垂线分布相似存在偏差。所以，变态模型是近似模型。式（10-195）中第 3 个比尺关系式等同于水流运动时间比尺关系式。第 4～第 6 个比尺关系式其实是一个相似关系式，即泥沙悬浮相似。

根据式（10-195）中第 4～第 6 个比尺关系式，得到

$$\alpha_{E_{sx}} = \alpha_{E_{sy}} \quad (10-197)$$

$$\alpha_{E_{sx}} = \left(\frac{\alpha_l}{\alpha_h}\right)^2 \alpha_{E_{sz}} \quad (10-198)$$

假定悬移质紊动扩散系数 E_{sz} 等于水流紊动黏滞系数 ν_t，根据紊流半经验理论，有

$$E_{sz} = \nu_t = \kappa v_*\left(1 - \frac{z}{h}\right)z \quad (10-199)$$

式中：κ 为卡曼常数；v_* 为摩阻流速，$v_* = \sqrt{ghJ}$；其余符号同前。写出式（10-199）的比尺关系式，有

$$\alpha_{E_{sz}} = \alpha_\kappa \alpha_{v_*} \alpha_h \quad (10-200)$$

将摩阻流速比尺关系式 $\alpha_{v_*} = \alpha_h/\sqrt{\alpha_l}$ 代入式（10-200），并考虑到 $\alpha_\kappa = 1$，得

$$\alpha_{E_{sz}} = \alpha_h^2 / \sqrt{\alpha_l} \qquad\qquad (10-201)$$

将式（10-201）分别代入式（10-195）中第 4～第 6 个比尺关系式中，并考虑到 $\alpha_v = \sqrt{\alpha_h}$ 和式（10-197）、式（10-198），得

$$\alpha_\omega = \alpha_v \left(\frac{\alpha_h}{\alpha_l}\right)^{0.5} \qquad\qquad (10-202)$$

式（10-195）中第 1、第 2、第 4～第 6 个比尺关系式，在正态模型中，可统一写成 $\alpha_\omega = \alpha_v$。而在变态模型中，这几个比尺关系式不可能同时满足。

综上所述，含沙量分布相似准则可概括为

泥沙悬浮相似 $\qquad\qquad \alpha_\omega = \alpha_v \left(\dfrac{\alpha_h}{\alpha_l}\right)^{0.5}$

泥沙沉降相似 $\qquad\qquad \alpha_\omega = \alpha_v \dfrac{\alpha_h}{\alpha_l}$

悬浮相似准则和沉降相似准则可以统一写成下式

$$\alpha_\omega = \alpha_v \left(\frac{\alpha_h}{\alpha_l}\right)^m \qquad\qquad (10-203)$$

其中：$m = 0.5 \sim 1$。当 $m = 0.5$ 时，为悬浮相似准则；当 $m = 1$ 时，为沉降相似准则。

式（10-203）可称为悬移质分布相似准则。只有当悬浮相似和沉降相似这两个准则同时得到满足时，悬移质分布相似才能实现。显然，只有在正态模型中，悬浮相似和沉降相似这两个准则才可能同时满足。在变态模型中，悬浮相似和沉降相似这两个准则不可能同时满足，悬移质分布相似也不可能严格做到，只能视情况进行一些处理，做到近似相似。李昌华等（1981）认为，对于悬浮指标 $\omega/(\kappa v_*)$ 大于 1 的较粗泥沙，应遵循悬浮相似准则；对于悬浮指标小于 1/16 的较细泥沙，应遵循沉降相似准则。对于悬浮指标小于 1 而又大于 1/16 这部分泥沙，悬浮相似准则和沉降相似准则同等重要，可取这两个相似准则的平均值，如令 $m = 0.75$。此外，也可以按 $|(S-S_*)/S_*| > 1$ 的资料占全部资料的百分数 p_* 确定 m 值，m 值在 $0.5 \sim 1.0$ 之间变化。

把沉速比尺 α_ω 关系式代入式（10-203）中，可求得满足泥沙悬浮相似或沉降相似的粒径比尺。将斯托克斯沉速公式（2-37）写成如下比尺关系式

$$\alpha_d = \left(\frac{\alpha_\omega}{\alpha_{\frac{\rho_s-\rho}{\rho}}}\right)^{1/2} \qquad\qquad (10-204)$$

对于正态模型，将 $\alpha_\omega = \alpha_v$ 代入式（10-204），得

$$\alpha_d = \frac{\alpha_l^{1/4}}{\alpha_{\frac{\rho_s-\rho}{\rho}}^{1/2}} \qquad\qquad (10-205)$$

对于变态模型，将式（10-203）代入式（10-204），得

$$\alpha_d = \frac{\alpha_h^{(1+2m)/4}}{\alpha_l^{m/2} \alpha_{\frac{\rho_s-\rho}{\rho}}^{1/2}} \qquad\qquad (10-206)$$

（3）悬移质挟沙力相似。挟沙力相似要求满足比尺关系式

$$\alpha_s = \alpha_{s_*} \qquad\qquad (10-207)$$

式中：α_s 为悬移质含沙量比尺；α_{s_*} 为悬移质挟沙力比尺。

为了求得含沙量比尺，须引进悬移质挟沙力公式，如下列形式

$$S_* = \frac{\rho_s}{8C_1 \dfrac{\rho_s - \rho}{\rho}}(f - f_m)\frac{v^3}{gh\omega} \tag{10-208}$$

式中：C_1 为无量纲系数；f、f_m 分别为清、浑水的阻力系数。

对式（10-208）取比尺形式，并认为 $\alpha_{C_1} = 1$，注意到 $\alpha_f = \alpha_h/\alpha_l$ 及式（10-203），则得悬移质含沙量比尺

$$\alpha_s = \frac{\alpha_{\rho_s}}{\alpha_{\frac{\rho_s - \rho}{\rho}}}\left(\frac{\alpha_h}{\alpha_l}\right)^{1-m} \tag{10-209}$$

利用其他形式的悬移质挟沙力公式，如拜格诺公式（4-86），窦国仁公式（4-88），同样可以得到上述含沙量比尺关系式。对于正态模型，式（10-209）变成

$$\alpha_s = \frac{\alpha_{\rho_s}}{\alpha_{\frac{\rho_s - \rho}{\rho}}} \tag{10-210}$$

对于变态模型，若只满足沉降相似，也可得到与上式相同的形式。

（4）河床冲淤变形时间相似。由河床变形方程式

$$\frac{\partial(QS)}{\partial x} + \rho_s' B \frac{\partial z_b}{\partial t} = 0 \tag{10-211}$$

导出以悬移质运动为主的河床冲淤变形时间比尺

$$\alpha_{t_3} = \frac{\alpha_{\rho_s'}\alpha_l}{\alpha_s \alpha_h^{1/2}} \tag{10-212}$$

式中：α_{t_3} 为以悬移质运动为主的河床冲淤变形时间比尺；$\alpha_{\rho_s'}$ 为淤沙干密度比尺。

（5）异重流相似。异重流相似包括异重流发生条件相似、异重流阻力相似、异重流输沙量沿程变化相似和异重流淤积时间相似。这些相似准则在模型与原型浑水密度 ρ_m 相同的前提下，与悬移质运动相似准则并无异样。所以，异重流相似的关键是

$$\alpha_{\rho_m} = 1 \tag{10-213}$$

式中：α_{ρ_m} 为原型与模型浑水密度比尺。

式（10-213）一旦得到满足，那么按悬移质运动相似准则设计的模型，异重流相似会自动满足。

二、河流模型设计

河流模型按照河床能否变形可分成定床模型和动床模型两大类。河床不随水流作用而改变的叫定床模型；反之称为动床模型。定床模型的河床地形常用水泥砂浆制作，模型水流是清水或是浑水。动床模型的河床地形常用天然沙或轻质沙刮制，模型水流也常是浑水。

由于模型是从原型河流中截取的一段，模型设计时应注意模型与原型进出口的边界条件相似问题。模型进口速度分布的相似，一般无需特别的保证。因为不管进口处速度分布如何，流经一定距离后，速度分布就会趋于一致。因此，只要模型进口留有足够长的过渡

段，进口处的流速分布相似就能保证。需要注意的是：如果模拟河段进口上游不远处为一弯道，则在截取试验段长度时，应将此弯道截取在试验段内。这是因为弯道内的水流离心力很强，对下游影响较远，特别是对于挟沙水流模型，为了保证进口处含沙量沿宽度分布的相似，模型一定要包括这个弯道。模型出口也应适当留有一过渡段，并利用尾门控制水位。

模型设计主要就是根据实际情况确定各相似比尺的数值，确定加糙方法及选择模型沙等。

（一）定床模型

定床模型以研究水流运动为主，因此各比尺要同时满足重力相似和阻力相似的要求。有时也做定床加沙模型，除了满足水流运动相似外，还要满足相应的泥沙运动相似。

1. 正态模型

根据正态模型相似准则及水流相似限制条件就可以着手设计模型。一般根据任务性质、场地大小并考虑供水系统可能提供的最大流量，首先选择长度比尺 α_l 的数值。α_l 一经确定，其他比尺的数值均可根据有关比尺关系式推算出。

选择几何比尺时必须估计模型的糙率能否达到阻力相似所要求的糙率。由糙率比尺关系式 $\alpha_n = \alpha_l^{1/6}$ 可知，因模型总比原型小，所以 $\alpha_n > 1$，即正态模型的糙率总是比原型小。如果原型的糙率较小，而几何比尺又选得很大，则模型糙率就很小。在这种情况下，很可能达不到阻力相似所要求的糙率。因此，在选择正态模型的几何比尺时必须考虑糙率相似的问题。

2. 变态模型

变态模型的糙率可能比原型小，也可能比原型大，这点与正态模型的糙率总比原型小是不同的。利用变态模型的这种特性，在满足水流相似限制条件的前提下，初步选定长度比尺 α_l 后，通过选择恰当的变率，有可能使模型较为容易地满足糙率相似的要求。变态模型糙率往往比原型大，称为加糙。

目前常用的加糙方式有两种：第一种是颗粒间无间距排列的加糙方式；第二种是颗粒间有间距的排列方式。第一种加糙方式较少破坏河底水流结构，故如有可能，应尽量采用这种加糙方式。第二种加糙方式具有较高的糙率值，故当要求的模型糙率很大时，可以采用这种方式加糙。

（二）动床模型

动床模型由于模型沙选沙的需要，大多为变态模型。动床模型设计要比定床模型复杂得多，这是因为挟沙水流的运动规律十分复杂，给选择相似准则和兼顾各种相似要求带来了很大的困难。比如表达泥沙运动规律的公式就各不相同，随模型设计者考虑问题角度和选取公式的不同，所得的比尺关系会有差异；在选择模型比尺时，要同时满足水流和泥沙运动的各种相似要求，更是不易。又泥沙按运动形式分推移质和悬移质泥沙两大类，两者既有联系又有区别，为了便于模拟，目前在进行动床模型试验时一般是把它们分开来考虑的。这也就形成了以推移质为主的动床模型和以悬移质为主的动床模型。当然也可以同时考虑推移质运动和悬移质运动相似，即全沙模型。

泥沙是水流挟带的，水流运动相似是泥沙运动相似的基础。与定床模型一样，为达到水流运动相似，动床模型也必须满足重力相似和阻力相似的要求。同时水流相似限制条件在动床模型中也应满足。

1. 推移质为主的动床模型

设计推移质动床模型时，应根据具体情况选择同时满足水流相似准则和推移质相似准则的各比尺值。表达水流相似准则和推移质相似准则的独立方程式有 5 个，即水流重力相似准则、水流阻力相似、推移质起动相似、推移质单宽输沙率相似和河床冲淤变形时间相似，而未知数却有 α_l、α_h、α_n、α_v、α_{v_c}、α_D、α_{q_b}、α_{ρ_s}、$\alpha_{\rho_s'}$、α_{t_2} 等多个。由于方程少，未知数多，可以有无穷多个解。为求得唯一解，所缺方程数应根据有关泥沙公式补充建立，如利用起动流速公式及输沙力公式等。但是，由于这些公式多是经验公式或半理论半经验公式，计算结果相差很大，并不可靠，因而一般不是通过联解这些方程来确定各比尺值的。

考虑到模型沙是模型水流和河床间相互作用的媒介，既要满足起动相似，又要满足糙率相似，而且许多比尺值都同模型沙有关，于是选择满足各相似准则要求的模型沙便成了模型设计的关键。所以，设计动床模型通常是从选择模型沙来着手进行的。首先根据实验场地及水流相似限制条件，初步选定水平比尺 α_l 及垂直比尺 α_h。然后按起动相似的要求选择模型沙材料和粒径。在选沙过程中可适当变动 α_l 及 α_h，直到选出满意的模型沙为止。模型沙选定后，与之有关的各种比尺便可根据相应的比尺关系式计算出。考虑到起动流速公式并非充分可靠，特别是不一定既适用于原型沙，又适用于模型沙，故起动流速比尺关系式只作为模型初步设计的参考，通常还需进行起动流速的水槽试验才能得到符合实际的结果。对模型沙进行水槽试验，可得到模型沙的起动流速。原型沙的起动流速可通过水槽试验或采用合适的起动流速公式求得。两者之比得到起动流速比尺。在选沙时还要兼顾糙率相似的要求。通常希望模型沙糙率等于或略小于要求的糙率，否则将无法保证阻力相似，这是因为当模型沙实际糙率小于要求值时，模型可以加糙调整，而大于要求时，减糙是难以做到的。不过，加糙对水流的紊动结构及泥沙运动影响很大，因此在加糙时要避免在模型中设置一些与原型很不相似的紊源，以致扰乱模型中整个紊动结构，失去与原型的相似性。

模型沙粒径一经确定，动床模型的糙率也就确定了。但动床模型的模型沙还得满足泥沙运动的相似要求。显然，要选取一种模型沙在某一级流量既满足泥沙运动相似，又满足重力和阻力相似要求的糙率，是十分不易的。当原型糙率在不同水位下变化较大时，由于模型中沙波的消长与原型不相应，想要在各级流量下都满足这些相似要求，几乎是不可能的。为此，一般做这样的处理，即对所研究问题至关重要的流量级则力求达到水流、泥沙运动同时相似，其他流量级则允许重力相似或阻力相似有一定程度的偏差。究竟允许其中的哪一个有偏差，则视试验具体任务而定。

2. 悬移质为主的动床模型

悬移质动床模型的设计，原则上与推移质动床模型类似，只是在泥沙运动相似及模型选沙方面应考虑悬沙的特点。

悬移质动床模型应满足的相似准则有水流运动相似中的重力和阻力相似准则；泥沙运动相似中的扬动（起动）、悬浮、沉降、挟沙力和河床冲淤变形时间相似准则。设计模型就要确定同时满足这些相似准则的各比尺的数值。与推移质模型一样，由于方程少，待定比尺多，且许多比尺同模型沙有关，因此悬移质模型通常也不是从求解联立方程，而是从选择模型沙来着手设计的。模型沙选择步骤与推移质模型相同。模型沙选定后，与之相关的比尺值均可确定。

悬移质模型的模型沙原则上应同时满足起动相似、悬浮相似和沉降相似，当然还要兼顾阻力相似。但在大多数情况下很难达到同时相似的。基于这样的原因，又考虑到沉降相似对含沙量沿程变化起着重要的作用，故对于有冲有淤的模型，目前一般以满足沉降相似和悬浮相似为主，兼顾起动相似和阻力相似。对于以淤积为主的模型，一般以满足沉降相似为主，兼顾阻力相似，可不考虑起动相似和悬浮相似。

3. 全沙动床模型

全沙动床模型就是在一个模型中同时模拟推移质和悬移质，其相似准则包括水流运动相似准则、推移质运动相似准则和悬移质运动相似准则。由水流运动时间比尺关系式、推移质河床冲淤变形时间比尺关系式和悬移质河床冲淤变形时间比尺关系式可知，全沙模型存在着3个时间比尺，即水流运动时间比尺 α_{t_1}，推移质运动时间比尺 α_{t_2} 和悬移质运动时间比尺 α_{t_3}。全沙模型为了保证水流运动和泥沙运动相似，就应同时满足这3个时间比尺。窦国仁（1978）利用他自己的推移质输沙力公式和悬移质挟沙力公式，并认为推移质的沉降比尺与悬移质的沉降比尺相同，最后推导出的悬移质运动时间比尺与推移质运动时间比尺完全相同。但一般情况下，水流运动时间比尺，悬移质运动时间比尺和推移质运动时间比尺是不相等的，水流运动时间比尺小于泥沙运动时间比尺。因而设计全沙模型时，不得不在推移质和悬移质中有所侧重，分别加以考虑。这样就造成了"时间变态"。时间变态的后果是直接影响到河床冲淤变形相似，特别是对长河段非恒定流泥沙模型带来的影响更大。

为了减轻时间变态对河床冲淤变形的影响，在选择模型几何比尺及模型沙时，应反复比较，尽可能使水流运动时间比尺，悬移质运动时间比尺和推移质运动时间比尺接近。在下列情况下，水流运动时间比尺与泥沙运动时间比尺可以达到统一：①模型中的推移质采用天然沙时；②模型沙采用轻质沙，对于悬移质，若 $\alpha_{\rho_s'}/\alpha_s=1$ 时；对于推移质，若 $\alpha_{\rho_s'}\alpha_h^{3/2}/\alpha_{q_b}=1$ 时，但这有时很难做到。

三、物理模型验证

模型验证试验的目的在于检验模型与原型是否相似。这是因为，一方面模型相似准则还不完善；另一方面，模型制作时很难做到严格的几何相似，再加上模型毕竟只是从原型河道中截取的一段，其进出口的边界条件难免与原型没有出入。因此，模型与原型水流和泥沙条件有可能不同，须要通过验证试验，调整相似比尺，来保证模型与原型相似。所以，验证试验是模型试验中必不可少的一步。

1. 定床模型验证

定床模型的验证通常包括水面线、流速和流态等项目。

（1）水面线相似验证。水面线相似验证是检验模型与原型对应流量下的水面线是否相符，如果水面线相符，则表明模型糙率与原型糙率相似，从而满足重力和阻力相似条件。如果模型水面线偏高，则表示模型糙率偏大，须减糙；如果模型水面线偏低，则表示模型糙率不够，须要加糙。水面线不符不但表明糙率不相似，同时也导致流速不相似。例如水面线偏高，则表明模型水深偏大，流速偏小；反之则表明模型流速偏大。

（2）流速相似验证。流速相似不仅包括流速的大小相似，还包括流速沿河宽和垂线分布以及流向的相似。如流速验证的各项内容都满足要求，则表示流速相似。如果不满足要求，则检查模型，找出原因，如河床地形和糙率是否相似，测流断面上、下游附近是否有凸嘴等局部挑流。

（3）流态相似验证。对比模型和原型的流态，检验主流，以及副流，如回流、横流、泡漩等位置、范围、强度、方向等是否大体一致，对于分汊河道还须要观测分流比是否一致。如果基本一致，则表示流态相似。如果不一致，则表明河床地形相似和糙率相似等方面可能存在一些问题。这时要对照原型地形资料，检查模型地形，并作相应的修改。模型在试验河段进出口处流态不相似往往受模型进口段水流和尾门的影响，应采取相应的措施加以改善。

2. 动床模型验证

动床模型验证包括水流运动相似和河道冲淤地形相似两方面。水流相似验证的项目与定床模型相同。冲淤地形相似是动床模型验证试验的主要目标。因此，当各相似要求不能兼顾时，允许水流相似有一些偏差。

冲淤地形相似验证所依据的原型资料，主要是验证时段起始时刻和终止时刻的地形图或横断面冲淤资料及相应时段的来水来沙系列资料。验证时段最好选择床面变形最剧烈及对工程设施影响最大的水文时段，如汛期开始至结束时段，以便经过验证时段后河床有明显的变化。除对冲淤地形验证外，还应检验冲淤总量、冲淤量沿程分布、泥沙颗粒级配等是否相似。

模型验证试验完成后，各相似比尺就最终确定，然后就可以进行正式试验了。

习　　题

10-1　河流模拟的方法有哪些？各自的特点如何？

10-2　河流数学模型的类型有哪几种？

10-3　基本方程常用的离散方法有几种？它们有什么区别？

10-4　非均匀沙分组挟沙力的计算方法有几种？

10-5　一维泥沙数学模型冲淤面积分配模式有哪些？各适用于哪些情况？

10-6　河流二维数学模型动边界处理方法有哪些？

10-7　确定紊动黏滞系数 ν_t 的紊流模型主要有哪些？它们都有什么特点。

10-8　河流数学模型验证内容主要有哪些？

10-9　实现数学模型可视化的方式有几种？它们各有什么特点。

10-10　河流物理模型与原型相似，必须具备哪些条件？

10-11　为什么说在模型上要同时满足重力相似和黏滞力相似是不可能的？在紊流粗糙区为什么可以不考虑黏滞力相似？

10-12　水流运动相似准则包括哪些相似准则？并写出它们的具体表达式。

10-13　为了保证模型和原型水流相似，除了满足模型相似准则外，还必须满足哪些限制条件？

10-14　论述河流物理模型变态的原因。

10-15　为什么要对模型变率进行限制？

10－16　悬移质分布相似在什么情况下才能严格实现？

10－17　异重流相似的关键准则是什么？

10－18　什么是"时间变态"？其后果会造成什么影响？如何减轻"时间变态"？

10－19　论述模型验证试验的必要性？定床模型和动床模型主要验证哪些内容？

10－20　某平原航道整治工程，需要进行定床模型试验研究。该河段较顺直，长 10km，平均河宽为 500m，设计洪水流量为 $3500\text{m}^3/\text{s}$，相应水深为 5m；设计枯水流量为 $500\text{m}^3/\text{s}$，相应水深为 2m。原型河床糙率 n 约为 0.02。实验场地为 45m（长）×5m（宽），实验室最大供水流量为 50L/s，水的运动黏滞系数 $\nu=0.0101\text{cm}^2/\text{s}$。试设计模型。（提示：模型表面铺设粒径约 10mm 卵石加糙，糙率约 0.023）

10－21　某山区河道整治工程，需要进行推移质动床模型试验研究。该河段较顺直，长 5km，平均河宽为 200m，设计洪水流量为 $14000\text{m}^3/\text{s}$，相应水深为 6m；设计枯水流量为 $200\text{m}^3/\text{s}$，相应水深为 1.8m。该河段河床质组成为卵石，中值粒径 $D_{50}=58\text{mm}$。原型河床糙率 $n=0.029$。实验场地为 65m（长）×5m（宽），实验室最大供水流量为 300L/s。水的运动黏滞系数 $\nu=0.0101\text{cm}^2/\text{s}$。试设计模型。（提示：因天然河床卵石粒径较粗，实验场地较大，可选择天然沙作模型沙，按正态模型设计）

参 考 文 献

［1］ 徐国宾. 河工学 ［M］. 北京：中国科学技术出版社，2011.

［2］ 钱宁，万兆惠. 泥沙运动力学 ［M］. 北京：科学出版社，1986.

［3］ 王兴奎，邵学军，李丹勋. 河流动力学基础 ［M］. 北京：中国水利水电出版社，2002.

［4］ 沙玉清. 泥沙运动学引论 ［M］. 北京：中国工业出版社，1965.

［5］ 武汉水利电力学院河流泥沙工程学教研室. 河流泥沙工程学 ［M］. 上册. 北京：水利出版社，1981.

［6］ 张瑞瑾. 河流泥沙动力学 ［M］. 2版. 北京：中国水利水电出版社，1998.

［7］ ［美］杨志达. 泥沙输送理论与实践 ［M］. 李文学，姜乃迁，张翠萍，译. 北京：中国水利水电出版社，2000.

［8］ 中国水利学会泥沙专业委员会. 泥沙手册 ［M］. 北京：中国环境科学出版社，1992.

［9］ ［美］范诺尼 V. A. 泥沙工程 ［M］. 黄河水利委员会水利科学研究所，长江水利水电科学研究院，等，译. 北京：水利出版社，1981.

［10］ 谢鉴衡. 河床演变及整治 ［M］. 2版. 北京：中国水利水电出版社，1997.

［11］ 韩其为. 水库淤积 ［M］. 北京：科学出版社，2003.

［12］ 钱宁，张仁，周志德. 河床演变学 ［M］. 北京：科学出版社，1989.

［13］ 张书农，华国祥. 河流动力学 ［M］. 北京：水利电力出版社，1988.

［14］ 王昌杰. 河流动力学 ［M］. 北京：人民交通出版社，2001.

［15］ ［美］张海燕. 河床演变工程学 ［M］. 方铎，曹叔尤，等，译. 北京：科学出版社，1990.

［16］ 关君蔚. 水土保持原理 ［M］. 北京：中国林业出版社，1996.

［17］ Wischmeier W. H. Smith D. D. Predicting rainfall – erosion losses from cropland east of the Rocky Mountains ［M］. Agricultural Handbook，N. 282. Washington：United States Department of Agriculture，1965.

［18］ Renard K. G.，Foster G. R.，Weesies G. A.，et al. A guide to conservation planning with the Revised Universal Soil Loss Equation （RUSLE）［M］. Agricultural Handbook，N. 703. Washington：United States Department of Agriculture，1997.

［19］ 牟金泽，孟庆枚. 陕北部分中小流域输沙量计算 ［J］. 人民黄河，1983，（4）：35 – 37.

［20］ 江忠善，王志强，刘志. 黄土丘陵区小流域土壤侵蚀空间变化定量研究 ［J］. 土壤侵蚀与水土保持学报，1996，2 （1）：1 – 9.

［21］ 李钜章，景可，李凤新. 黄土高原多沙粗沙区侵蚀模型探讨 ［J］. 地理科学进展，1999，18 （1）：46 – 53.

［22］ Rawls W. J.，Foster G. R. USDA – Water Erosion Prediction Project （WEPP）［C］//Engineering Hydrology，Proceedings of the Symposium. American Society of Civil Engineers （ASCE），1987：702 – 707.

［23］ Renschler C. Designing geo – spatial interfaces to scale process modes：the GeoWEPP approach ［J］. Hydrological Processes，2003，17 （5）：1005 – 1017.

［24］ 谢树楠，张仁，王孟楼. 黄河中游黄土丘陵沟壑区暴雨产沙模型研究 ［C］//黄河水沙变化研究论文集，第 5 卷. 黄河水沙变化基金会，1993：238 – 274.

［25］ 蔡强国，陆兆熊，王贵平. 黄土丘陵沟壑区典型小流域侵蚀产沙过程模型 ［J］. 地理学报，1996，

51 (2)：108 - 117.

[26] 汤立群. 流域产沙模型研究 [J]. 水科学进展，1996，7 (1)：47 - 53.

[27] 韩其为，王玉成，向熙珑. 淤积物的初期干容重 [J]. 泥沙研究，1981，(3)：1 - 13.

[28] 张红武，汪家寅. 沙石及模型沙水下休止角试验研究 [J]. 泥沙研究，1989，(3)：90 - 96.

[29] Batchelor, G. K. Sedimentation in a dilute dispersion of spheres [J]. Journal of fluid mechanics，1972，52：245 - 268.

[30] Kramer H. Sand mixtures and sand movement in fluvial models [J]. Transactions of the American Society of Civil Engineers，1935，100：873 - 878.

[31] 窦国仁. 泥沙运动理论 [R]. 南京：南京水利科学研究所，1963.

[32] 窦国仁. 再论泥沙起动流速 [J]. 泥沙研究，1999，(6)：1 - 9.

[33] Yalin M. S. Mechanics of Sediment Transport [M]. 2nd Edition. Oxford：Pergamon Press，1972.

[34] 韩其为，何明民. 泥沙起动标准的研究 [J]. 武汉水利电力大学学报，1996，29 (4)：1 - 5.

[35] Taylor B. D. Temperature Effects in Alluvial Streams [R]. Report No. KH - R - 27. California Institute of Technology，Pasadena，California，1971.

[36] 彭凯，陈远信. 非均匀沙起动问题 [J]. 成都科技大学学报，1986，(2)：117 - 124.

[37] 唐存本. 泥沙起动规律 [J]. 水利学报，1963，(2)：1 - 12.

[38] 窦国仁. 论泥沙起动流速 [J]. 水利学报，1960，(4)：44 - 60.

[39] 韩其为. 泥沙起动规律及起动流速 [J]. 泥沙研究，1982，(2)：11 - 26.

[40] 韩其为，何明民. 泥沙起动规律及起动流速 [M]. 北京：科学出版社，1999.

[41] 秦荣昱. 不均匀沙的起动规律 [J]. 泥沙研究，1980，(复刊号)：83 - 91.

[42] 韩其为，何明民. 非均匀沙起动机理及起动流速 [J]. 长江科学院院报，1996，13 (3)：12 - 17.

[43] 陈媛儿，谢鉴衡. 非均匀沙起动规律初探 [J]. 武汉水利电力学院学报，1988，(3)：28 - 37.

[44] 窦国仁. 全沙模型相似律及设计实例 [M]. 泥沙模型报告汇编. 武汉：长江水利水电科学研究院，1978.

[45] 周志德. 泥沙颗粒扬动条件 [J]. 水利学报，1981，(6)：51 - 56.

[46] 罗卓夫斯基 И. Л. 弯道上的横向环流及其与水面形状的关系和弯道上纵向流速的分布 [M]. 水利水电科学研究院，译. 河床演变论文集. 北京：科学出版社，1965.

[47] 爱因斯坦 H. A.，班克斯 R. B.. 明渠水流阻力的可加性 [J]. 惠遇甲，译. 泥沙研究，1956，(2)：76 - 83.

[48] Einstein H. A. Formulas for the transportation of bed - load [J]. Transactions of the American Society of Civil Engineers，1942，107：561 - 597.

[49] 姜国干. 水槽两壁对于临界拖曳力之影响 [R]. 南京：中央水利实验处研究报告乙种 1 号，1948.

[50] 张书农，唐存本. 水槽试验的侧壁影响问题 [J]. 华东水利学院学报，1965，(1)：88 - 94.

[51] 韩其为，梁栖容. 断面内不同湿周上糙率叠加方法的讨论 [J]. 水利学报，1981，(4)：64 - 67.

[52] Einstein H. A. and Barbarossa N. L. River channel roughness [J]. Transactions of the American Society of Civil Engineers，1952，117：1121 - 1146.

[53] 赵连白，袁美琦. 床面形态与河床阻力关系 [J]. 水道港口，1999，(2)：19 - 24.

[54] 钱宁，洪柔嘉，麦乔威，等. 黄河下游的糙率问题 [J]. 泥沙研究，1959，(1)：1 - 15.

[55] 李昌华，刘建民. 冲积河流的阻力 [R]. 南京：南京水利科学研究所，1963.

[56] Bagnold R. A. The nature of saltation and of bed - load transport in water [J]. Proc. Royal Society，Ser. A. 1973，332：473 - 504.

[57] 高建恩. 推移质输沙规律的再探讨 [J]. 水利学报，1993，(4)：62 - 69.

[58] 王士强. 沙波运动与推移质测验 [J]. 泥沙研究，1988，(4)：23 - 29.

[59] Yang C. T. Incipient Motion and Sediment Transport [J]. Journal of the Hydraulics Division，

1973，99 (10)：1679 - 1704.

[60] Yang C. T. Unit Stream Power Equation for Gravel [J]. Journal of Hydraulic Engineering，1984，110 (12)：1783 - 1797.

[61] 秦荣昱. 不均匀沙的推移质输沙率 [J]. 水力发电，1981，(8)：22 - 28.

[62] 秦荣昱. 不均匀沙的推移质输移规律的研究 [J]. 泥沙研究，1993，(1)：29 - 38.

[63] 刘兴年，陈远信. 非均匀推移质输沙率 [J]. 成都科技大学学报，1987，(2)：29 - 36.

[64] 刘兴年，黄尔，曹叔尤，等. 宽级配推移质输移特性研究 [J]. 泥沙研究，2000，(4)：14 - 17.

[65] 谢鉴衡，邹履泰. 关于扩散理论含沙量沿垂线分布的悬浮指标 [J]. 武汉水利电力学院学报，1981，(3)：1 - 9.

[66] 麦乔威. 黄河水流挟沙能力问题的初步研究 [J]. 泥沙研究，1958，(2)：1 - 39.

[67] 韩其为. 悬移质不平衡输沙的研究 [C] //河流泥沙国际学术讨论会论文集. 第 2 卷. 北京：中国光华出版社，1980：793 - 802.

[68] 费祥俊. 黄河中下游含沙水流黏度的计算模型 [J]. 泥沙研究，1991，(2)：1 - 13.

[69] 窦国仁，王国兵. 宾汉极限切应力的研究 [J]. 水利水运科学研究，1995，(2)：103 - 109.

[70] 曹如轩. 高含沙水流挟沙力的初步研究 [J]. 水利水电技术，1979，(5)：55 - 61.

[71] 钱宁. 高含沙水流运动 [M]. 北京：清华大学出版社，1989.

[72] 褚君达. 高浓度浑水的基本特性 [C] //第二届河流泥沙国际学术讨论会论文集. 北京：水利电力出版社，1983：265 - 271.

[73] 王兆印，钱宁. 层移质运动规律的实验研究 [J]. 中国科学，A 辑，1984，(9)：863 - 870.

[74] 费祥俊. 伪均质流紊流阻力的研究. 水利学报，1990，(12)：48 - 54.

[75] 杨文海，赵文林. 粗糙明渠高含沙均质水流阻力的试验研究 [C] //第二届河流泥沙国际学术讨论会论文集. 北京：水利电力出版社，1983：47 - 53.

[76] 张红武，张清. 黄河水流挟沙力的计算公式 [J]. 人民黄河，1992，(11)：7 - 9.

[77] 舒安平，费祥俊. 高含沙水流挟沙能力 [J]. 中国科学，G 辑，2008，38 (6)：653 - 667.

[78] 曹如轩，吴培安，任晓枫，等. 高含沙引水渠道输沙能力的数学模型 [J]. 水利学报，1987，(9)：39 - 46.

[79] 张红武，张清，张俊华. 高含沙洪水"揭河底"的判别指标及其条件 [J]. 人民黄河，1996，(9)：52 - 54.

[80] 江恩惠，李军华，赵连军，等. 黄河"揭河底"判别指标理论研究及验证 [J]. 水利学报，2010，41 (6)：727 - 731.

[81] 詹义正，王明甫，白永峰. 论浆河形成的临界条件 [J]. 泥沙研究，1991，(3)：74 - 79.

[82] 万兆惠，钱意颖，杨文海，等. 高含沙水流的室内试验研究 [J]. 人民黄河，1979，(1)：53 - 65.

[83] 江恩惠，赵连军. 黄河下游洪峰增值机理与验证 [J]. 水利学报，2006，37 (12)：1454 - 1459.

[84] 李国英. 黄河洪水演进洪峰增值现象及其机理 [J]. 水利学报，2008，38 (5)：511 - 527.

[85] 金元欢，孙志林. 中国河口盐淡水混合特征研究 [J]. 地理学报，1992，47 (2)：165 - 173.

[86] Simmons H. B.，Brown F. R. Salinity effeets on estuarine Hydraulic and Sedimentation [C] //Proceedings of the 13th Congress of IAHR. 1969：311 - 325.

[87] 洪柔嘉，应永良. 水流作用下的浮泥起动流速试验研究 [J]. 水利学报，1988，(8)：49 - 55.

[88] 窦国仁，窦希萍，李褆来. 波浪作用下泥沙的起动规律 [J]. 中国科学，E 辑，2001，31 (6)：566 - 573.

[89] 沈焕庭，贺松林，茅志昌，等. 中国河口最大浑浊带刍议 [J]. 泥沙研究，2001，(1)：23 - 29.

[90] 叶锦培，何卓霞，周志德. 珠江河口潮汐水流挟沙力经验公式的探求 [J]. 人民珠江，1986，(1)：13 - 20.

[91] 刘家驹. 在风浪和潮流作用下淤泥质浅滩含沙量的确定 [J]. 水利水运科学研究，1988，(2)：69 - 73.

［92］ 窦国仁，董风舞，Dou Xibing. 潮流和波浪的挟沙能力 ［J］. 科学通报，1995，40 （5）：443 - 446.

［93］ 曹文洪，张启舜. 潮流和波浪作用下悬移质挟沙能力的研究 ［J］. 泥沙研究，2000，（5）：16 - 21.

［94］ Leopold L. B.，Wolman M. G. River channel patterns：braided，meandering and straight ［M］. Professional Paper 282 - B. Reston：U. S. Geological Survey，1957.

［95］ Lane E. W. A study of the shape of channels formed by natural streams flowing in erodible material ［M］. Sediment，Series 9. Omaha：U. S. Army Corps of Engineers，Missouri River Division，1957.

［96］ 罗辛斯基 К. И.，库兹明 И. А. 河床 ［J］. 谢鉴衡，译. 泥沙研究，1956，（1）：115 - 151.

［97］ Rust B. R. A classification of alluvial channel systems ［C］//Miall A. D，ed，Fluvial Sedimentology. Calgary：Canadian Society of Petroleum Geologists （Memoir 5），1978：187 - 198.

［98］ Brice J. C. Planform properties of meandering rivers ［C］ //Proceedings of Conference Rivers' 83. ASCE，1984：1 - 15.

［99］ Schumm S. A. Patterns of alluvial rivers ［J］. Annual Review of Earth and Planetary Sciences，1985，13：5 - 27.

［100］ 方宗岱. 河型分析及其在河道整治上的应用 ［J］. 水利学报，1964，（1）：1 - 12.

［101］ 林承坤. 河床类型的划分 ［J］. 南京大学学报，1963，（1）：1 - 11.

［102］ 林承坤. 河型的成因与分类 ［J］. 泥沙研究，1985，（2）：1 - 9.

［103］ 李昌华，张定邦. 河道类型与港址选择 ［J］. 泥沙研究，1982，（4）：1 - 12.

［104］ 钱宁. 关于河流分类及成因问题的讨论 ［J］. 地理学报，1985，40 （1）：1 - 10.

［105］ 王随继，任明达. 根据河道形态和沉积物特征的河流新分类 ［J］. 沉积学报，1999，17 （2）：240 - 246.

［106］ Schumm S. A.，Khan H. R. Experimental study of channel patterns ［J］. Geological Society of America. Bulletin，1972，83 （6）：1755 - 1770.

［107］ 尹国康. 地貌过程界限规律的应用意义 ［J］. 泥沙研究，1984，（4）：25 - 35.

［108］ 倪晋仁，张仁. 河型成因的各种理论及其间关系 ［J］. 地理学报，1991，46 （3）：366 - 372.

［109］ 徐国宾，练继建. 流体最小熵产生原理与最小能耗率原理 （I） ［J］. 水利学报，2003，（5）：35 - 40.

［110］ 徐国宾，练继建. 流体最小熵产生原理与最小能耗率原理 （Ⅱ） ［J］. 水利学报，2003，（6）：43 - 47.

［111］ Guobin B. Xu，Chih Ted Yang，Lina N Zhao. Minimum energy dissipation rate theory and its applications for water resources engineering ［M］. Handbook of Environmental Engineering，Vol. 14，Chapter 5. Berlin：Springer，2015.

［112］ Chang H. H. Minimum stream power and river channel patterns ［J］. Journal of Hydrology，1979，41 （3 - 4）：303 - 327.

［113］ 罗辛斯基 К. И.，库兹明 И. А. 河床形成的规律性 ［M］//水利水电科学研究院，译. 河床演变论文集. 北京：科学出版社，1965.

［114］ Engelund F.，Skovgaard O. On the origin of meandering and braiding in alluvial streams ［J］. Journal of Fluid Mechanics，1973，57 （2）：289 - 302.

［115］ Langbein W. B.，Leopold L. B. River meanders - theory of minimum variance ［M］. Professional Paper 422 - H. Reston：U. S. Geological Surrey，1966.

［116］ Begin Z. B. The relationship between flow - shear stress and stream pattern ［J］. Journal of Hydrology，1981，52 （3 - 4）：307 - 319.

［117］ 陆中臣，舒晓明. 河型及其转化的判别 ［J］. 地理研究，1988，7 （2）：7 - 16.

［118］ 尹学良. 河型成因研究 ［J］. 水利学报，1993，（4）：1 - 11.

［119］ 尹学良，梁志勇，陈金荣，等. 河型成因研究及其应用 ［J］. 泥沙研究，1999，（2）：13 - 19.

［120］ 齐璞，梁国亭. 冲积河型形成条件的探讨 ［J］. 泥沙研究，2002，（3）：39 - 43.

［121］ 徐国宾，杨志达. 基于最小熵产生与耗散结构和混沌理论的河床演变分析 ［J］. 水利学报，

2012，43（8）：948 - 956.

[122]　徐国宾，赵丽娜. 最小熵产生、耗散结构和混沌理论及其在河流演变分析中的应用［M］. 北京：科学出版社，2017.

[123]　［比利时］尼科利斯 G.，普里戈京 I. 非平衡系统的自组织［M］. 徐锡申，陈式刚，等，译. 北京：科学出版社，1986.

[124]　黄浩，何建新，王新忠，等. 冲积河流河型影响因素及判别式研究［J］. 新疆农业大学学报，2008，31（6）：76 - 79.

[125]　徐国宾，赵丽娜. 基于信息熵的河床演变分析［J］. 天津大学学报，2013，46（4）：347 - 353.

[126]　徐国宾，赵丽娜. 基于能耗率的黄河下游河型变化趋势分析［J］. 水利学报，2013，44（5）：622 - 626.

[127]　蔡强国. 地壳构造运动对河型转化影响的实验研究［J］. 地理研究，1982，1（3）：21 - 32.

[128]　Jan H. van den Berg. Predicting of alluvial channel pattern of perennial river［J］. Geomorphology，1995，12（4）：259 - 279.

[129]　张红武，赵连军，曹丰生. 游荡河型成因及其河型转化问题的研究［J］. 人民黄河，1996，（10）：11 - 15.

[130]　谢鉴衡. 江河演变与治理研究［M］. 北京：中国水利水电出版社，2004.

[131]　徐国宾，练继建. 应用耗散结构理论分析河型转化［J］. 水动力学研究与进展，2004，19（3）：316 - 320.

[132]　湛垦华，沈小峰，等. 普利高津与耗散结构理论［M］. 西安：陕西科学技术出版社，1982.

[133]　倪晋仁. 不同边界条件下河型成因的试验研究［D］. 北京：清华大学博士论文，1989.

[134]　徐国宾，赵丽娜. 基于多元时间序列的河流混沌特性研究［J］. 泥沙研究，2017，42（3）：7 - 13.

[135]　赵丽娜，徐国宾. 基于超熵产生的河型稳定判别式［J］. 水利学报，2015，46（10）：1213 - 1221.

[136]　Yang C. T.，Song C. C. S. Dynamic adjustments of alluvial channels［C］//Rhodes D. D. and Williams G. P. Adjustments of the Fluvial Systems. Kendall：Kendall/Hunt Publishing Company，1979：55 - 67.

[137]　Yang C. T.，Song C. C. S. Theory of minimum energy and energy dissipation rate［M］. Encyclopedia of Fluid Mechanics，Vol. 1，Chapter ll. Houston：Gulf Publishing Company，1986.

[138]　Leopold L. B.，Langbein W. B. The concept of entropy in landscape evolution［M］. Profesional Paper 500 - A Reston：U. S. Geological Survey，1962.

[139]　徐国宾，练继建. 河流调整中的熵、熵产生和能耗率的变化［J］. 水科学进展，2004，15（1）：1 - 5.

[140]　吴保生，郑珊. 河床演变的滞后响应理论与应用［M］. 北京：中国水利水电出版社，2015.

[141]　马卡维耶夫，Н. И.. 造床流量［J］. 麦乔威，译. 泥沙研究，1957，（2）：40 - 43.

[142]　梁志勇，尹学良. 试论不同来水来沙的造床作用［J］. 水文，1994，（1）：25 - 37.

[143]　韩其为. 黄河下游输沙及冲淤的若干规律［J］. 泥沙研究，2004，（3）：1 - 13.

[144]　韩其为. 第一造床流量及输沙能力的理论分析［J］. 人民黄河，2009，31（1）：1 - 4.

[145]　李保如，姚于丽. 河流纵比降及纵剖面的计算方法［J］. 人民黄河，1965，（4）：30 - 34.

[146]　柴挺生. 长江中下游河相关系分析研究［M］. 南京水利科学研究所研究报告汇编（河港研究第 3 分册）. 南京：南京水利科学研究所，1963.

[147]　俞俊. 平原河流河相公式的探求和应用［J］. 人民长江，1982，（3）：61 - 67.

[148]　明宗富. 冲积河流的河相关系［J］. 泥沙研究，1983，（4）：75 - 84.

[149]　窦国仁. 平原冲积河流及潮汐河口的河床形态［J］. 水利学报，1964，（2）：1 - 13.

[150]　Williams G. P. Hydraulic geometry of river cross - sections—theory of minimum variance［M］. Profesional Paper 1029. Reston：U. S. Geological Surrey，1978.

[151]　Chang H. H. Stable alluvial canal design［J］. Journal of the Hydraulics Division，1980，106

(5)：873 - 891.

[152] Yang C. T., Song C. C. S. and Woldenberg M. J. Hydraulic geometry and minimum rate of energy dissipation [J]. Water Resources Research, 1981, 17 (4)：1014 - 1018.

[153] 徐国宾. 低坝枢纽中泄洪冲沙闸宽度的计算 [J]. 泥沙研究, 1993, (4)：65 - 71.

[154] 倪晋仁, 王随继. 论顺直河流 [J]. 水利学报, 2000, (12)：14 - 20.

[155] 罗海超. 长江中下游分汊河道的演变特点及稳定性 [J]. 水利学报, 1989, (6)：10 - 18.

[156] 洪笑天, 龚国元, 马绍嘉. 长江中下游分汊河道演变的实验研究 [J]. 地理学报, 1978, 33 (2)：128 - 141.

[157] 刘中惠. 长江中下游鹅头型汊道演变及治理 [J]. 人民长江, 1993, 24 (12)：31 - 37.

[158] 胡一三, 张红武, 刘贵芝, 等. 黄河下游游荡性河段河道整治 [M]. 郑州：黄河水利出版社, 1998.

[159] 熊绍隆. 潮汐河口河床演变与治理 [M]. 北京：中国水利水电出版社, 2011.

[160] 陈吉余, 陈沈良. 中国河口研究五十年：回顾与展望 [J]. 海洋与湖沼, 2007, 38 (6)：481 -486.

[161] 黄胜, 卢启苗. 河口动力学 [M]. 北京：水利电力出版社, 1995.

[162] 李光天, 符文侠. 我国海岸侵蚀及其危害 [J]. 海洋环境科学, 1992, 11 (1)：53 - 58.

[163] 韩曾萃, 戴泽蘅, 李光炳, 等. 钱塘江河口治理开发 [M]. 北京：中国水利水电出版社, 2003.

[164] 王恺忱, 王开荣. 黄河口拦门沙的特性与治理问题 [J]. 人民黄河, 2002, 24 (2)：10 - 11.

[165] 李泽刚. 黄河口拦门沙的形成和演变 [J]. 地理学报, 1997, 52 (1)：54 - 62.

[166] 安催花, 李景宗, 李广好. 黄河河口水沙变化及近期演变特点 [C] //中国江河河口研究及治理、开发问题研讨会文集. 北京：中国水利水电出版社, 2003：118 - 122.

[167] 任美锷. 人类活动对密西西比河三角洲最近演变的影响 [J]. 地理学报, 1989, 44 (2)：221 - 229.

[168] 恽才兴. 长江河口近期演变基本规律 [M]. 北京：海洋出版社, 2004.

[169] 李春初, 雷亚平, 何为, 等. 珠江河口演变规律及治理利用问题 [J]. 泥沙研究, 2002, (3)：44 - 51.

[170] 水利部西北水利科学研究所, 水利水电科学研究院泥沙所, 山西省水利科学研究所, 合编. 中小型水库设计与管理中的泥沙问题 [M]. 北京：科学出版社, 1983.

[171] 彭润泽, 常德礼, 张振秋, 等. 用水槽模拟试验求卵石河床推移质输沙率 [J]. 泥沙研究, 1984, (3)：27 - 37.

[172] 林承坤. 长江三峡卵石推移质来源的研究 [J]. 地理学报, 1982, 37 (2)：174 - 182.

[173] 姜乃森. 多沙河流水库淤积问题的调查研究 [J]. 泥沙研究, 1980, (复刊号)：100 - 110.

[174] 陈文彪, 谢葆玲. 少沙河流水库的冲淤计算方法 [J]. 武汉水利电力学院学报, 1980, (1)：97 - 107.

[175] 陕西省水利科学研究所河渠研究室, 清华大学水利工程系泥沙研究室. 水库泥沙 [M]. 北京：水利电力出版社, 1979.

[176] 焦恩泽, 林斌文. 黄河大型水库淤积问题 [C] //黄河水利科学研究所科学研究论文集, 第二集. 郑州：河南科学技术出版社, 1990.

[177] 张耀哲, 王敬昌. 水库淤积泥沙干容重分布规律及其计算方法的研究 [J]. 泥沙研究, 2004, (3)：54 - 58.

[178] 水利水电科学研究院河渠研究所. 异重流的研究和应用 [M]. 北京：水利电力出版社, 1959.

[179] 芦田和男. 水库淤积预报 [C] //河流泥沙国际学术讨论会论文集. 北京：中国光华出版社, 1980：821 - 850.

[180] 曹如轩, 任增枫, 卢文新. 高含沙异重流的形成与持续条件分析 [J]. 泥沙研究, 1984, (2)：1 - 9.

[181] 曹如轩, 陈诗基, 卢文新, 等. 高含沙异重流阻力规律的研究 [C] //第二届河流泥沙国际学术讨论会论文集. 北京：水利电力出版社, 1983：56 - 64.

[182] 曹如轩，任晓枫. 高含沙异重流的输沙特性 [J]. 人民黄河，1984，(6)：10-14.

[183] 河海大学，清华大学，天津大学. 水利水能规划 [M]. 2版. 北京：中国水利水电出版社，1997.

[184] 杨贲斐. 坝前泥沙淤积高程分析研究 [J]. 西北水电，1995，53 (4)：1-6.

[185] 徐国宾，白世录. 黄河龙口水利枢纽泄流消能及排沙试验研究 [J]. 水利水电工程设计，1997，(2)：39-45.

[186] 焦恩泽. 黄河水库泥沙 [M]. 郑州：黄河水利出版社，2004.

[187] 严镜海，许国光. 水利枢纽电站的防沙问题布置的综合分析 [C] //河流泥沙国际学术讨论会论文集. 北京：中国光华出版社，1980：773-782.

[188] 水电部成都勘测设计院科学研究所. 龚嘴水电站底孔排沙试验总结 [M]. 黄河泥沙研究报告选编，第4集. 兰州：黄河泥沙研究工作协调小组，1980.

[189] 熊绍隆. 底孔前散体泥沙冲刷漏斗形态研究 [J]. 泥沙研究，1989，(2)：76-83.

[190] 潘贤娣，李勇，张晓华，等. 三门峡水库修建后黄河下游河床演变 [M]. 郑州：黄河水利出版社，2006.

[191] 王荣新，易志平，张洪霞. 汉江丹江口水库下游河道勘测调查综述 [J]. 长江志季刊，1999，(1)：77-80.

[192] 李国英，盛连喜. 黄河调水调沙的模式及其效果 [J]. 中国科学：技术科学，2011，41 (6)：826-832.

[193] 谢鉴衡. 河流模拟 [M]. 北京：水利电力出版社，1990.

[194] 李义天，尚全民. 一维不恒定流泥沙数学模型研究 [J]. 泥沙研究，1998，(1)：81-87.

[195] 韩其为，黄煜龄. 水库冲淤过程的计算方法及电子计算机的应用 [M]. 长江水利水电科研成果选编，第1期. 武汉：长江水利水电科学研究院，1974.

[196] 李义天. 冲淤平衡状态下床沙质级配初探 [J]. 泥沙研究，1987，(1)：82-87.

[197] 何少苓，王连祥. 窄缝法在二维边界变动水域计算中的应用 [J]. 水利学报，1986，(12)：11-19.

[198] Walk J. B.，Samuels P. G，Ervine D. A. A practical method of estimating velocity and discharge in a compound channel [M]. River flood hydraulics. Chichester：John Wiley & Sons Inc.，1990.

[199] De Vriend H. J.，Geldof H. J. Main flow velocity in short river bends [J]. Journal of Hydraulic Engineering. 1983，109 (7)：991-1011.

[200] 李义天，谢鉴衡. 冲积平原河流平面流动的数值模拟 [J]. 水利学报，1986，(11)：9-15.

[201] 杨国录. 河流数学模型 [M]. 北京：海洋出版社，1993.

[202] Elder J. W. The dispersion of marked fluid in turbulent shear flow [J]. Journal of Fluid Mechanics，1959，5 (4)：544-560.

[203] 张瑞瑾，段文忠，吴卫民. 论河道水流比尺模型变态问题 [C] //第二届河流泥沙国际学术讨论会论文集. 北京：水利电力出版社，1983：929-938.

[204] 李昌华，金得春. 河工模型试验 [M]. 北京：人民交通出版社，1981.